体験しながら学ぶ
ネットワーク技術入門

著／みやたひろし

■ 本書に関するお問い合わせ

この度は小社書籍をご購入いただき誠にありがとうございます。小社では本書の内容に関するご質問を受け付けております。本書を読み進めていただきます中でご不明な箇所がございましたらお問い合わせください。なお、ご質問の前に小社 Web サイトで「正誤表」をご確認ください。最新の正誤情報を下記の Web ページに掲載しております。

https://isbn2.sbcr.jp/18599/ 

上記ページのサポート情報にある「正誤情報」のリンクをクリックしてください。なお、正誤情報がない場合、リンクは用意されていません。

■ ご質問送付先

ご質問については下記のいずれかの方法をご利用ください。

Web ページより

上記のサポートページ内にある「お問い合わせ」をクリックしていただき、ページ内の「書籍の内容について」をクリックすると、メールフォームが開きます。要綱に従ってご質問をご記入の上、送信してください。

郵送

郵送の場合は下記までお願いいたします。

〒 105-0001
東京都港区虎ノ門 2-2-1
SB クリエイティブ　読者サポート係

はじめに

本書は、実際にネットワークの検証環境を構築しながら、構築現場や運用現場でも通用する実践的な知識を習得していくための本です。

近年、ChatGPTをはじめとするAI技術を利用したサービスが世の中に急速に浸透し、私たちの生活やビジネスにおいて重要な役割を担うようになっています。また、それとともに、AI技術によって生成されたなんとなくもっともらしい情報をただ鵜呑みにするのではなく、その正確性や信頼性を評価し、適切に取捨選択することが、現代社会において重要なスキルになりつつあります。このような背景から、今後インフラエンジニアやネットワークエンジニアにとっても、AI技術との融合によって生まれる新たな課題に対応するべく、経験や体験に裏打ちされた分厚い知識の習得が欠かせないものになることは間違いありません。

本書は、今後本格的に到来するAI時代において、ネットワーク初心者にとって特に得られにくいであろう「体験」と「経験」を補うために生まれました。本書を通じて、ネットワーク機器を設定したり、パケットを解析したりしながら、ネットワーク検証環境を構築していくと、実際の構築現場や運用現場と同じような体験と経験を自然に積み重ねることができます。ネットワーク検証環境の構築は、情報の正確性や信頼性の評価はもちろん、AI技術や机上の学習だけでは得ることのできない、無数の試行錯誤を生み出します。そして、その試行錯誤が最終的に、構築現場や運用現場にも通用する実践的な知識とスキルを育みます。

さて、皆さんはネットワークの「検証環境」と聞いて、どのようなものを想像しますか。もしかしたら多くの方々が、ルーターやスイッチ、ファイアウォールや負荷分散装置など、いろいろなネットワーク機器を用意して、ラックに搭載して、LANケーブルや光ケーブルで接続して…と大げさなものを想像するかもしれません。確かに以前はそうでした。筆者も若かりし頃は、七畳一間の部屋に某オークションで落札した機器を並べては検証環境を構築し、毎日のように検証を繰り返したものです。冬は暖房いらずで快適でしたが、夏は終日冷房で、電気代がすさまじい額になったことを今でも忘れません…。しかし、時代は変わりました。今は、仮想化やコンテナ化などの技術革新により、その頃と同等、あるいはそれ以上の検証環境を、いつでもサクッと簡単に構築できるようになっています。本当に便利な世の中になったものです。本書はそれらの技術をフル活用して、あなたが普段使用しているPCの中に「速く」「軽く」「安く」、ネットワークの検証環境を構築します。

さあ、みんなで底なしの検証沼にハマってみませんか？　本書を通じて検証環境を構築し、たくさんの設定やパケット解析を繰り返していく中で、AI技術や机上の学習で得た実感の薄い知識が、構築現場や運用現場で通用する分厚い知識へと昇華するはずです。本書がそう遠くない未来に訪れることが予想される、AIありきの時代のインフラ・ネットワーク界を生き抜くひとつのツールになってくれれば、筆者として幸いです。

本書の対象読者

本書は、以下の読者を対象にしています。

脱ネットワーク初心者を目指す方

ネットワークのことを少しは勉強したから、なんとなくわかっているつもりだけれど、なぜかすぐ忘れる。だからずっと初心者のまま。そんな方はいませんか？　なぜ初心者のままなのか…。それは単純に、実際にネットワークを構築したりパケットを解析したり、せっかく机上で覚えた知識を使う体験と経験が決定的に不足しているからです。

本書は、いつまでもネットワーク初心者のままという方々が、実際にネットワークを構築したり、そのネットワークでキャプチャしたパケットを解析したりすることによって、その経験を補い、脱ネットワーク初心者を果たすことをお手伝いします。

資格は取得したものの現場知識に自信がない方

新入社員が会社の部署に配属されて、最初に求められることといえば、ネットワークスペシャリストやCCNAなど、ネットワークエンジニアの登竜門的な資格の取得でしょう。資格取得は、知識の裾野を広げるという点では抜群の力を発揮します。しかし、必ずしもその知識が現場で即通用するわけではないのも事実です。資格取得はゴールではなくスタートです。実際のネットワーク構築現場では、それ以上の深く、複合的で、高度な知識を求められるのは間違いありません。

本書は、現場で通用する知識を検証環境に詰め込むことによって、資格の知識と現場の知識の架け橋を作ります。

トラブルへの対応力を上げたいネットワーク運用管理者

ネットワークを運用管理するようになったものの、流れるログを見て、言われたことをただこなす。そんな定型業務に飽き飽きしてる方はいませんか？　もちろん、それもサービスを安定的に提供するために重要な業務であることに間違いはありません。しかし、「そのログだったらこの障害対応…」などと決められたことをこなすばかりでは、必ずしもトラブルの本質に向き合っているとは言えません。また、そのような一意的に答えを導き出される定型業務は、いずれ真っ先にAIに置き換わることでしょう。

本書は、トラブルのときに役立つコマンドやTIPSを要所要所に散りばめることによって、トラブルの本質を理解できる技術力が身につくようにしています。

検証環境の設計思想

本書の肝となる検証環境は、「速く」「軽く」「安く」という、3つの設計思想に基づいて設計されています。

速く

前述のとおり、以前はネットワークの検証環境を用意するのは大変で、物理的な構成を作るだけでも1日以上かかったりしていました。しかし、今は仮想化やコンテナ化などの技術革新により、そのような手間のかかる作業をコマンドひとつ、あるいはクリックひとつでできるようになっています。

本書の検証環境は、それらの技術をフル活用することで、サクッと構築できるように設計されています。

軽く

ネットワークの検証環境は、アプリケーションの検証環境と違って、たくさんの機器を動作させる必要があるため、どうしてもCPUやメモリなどのリソースを消費しがちです。サクッと検証環境を構築できたとしても、軽快に動作してくれなければ、せっかく生まれたやる気も削がれてしまうでしょう。

本書の検証環境は、ネットワークの基礎を実践的に学習できる、必要最低限の構成・設定にすることによって、軽快に動作するよう設計されています。

安く

かつては、ネットワークの検証環境というと、会社にある検証機材をほかのメンバーと共有しながら使用したり、いろいろなところから機材を買い集めて自宅に自分だけの環境を作ったり、とても窮屈で、お金のかかるものでした。しかし、昨今の技術革新により、時代は大きく変わりました。

本書の検証環境は、皆さんが普段使用している一般的なスペックのWindows PCの中に構築されます。必要なものは、あなたのPCひとつです。また、どんなに検証に時間がかかったとしても、課金されることはありません。思う存分、繰り返し、納得いくまで検証することができます。

本書を楽しむために必要な知識

本書は、ネットワーク機器と同様の基本機能を持つLinuxアプリケーションをコマンドで設定し、検証環境を構築していきます。アプリケーション固有のコマンドについては深く説明する一方で、基本的なLinuxコマンドの説明については軽く触れるにとどめています。したがって、基本的なLinuxコマンドの意味について、ある程度理解しておいたほうが、本書の内容をより楽しめることでしょう。もちろんWebサイトで意味を調べながら読み進めていってもかまいませんし、意味がわからないまま、とりあえず本書に沿って設定していくのでも特に問題はありません。

また、本書は「ネットワークとは何か」「プロトコルとは何か」といった、ネットワークの初歩的な内容は取り扱っていません。本書に沿って設定していくだけで検証環境を構築することはできますが、事前に初歩的な知識をなんとなくでも身に付けておいたほうが、本書の醍醐味を味わっていただけることでしょう。

本書の構成

本書は、第1章「検証環境を構築しよう」、第2章「レイヤー 2プロトコルを知ろう」、第3章「レイヤー

3プロトコルを知ろう」、第4章「レイヤー 4プロトコルを知ろう」、第5章「レイヤー 7プロトコルを知ろう」、第6章「総仕上げ」という、6つの章で構成されています。

PC内に検証環境を構築する第1章と、全体的な総仕上げをする第6章を除き、第2 ～ 5章は共通した枠組みが採用されていて、「検証環境を知ろう(検証環境節)」「ネットワークプロトコルを知ろう(ネットワークプロトコル節)」「ネットワーク技術を知ろう(ネットワーク技術節)」という3つの節で構成されています。

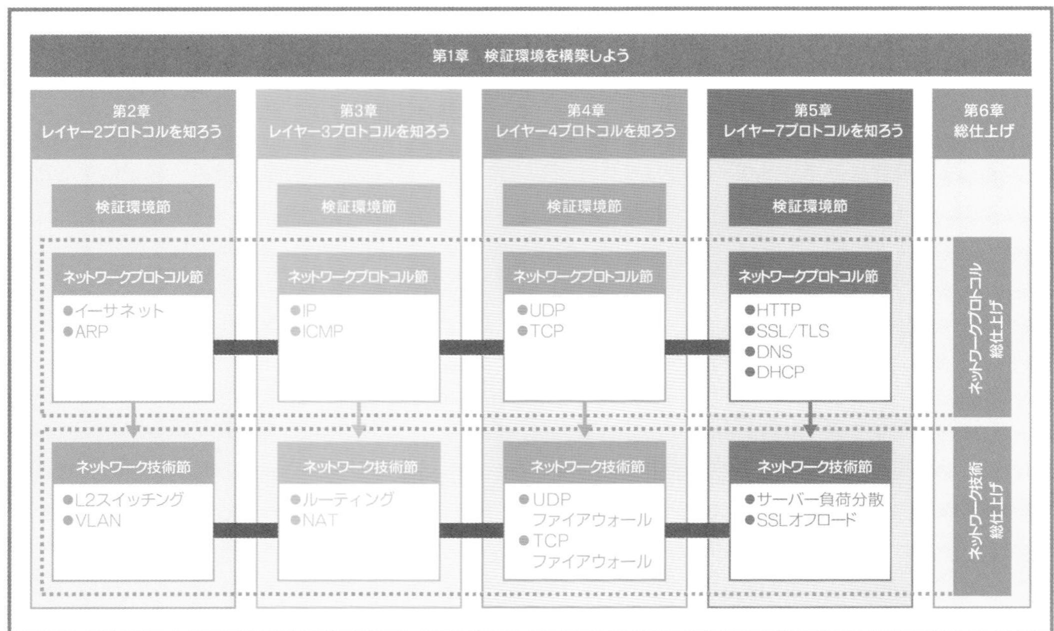

図●全体構成概要

「検証環境を知ろう」節

検証環境の中から、その章に関連する機器をピックアップし、設計について紹介する節です。本書の検証環境は、全部で13台のネットワーク機器とサーバーで構成されています。そのうち章ごとに関連する機器は数台だけです。この節では、それらにフォーカスを当てて、「どのように接続されているか」や「どのようにパケットを処理するか」「なぜこのような構成になっているか」など、物理設計や論理設計、その設計意図などについても説明します。何といっても検証環境は、本書の肝に当たります。この節で、その章においてポイントとなる機器に関する設計を認識し、続く節へと生かしましょう。

「ネットワークプロトコルを知ろう」節

そのレイヤーに関連する、代表的なプロトコルについて解説する節です。各節はさらに「机上で知ろう」という名の机上項と、「実践で知ろう」いう名の実践項の2項で構成されています。机上項では、プロトコルのフォーマットや、その中で重要なフィールドなどをピックアップして解説します。この項で基礎知識を蓄え、下地作りをします。実践項では、検証環境で実際にパケットをキャプチャし、それを解析します。実際にネットワークを流れるパケットを見てみると、机上の学習だけでは知り得なかった細かな特性や変化を知ることができるはずです。机上項で作った下地に、現場で使用することが多いパケットキャプチャと解析の経験をトッピングします。

「ネットワーク技術を知ろう」節

そのレイヤーに関連する代表的なネットワーク技術について解説する節です。この節も前節と同じく、「机上で知ろう」の机上項と、「実践で知ろう」の実践項の2項で構成されています。机上項はそのネットワーク技術や、その技術を持つネットワーク機器を解説する項です。この項でその技術の挙動や流れを図で理解し、下地作りをします。実践項は、実際に検証環境のネットワーク機器を設定し、挙動を確認する項です。実際にネットワーク機器を設定し、挙動を見てみると、机上の学習だけでは知り得なかった細かな特性や変化を知れるはずです。机上項で作った下地に、現場で必要な構築経験をトッピングします。

謝辞

本書はたくさんの方々のご協力のもとに作成されました。12年もの間、いつも変わらぬ在り方で鋭い指摘と新たな視点を与えてくれるSBクリエイティブの友保健太さんには毎度感謝の言葉が見つかりません。私は執筆を通じて、謙虚に学び続けられるかけがえのない機会を得ています。このような機会を与えていただき、ありがとうございます。

また、本業やプライベートがお忙しい中、大きな器でいろいろな気づきと適切なアドバイスをくれる堂脇隆浩さん、抜群の技術力と分析力で毎度鮮やかなトラブルシューティングを見せてくれる松田宏之さん、スクリプトを細かくレビューしてくれた成定宏之さんには本当にお世話になりました。それぞれの得意分野からたくさんの指摘をいただいたおかげで、この本は唯一無二のものへと磨かれました。

最後に、寝食忘れて没頭した執筆作業で、迷惑をかけた家族へ。まず、十数年にわたる教員生活にピリオドを打った妻。生徒思いだっただけに、その決断には多大な勇気が必要だったことでしょう。その経験、いったん我が家の教育庁長官として生かしてください。続いて、お受験クラスでお荷物扱いされた壮真。結果的にすぐにリタイアしてしまったけれど、気にすることはない。父も高校時代は部活しかしないで、ずっとクラスのお荷物だった。でも今普通に生きていけている。君の人生はまだまだこれから！真の鉄オタめざして、魚を食うべし！　最後に、「私はプリンセスなの！」と叫んで、なかなかお風呂に入ろうとしない絢音。残念。あなたは一般人です。それにプリンセスもお風呂に入っているはずです。だから早くお風呂に入ろう。今日もまた寝るのが遅くなる…

2023年12月　みやたひろし

Contents

Chapter 1 検証環境を作ろう 1

1-1 使用するツールを理解しよう 2

1-1-1 WSL2 2

1-1-2 Docker 3

1-1-3 tinet 4

1-2 ツールをPCにインストールしよう 6

1-2-1 PCのスペック要件 6

1-2-2 WSL2のインストール 7

仮想化支援機能の有効化 7

WSL2のインストール 8

Ubuntuのユーザー名とパスワードの作成 8

rootユーザーの設定 9

インスタンスバージョンの確認 9

1-2-3 セットアップスクリプトの実行 10

①DNSクライアントの設定 12

②Ubuntuのアップデート 12

③Dockerのインストール 12

④tinetのインストール 13

⑤wsl.confの設定 13

1-2-4 チェックスクリプトの実行 15

1-3 ツールの使い方を理解しよう 18

1-3-1 WSL2の使い方 18

本書に関連するwslコマンドのオプション 18

WSLインスタンスの起動方法 19

WSLインスタンスの停止方法 20

WSLインスタンスとファイルのやりとり 21

1-3-2 Dockerの使い方 22

本書に関連するdockerコマンド 22

コンテナへのログイン 23

コンテナの状態確認 24

イメージの確認 24

本書で使用するイメージ 25

1-3-3 tinetの使い方……28
本書に関連するtinetコマンド……28
ネットワーク環境の構築……28
コンテナの設定……29
テストコマンドの実行……30
検証環境の削除……30
ネットワーク環境の可視化……31

1-4 | 検証環境を構築しよう……32
1-4-1 検証環境構築……32
1-4-2 構成概要……33
家庭内LAN……34
インターネット……34
サーバーサイト……34
1-4-3 動作確認……36

1-5 | 設定ファイルの使い方……37

Chapter 2 レイヤー 2プロトコルを知ろう 39

2-1 | 検証環境を知ろう……40
sw1（L2スイッチ）……40
sw2（L2スイッチ）……40

2-2 | ネットワークプロトコルを知ろう……42
2-2-1 イーサネット……43
▶机上で知ろう……43
イーサネットⅡのフレームフォーマット……43
MACアドレス……45
▶実践で知ろう……48
tcpdump……50
Wireshark……50
パケットをキャプチャしよう……52
パケットを解析しよう……55
2-2-2 ARP（Address Resolution Protocol）……59
▶机上で知ろう……60
ARPのフレームフォーマット……60
ARPによるアドレス解決の流れ……62
ARPのキャッシュ機能……64

▶ 実践で知ろう ……66
パケットをキャプチャしよう ……66
パケットを解析しよう ……69

2-3 ネットワーク技術を知ろう ……72

2-3-1 L2スイッチング ……72
▶ 机上で知ろう ……72
▶ 実践で知ろう ……75
MACアドレスが重複したときの挙動 ……78

2-3-2 VLAN（Virtual LAN） ……83
▶ 机上で知ろう ……83
ポートVLAN ……83
タグVLAN ……84
▶ 実践で知ろう ……87
ポートVLAN ……87
タグVLAN ……93

Chapter 3 レイヤー3プロトコルを知ろう 99

3-1 検証環境を知ろう ……100
rt1（ブロードバンドルーター） ……100
rt2、rt3（インターネットルーター） ……100
fw1（ファイアウォール） ……101

3-2 ネットワークプロトコルを知ろう ……103

3-2-1 IP（Internet Protocol） ……104
▶ 机上で知ろう ……104
IPのパケットフォーマット ……105
IPアドレスとサブネットマスク ……109
いろいろなIPアドレス ……110
▶ 実践で知ろう ……119
パケットをキャプチャしよう ……119
パケットを解析しよう ……122

3-2-2 ICMP（Internet Control Message Protocol） ……124
▶ 机上で知ろう ……124
ICMPのパケットフォーマット ……125
いろいろなICMPタイプとコード ……126
▶ 実践で知ろう ……128
パケットをキャプチャしよう ……128
パケットを解析しよう ……130

3-3 ネットワーク技術を知ろう …… 132

3-3-1 ルーティング …… 133
▶机上で知ろう …… 133
ルーティングの動作 …… 133
ルーティングテーブル …… 137
▶実践で知ろう …… 140
静的ルーティング …… 140
動的ルーティング …… 145

3-3-2 NAT（Network Address Translation） …… 153
▶机上で知ろう …… 153
静的NAT（Static NAT） …… 153
NAPT …… 154
▶実践で知ろう …… 155
静的NAT …… 155
NAPT …… 165

Chapter 4 レイヤー4プロトコルを知ろう 171

4-1 検証環境を知ろう …… 172

fw1（ファイアウォール） …… 172

4-2 ネットワークプロトコルを知ろう …… 174

4-2-1 UDP（User Datagram Protocol） …… 175
▶机上で知ろう …… 175
UDPのパケットフォーマット …… 176
ポート番号 …… 177
▶実践で知ろう …… 179
パケットをキャプチャしよう …… 179
パケットを解析しよう …… 182

4-2-2 TCP（Transmission Control Protocol） …… 183
▶机上で知ろう …… 184
TCPのパケットフォーマット …… 184
TCPにおける状態遷移 …… 191
▶実践で知ろう …… 199
パケットをキャプチャしよう …… 199
パケットを解析しよう …… 201

4-3 | ネットワーク技術を知ろう …… 205

4-3-1 UDPファイアウォール …… 205

▶机上で知ろう …… 205

▶実践で知ろう …… 210

4-3-2 TCPファイアウォール …… 220

▶机上で知ろう …… 220

▶実践で知ろう …… 226

Chapter 5 レイヤー 7プロトコルを知ろう 231

5-1 | 検証環境を知ろう …… 232

lb1（負荷分散装置） …… 232

ns1（DNSサーバー） …… 232

rt1（ブロードバンドルーター） …… 232

5-2 | ネットワークプロトコルを知ろう …… 234

5-2-1 HTTP（Hyper Text Transfer Protocol） …… 235

▶机上で知ろう …… 235

HTTPのメッセージフォーマット …… 236

HTTP/2の接続パターン …… 247

▶実践で知ろう …… 249

パケットをキャプチャしよう …… 249

パケットを解析しよう …… 253

5-2-2 SSL/TLS（Secure Socket Layer/Transport Layer Security） …… 255

▶机上で知ろう …… 256

SSLが使用している技術 …… 257

SSLのレコードフォーマット …… 267

SSLの接続から切断までの流れ …… 271

▶実践で知ろう …… 282

パケットをキャプチャしよう …… 282

パケットを解析しよう①（SSL/TLS） …… 288

パケットを解析しよう②（HTTP/2） …… 294

5-2-3 DNS（Domain Name System） …… 301

▶机上で知ろう …… 302

ドメイン名 …… 302

名前解決 …… 303

DNSのメッセージフォーマット …… 309

▶実践で知ろう …… 309

パケットをキャプチャしよう …… 309
パケットを解析しよう …… 319
5-2-4 **DHCP（Dynamic Host Configuration Protocol）** …… 327
▶ **机上で知ろう** …… 327
静的割り当てと動的割り当て …… 327
DHCPのメッセージフォーマット …… 328
DHCPの処理の流れ …… 330
▶ **実践で知ろう** …… 331
パケットをキャプチャしよう …… 331
パケットを解析しよう …… 334

5-3 ネットワーク技術を知ろう …… 340

5-3-1 **サーバー負荷分散** …… 340
▶ **机上で知ろう** …… 341
サーバー負荷分散で使用されている機能 …… 341
サーバー負荷分散の流れ …… 344
▶ **実践で知ろう** …… 348
シンプルなサーバー負荷分散 …… 348
Cookieパーシステンスを使用したサーバー負荷分散 …… 357
5-3-2 **SSLオフロード** …… 364
▶ **机上で知ろう** …… 365
▶ **実践で知ろう** …… 367

Chapter 6 総仕上げ 375

6-1 プロトコル解説節の総仕上げ …… 376

6-2 ネットワーク技術節の総仕上げ …… 379

第1フェーズ（NIC設定フェーズ） …… 380
第2フェーズ（アドレス解決フェーズ） …… 381
第3フェーズ（名前解決フェーズ） …… 381
第4フェーズ（3ウェイハンドシェイクフェーズ） …… 384
第5フェーズ（SSLハンドシェイクフェーズ） …… 385
第6フェーズ（SSLオフロード＋負荷分散フェーズ） …… 387

索引 …… 390

Chapter **1**

検証環境を作ろう

本章では、本書における扇の要ともいえる「ネットワーク検証環境」を構築するために必要なツールや、それを使用した構築手順、思想、構成内容などについて説明します。本書は第2章以降、検証環境ありきで展開されます。本章を通じて、検証環境の全体像を理解し、本書を読み進めるための準備を整えましょう。

1-1 使用するツールを理解しよう

「ネットワーク検証環境（以下、検証環境）」とは、読んで字のごとく、「ネットワーク」の動作を「検証」するための「環境」のことです。本書は、実際に検証環境を構築し、その中でいろいろなパケットを見たり、ネットワーク機器の動作を眺めたりしながら、ネットワークの知識を深めていきます。したがって、まずは検証環境を構築しなければ始まりません。

ここでは、検証環境を構築するために必要な「WSL2（Windows Subsystem for Linux version 2）」「Docker」「tinet」という3つのツール、本書における「3種の神器」について、ざっくり説明します。

1-1-1 WSL2

WSL2は、マイクロソフトが提供する「Windows OSの中でLinux OSを動かす」ツールです。 WSL2を使用すると、Windows PCで、UbuntuやDebianなど、いろいろなLinux OSを起動でき、その中でLinuxコマンドを入力したり、Linuxアプリケーションを動かしたりできるようになります。

WSL2を支えているのは、ハイパーバイザー型の仮想化技術です。 裏ではマイクロソフト標準の仮想化ソフトウェア「Hyper-V」の上で、WSL用にカスタマイズされた仮想マシン（軽量ユーティリティ仮想マシン）が動作しています。Microsoft StoreからインストールされたWSL用のLinuxディストリビューション※1（WSLディストリビューション）は、これまたWSL2用のLinuxカーネル※2（WSL2カーネル）を使用して、仮想マシン上のLinux OS（WSLインスタンス）として動作します。

WSL2は、この仮想マシンやLinuxカーネルがWSL2用に最適化されているため、ほかのWindowsアプリケーションと同じように数秒程度で起動し、少ないメモリでもサクサク動作します。また、WSL2は、個人・家庭向けの安価なWindowsエディションであるHome Editionでも動作します。お財布に優しいところも魅力でしょう。本書のコンセプト「速く」「軽く」「安く」にぴったりということで、今回はこちらを使用することに決めました。

本書では、WSL2でUbuntu 20.04のWSLインスタンスを動かします。

※1　OSとして必要な機能やいろいろなツールをまとめたもの。ライブラリやシェル、コマンド、アプリケーションなどが含まれます。
※2　メモリ管理機能やプロセス管理機能、ネットワーク機能など、OSの中核的な役割を担うプログラムのこと。

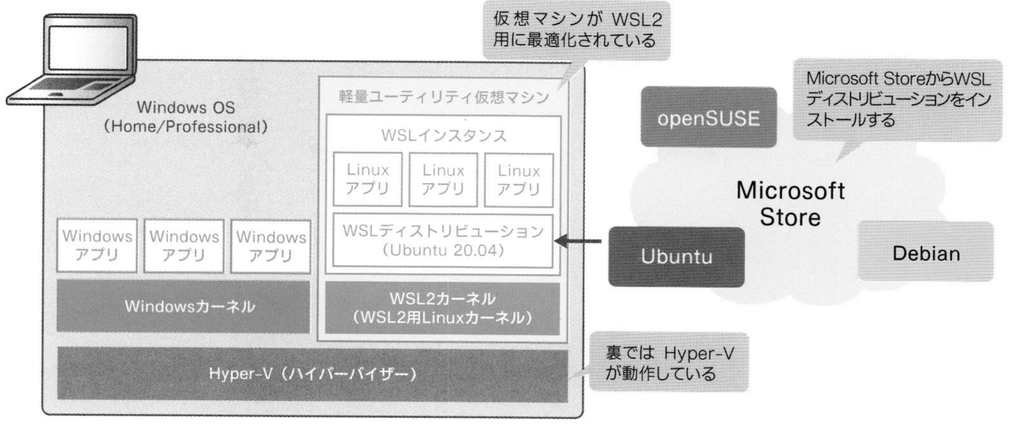

図 ● WSL2を使用して、Windows OSの中でLinux OSを動かす

1-1-2 Docker

Dockerは、Docker社が提供するオープンソースのコンテナ型仮想化ツールです。Dockerを使用すると、1つのLinux OSの上であたかも複数のLinux OSが動作するかのように見せることができます。Dockerは、大きく「Dockerエンジン」「イメージ」「コンテナ」の3つで構成されています。

Dockerエンジンは、Dockerをインストールするとできる土台、母艦のようなものです。実際には、コンテナを起動したり、停止したり、削除したり、いろいろな役割を担っています。Dockerといえば、イコールDockerエンジンのことと考えてよいでしょう。

イメージは、コンテナを作るためのテンプレート(金型)のようなものです。アプリケーションを動作するために必要なデータが含まれていて、イメージを起動すると、コンテナができます。イメージは、何もないところから作り始めるというわけではなくて、はじめは「Docker Hub」という、Docker社が運営するWebサイトからダウンロードします。Docker Hubには「nginxがインストールされているイメージ」や「MySQLがインストールされているイメージ」など、いろいろなイメージが用意されています。目的に応じたイメージをダウンロードして、起動すると、イメージに応じたコンテナができます。

コンテナは、アプリケーションの実行環境のことです。この実行環境がDockerエンジン上で隔離されていて、しかもLinux OS っぽく動作するようにできているので、あたかも1つのLinux OSの上で複数のLinux OSが動作しているかのように見えます。コンテナは、ベースとなるOS[※3]の1プロセスとして動作するため、ほかのアプリケーションと同じように、すぐ起動します。また、複数のコンテナでLinuxカーネルを共有するため、そこまでメモリやディスクを消費しません。これまた本書のコンセプト「速く」「軽く」「安く」にぴったりということで、今回はこちらを使用することにしました。それに、ネットワークのトレンドが徐々に仮想化からコンテナ化に移行しつつあるという点も使用するポイント

※3 本書の場合は、WSL2上で動作するUbuntu 20.04がこれにあたります。

になりました。

本書では、WSL2上で動作するUbuntu 20.04にDockerをインストールし、後述するtinetを通じて、コンテナを設定します。

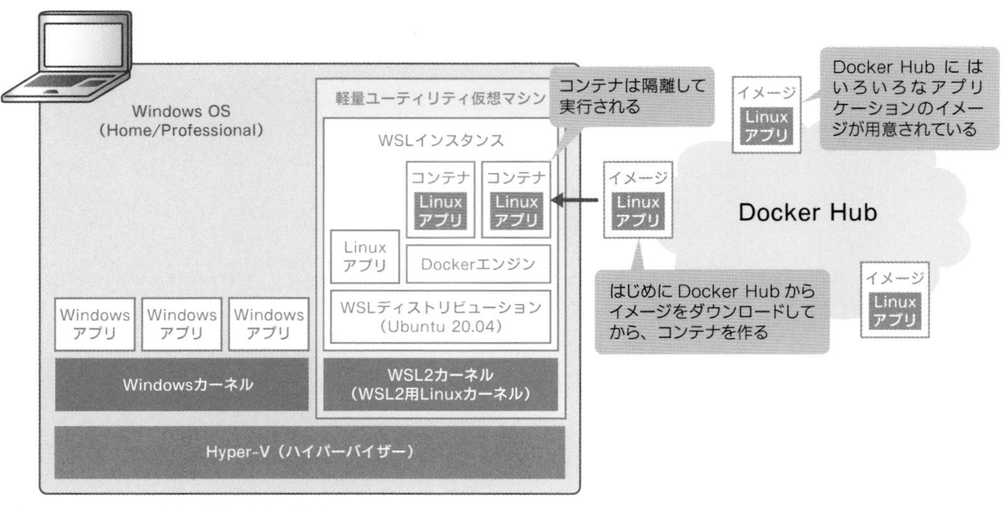

図 ● Dockerで実行環境を隔離する

1-1-3 tinet

tinetは、前田章吾氏と城倉弘樹氏が開発し、GitHub上で公開されている、Dockerを利用した検証環境構築ツールです。tinetを使用すると、ファイルをコマンドから読み込むだけで、いろいろなネットワーク環境を構築することができます。

これまで、ネットワークの検証環境を構築するツールといえば、「CML（Cisco Modeling Labs）」や「EVE-NG（Emulated Virtual Environment Next Generation）」など、仮想化環境を使用するものが多く、どうしてもPCのリソースを必要としてしまうという、大きな欠点がありました。tinetは足回りにDockerを使用しているので、それほどリソースを必要とせず、多少コンテナの数が増えても、サクサク動作します。また、YAML（YAML Ain't Markup Language）で記述された**「設定ファイル」を読み込むだけで、「1イメージのダウンロード」→「2ネットワーク環境の構築」→「3コンテナの起動」→「4コンテナ（ネットワーク機器・サーバー）の設定」という、検証環境を構築するために必要な一連の作業を行うことができ、すばやく検証環境を構築できます。**肝となる設定ファイルについても、GitHub上にテンプレートが用意されていますし、何より猛者が作ったサンプルファイルがたくさんアップされているところも、初心者にとってありがたいところでしょう。

tinetでは、たとえばルーターだったら「FRR（FRRouting）」、L2スイッチだったら「OVS（Open vSwitch）」など、ネットワーク機器と同じ基本機能を持つアプリケーションをインストールしたイメージを使用して、検証環境を構築することになります。メーカー独自の機能であったり、メーカー特有の動作であったりを検証できるわけではありませんが、ネットワークプロトコルの中身やネットワーク機器の基本的な動作を「速く」「軽く」「安く」学習するにはちょうどいいツールと言えるでしょう。

本書では、筆者が用意した設定ファイルを使用して、異なる役割を持つ13台のコンテナで構成された検証環境を構築します。

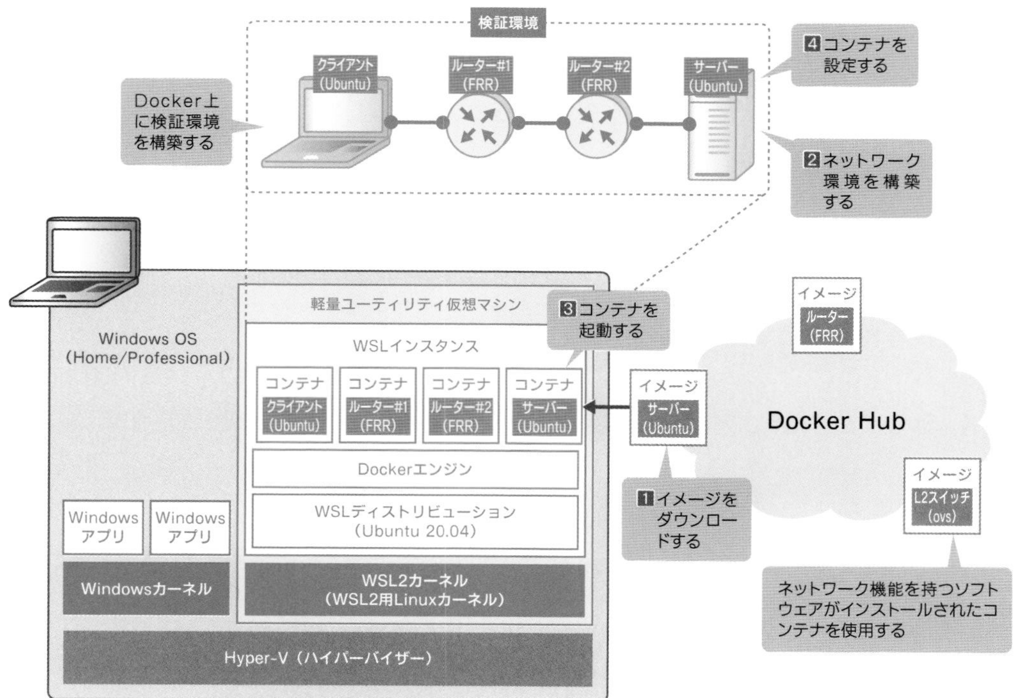

図 ● tinetでDocker上に検証環境を構築する

Note tinetの公式サイト

tinetはオープンソースのプロジェクトとして開発が続けられており、最新バージョンは以下の公式サイトから入手できます。

URL https://github.com/tinynetwork/tinet

公式サイトでは、tinetのコマンドや設定ファイルの記述フォーマットが紹介されているだけでなく、検証に役立つ設定ファイルのサンプルもたくさん公開されています。GitHubのスターやプルリクエストも歓迎とのことですので、関心のある方はぜひアクセスしてみてください。

なお、本書の検証環境構築にあたっては、本書ダウンロードページから入手できるセットアップ用ファイルを利用する方法を解説します。

1-2 ツールをPCにインストールしよう

さて、ここまで本書の三種の神器ともいえる「WSL2」「Docker」「tinet」について、説明してきました。もしかしたら「なんだかよくわからない…」「難しそう…」と、すでにおいてけぼりを食らった感がある読者の方もいるかもしれません。でも大丈夫。インストールしてみて、実際に設定していけば、「あー、こういうことだったのかー」と、なんとなくイメージが湧いてくるはずです。ここから先も入力するひとつひとつのコマンドの意味を説明してはいますが、意味がよく理解できないときは読み飛ばして、とりあえずコマンドだけを見てインストールしてみましょう。インストール自体はそこまで難しいものではありません。手順に沿ってコマンドを打っていくだけです。

1-2-1 PCのスペック要件

本書の検証環境を構築し、実証したPCのスペックは次表のとおりです。2022年9月時点で、価格.com（www.kakaku.com）で最も売れていたノートPC「HP 15s-eq3000 G3 価格.com限定」をベースにしています。

スペック		特記事項
OS	Windows 11	Windows 10でも動作しますが、本書ではWindows 11ベースで説明します。
エディション	Home Edition	Professional Editionでも動作します。
バージョン	23H2	Windows 10の場合は、バージョン2004（ビルド 19041）以上にアップデートしてください。
ビルド	22631.2715	
システムの種類	64ビット	32ビットではWSL2が動作しません。必ず64ビットを選択してください。
CPU	第4世代 AMD Ryzen 5 5625U 2.3GHz/6コア	廉価版を除く、Intel Core iシリーズでも動作します。
メモリ容量	16GB	このPC環境では、すべての設定をしたときに、WSL2だけで3GB程度使用しました※1。
ストレージ容量	512GB	このPC環境では、すべての設定をしたときに、WSL2だけで4GB程度使用しました※2。
その他機能	仮想化支援機能対応	この機能を有効にしないと、WSL2が動作しません。最近のPCはほぼ対応しています。
	インターネット接続	ツールをオンラインインストールする必要があるため、PCがインターネットに接続している必要があります。

表 ● PCのスペック要件

※1 タスクマネージャー上のVmmemWSLのサイズで計測しました。
※2 ストレージ上にある仮想ディスク（ext4.vhdx）のサイズで計測しました。

もちろんこれ以外、あるいはこれ以下のスペックであっても動作するとは思います。が、しかし、本書ですべてのPC環境をサポートすることもできないので、このスペックをインストール手順のスタート地点として定義させてください。各項目において、参考になりそうな情報も特記事項として記載しておきましたので、あわせて参考にしてください。

1-2-2 WSL2のインストール

まず、WSL2をインストールします。WSL2は、Windows 11、またはWindows 10のバージョン2004（ビルド19041）以上であれば、コマンドひとつでインストールできます。

仮想化支援機能の有効化

p.2で説明したとおり、WSL2は裏でHyper-Vが動作しています。Hyper-Vを動作させるためには、仮想化ソフトウェアの処理の一部をCPUで処理する「仮想化支援機能」を有効にする必要があります。仮想化支援機能が有効になっているかどうかは、タスクマネージャーの「パフォーマンス」タブにあるCPUの仮想化の項目で確認できます。最近のPCではデフォルトで有効にされているはずです。**もし無効にされていた場合は、UEFI/BIOSを起動して、CPUの詳細設定などから仮想化支援機能を有効にしてください**[※3]。

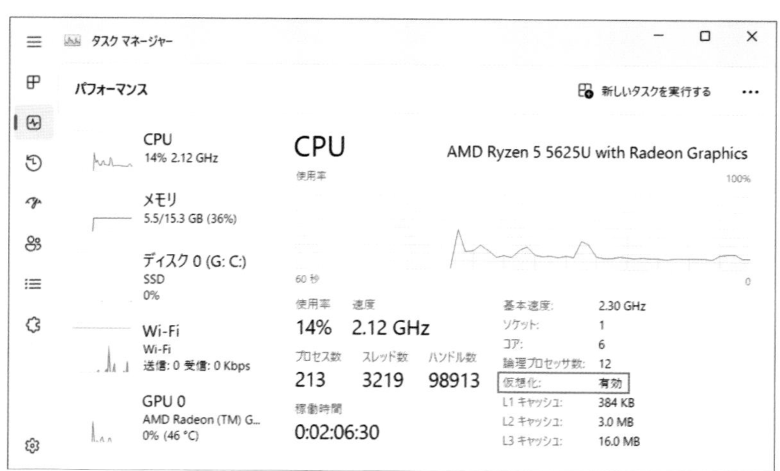

図 ● タスクマネージャーでCPUの仮想化支援機能が有効になっていることを確認する

※3 仮想化支援機能は、IntelのCPUであれば「Intel Virtualization Technology」、AMDのCPUであれば「SVM Mode」「Virtualization Technology」などの項目で表示されます。

WSL2のインストール

ターミナル(Windows Terminal)を管理者モードで開き※4※5、「wsl --install --distribution Ubuntu-20.04」と入力します。このコマンドをひとつ入力するだけで、「仮想マシンプラットフォーム」や「Linux用Windowsサブシステム」、WSLインスタンスなど、**WSL2でUbuntu 20.04のWSLインスタンスを動かすために必要な機能がすべてインストールされます。**インストールが完了したら※6、メッセージに従ってPCを再起動してください。

```
Windows PowerShell
Copyright (C) Microsoft Corporation. All rights reserved.

新機能と改善のために最新の PowerShell をインストールしてください!https://aka.ms/PSWindows

PS C:¥Users¥user1> wsl --install --distribution Ubuntu-20.04
インストール中: 仮想マシン プラットフォーム
仮想マシン プラットフォーム はインストールされました。
インストール中: Linux 用 Windows サブシステム
Linux 用 Windows サブシステム はインストールされました。
インストール中: Ubuntu 20.04 LTS
Ubuntu 20.04 LTS はインストールされました。
要求された操作は正常に終了しました。変更を有効にするには、システムを再起動する必要があります。

PS C:¥Users¥user1> shutdown /r /t 0
```

図●ターミナルでインストールコマンドを入力する

Ubuntuのユーザー名とパスワードの作成

再起動が完了すると、ターミナルが自動的に起動し※7、インストールの続きが行われます。数分経つと、インストールが完了し、Ubuntuのデフォルトユーザー名とパスワードの作成を求められます。任意のユーザー名とパスワードを入力してください※8。すると、Welcomeメッセージやシステムの情報が表示されたあとに、コマンドを入力できるようになります。

```
Ubuntu 20.04 LTS は既にインストールされています。
Ubuntu 20.04 LTS を起動しています...
Installing, this may take a few minutes...
Please create a default UNIX user account. The username does not need to match your
Windows username.
For more information visit: https://aka.ms/wslusers
Enter new UNIX username: ubuntu
```

※4 スタートメニューを右クリックしたあと「ターミナル(管理者)」をクリックすると、設定で指定したプロファイルのコマンドラインアプリケーションが起動します。ここでは、プロファイルがデフォルトの「Windows PowerShell」に設定されている前提で説明しています。
※5 Windows 10の場合は、スタートメニューを右クリックしたあと「Windows PowerShell (管理者)」をクリックしてください。
※6 途中で何度かユーザーアカウント制御のウィンドウが開きます。いずれも「はい」をクリックして、インストールを進めてください。
※7 Windows 10の場合は、WSLコンソールが起動します。
※8 Windows OSのユーザー名やパスワードとは関係ありません。

```
New password:
Retype new password:
passwd: password updated successfully
この操作を正しく終了しました。
Installation successful!
To run a command as administrator (user "root"), use "sudo <command>".
See "man sudo_root" for details.

Welcome to Ubuntu 20.04 LTS (GNU/Linux 5.10.16.3-microsoft-standard-WSL2 x86_64)

 * Documentation:  https://help.ubuntu.com
 * Management:     https://landscape.canonical.com
 * Support:        https://ubuntu.com/advantage

（中略）

This message is shown once once a day. To disable it please create the
/home/ubuntu/.hushlogin file.
ubuntu@WINDOWS:~$
```

図 ● ユーザー名とパスワードを作成する

rootユーザーの設定

今回は、検証環境構築のためということで、扱いやすいように「sudo passwd root」コマンドでrootユーザーのパスワードを設定し、「su」コマンドでrootユーザーになります。以降、rootユーザーでコマンドを入力する前提で進めていきます。

```
ubuntu@WINDOWS:~$ sudo passwd root
[sudo] password for ubuntu:
New password:
Retype new password:
passwd: password updated successfully
ubuntu@WINDOWS:~$ su
Password:
root@WINDOWS:/home/ubuntu#
```

図 ● rootユーザーを設定し、ログインする

インスタンスバージョンの確認

WSL"2"というからには、WSL"1"も当然存在しています。しかし、**WSL2のほうが軽量かつ高速で、DockerもWSL2の使用を推奨しているため、本書ではバージョン2を使用します。**「wsl --list --verbose（ショートオプションの場合は、wsl -l -v)」を入力し、Ubuntu 20.04のWSLインスタンスのバージョンが「1」であれば、「wsl --set-version Ubuntu-20.04 2」と入力して、バージョンを変更してください。そして、バージョンが変更されたことを確認してください。すでにバージョンが「2」になっていれば、続くセットアップスクリプトの実行に進んでください。

```
PS C:¥Users¥user1> wsl --list --verbose
  NAME            STATE           VERSION
* Ubuntu-20.04    Stopped         1

PS C:¥Users¥user1> wsl --set-version Ubuntu-20.04 2
変換中です。この処理には数分かかることがあります...
WSL 2 との主な違いについては、https://aka.ms/wsl2 を参照してください
変換が完了しました。

PS C:¥Users¥user1> wsl --list --verbose
  NAME            STATE           VERSION
* Ubuntu-20.04    Stopped         2
```

図●インスタンスのバージョンを確認し、必要に応じて変更する

1-2-3 セットアップスクリプトの実行

続いて、DockerとtinetをWSLインスタンス（Ubuntu）にインストールします。まずは、以下のダウンロードページからインストールに使用するファイル（tinet.zip）をダウンロードしましょう。

検証環境構築用ファイルのダウンロードページ
URL https://www.sbcr.jp/support/4815617794/

ファイルをダウンロードして、解凍すると、「tinet」という名前のフォルダができます。それをフォルダごとCドライブの直下に配置します。tinetフォルダの中には8つのファイルが含まれているはずです。このファイルたちが本書を読み進めるために必要な「秘伝のタレ」のようなものです。

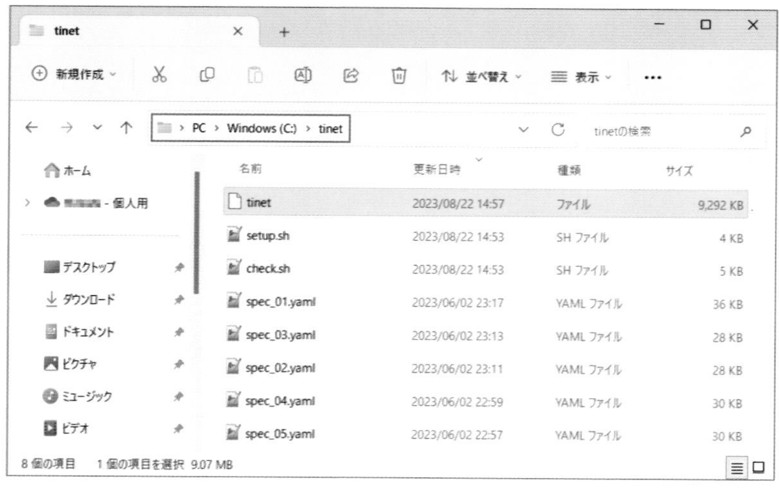

図●本書で使用するファイル

さて、このうちセットアップに使用するスクリプトが「setup.sh」です。このスクリプトファイルは、Windows OSから見ると「C:¥tinet」にあるように見えますが、WSLインスタンスからlsコマンドで見ると「/mnt/c/tinet」にあるように見えます※9。

```
root@WINDOWS:/home/ubuntu# ls -al /mnt/c/tinet
total 9460
drwxrwxrwx 1 root root    4096 Aug 22 15:04 .
drwxrwxrwx 1 root root    4096 Aug 18 07:08 ..
-rwxrwxrwx 1 root root    4430 Aug 22 14:53 check.sh
-rwxrwxrwx 1 root root    3238 Aug 22 14:53 setup.sh
-rwxrwxrwx 1 root root   36082 Jun  2 23:17 spec_01.yaml
-rwxrwxrwx 1 root root   27926 Jun  2 23:11 spec_02.yaml
-rwxrwxrwx 1 root root   28226 Jun  2 23:13 spec_03.yaml
-rwxrwxrwx 1 root root   29718 Jun  2 22:59 spec_04.yaml
-rwxrwxrwx 1 root root   30359 Jun  2 22:57 spec_05.yaml
-rwxrwxrwx 1 root root 9514637 Aug 22 14:57 tinet
```

図 ● 「C:¥tinet」はWSLインスタンスでは「/mnt/c/tinet」に相当する

そこで、WSLインスタンスで、そのファイルパスを指定したbashコマンドを実行します。すると、「① DNSクライアントの設定」→「② Ubuntuのアップデート」→「③ Dockerのインストール」→「④ tinetのインストール」→「⑤ wsl.confの設定」の順に処理が進みます※10。

```
root@WINDOWS:/home/ubuntu# bash /mnt/c/tinet/setup.sh
============================================================
Changing nameservers...
============================================================
Changed nameservers.

============================================================
Updating Ubuntu... (This may take some time...)
============================================================
/ Command is still running...
Checked internet connectivity. (Step 1/3)
- Command is still running...
Updated Ubuntu. (Step 2/3)
| Command is still running...
Upgraded Ubuntu. (Step 3/3)

============================================================
Installing Docker... (This may take some time...)
============================================================
/ Command is still running...
```

※9　Windows OSとWSL2のフォルダの関係性については、p.21で説明します。
※10　途中でインターネットからファイルをダウンロードします。家庭の有線LAN環境やWi-Fi環境など、安定したインターネット環境で実行するようにしてください。

```
Installed Docker.

============================================================
Installing tinet...
============================================================
Installed tinet.

============================================================
Writing to wsl.conf...
============================================================
Wrote to wsl.conf.

============================================================
Setup complete. Please restart this WSL instance.
============================================================
```

図●セットアップスクリプトの実行

それでは、各ステップにおいて、どのような処理が行われているか説明しましょう。

① DNSクライアントの設定

DNSクライアントの設定をする、つまりDNSサーバーのIPアドレスを指定する「/etc/resolv.conf」は、デフォルトで起動するたびにWSLから自動的に生成されます。しかし、それがなぜかたまにうまく動作せず、WSLインスタンスからインターネットに対する接続に失敗することがあります。そこで、そのファイルをいったん削除し、新しく同じファイル名でGoogleのパブリックDNSサーバーのIPアドレス（8.8.8.8）と、CloudflareのパブリックDNSサーバー（1.1.1.1）を指定します。また、そのあと、そのファイルが変更されないように、chattrコマンドでImmutableフラグを設定します。

② Ubuntuのアップデート

pingコマンドでインターネットへの接続性を確認したり、時刻を合わせたりしたあと※11、apt-get updateコマンドで利用可能なアップデート情報を取得し、apt-get upgradeコマンドでアップデートします。ファイルをダウンロードしたり、インストールしたりするので、若干時間がかかりますが、急がず慌てず気長に待ちましょう。

③ Dockerのインストール

3種の神器のひとつ、Dockerをインストールします。Dockerのインストールにはいろいろな方法がありますが、本書ではDocker社が用意しているインストールスクリプトを使用します。curlコマンドでインストールスクリプトをダウンロードし、shコマンドでインストールを実行します。この処理にも多少時間がかかります。急がず慌てず気長に待ちましょう。

※11　ごくまれに時刻合わせに失敗することがあります。その場合は、再度セットアップスクリプトを実行すると解決することがあります。

④ tinetのインストール

最後の3種の神器、tinetをインストールします。tinetのデータは、GitHub（https://github.com/tinynetwork/tinet）上に公開されています。先ほど展開したtinetフォルダには、そこからダウンロードした、2023年8月時点の最新バージョン（v0.0.3）が含まれています。それをcpコマンドで/usr/binの配下にコピーし、chmodコマンドで実行権を与えます。

⑤ wsl.confの設定

wsl.confは、WSLインスタンスが起動するときの動作を制御するテキストファイルです。/etcの配下に新しく作ります。setup.shは、wsl.confに「ホスト名」「resolv.confの自動生成無効化」「Dockerサービスの自動起動」「デフォルトログインユーザー」を設定します。それぞれの内容は以下のとおりです。

▶ ホスト名

WSLインスタンスは、デフォルトで母艦となるWindows OSのホスト名を引き継ぎます。もちろんこれでも動作に問題があるわけではありませんが、ターミナルでコマンドを入力するとき、Windows OSで作業しているのか、WSLインスタンス（Ubuntu）で作業しているのか、一目で判断しづらく、混乱を招く要因になりがちです。そこで、本書ではWSLインスタンスが起動するときに、ホスト名を指定します。ここでは、見分けがつきやすいように「UBUNTU」というホスト名を設定します。

▶ resolv.confの自動生成無効化

先述のとおり、DNSサーバーのIPアドレスを指定する「/etc/resolv.conf」は、起動するたびに自動的に生成されます。そこで、networkセクションに「generateResolvConf = false」と記述して、この自動生成を無効にします。すると、再起動したあとも、①で設定したresolv.confを使用するようになります。

▶ Dockerサービスの自動起動

本書において、重要な役割を担うDockerサービスは、デフォルトではWSLインスタンスが起動しても、自動的に起動することはありません。そこで、bootセクションにDockerサービスを自動的に起動する「command = "service docker start"」を記述します[※12]。

▶ デフォルトログインユーザー

スタートメニューやwslコマンドでWSLインスタンスにログインすると、デフォルトでは最初に作成したユーザーでログインすることになります。そこで、userセクションに「default = root」と記述し、デフォルトで、rootユーザーでログインするようにします。

※12　Windows 10の場合、WSL2のバージョンによっては、commandの設定が機能しません。その場合は「wsl --update」でWSL2をアップデートしてください。

すべての処理が問題なく終わったら、「Setup complete. Please restart this WSL instance.」と表示されます。メッセージに従って、WSLインスタンスを再起動してください。ちなみに、WSLインスタンスは、一般的なLinux OSで使用するrebootコマンドやshutdownコマンドが使用できません。ターミナルやPowerShellのウィンドウ、あるいはタブを新しく開き、「wsl --terminate Ubuntu-20.04」と「wsl --distribution Ubuntu-20.04」を入力して、インスタンスを再起動します[※13]。

```
Windows PowerShell
Copyright (C) Microsoft Corporation. All rights reserved.

新機能と改善のために最新の PowerShell をインストールしてください!https://aka.ms/PSWindows

PS C:¥Users¥user1> wsl --terminate Ubuntu-20.04
この操作を正しく終了しました。

PS C:¥Users¥user1> wsl --distribution Ubuntu-20.04
Welcome to Ubuntu 20.04.6 LTS (GNU/Linux 5.15.90.1-microsoft-standard-WSL2 x86_64)

 * Documentation:  https://help.ubuntu.com
 * Management:     https://landscape.canonical.com
 * Support:        https://ubuntu.com/advantage

(中略)

This message is shown once a day. To disable it please create the
/root/.hushlogin file.
root@UBUNTU:/mnt/c/Users/user1#
```

図●WSLインスタンスの再起動

ちなみに、各ステップで実行されたコマンドとその結果は「/var/log/setup.log」にログとして記録されています。途中でコマンドがエラーになっていたり、ファイルをダウンロードできなかったりしたときなど、何か問題があったら、それを手がかりに設定を修正しましょう。

```
root@UBUNTU:/mnt/c/Users/user1# cat /var/log/setup.log

==========================================================
Changing nameservers...
==========================================================
Executing: rm -f /etc/resolv.conf
Executing: echo -e "nameserver 8.8.8.8¥nnameserver 1.1.1.1" > /etc/resolv.conf
Executing: chattr +i /etc/resolv.conf

Changed nameservers.
```

※13　WSLインスタンスの起動や停止の方法については、p.19から詳しく説明します。

```
========================================================
Updating Ubuntu... (This may take some time...)
========================================================
Executing: hwclock --hctosys
Executing: ping -c 2 8.8.8.8
PING 8.8.8.8 (8.8.8.8) 56(84) bytes of data.
64 bytes from 8.8.8.8: icmp_seq=1 ttl=57 time=7.69 ms
64 bytes from 8.8.8.8: icmp_seq=2 ttl=57 time=9.37 ms

--- 8.8.8.8 ping statistics ---
2 packets transmitted, 2 received, 0% packet loss, time 1002ms
rtt min/avg/max/mdev = 7.686/8.527/9.368/0.841 ms

Checked internet connectivity. (Step 1/3)

(以下、省略)
```

図 ● setup.log

1-2-4 チェックスクリプトの実行

最後に、問題なくセットアップが完了しているかをチェックします。チェックに使用するスクリプトは、先ほど展開したtinetフォルダの中にある「check.sh」です。このファイルをbashコマンドで実行すると、最初にWSLインスタンスを再起動したかどうかを問われ、そのあと「① Dockerのインストール確認」→「② tinetのインストール確認」→「③ wsl.confの設定確認（ホスト名やDockerサービスの起動確認、ログインユーザー確認）」の順にチェックが進みます。

すべてのチェックが問題なく完了したら、最後に「All checks passed successfully.」と表示されるはずです。

```
root@UBUNTU:/mnt/c/Users/user1# bash /mnt/c/tinet/check.sh
Have you restarted your WSL2 instance? (y/n) y

========================================================
Checking /etc/resolv.conf configuration...
========================================================
/etc/resolv.conf exists.
Nameservers are set correctly in /etc/resolv.conf.

========================================================
Checking Docker installation...
========================================================
Docker is installed and accessible.

========================================================
Checking tinet installation...
```

```
==========================================================
tinet is installed and accessible.

==========================================================
Checking WSL configuration...
==========================================================
Hostname is UBUNTU
Docker service is running.
Logged in as 'root'.

==========================================================
All checks passed successfully.
==========================================================
```

図●チェックスクリプトの実行

もし、最後に「Some checks did not pass. Please review /var/log/check.log.」と表示されたら、検証環境の構築に最低限必要な設定が不足しています。各ステップで実行されたコマンドやその結果が「/var/log/check.log」にログとして残っているので、それを手がかりに設定を修正しましょう。

```
root@UBUNTU:/mnt/c/Users/user1# cat /var/log/check.log

==========================================================
Checking /etc/resolv.conf configuration...
==========================================================
/etc/resolv.conf exists.

Nameservers are set correctly in /etc/resolv.conf.

Executing: cat /etc/resolv.conf
nameserver 8.8.8.8
nameserver 1.1.1.1

==========================================================
Checking Docker installation...
==========================================================
Docker is installed and accessible.

Executing: docker --version
Docker version 24.0.5, build ced0996

（以下、省略）
```

図●check.log

Note Macに検証環境を構築したいときは

MacでもWSL2の代わりにMultipassを使用して、Ubuntuの仮想化環境を構築すれば、同じようにtinetを使用できます。Macでの構築手順は以下のとおりです。なお、macOSバージョン：12.7、CPU：Intel Core i7、メモリ：16GB、ストレージ：512GBの環境で実証しています。

1 Homebrewをインストールします。HomebrewのWebサイト（https://brew.sh）にテキストで記載されているコマンドをターミナルにコピペして、インストールできます。

```
user01@macbook ~ % /bin/bash -c "$(curl -fsSL https://raw.githubusercontent.com/
Homebrew/install/HEAD/install.sh)"
```

2 brewコマンドを使用して、Multipassをインストールします。

```
user01@macbook ~ % brew install --cask multipass
```

3 本書ダウンロードページ（https://www.sbcr.jp/support/4815617794/）から、tinet_mac.zipをダウンロード・解凍し、ユーザーのホームディレクトリ（/Users/[ユーザー名]/）直下に配置します。

4 multipass launchコマンドを使用して、Multipass上で動作する仮想マシン（Ubuntu）を作成します。ここでは、「UBUNTU」というホスト名でvCPUを2個割り当てた仮想マシンを作成します。また、あわせて、3で作成したディレクトリ（/Users/[ユーザー名]/tinet）を、仮想マシンの「/mnt/c/tinet」にマウントします。

```
user01@macbook ~ % multipass launch 20.04 --cpus 2 --name UBUNTU --mount /Users/
user01/tinet:/mnt/c/tinet
Launched: UBUNTU
Mounted '/Users/user01/tinet' into 'UBUNTU:/mnt/c/tinet'
```

5 multipass shellコマンドで仮想マシンにログインし、rootユーザーのパスワードを設定したあと、rootユーザーになります。

```
user01@macbook ~ % multipass shell UBUNTU
Welcome to Ubuntu 20.04.6 LTS (GNU/Linux 5.4.0-164-generic x86_64)
(中略)
ubuntu@UBUNTU:~$ sudo passwd root
New password: 
Retype new password: 
passwd: password updated successfully

ubuntu@UBUNTU:~$ su
Password: 

root@UBUNTU:/home/ubuntu#
```

6 仮想マシンでセットアップスクリプト（setup_mac.sh）で設定し、チェックスクリプト（check_mac.sh）で確認します。

```
root@UBUNTU:/home/ubuntu# bash /mnt/c/tinet/setup_mac.sh
root@UBUNTU:/home/ubuntu# bash /mnt/c/tinet/check_mac.sh
```

セットアップ完了後のログインには「multipass exec UBUNTU -- sudo -i」を使用してください。

1-3 ツールの使い方を理解しよう

さて、皆さん、三種の神器はインストールできましたか。続いて、各ツールの基本的な使い方を説明していきます。詳しい解説はそれぞれの専門家が執筆された書籍などに譲るとして、ここでは本書を読み進めるうえで、特に関係が深いコマンドや概念などに絞って説明します。

1-3-1 WSL2の使い方

まず、WSL2（Windows Subsystem for Linux version 2）の使い方について説明します。**WSLインスタンスは、ターミナルから「wsl」コマンドを使用して操作します。**

本書に関連するwslコマンドのオプション

本書に関連するwslコマンドのオプションは次表のとおりです。**一部のオプションには正規形のロングオプションに加えて、省略形のショートオプションがあります。**1つのコマンドの中で片方の形式だけを使用することもできますし、両方の形式を混在させることもできます。なお、本書では、コマンドの内容をイメージしやすいように、ロングオプションを使用するようにしています。

WSLコマンドのオプション		意味
ロングオプション使用時	ショートオプション使用時	
wsl		デフォルトのWSLインスタンスを起動する（すでに起動している場合はログインする）
wsl --distribution <WSLインスタンス名>	wsl -d <WSLインスタンス名>	指定したWSLインスタンスを起動する（すでに起動している場合はログインする）
wsl --export <WSLインスタンス名> <スナップショットファイル名>		WSLインスタンスのスナップショットファイルを作成する
wsl --help		WSLで使用できるオプションとコマンドの一覧を表示する
wsl --import <WSLインスタンス名> <配置フォルダ> <スナップショットファイル名>		スナップショットファイルからWSLインスタンスを作成する
wsl --install --distribution <WSLディストリビューション名>	wsl --install -d <WSLディストリビューション名>	指定したWSLディストリビューションをインストールする
wsl --list --online	wsl -l -o	オンラインインストールできるWSLインスタンスの種類の一覧を表示する
wsl --list --verbose	wsl -l -v	WSLインスタンスの名前やその状態、WSLバージョンを確認する

wsl --set-default <WSLインスタンス名>	wsl -s <WSLインスタンス名>	wslコマンドやSSHでログインするときに、自動的にログインされるデフォルトのWSLインスタンスを指定する
wsl --set-default-version <バージョン>		新しくインストールするWSLインスタンスのバージョンを定義する
wsl --set-version <WSLインスタンス名> <バージョン>		指定したWSLインスタンスのバージョンを設定する
wsl --shutdown		すべてのWSLインスタンスを停止する
wsl --terminate <WSLインスタンス名>	wsl -t <WSLインスタンス名>	指定したWSLインスタンスを停止する
wsl --unregister <WSLインスタンス名>		指定したWSLインスタンスの登録を解除する
wsl --user <ユーザー名>	wsl -u <ユーザー名>	指定したユーザーでデフォルトのWSLインスタンスにログインする
wsl --update		WSL2を最新状態にアップデートする

表 ● 本書に関連するwslコマンドのオプション一覧

WSLインスタンスの起動方法

先述のとおり、本書の検証環境はWSL2上のWSLインスタンスの中に展開されます。したがって、まずはWSLインスタンスを起動し、それにログインしないことには始まりません。そこで、ここではWSLインスタンスの起動方法やログイン方法について説明します。WSLインスタンスは「スタートメニュー」やターミナルの「wslコマンド」で起動することができます。

スタートメニューによる起動とログイン

スタートメニューによる起動は、ほかのWindowsアプリケーションと変わりません。スタートメニューの中に追加された「Ubuntu 20.04 on Windows」をクリックすると、WSLインスタンスが起動し、デフォルトのログインユーザーでログインした状態のターミナル、あるいはWSLコンソールが起動します。

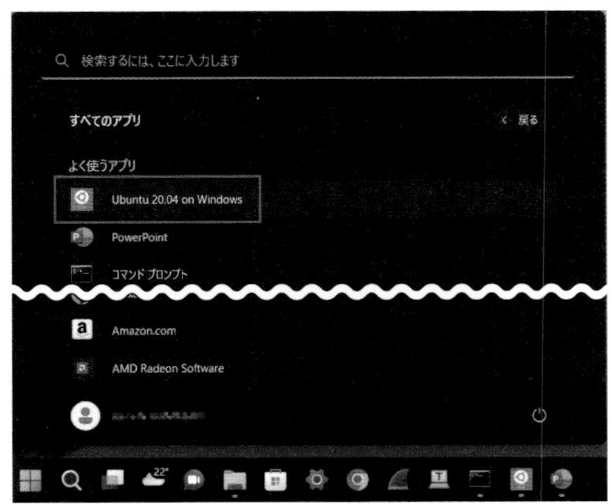

図 ● スタートメニューで起動とログイン

wslコマンドによる起動とログイン

wslコマンドによる起動は、ターミナルからwslコマンドを入力します。前項のとおり、**wslコマンドだけを入力すると、デフォルトのWSLインスタンスが起動し、そのままデフォルトのログインユーザーでログインします。**「--distributionオプション（ショートオプションの場合は、-dオプション）」を使用すると、指定したWSLインスタンスが起動し、「--userオプション」を使用すると、指定したユーザーでログインします。

```
PS C:¥Users¥user1> wsl --distribution Ubuntu-20.04 --user ubuntu
ubuntu@UBUNTU:/mnt/c/Users/user1#
```

図 ● wslコマンドで起動とログイン

WSLインスタンスの停止方法

WSLインスタンスでは、一般的なLinux OSで使用するshutdownコマンドやhaltコマンドは使用できません。エラーになります。

```
root@UBUNTU:~# shutdown
System has not been booted with systemd as init system (PID 1). Can't operate.
Failed to connect to bus: Host is down

root@UBUNTU:~# halt
System has not been booted with systemd as init system (PID 1). Can't operate.
Failed to connect to bus: Host is down
Failed to talk to init daemon.
```

図 ● WSLインスタンスではshutdownコマンドやhaltコマンドは使えない

そこで、WSLインスタンスを停止するときにもwslコマンドを使用します。ターミナルで「--terminateオプション（ショートオプションの場合は、-tオプション）」を使用すると、指定したWSLインスタンスが停止します。また、再起動についても、shutdownコマンドやrebootコマンドは実行できません。**一度wslコマンドでWSLインスタンスを停止したあと、再度スタートメニューやwslコマンドで起動し直してください。**

```
PS C:¥Users¥user1> wsl --list --verbose
  NAME            STATE           VERSION
* Ubuntu-20.04    Running         2

PS C:¥Users¥user1> wsl --terminate Ubuntu-20.04
この操作を正しく終了しました。

PS C:¥Users¥user1> wsl --list --verbose
  NAME            STATE           VERSION
* Ubuntu-20.04    Stopped         2
```

図 ● wslコマンドで停止する

WSLインスタンスとファイルのやりとり

本書には、Windows OSとWSL2のWSLインスタンスでファイルをやりとりする場面があります。ここでは、Windows OSからWSLインスタンスのフォルダにアクセスする場合と、その逆の場合について、それぞれ説明します。

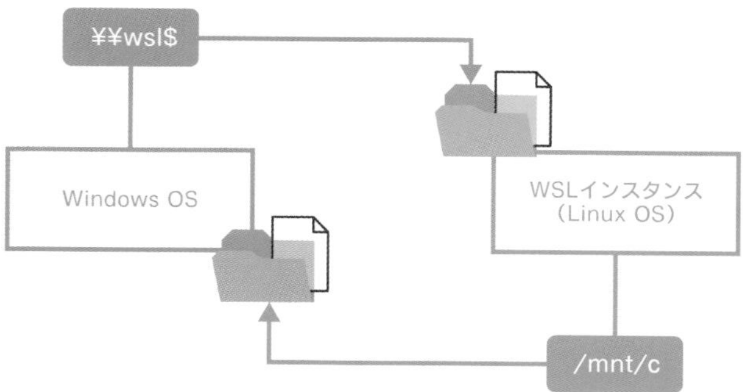

図 ● WSL2におけるファイルのやりとり

Windows OSからWSLインスタンスのフォルダにアクセス

まず、Windows OSからWSLインスタンスのフォルダにアクセスする場合です。Windows OSは、WSLインスタンスが起動すると、そのインスタンスのルートフォルダを「wsl$」という特別なアクセスパスでファイル共有します。そこで、**Windows OSのエクスプローラーのアドレスバーに「¥¥wsl$」と入力してください。**すると、起動しているWSLインスタンス名のフォルダが見えるはずです※1。それがWSLインスタンスの「/（ルートフォルダ）」です。そこからそのインスタンスのフォルダにアクセスできます。

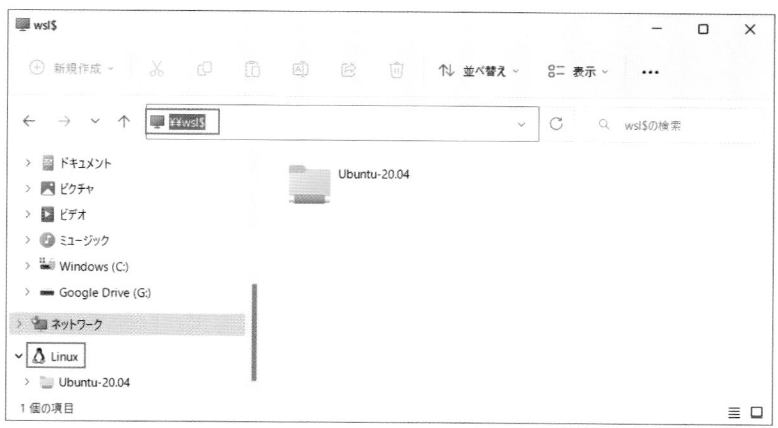

図 ● ¥¥wsl$でファイル共有される

※1 Windows 11であれば、エクスプローラーの左にあるナビゲーションペインに「Linux」という名前のペンギン（Linuxのマスコット、タックスくん）のアイコンが見えます。そちらをクリックしてもアクセスできます。

WSLインスタンスからWindows OSのフォルダにアクセス

続いて、WSLインスタンスからWindows OSのフォルダにアクセスする場合です。**WSLインスタンスは、起動するときに、Windows OSのローカルドライブを「/mnt」配下のディレクトリに自動的にマウントします。**「マウント」とは、ストレージデバイスとディレクトリを紐づける処理のことです。この処理によって、Windows OSのCドライブ（C:¥）の内容は、Ubuntuは「/mnt/c」で見られるようになります。試しにUbuntu上でlsコマンドを使用して、「/mnt/c」の中を覗いてみましょう。すると、Windows OSのCドライブの中身が見えるはずです。もちろん「/mnt/d」を指定すると、Dドライブの中身が見えます。

```
root@UBUNTU:~# ls /mnt/c
ls: cannot access '/mnt/c/DumpStack.log.tmp': Permission denied
ls: cannot access '/mnt/c/hiberfil.sys': Permission denied
ls: cannot access '/mnt/c/pagefile.sys': Permission denied
ls: cannot access '/mnt/c/swapfile.sys': Permission denied
'$Recycle.Bin'            OneDriveTemp           ProgramData                  Users
pagefile.sys
'$WinREAgent'             PerfLogs               Recovery                     Windows
swapfile.sys
'Documents and Settings' 'Program Files'        'System Volume Information' hiberfil.sys
 DumpStack.log.tmp       'Program Files (x86)'  System.sav                   tinet
```

図 ● /mnt/cが自動的にマウントされる

ちなみに、p.10では、ダウンロードページからtinet.zipをダウンロードし、解凍したtinetフォルダをCドライブ直下に配置しました。tinetフォルダは、WSLインスタンス（Ubuntu）からは/mnt/c/tinetに見え、Windows OSからはC:¥tinetに見えます。どちらのOSから見ても、同じフォルダ、同じファイルを見ることになります。

1-3-2 | Dockerの使い方

続いて、Dockerの使い方について説明します※2。**Dockerは、WSLインスタンスにrootユーザーでログインしたあと、dockerコマンドを使用して操作します。**

本書に関連するdockerコマンド

本書に関連するdockerコマンドは次表のとおりです。実際は、サブコマンドごとにいろいろなオプションが存在しています。しかし、検証環境を構築するために必要なdockerコマンドのほとんどがtinetコマンドを実行することで自動的に実行されることになるため、割愛しています。

※2 本項および次項で示されているdockerコマンドとtinetコマンドの実行結果は、本書の検証環境を構築したあとのものです。今のところは参考情報として読み流し、p.32～33で検証環境を構築したあとに再度確認してみてください。

dockerコマンド	意味
docker create	新しいコンテナを作成する
docker exec	実行中のコンテナ内でコマンドを実行する
docker images	イメージを一覧表示する
docker kill	1つ、または複数の実行中のコンテナを強制的に停止する
docker login	Dockerレジストリ（Docker Hubなど）にログインする
docker ps	コンテナを一覧表示する
docker pull	Dockerレジストリ（Docker Hubなど）からイメージやリポジトリを取得する
docker restart	1つ、または複数の実行中のコンテナを再起動する
docker rm	1つ、または複数のコンテナを削除する
docker rmi	1つ、または複数のイメージを削除する
docker run	新しいコンテナを作成して、起動する
docker search	Docker Hubのイメージを検索する
docker start	1つ、または複数の停止中のコンテナを起動する
docker stop	1つ、または複数の実行中のコンテナを停止する
man docker	Dockerのヘルプを表示する

表 ● 本書に関連するdockerコマンド一覧

コンテナへのログイン

上表の中で、本書で最もよく使用するのは「docker execコマンド」です。このコマンドは、起動したコンテナにログインするためのコマンドです。**本書では、tinet経由でダウンロード → 作成 → 起動 → 設定したコンテナに対して、docker execコマンドでログインします。**たとえば、tinet経由で作成した「cl1」という名前のコンテナにログインする場合は、「docker exec -it cl1 /bin/bash」と入力します。すると、接頭詞の@（アットマーク）の後ろに表示されるホスト名が「UBUNTU」から「cl1」に切り替わり、cl1というLinux OSにログインしたような状態になります。そして、その中でいろいろなLinuxコマンドを実行できるようになります。ログアウトするときは、「exitコマンド」を入力するか、Ctrl＋dを押します。

```
root@UBUNTU:~# docker exec -it cl1 /bin/bash

root@cl1:/# ping 192.168.11.254 -c 3
PING 192.168.11.254 (192.168.11.254) 56(84) bytes of data.
64 bytes from 192.168.11.254: icmp_seq=1 ttl=64 time=0.290 ms
64 bytes from 192.168.11.254: icmp_seq=2 ttl=64 time=0.981 ms
64 bytes from 192.168.11.254: icmp_seq=3 ttl=64 time=0.429 ms

--- 192.168.11.254 ping statistics ---
3 packets transmitted, 3 received, 0% packet loss, time 2016ms
rtt min/avg/max/mdev = 0.290/0.566/0.981/0.298 ms
```

```
root@cl1:/# exit
exit

root@UBUNTU:~#
```

図 ● docker execコマンドでコンテナにログインする

コンテナの状態確認

docker execコマンドの次に使用する頻度が高いコマンドが「docker psコマンド」です。このコマンドは、起動しているコンテナの一覧を表示するためのコマンドです。先述のとおり、コンテナ自体はtinet経由で作成されます。ただ、それがコンテナとして動作しているかどうかはわかりません。そこで、docker psコマンドでコンテナの状態を確認します。

```
root@UBUNTU:~# docker ps
CONTAINER ID   IMAGE                        COMMAND        CREATED         STATUS        PORTS   NAMES
ef3eda297177   sphalerite1313/base          "bash"         2 hours ago     Up 2 hours            cl3
0110cd92e2e3   sphalerite1313/dhclient      "bash"         2 hours ago     Up 2 hours            cl2
888772f9b5c9   sphalerite1313/dhclient      "bash"         2 hours ago     Up 2 hours            cl1
08011ba9dcc9   sphalerite1313/ovs           "/bin/sh …"    2 hours ago     Up 2 hours            sw1
f612c9e5701d   sphalerite1313/frr-ip…       "bash"         2 hours ago     Up 2 hours            rt1
f93385f2c828   sphalerite1313/nginx         "bash"         2 hours ago     Up 2 hours            sv2
bfb34d60a946   sphalerite1313/nginx         "bash"         2 hours ago     Up 2 hours            sv1
acfbad070cca   sphalerite1313/haproxy…      "bash"         2 hours ago     Up 2 hours            lb1
3b58e4b16ded   sphalerite1313/ovs           "/bin/sh …"    2 hours ago     Up 2 hours            sw2
89a0246597f9   sphalerite1313/frr-ipt…      "bash"         2 hours ago     Up 2 hours            fw1
0f2c8cc0b942   sphalerite1313/unbound       "bash"         2 hours ago     Up 2 hours            ns1
9eb5bb492997   sphalerite1313/frr           "bash"         2 hours ago     Up 2 hours            rt3
015448035d32   sphalerite1313/frr           "bash"         2 hours ago     Up 2 hours            rt2
```

図 ● docker psコマンドでコンテナの状態を確認する

イメージの確認

もうひとつ。「docker imagesコマンド」についても紹介しておきましょう。このコマンドは、ダウンロードしたイメージの一覧を表示するコマンドです。先述のとおり、イメージのダウンロード自体はtinet経由で実施されます。イメージが間違いなくダウンロードされていることをdocker imagesコマンドで確認します。

```
root@UBUNTU:~# docker images
REPOSITORY                            TAG       IMAGE ID       CREATED          SIZE
sphalerite1313/haproxy-bind           latest    409746ad6156   7 months ago     323MB
sphalerite1313/frr-iptables-dnsmasq   latest    38bda7b92ef6   11 months ago    318MB
sphalerite1313/nginx                  latest    3ebda7b5167f   11 months ago    303MB
sphalerite1313/frr-iptables           latest    4e4c95b6dbd6   11 months ago    317MB
sphalerite1313/unbound                latest    8e6d3d19bddf   11 months ago    296MB
```

```
sphalerite1313/frr         latest    17b89099dddb   11 months ago   314MB
sphalerite1313/ovs         latest    b3ea944ffd24   11 months ago   306MB
sphalerite1313/base        latest    14afea16f83a   11 months ago   288MB
sphalerite1313/dhclient    latest    1485c52afc62   12 months ago   309MB
```

図● docker imagesコマンド

本書で使用するイメージ

本書の検証環境では、全部で9種類のイメージをDocker Hubからダウンロードし、13種類のコンテナが動作します。各イメージには、その役割を担うためのアプリケーションがインストールされています。

コンテナのイメージには、まず、ネットワークの設定を確認する「net-tools」やパケットを生成する「netcat」、パケットをキャプチャ（＝ 捕捉、採取、取得）する「tcpdump」など、**本書を読み進めるうえで必要なアプリケーションや、読破したあともいろいろな検証に役立つアプリケーションがインストールされているベースイメージ（イメージ名：base）があります。**そして、**そのベースイメージに追加する形で、各コンテナの役割に応じたアプリケーションがインストールされているイメージがあります。**たとえば、Webサーバーには、ベースイメージにWebサーバーアプリケーションの王道「nginx」が追加インストールされたイメージ（イメージ名：nginx）を使用します。L2スイッチには、ベースイメージに仮想スイッチアプリケーション「OVS（Open vSwitch）」が追加インストールされたイメージ（イメージ名：ovs）を使用します。

各イメージにインストールされているアプリケーションを表にすると、次ページの表のようになります。本書を読み進める中で「このコンテナにこのアプリケーションはインストールされているかな？」と困ったときは、この表を参照してください。

ちなみに、**各アプリケーションの設定はtinetで行います。**コンテナイメージには含まれていません。そうすることによって、読者の方々それぞれが本書を読破したあとでも、自分の環境を作って、遊べるようにしてあります。

インスタンスのホスト名			cl1/cl2
イメージ名			dhclient
アプリ名	主要な機能	関連するコマンド	
iproute2	ネットワーク管理機能	ipコマンド、ssコマンド、tcコマンドなど	○
iputils-ping	疎通確認機能	pingコマンド	○
net-tools	ネットワーク管理機能	ifconfigコマンド、routeコマンドなど	○
dnsutils	DNSクライアント機能	digコマンドなど	○
tcpdump	パケットキャプチャ機能	tcpdumpコマンド	○
netcat	UDP/TCPパケットジェネレーター機能	ncコマンド	○
traceroute	経路探索機能	tracerouteコマンド	○
iperf	ネットワークパフォーマンス測定機能	iperfコマンド	○
ethtool	NIC設定機能	ethtoolコマンド	○
python3-scapy	パケットジェネレーター機能	scapyコマンド	○
telnet	TCPクライアント機能	telnetコマンド	○
curl	アプリケーションクライアント機能	curlコマンド	○
wget	HTTP/HTTPS/FTPクライアント機能	wgetコマンド	○
conntrack	コネクショントラッキング（追跡）機能	conntrackコマンド	○
gnupg	セキュリティ機能	gpgコマンド	○
lsb-release	OS情報確認機能	lsb_releaseコマンド	○
vim	テキストエディタ機能	viコマンド	○
dhclient	DHCPクライアント機能	dhclientコマンド	○
ovs	スイッチング機能	ovs-vsctlコマンド、ovs-appctlコマンドなど	
frr-routing	ルーティング機能	vtyshコマンドなど	
dnsmasq	DHCPサーバー機能、DNSフォワーダー機能	dnsmasqコマンド	
iptables	ファイアウォール機能、NAT機能	iptablesコマンド	
unbound	DNSサーバー（キャッシュサーバー）機能	unbound-controlコマンドなど	
BIND	DNSサーバー（権威サーバー）機能	bindコマンド	
haproxy	サーバー負荷分散機能、SSLオフロード機能	haproxyコマンド	
socat	ソケット操作機能	socatコマンド	
bsdmainutils	データ操作機能	calコマンド、columnコマンドなど	
rsyslog	Syslogサーバー機能	rsyslogdコマンド	
nginx	Webサーバー機能	nginxコマンド	

表●各イメージにインストールされているアプリケーション　※この表は見開きにまたがっています

cl3	sw1/sw2	rt1	rt2/rt3	ns1	fw1	lb1	sv1/sv2
base	ovs	frr-iptables-dnsmasq	frr	unbound	frr-iptables	haproxy-bind	nginx
○	○	○	○	○	○	○	○
○	○	○	○	○	○	○	○
○	○	○	○	○	○	○	○
○	○	○	○	○	○	○	○
○	○	○	○	○	○	○	○
○	○	○	○	○	○	○	○
○	○	○	○	○	○	○	○
○	○	○	○	○	○	○	○
○	○	○	○	○	○	○	○
○	○	○	○	○	○	○	○
○	○	○	○	○	○	○	○
○	○	○	○	○	○	○	○
○	○	○	○	○	○	○	○
○	○	○	○	○	○	○	○
○	○	○	○	○	○	○	○
○	○	○	○	○	○	○	○
○	○	○	○	○	○	○	○
	○						
		○	○		○		
		○					
		○			○		
				○			
						○	
						○	
						○	
						○	
						○	
							○

1-3-3 tinetの使い方

最後に、検証環境を構築するtinetの使い方について説明します。tinetは、WSLインスタンスにログインしたあと、tinetコマンドを使用して操作します。

本書に関連するtinetコマンド

本書に関連するtinetコマンドは次表のとおりです。

tinetコマンド	意味
tinet check -c <設定ファイル>	設定ファイルの内容をチェックする
tinet conf -c <設定ファイル> | sh -x	設定ファイルからコンテナを設定する
tinet down -c <設定ファイル> | sh -x	設定ファイルからコンテナを削除する
tinet img -c <設定ファイル> | dot -Tpng > ファイル名	設定ファイルから物理構成図を作成する
tinet test -c <設定ファイル> | sh -x	設定ファイルに含まれるテストコマンドを実行する
tinet up -c <設定ファイル> | sh -x	設定ファイルからネットワーク機器のコンテナを作る
tinet upconf -c <設定ファイル> | sh -x	設定ファイルからネットワーク機器のコンテナを作り、設定する
tinet --help	tinetのヘルプを表示する
tinet --version	tinetのバージョンを表示する

表 ● 本書に関連するtinetコマンド一覧

ネットワーク環境の構築

ネットワーク環境を構築するコマンドが「tinet upコマンド」です。tinet upコマンドを実行するときは、「-cオプション」でYAML形式の設定ファイルを読み込み、パイプ(|)でシェルを実行する「sh -x」に渡します。ついつい後ろの「| sh -x」を忘れがちなので注意しましょう。**コマンドを実行すると、必要なイメージをDocker Hubからダウンロードしたり、コンテナを起動したり、それらを接続したり、あれよあれよと設定ファイルに記述されたネットワーク環境ができあがります。**ターミナルには、裏で実際に実行されるコマンドやその結果も表示されます。興味があれば見てみてください。

```
root@UBUNTU:~# tinet up -c /mnt/c/tinet/spec_01.yaml | sh -x
+ docker run -td --net none --name rt2 --rm --privileged --hostname rt2 -v /tmp/tinet:/
tinet sphalerite1313/frr
Unable to find image 'sphalerite1313/frr:latest' locally
latest: Pulling from sphalerite1313/frr
3b65ec22a9e9: Pulling fs layer
545813f153a9: Pulling fs layer
c10250d1e117: Pulling fs layer
3b65ec22a9e9: Verifying Checksum
3b65ec22a9e9: Download complete
3b65ec22a9e9: Pull complete
c10250d1e117: Verifying Checksum
```

```
c10250d1e117: Download complete
545813f153a9: Download complete
545813f153a9: Pull complete
c10250d1e117: Pull complete
Digest: sha256:060bbb56313aac8bcb2f098e8c8ed93cc5d876e8188b8cb0dc1d88e062c78f7a
Status: Downloaded newer image for sphalerite1313/frr:latest
+ mkdir -p /var/run/netns
+ docker inspect rt2 --format {{.State.Pid}}
+ PID=344
+ ln -s /proc/344/ns/net /var/run/netns/rt2
+ docker run -td --net none --name rt3 --rm --privileged --hostname rt3 -v /tmp/tinet:/
tinet sphalerite1313/frr
+ mkdir -p /var/run/netns
+ docker inspect rt3 --format {{.State.Pid}}
+ PID=429
+ ln -s /proc/429/ns/net /var/run/netns/rt3
+ docker run -td --net none --name ns1 --rm --privileged --hostname ns1 -v /tmp/tinet:/
tinet sphalerite1313/unbound

(以下、省略)
```

図 ● tinet upコマンドでネットワーク環境を構築する

コンテナの設定

前述のtinet upコマンドは、コンテナを起動したり、接続したり、あくまでネットワーク環境の足回り（物理構成）を作るだけです。コンテナ自体は設定されません。tinet upコマンドによって起動したコンテナを設定するコマンドが「tinet confコマンド」です。tinet confコマンドを実行するときは、「-cオプション」でYAML形式の設定ファイルを読み込み、パイプ（|）でシェルを実行する「sh -x」に渡します。**コマンドを実行すると、コンテナにIPアドレスが設定されたり、サービスが起動されたり、いろいろな設定が投入されて、検証環境が完成します。**

```
root@UBUNTU:~# tinet conf -c /mnt/c/tinet/spec_01.yaml | sh -x
+ docker exec rt2 sed -i s/ospfd=no/ospfd=yes/g /etc/frr/daemons
+ docker exec rt2 sed -i s/ospf6d=no/ospf6d=yes/g /etc/frr/daemons
+ docker exec rt2 /etc/init.d/frr start
+ docker exec rt2 ip addr add 10.1.1.246/30 dev net0
+ docker exec rt2 ip addr add 10.1.1.250/30 dev net1
+ docker exec rt2 ip addr add 10.1.1.254/30 dev net2
+ docker exec rt2 ethtool -K net0 tx off rx off tso off gso off gro off
+ docker exec rt2 ethtool -K net1 tx off rx off tso off gso off gro off
+ docker exec rt2 ethtool -K net2 tx off rx off tso off gso off gro off
+ docker exec rt2 vtysh -c conf t -c ip route 10.1.3.0 255.255.255.0 10.1.1.253 -c router
ospf -c redistribute static -c network 10.1.1.246/32 area 0 -c network 10.1.1.250/32 area
0 -c network 10.1.1.254/32 area 0 -c interface net0 -c ip ospf passive -c interface net2
-c ip ospf passive

(以下、省略)
```

図 ● tinet confコマンドで設定を投入する

テストコマンドの実行

検証環境の動作確認には「tinet testコマンド」を使用します。tinet testコマンドを実行するときには、「-cオプション」でYAML形式の設定ファイルを読み込み、パイプ(|)でシェルを実行する「sh -x」に渡します。**コマンドを実行すると、設定ファイルに記述されているテストコマンドが実行され、その結果が返ってきます。**

```
root@UBUNTU:~# tinet test -c /mnt/c/tinet/spec_01.yaml | sh -x
+ docker exec cl1 ping -c2 192.168.11.254
PING 192.168.11.254 (192.168.11.254) 56(84) bytes of data.
64 bytes from 192.168.11.254: icmp_seq=1 ttl=64 time=0.290 ms
64 bytes from 192.168.11.254: icmp_seq=2 ttl=64 time=0.460 ms

--- 192.168.11.254 ping statistics ---
2 packets transmitted, 2 received, 0% packet loss, time 1040ms
rtt min/avg/max/mdev = 0.290/0.375/0.460/0.085 ms
+ docker exec cl2 ping -c2 192.168.11.254
PING 192.168.11.254 (192.168.11.254) 56(84) bytes of data.
64 bytes from 192.168.11.254: icmp_seq=1 ttl=64 time=0.279 ms
64 bytes from 192.168.11.254: icmp_seq=2 ttl=64 time=0.438 ms

--- 192.168.11.254 ping statistics ---
2 packets transmitted, 2 received, 0% packet loss, time 1058ms
rtt min/avg/max/mdev = 0.279/0.358/0.438/0.079 ms

(以下、省略)
```

図 ● tinet testコマンドでテストコマンドを実行する

検証環境の削除

検証環境の削除には「tinet downコマンド」を使用します。tinet downコマンドを実行するときには、「-cオプション」でYAML形式の設定ファイルを読み込み、パイプ(|)でシェルを実行する「sh -x」に渡します。**コマンドを実行すると、設定ファイルに記述されているコンテナが削除され、検証環境が削除されます。**

```
root@UBUNTU:~# tinet down -c /mnt/c/tinet/spec_01.yaml | sh -x
+ docker rm -f rt2
rt2
+ rm -rf /var/run/netns/rt2
+ docker rm -f rt3
rt3
+ rm -rf /var/run/netns/rt3
+ docker rm -f ns1

(以下、省略)
```

図 ● tinet downコマンドで検証環境を削除する

ネットワーク環境の可視化

もうひとつ。tinetの面白いコマンドといえば、ネットワーク環境を可視化することができる「tinet imgコマンド」です。事前準備として、WSLインスタンスで「apt install graphviz」を入力して、「Graphviz」というグラフ描画アプリケーションをインストールしておきます。

tinet imgコマンドを実行するときには、「-cオプション」でYAML形式の設定ファイルを読み込み、パイプ（|）でPNGファイルに出力する「dot -Tpng > [ファイル名]」に渡します。**コマンドを実行すると、設定ファイルに記述されているネットワーク環境が描画されたPNGファイルができます。**

```
root@UBUNTU:~# tinet img -c /mnt/c/tinet/spec_01.yaml | dot -Tpng > /mnt/c/tinet/spec_01.png
```

図 ● tinet imgコマンドでネットワーク環境を描画する

生成されたPNGファイルをWindows OSで見ると、以下のようにネットワーク環境が可視化されます。

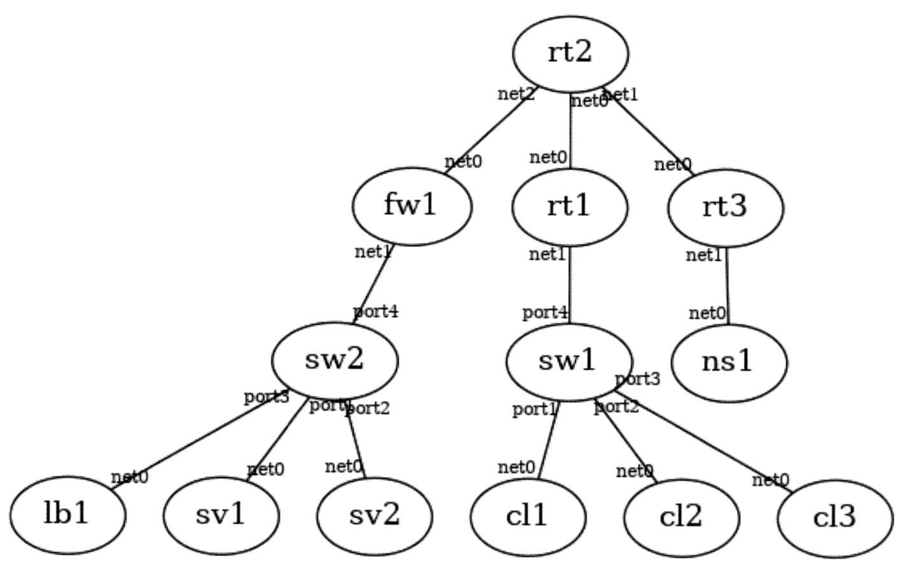

図 ● docker imgコマンドでネットワーク環境を可視化する

1-4 検証環境を構築しよう

いよいよ本章の本丸、検証環境の構築です。ここでは、「1-2-3 セットアップスクリプトの実行」で展開したtinetフォルダに含まれる「spec_01.yaml」という名前の設定ファイルを使用します。この設定ファイルには、これから第2章以降で設定していく内容がすべて含まれています。

1-4-1 検証環境構築

早速tinetコマンドを使用して、検証環境を構築してみましょう。スタートメニューからWSLインスタンスを起動したあと、「tinet up -c /mnt/c/tinet/spec_01.yaml | sh -x」でネットワーク環境を構築し、「tinet conf -c /mnt/c/tinet/spec_01.yaml | sh -x」でコンテナを設定してください。すると、完全に独立した閉鎖的な検証環境が構築されます。**初回の構築は、Docker Hubからイメージをダウンロードする必要があるため、家庭の有線LANやWi-Fi環境など、安定したインターネット環境で実施してください。**一度イメージをダウンロードしたら、以降はそのイメージを使い回します。

```
root@UBUNTU:~# tinet up -c /mnt/c/tinet/spec_01.yaml | sh -x
+ docker run -td --net none --name rt2 --rm --privileged --hostname rt2 -v /tmp/tinet:/
tinet sphalerite1313/frr
Unable to find image 'sphalerite1313/frr:latest' locally
latest: Pulling from sphalerite1313/frr
3b65ec22a9e9: Pulling fs layer
545813f153a9: Pulling fs layer
c10250d1e117: Pulling fs layer
3b65ec22a9e9: Verifying Checksum
3b65ec22a9e9: Download complete
3b65ec22a9e9: Pull complete
c10250d1e117: Verifying Checksum
c10250d1e117: Download complete
545813f153a9: Download complete
545813f153a9: Pull complete
c10250d1e117: Pull complete
Digest: sha256:060bbb56313aac8bcb2f098e8c8ed93cc5d876e8188b8cb0dc1d88e062c78f7a
Status: Downloaded newer image for sphalerite1313/frr:latest
+ mkdir -p /var/run/netns
+ docker inspect rt2 --format {{.State.Pid}}
+ PID=2793
+ ln -s /proc/2793/ns/net /var/run/netns/rt2
+ docker run -td --net none --name rt3 --rm --privileged --hostname rt3 -v /tmp/tinet:/
tinet sphalerite1313/frr
```

```
+ mkdir -p /var/run/netns
+ docker inspect rt3 --format {{.State.Pid}}
+ PID=2881

(以下、省略)
```

図 ● tinet upコマンドでネットワーク環境を構築する

```
root@UBUNTU:~# tinet conf -c /mnt/c/tinet/spec_01.yaml | sh -x
+ docker exec rt2 sed -i s/ospfd=no/ospfd=yes/g /etc/frr/daemons
+ docker exec rt2 sed -i s/ospf6d=no/ospf6d=yes/g /etc/frr/daemons
+ docker exec rt2 /etc/init.d/frr start
+ docker exec rt2 ip addr add 10.1.1.246/30 dev net0
+ docker exec rt2 ip addr add 10.1.1.250/30 dev net1
+ docker exec rt2 ip addr add 10.1.1.254/30 dev net2
+ docker exec rt2 ethtool -K net0 tx off rx off tso off gso off gro off
+ docker exec rt2 ethtool -K net1 tx off rx off tso off gso off gro off
+ docker exec rt2 ethtool -K net2 tx off rx off tso off gso off gro off
+ docker exec rt2 vtysh -c conf t -c ip route 10.1.3.0 255.255.255.0 10.1.1.253 -c router
ospf -c redistribute static -c network 10.1.1.246/32 area 0 -c network 10.1.1.250/32 area
0 -c network 10.1.1.254/32 area 0 -c interface net0 -c ip ospf passive -c interface net2
-c ip ospf passive
+ docker exec rt3 sed -i s/ospfd=no/ospfd=yes/g /etc/frr/daemons
+ docker exec rt3 sed -i s/ospf6d=no/ospf6d=yes/g /etc/frr/daemons
+ docker exec rt3 /etc/init.d/frr start
+ docker exec rt3 ip addr add 10.1.1.249/30 dev net0
+ docker exec rt3 ip addr add 10.1.2.254/24 dev net1
+ docker exec rt3 ethtool -K net0 tx off rx off tso off gso off gro off
+ docker exec rt3 ethtool -K net0 tx off rx off tso off gso off gro off
+ docker exec rt3 vtysh -c conf t -c router ospf -c network 10.1.1.249/32 area 0 -c
network 10.1.2.254/32 area 0 -c interface net1 -c ip ospf passive

(以下、省略)
```

図 ● tinet confコマンドでコンテナを設定する

これで検証環境のできあがりです。あまりにあっさりしすぎて、今はまだ実感がわかないかもしれません。しかし、本書を読み進めながら、検証環境をいじっていくと、少しずつ理解が深まっていくことでしょう。

1-4-2 構成概要

では、この設定ファイルによって構築された検証環境について、ざっくり説明しましょう。

今回、この検証環境を設計するにあたり、最も重視した点は「身近さ」です。「家からインターネットのWebサイトを見る」という、恐らく多くの人にとって最もなじみ深い経験を検証環境に投影し、

「あー、実はこうやってインターネットを見てたんだ…」と、現実と検証環境がリンクしやすくなるように設計されています。

皆さんの家の中にあるPCやタブレットは、ブロードバンドルーターを経由してインターネットに接続し、サーバーサイトの中にあるWebサーバーの情報を見ています。そこで、本書の検証環境も、それにあわせて「家庭内LAN」「インターネット」「サーバーサイト」の3つで構成してあります。各構成要素の詳細は、各章の冒頭や実践項で説明するとして、ここでは検証環境の全体像をつかむために、その概要を説明します。

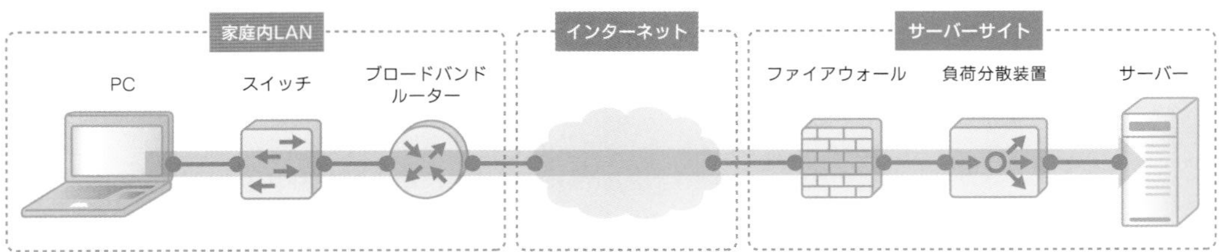

図 ● 構成概要

家庭内LAN

皆さんが家庭で使用しているPCやタブレットは、LANケーブルや電波（Wi-Fi）を通じて、L2スイッチやブロードバンドルーター（Wi-Fiルーター）に接続され、そこを通じてインターネットに接続します。

検証環境の家庭内LANもそれに合わせた形で設計されています。**PC3台（cl1、cl2、cl3）は、L2スイッチ（sw1）に接続されており、ブロードバンドルーター（rt1）を経由して、インターネットに接続します。**

インターネット

インターネットは、世界中に存在している無数のルーター（以下、インターネットルーター※1）が接続しあうことによって構成されています。

検証環境のインターネットは、それを2台のインターネットルーター（rt2、rt3）だけで表現しています。**インターネットに接続されているブロードバンドルーター（rt1）とファイアウォール（fw1）は、インターネットルーター（rt2）に接続されていて、家庭内LAN内のPCからサーバーサイト内のサーバーに対するパケットは、必ずインターネットルーターを経由します。**

サーバーサイト

いろいろなサーバーが配置されているサーバーサイトは、サーバーサイトを守るファイアウォール、複数のサーバーにパケットを振り分ける負荷分散装置、サービスを提供するサーバー、それらを接続するスイッチで構成されています。

※1　本書ではインターネットを構成するルーターのことを「インターネットルーター」と定義しています。

検証環境のサーバーサイトもそれに合わせて、この4種類の機器を組み合わせた形で構成されています。**インターネット(rt2)から入ってくるパケットは、ファイアウォール(fw1)で選別され、負荷分散装置(lb1)で2台のWebサーバー(sv1、sv2)のどちらかに振り分けられます。**

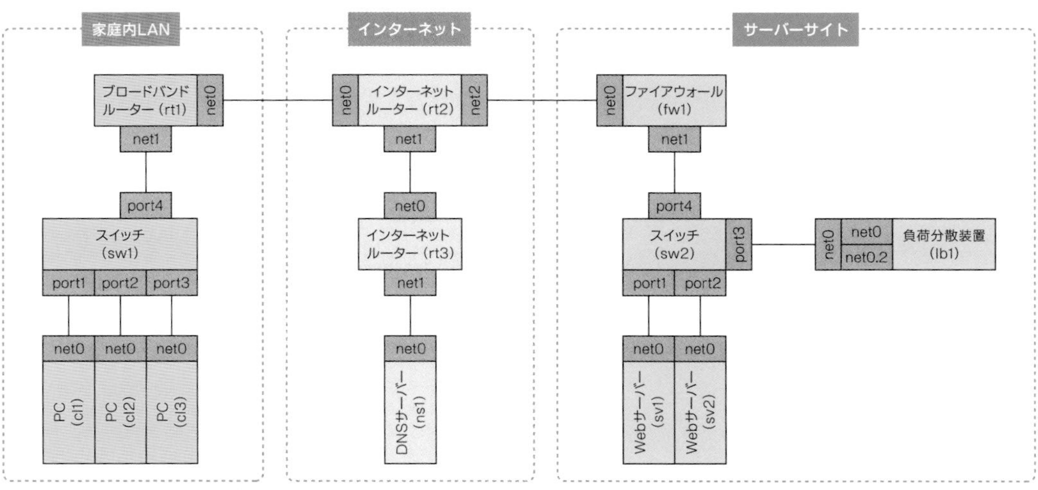

図 ● 検証環境のネットワーク構成図(物理構成図)

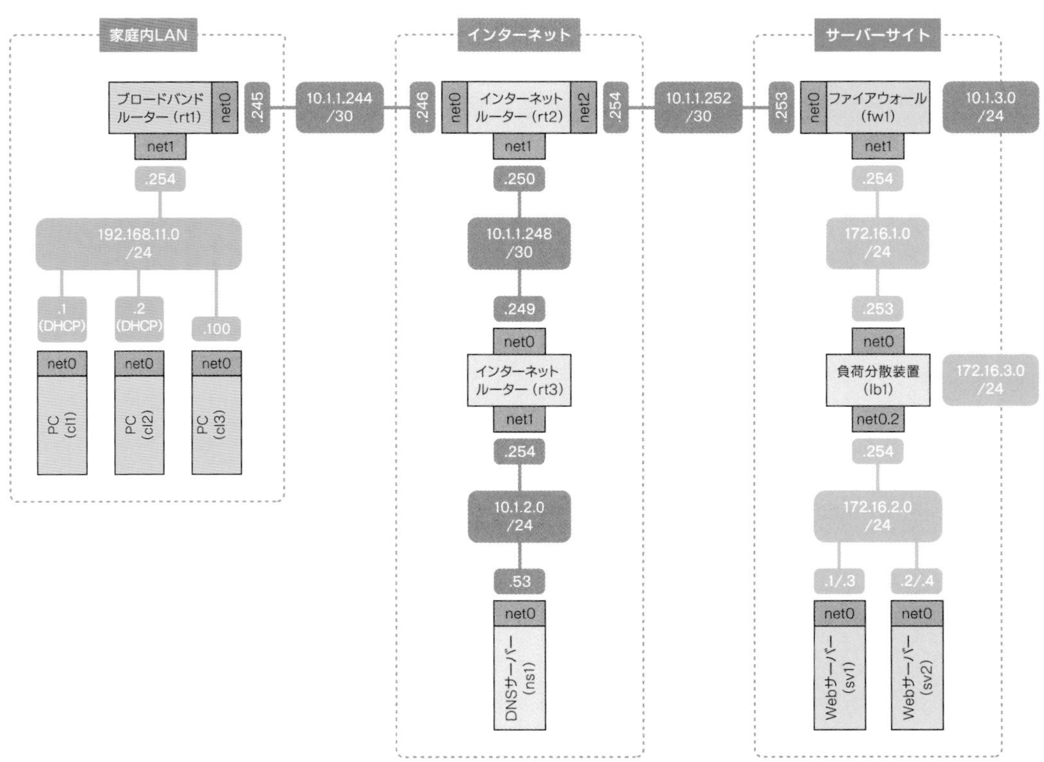

図 ● 検証環境のネットワーク構成図(論理構成図)

1-4-3 動作確認

試しに、この検証環境が問題なく動作するかを確認しましょう。前述したとおり、この検証環境は「家からインターネットを見る」という、よくある行為そのものを模擬できるように設計されています。動作やコマンドの詳細については、第2章以降でじっくり説明するとして、とりあえず家庭内LANにいるcl1にログインして、インターネットの先にあるWebサイト（www.example.com）にアクセスしてみましょう。

1 WSLインスタンス上で「docker exec -it cl1 /bin/bash」と入力して、cl1にログインします。cl1にログインすると、ホスト名の表示が「UBUNTU」から「cl1」に切り替わります。

```
root@UBUNTU:~# docker exec -it cl1 /bin/bash
root@cl1:/#
```

図 ● cl1にログイン

2 「curl -k https://www.example.com/」と入力します。問題なければ、「sv1.example.com」か「sv2.example.com」というテキストが表示されるはずです。これがsv1とsv2に配置されている、本書の検証環境におけるWebサイトです。
とてもあっさりとしたWebサイトではありますが、実際にこれを表示するまでには裏でたくさんの処理が走っており、本書で登場するすべてのネットワーク機器を適切に設定しない限り、表示されません。**言い換えると、「cl1でsv1かsv2のWebサイトを表示すること」こそが、本書において皆さんが目指すべきゴールということになります。**

```
root@cl1:/# curl -k https://www.example.com/
sv1.example.com
```

図 ● 接続確認

1-5 設定ファイルの使い方

本章の最後に、本書における設定ファイルの使い方について説明します。

本書には「spec_01.yaml」から「spec_05.yaml」まで5つの設定ファイルが用意されています。この5つのファイルの差分は、ネットワーク機器（スイッチ、ルーター、ファイアウォール、負荷分散装置）の設定内容です。ネットワークの接続環境やIPアドレスの設定、サーバーの設定についてはすべて同じです。

まず、先ほど「1-4-1 検証環境構築」で使用したspec_01.yamlは、サーバーからネットワーク機器に至るまで、すべての設定が投入されている全部入りの設定ファイルです。**章の途中でわからなくなったりしたら、この設定ファイルを読み込んで、設定を見てみるとよいでしょう。それが答えのひとつです。**

spec_02.yamlからspec_05.yamlは、第2章から第5章までの章の最初に使用するファイルです。たとえば、spec_02.yamlは、第2章の最初に使用する設定ファイルなので、ネットワーク機器の設定はIPアドレス以外空っぽです。また、spec_03.yamlは、第3章の最初に使用する設定ファイルなので、「第2章 レイヤー 2プロトコルを知ろう」に関連する機器、つまりL2スイッチの設定だけが投入された状態になっています。ルーターやファイアウォール、負荷分散装置の設定はIPアドレス以外空っぽです。第3章を読み進めながら、ルーターの設定をしていきます。

おそらく人によっては、たとえば「IPのことは特に知らなくてもいいけど、HTTPとかDNSとか、アプリケーションプロトコル（レイヤー 7プロトコル）のことだけ知りたいなー」という人もいるでしょう。その場合は、spec_05.yamlを読み込んでください。すると、第4章までの設定が投入された状態の検証環境が構築され、アプリケーションプロトコルのことだけ知ることができます。また、人によっては、第2章の設定をしているうちに、「クラウドはレイヤー 2を意識しなくていいのに…」と、心折れることもあるでしょう。そのときは第2章はいったん切り上げて、spec_03.yamlを読み込んでください。第2章までの設定が終わった状態で、気持ちをリセットして、第3章に入ることができます。**設定ファイルを上手に活用することこそが、本書の鍵になります。**

Note **第2章前半のチュートリアル**

第2章前半のイーサネットの項には、本書の全章を通して使用するtcpdumpやWiresharkの説明や、実践項のやり方を手取り足取り説明するチュートリアルが含まれています。イーサネットに興味がない方も読まれることをお勧めします。

章	第1章	第2章	第3章	第4章	第5章
章名	検証環境を作ろう	レイヤー2プロトコルを知ろう	レイヤー3プロトコルを知ろう	レイヤー4プロトコルを知ろう	レイヤー7プロトコルを知ろう
関連している設定ファイル	spec_01.yaml	spec_02.yaml	spec_03.yaml	spec_04.yaml	spec_05.yaml
ネットワーク接続環境の構築	○	○	○	○	○
IPアドレスの設定	○	○	○	○	○
サーバーの設定	○	○	○	○	○
L2スイッチの設定	○		○	○	○
ルーターの設定	○			○	○
ファイアウォールの設定	○				○
負荷分散装置の設定	○				

表 ● 設定ファイルの情報

また、設定ファイルには、DNSサーバーやHTTPサーバーといった主要なサーバーの基本設定が含まれています。基本的な設定だけではありますが、ネットワークの検証作業をするためには必要十分な設定が投入されていますし、必要に応じてカスタマイズしていくことも可能です。「アプリの要件で、通信を暗号化しないといけなくなったんだけど、nginxの設定がよくわからない…」とか、「名前解決できる検証環境を構築しないといけなくなったんだけど、Unboundの設定がわからない…」など、**サーバーが関わる検証をしないといけなくなったときに、tinet経由でサーバーコンテナを起動し、その設定を参考にすると、検証作業の迅速化・効率化を図ることができるでしょう。**

さて、検証環境の準備はできましたか？　この小さな小さなインターネットを構築するのは、ほかでもない「あなた」です。さあ、一緒にネットワークで遊びましょう。本書を通じて、このネットワークを構築できたとき、机上で得た知識と実践で得た知識がガチっとリンクし、見慣れたインターネットがいつもと違った情景に見えるようになっているはずです。

Chapter

2

レイヤー2プロトコルを知ろう

本章では、レイヤー2プロトコルのデファクトスタンダードである「イーサネット」と、それに関連する技術である「L2スイッチング」「VLAN（Virtual Local Area Network）」について、机上・実践の両側面から説明します。PCやサーバーなどの有線端末が「LAN（Local Area Network）」という名の小さなネットワークの中で、どのようなパケットをどのようにやりとりしているのか、検証環境を通じて理解を深めましょう。

2-1 検証環境を知ろう

はじめに事前知識として、検証環境の中で本章に関連するネットワーク構成について説明しておきましょう。本章の主役は、レイヤー２（L2）の処理において最も大きな役割を担う「L2スイッチ」です。本書の検証環境には、sw1とsw2という2台のL2スイッチが配置されています。そこで、ここではこの2台のL2スイッチにフォーカスを当てて説明します。物理構成図と照らし合わせながら確認してください。

sw1（L2スイッチ）

sw1は、家庭内LANを構成するL2スイッチです。sw1にはport1からport4まで、4つのポート（インターフェース）が搭載されていて、port1からport3にはPC（cl1、cl2、cl3）のNIC（net0）が、port4にはブロードバンドルーターのインターフェース（net1）が接続されています。

実際のところ、最近の家庭内LANはWi-Fiで接続することが多く、そこまで多くのポート数を必要としないため、ブロードバンドルーターのLANポートをL2スイッチとして使用することが多いでしょう。ただ、**本書の検証環境に関しては、L2スイッチとルーターを分離したほうがL2スイッチングの動作をイメージしやすいだろうという設計意図から、sw1として別出しにしてあります。**

sw2（L2スイッチ）

sw2は、サーバーサイトのLANを構成するスイッチです。sw2にはsw1と同じく、port1からport4まで、4つのインターフェースが搭載されていて、port1からport2にはサーバー（sv1、sv2）のNIC（net0）が、port3には負荷分散装置（lb1）のインターフェース（net0）が、port4にはファイアウォールのインターフェース（net1）が接続されています。

サーバーサイトのネットワーク環境は、Wi-Fiを使用することもないですし、たくさんのサーバーやネットワーク機器を接続することが多いため、L2スイッチを別に用意します。サーバーサイトにはいくつかのデザインパターンがありますが、**本書の検証環境は、物理構成をシンプルにしたいという設計意図から、sw2をサーバーサイトのど真ん中に配置し、そこからfw1、lb1、sv1、sv2に対して、それぞれ一本足に配線する構成にしてあります。**このうちport3に接続されているlb1のnet0には、VLANを処理するための論理的なインターフェースとしてnet0.2が追加されています[※1]。

※1 「論理的なインターフェース」というと、少し難しく感じてしまうかもしれませんが、深く考えずにインターフェースのひとつと考えて問題ありません。

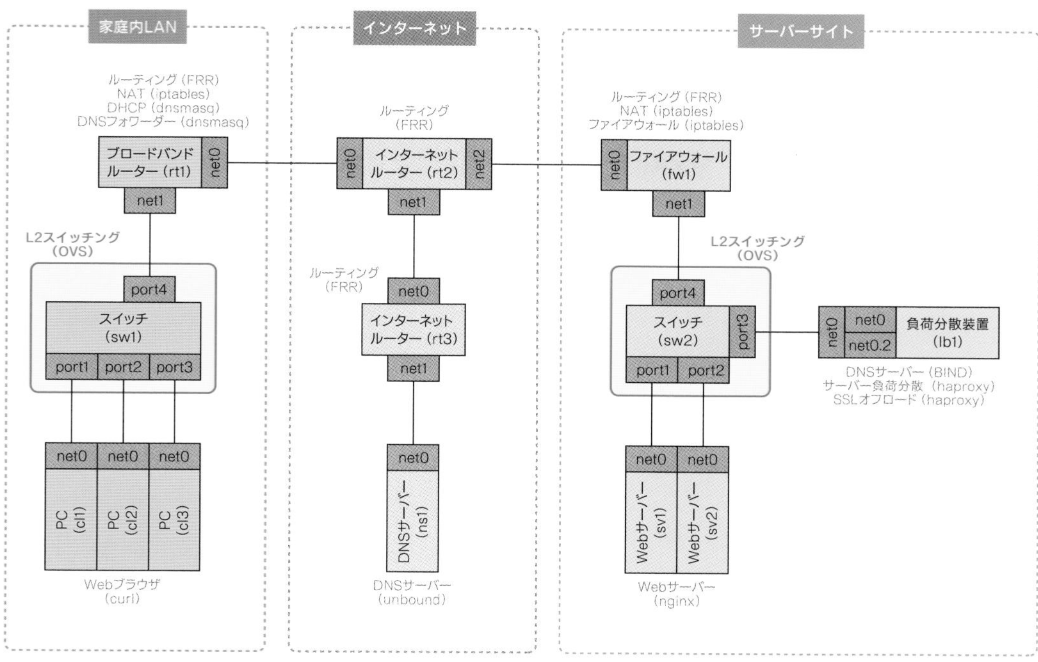

図● 本章の対象範囲(物理構成図)

2-2 ネットワークプロトコルを知ろう

ここからは、レイヤー 2の代表的なプロトコルであるイーサネットについて解説していきます。ただその前に、OSI参照モデルのデータリンク層（レイヤー 2、L2）について、さらりとおさらいしておきましょう。

データリンク層は、同じネットワークにいる端末を識別し、物理層の上でビット列を正確に伝送する仕組みを提供しています。OSI参照モデルの最下層に位置する物理層は、コンピューターで扱う0と1で構成される「デジタルデータ」と、LANケーブルや電波で扱う「信号」とを相互に変換する役割を担っています。

データを送信する端末は、物理層でデジタルデータを信号に変換するとき、ちょっとした処理（符号化）を施しています。したがって、多少のエラー（ビット誤り）であれば、受信する端末で訂正できないわけではありません。しかし、複雑なエラーになってしまうと、物理層だけではもうお手上げです。データリンク層は、デジタルデータ全体の整合性をチェックすることによって、物理層だけでは訂正しきれないエラーを検知し、デジタルデータとしての信頼性を担保します。また、「MACアドレス」というネットワーク上の住所を使用して、送信端末と受信端末を識別します。

現代のネットワークで使用されているレイヤー 2プロトコルは、有線LANだったらIEEE802.3で定義されている通称「イーサネット」、無線LANだったらIEEE802.11で定義されている通称「Wi-Fi」、このどちらかしかありません。本章では、検証環境で検証可能なイーサネットを取り上げます。

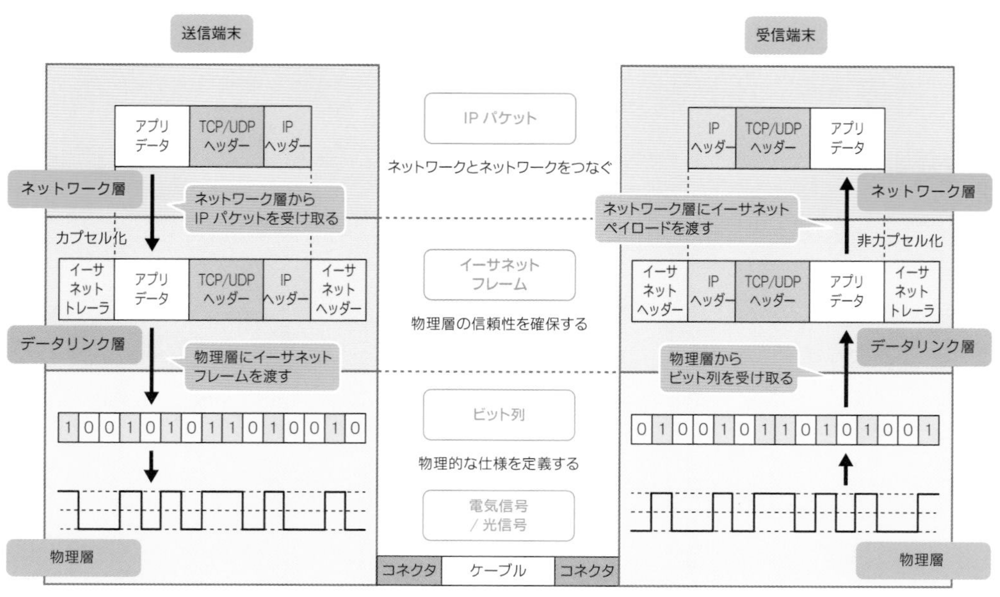

図 ● OSI参照モデルのデータリンク層

Chapter 2 レイヤー2プロトコルを知ろう

2-2-1 イーサネット

有線LANで使用されているレイヤー2プロトコルのデファクトスタンダードが「イーサネット」です。かつてはアップルが推し進めていた「AppleTalk」やIBMが推し進めていた「トークンリング」など、いろいろなレイヤー2プロトコルがありましたが、どんどん淘汰され、今やイーサネット一択になりました。**イーサネットでは、どのようなフォーマット(形式)でカプセル化を行い、どのようにしてエラーを検知するのかが定義されています。**

机上で知ろう

では、イーサネットの基礎知識について学んでいきましょう。

イーサネットによってカプセル化されるパケットのことを「イーサネットフレーム」といいます。イーサネットのフレームフォーマットには、「イーサネットⅡ規格」と「IEEE802.3規格」の2種類があります。

イーサネットⅡ規格は、当時のコンピューター業界をリードしていたDEC社、半導体業界をリードしていたIntel社、イーサネットの特許を握っていたXerox社が1982年に発表した規格です。3社の頭文字をとって「DIX2.0規格」とも呼ばれています。イーサネットⅡ規格はIEEE802.3規格よりも早く発表されたということもあって、「イーサネットⅡ=イーサネット」と言ってもよいくらい、広く世の中に浸透しています。**Webやメール、ファイル共有から認証に至るまで、TCP/IPでやりとりするほとんどのパケットがイーサネットⅡを使用しています。**

IEEE802.3規格は、IEEE802.3委員会がイーサネットⅡをベースとして、1985年に発表した規格です。イーサネットⅡにいくつかの変更が加えられています。世界標準の目的で策定されたIEEE802.3規格ですが、発表されたときに、すでにイーサネットⅡが世の中に普及していたということもあって、ほとんど世間から注目を浴びることはありませんでした。今現在もマイナー規格としてひっそりと残っている感があります。このような背景を踏まえて、本書でもイーサネットⅡのみを取り上げます。

イーサネットⅡのフレームフォーマット

イーサネットⅡのフレームフォーマットは、1982年に発表されてから今現在に至るまで、まったく変わっていません。**シンプルでいて、わかりやすいフォーマットが40年以上にも及ぶ長い歴史を支えています。**イーサネットⅡは「プリアンブル」「宛先/送信元MACアドレス」「タイプ」「イーサネットペイロード」「FCS(Frame Check Sequence)」という5つのフィールドで構成されています。このうち、プリアンブル、宛先/送信元MACアドレス、タイプをあわせて「イーサネットヘッダー」といいます。また、FCSのことを別名「イーサネットトレーラー」といいます。

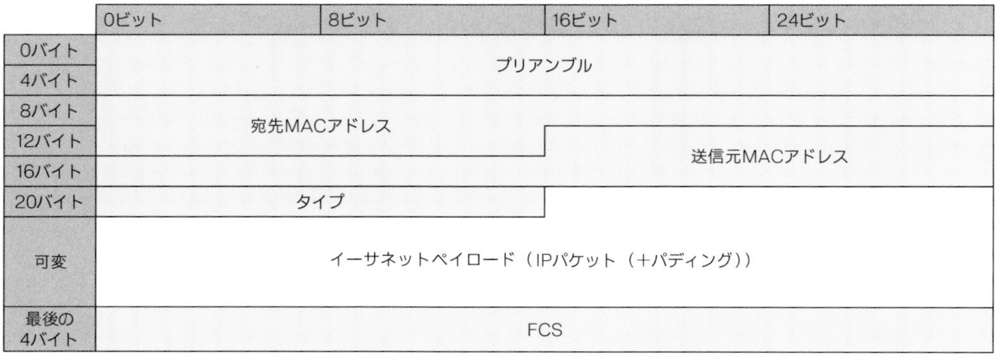

	0ビット	8ビット	16ビット	24ビット
0バイト	プリアンブル			
4バイト				
8バイト	宛先MACアドレス			
12バイト			送信元MACアドレス	
16バイト				
20バイト	タイプ			
可変	イーサネットペイロード（IPパケット（+パディング））			
最後の4バイト	FCS			

図●イーサネットⅡのフレームフォーマット

Note フォーマット図について

本書では、各プロトコルについて、上図のようなフォーマット図を掲載しています。フォーマット図はRFCにあわせて、1列4バイト（32ビット）の行を左から右に、そして右端まで進んだら次の行に進む形で記載されています。たとえば、データが1バイト（8ビット単位）で転送される場合、次図の順序で転送されます。

	0ビット	8ビット	16ビット	24ビット
0バイト	①	②	③	④
4バイト	⑤	⑥	⑦	⑧
8バイト	⑨	⑩	⑪	⑫

図●フォーマット図

プリアンブル

プリアンブルは、「これからイーサネットフレームを送りますよー」という合図を意味する8バイト（64ビット）の特別なビットパターンです。先頭から「10101010」が7つ送られ、最後に「10101011」が1つ送られます。受信側の端末はイーサネットフレームの最初に付与されている、この特別なビットパターンを見て、「これからイーサネットフレームが届くんだな」と判断します。

宛先/送信元MACアドレス

MACアドレスは、イーサネットネットワークに接続している端末を識別する6バイト（48ビット）のIDです。イーサネットネットワークにおける住所のようなものと考えてよいでしょう。送信側の端末は、イーサネットフレームを送り届けたい端末のMACアドレスを「**宛先MACアドレス**」に、自分のMACアドレスを「**送信元MACアドレス**」にセットして、イーサネットフレームを送出します。対する受信側の端末は、宛先MACアドレスを見て、自分のMACアドレスだったら受け入れ、関係ないMACアドレスだったら破棄します。また、送信元MACアドレスを見て、どの端末から来たイーサネットフレームなのかを判別します。

タイプ

タイプは、ネットワーク層(レイヤー3、L3、第3層)でどんなプロトコルを使用しているかを表す2バイト(16ビット)のIDです。 IPv4 (Internet Protocol version 4)だったら「0x0800」、IPv6 (Internet Protocol version 6)だったら「0x86DD」など、使用するプロトコルやそのバージョンなどによって値が決められています。

イーサネットペイロード

イーサネットペイロードは、ネットワーク層のデータそのものを表しています。 たとえば、ネットワーク層でIPを使用しているのであれば「イーサネットペイロード=IPパケット」です。パケット交換方式の通信では、データをそのままの状態で送信するわけではなく、送りやすいように小包に小分けにして送信します。小包のサイズも決まっていて※1、イーサネットの場合、デフォルトで46～1500バイトの範囲内に収めなくてはいけません※2。46バイトに足りないようであれば、「パディング」というダミーのデータを付加することによって、強引に46バイトにします※3。逆に1500バイト以上のデータになるようであれば、トランスポート層やネットワーク層でデータをブチブチと分割して1500バイトに収めます。

FCS

FCS (Frame Check Sequence)は、イーサネットフレームが壊れていないかを確認するためにある4バイト(32ビット)のフィールドです。

送信側の端末は、イーサネットフレームを送信するとき、「宛先MACアドレス」「送信元MACアドレス」「タイプ」「イーサネットペイロード」に対して一定の計算(チェックサム計算、CRC)を行い、その結果をFCSとしてフレームの最後に付加します。対する受信側の端末は、受け取ったイーサネットフレームに対して同じ計算を行い、その値がFCSと同じだったら、壊れていない、正しいイーサネットフレームと判断します。異なっていたら、伝送途中でイーサネットフレームが壊れたと判断して、破棄します。このように、FCSがイーサネットにおけるエラー検知のすべてを担っています。

MACアドレス

イーサネットにおいて、最も重要なフィールドが「宛先MACアドレス」と「送信元MACアドレス」です。**MACアドレスは、LANに接続している端末の識別IDです。** 6バイト(48ビット)で構成されていて、「00-0c-29-43-5e-be」や「04:0c:ce:da:3a:6c」のように、1バイト(8ビット)ずつハイフンやコロンで区切って、16進数で表記します。ノートPCやスマホなど、物理マシンであれば、物理NICを製造するときにROM (Read Only Memory)に書き込まれます。仮想マシンであれば、デフォルトでハイ

※1 これは、宅配・郵便サービスで送れる物のサイズが決まっているのをイメージするとわかりやすいかもしれません。
※2 L2ペイロードに格納できるデータの最大サイズのことを「MTU (Maximum Transmission Unit)」といいます。イーサネットのデフォルトMTUは1500バイトで、それより大きくすることも可能です。イーサネットペイロードが1500バイトより大きいイーサネットフレームのことを「ジャンボフレーム」といいます。
※3 検証環境は、Dockerを使用している関係でパディングが付加されません。

パーバイザーから仮想NICに対して割り当てられます。コンテナであれば、デフォルトで起動時に割り当てられたIPアドレスから自動的にMACアドレスが生成されます。

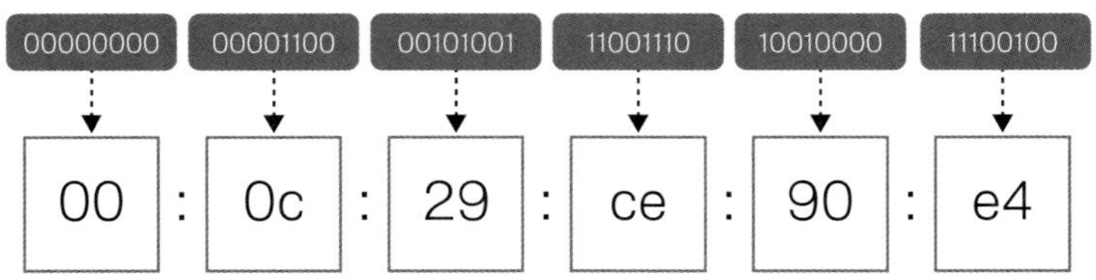

図 ● MACアドレスの表記例（コロン表記）

MACアドレスの中でも特別な意味を持つビットが、先頭から8ビット目にある「**I/Gビット**（Individual/Groupビット）」と7ビット目にある「**U/Lビット**（Universally/Locally Administeredビット）」です。ざっくり言うと、I/Gビットは通信の種類を表し、U/Lビットは運用管理方法を表しています。

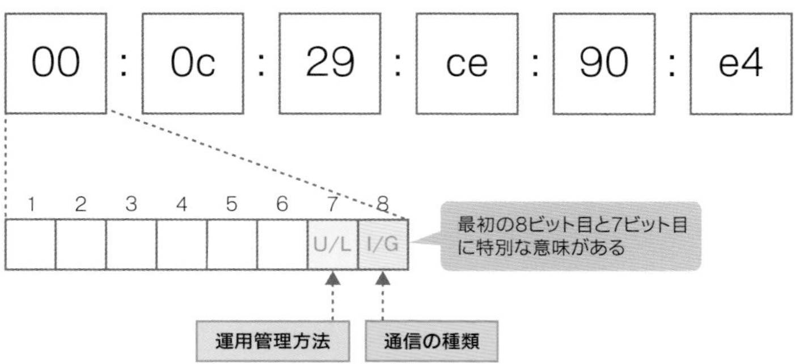

図 ● I/GビットとU/Lビット

I/Gビットは、そのMACアドレスが1:1の通信で使用する「**ユニキャストアドレス**」か、1:nの通信で使用する「**マルチキャストアドレス**」かを表しています。「0」の場合は、各端末に個別に割り当てられ、1:1のユニキャスト通信で使用するMACアドレスを表しています。一方、「1」の場合は、複数の端末のグループ（マルチキャストグループ）を示し、1:nのマルチキャスト通信で使用するMACアドレスを表しています。マルチキャストアドレスが送信元MACアドレスにセットされることはありません。常に宛先MACアドレスにセットされます。

ちなみに、マルチキャストアドレスの中でも48ビットすべてが「1」になっているMACアドレス（ff:ff:ff:ff:ff:ff）のことを「**ブロードキャストアドレス**」といい、同じLAN（イーサネットネットワーク）に接続するすべての端末を表します。

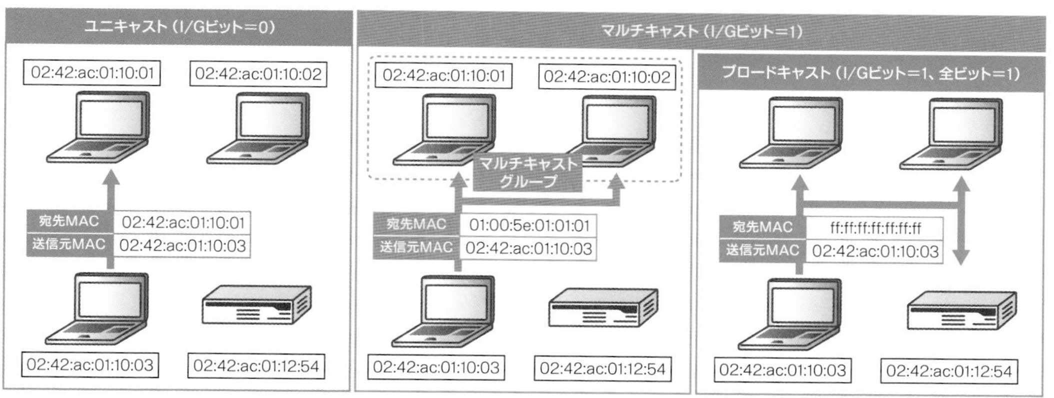

図●通信の種類

U/Lビット※4は、そのMACアドレスがIEEE（Institute of Electrical and Electronics Engineers、米国電気電子学会）によって運用管理されている「ユニバーサルアドレス」か、組織内で運用管理されている「ローカルアドレス」かを表しています。「0」の場合は、IEEEによって割り当てられ、原則として、世界で唯一無二になっているMACアドレスを表しています。一方、「1」の場合は、管理者が独自に設定したり、OSの機能でランダムに割り当てられたりしたMACアドレスを表しています。

イーサネットフレームを受け取ったインターフェースは、MACアドレスを8ビット（1バイト）ずつまとめて取り込み、後ろから先頭に向かって順に処理します。したがって、I/GビットはMACアドレスの中でも最初にNICで処理され、次にU/Lビットが処理されることになります。

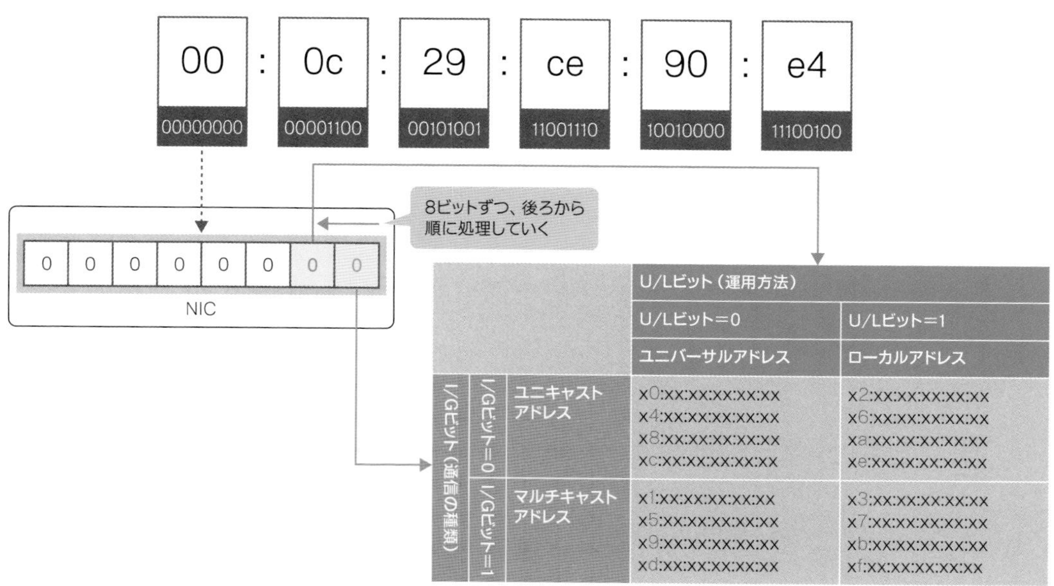

図●U/LビットとI/Gビット

※4 WiresharkではLGビットと表記されます。

U/Lビットが「0」のMACアドレス、つまりIEEEから割り当てられたユニバーサルアドレスは、上位24ビットにも大きな意味があります。ユニバーサルアドレスの上位24ビットは、IEEEがベンダーごとに割り当てているベンダーコードです。これは「OUI（Organizationally Unique Identifier)」と呼ばれており、ここを見ることによって、NICを製造しているベンダーがわかります。OUIは「https://standards-oui.ieee.org/oui/oui.txt」で公開されているので、トラブルシューティングのときなどに参考してみるのもよいでしょう。ちなみに、例示している「00:0c:29」は、VMwareに割り当てられているOUIです。VMwareの仮想マシンに割り当てられます。

残りの下位24ビットは、各ベンダーがNICに割り当てているシリアルコードです。こちらは「UAA（Universally Administered Address)」と呼ばれています。

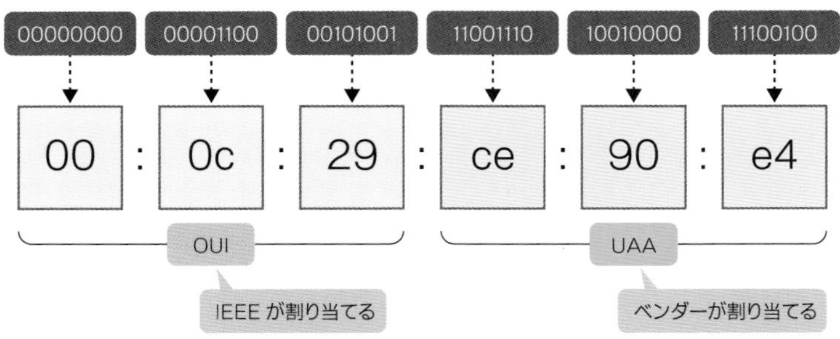

図●OUIとUAA

かつて、MACアドレスはIEEEが一意に管理しているOUIと、ベンダーが一意に管理しているUAAで、世界で1つだけのものになるものとされていました。しかし、最近はベンダーの中でUAAが使い回されていたり、仮想化環境などではUAAを独自のアルゴリズムで生成したりするようになっているため、必ずしも一意になるとは限らなくなっています。**1つのLANに同じMACアドレスを持つ端末が複数存在すると、その端末たちは正常に通信できません。**そのときは、重複しないMACアドレスに設定し直す必要があります。この挙動については、後ほどL2スイッチングの実践項（p.78）で検証してみましょう。

実践で知ろう

ここまでの知識を踏まえて、実際に検証環境を利用して、イーサネットフレームを見てみましょう。ここで使用する設定ファイルは「spec_02.yaml」です。まずは、tinet upコマンドとtinet confコマンドでspec_02.yamlを読み込み、さくっと検証環境を構築してください[※5]。コンテナのイメージは、前章ですでにダウンロードされているはずなので、1～2分で構築できるはずです。

※5　すでに別の設定ファイルが読み込まれている場合は、先にtinet downコマンド（p.30）で検証環境を削除してください。

```
root@UBUNTU:~# tinet up -c /mnt/c/tinet/spec_02.yaml | sh -x
+ docker run -td --net none --name rt2 --rm --privileged --hostname rt2 -v /tmp/tinet:/
tinet -v /mnt/c/tinet:/tmp/tinet --dns=127.0.0.1 sphalerite1313/frr
WARNING: Localhost DNS setting (--dns=127.0.0.1) may fail in containers.
+ mkdir -p /var/run/netns
+ docker inspect rt2 --format {{.State.Pid}}
+ PID=6709
+ ln -s /proc/6709/ns/net /var/run/netns/rt2
+ docker run -td --net none --name rt3 --rm --privileged --hostname rt3 -v /tmp/tinet:/
tinet -v /mnt/c/tinet:/tmp/tinet --dns=127.0.0.1 sphalerite1313/frr
WARNING: Localhost DNS setting (--dns=127.0.0.1) may fail in containers.
+ mkdir -p /var/run/netns
+ docker inspect rt3 --format {{.State.Pid}}

(中略)

+ ip netns del cl1
+ ip netns del cl2
+ ip netns del cl3

root@UBUNTU:~# tinet conf -c /mnt/c/tinet/spec_02.yaml | sh -x
+ docker exec rt2 sed -i s/ospfd=no/ospfd=yes/g /etc/frr/daemons
+ docker exec rt2 sed -i s/ospf6d=no/ospf6d=yes/g /etc/frr/daemons
+ docker exec rt2 /etc/init.d/frr start
+ docker exec rt2 ip addr add 10.1.1.246/30 dev net0
+ docker exec rt2 ip addr add 10.1.1.250/30 dev net1
+ docker exec rt2 ip addr add 10.1.1.254/30 dev net2
+ docker exec rt2 ethtool -K net0 tx off rx off tso off gso off gro off
+ docker exec rt2 ethtool -K net1 tx off rx off tso off gso off gro off
+ docker exec rt2 ethtool -K net2 tx off rx off tso off gso off gro off
+ docker exec rt3 sed -i s/ospfd=no/ospfd=yes/g /etc/frr/daemons
+ docker exec rt3 sed -i s/ospf6d=no/ospf6d=yes/g /etc/frr/daemons
+ docker exec rt3 /etc/init.d/frr start

(以下、省略)
```

図 ● 第2章の検証環境を構築

さて、いきなり「イーサネットフレームを見てみましょう」と言いましたが、パケットを見るのは初めてで、「どうやって見るの？」と不安を感じる方もいらっしゃるでしょう。そこで本章では、パケットについて説明する最初の章ということで、パケットを見るために必要なツールについて説明します。

本書では「tcpdump」と「Wireshark」という2つのツールを使います。どちらもネットワークの構築・運用現場において、よく使用される王道中の王道のツールなので、使い方を覚えておいて損はありません。本書では、**tcpdumpでパケットをキャプチャ(＝捕捉、採取、取得)し、Wiresharkで解析(≒観察)します。**では、それぞれ説明していきましょう。

tcpdump

まず、パケットをキャプチャするtcpdumpについてです。tcpdumpは、Linux OSやmacOSのコマンドラインインターフェース環境で使用できる、オープンソースのパケットキャプチャツールです。検証環境でもコンテナのベースイメージにインストールされていて、tcpdumpコマンドで使用可能です。

tcpdumpは、現場環境に耐え得る幅広いオプションや、いろいろなプロトコルを網羅したフィルター機能を備えています。実際に現場で使用するときは、パケットキャプチャの処理自体に負荷がかかりすぎないように、それらをうまく駆使しながら、パケットをキャプチャしていきます。次表が現場でよく使用する代表的なオプションです。フィルター機能については、各章にある「パケットをキャプチャしよう」の中で説明します。

オプション	意味
-c <パケット数>	指定した数のパケットをキャプチャしたら、停止する
-C <ファイルサイズ>	-wオプションで書き出すファイルを何メガバイトでローテーションするかを指定する
-e	レイヤー2プロトコルの情報を表示する
-i <インターフェース名>	パケットをキャプチャするインターフェースを指定する。anyを指定すると、すべてのインターフェースでやりとりされるパケットをキャプチャする
-n	サービス名をポート番号、ホスト名をIPアドレスに変換しない
-s <パケットサイズ>	1パケットあたりのサイズをバイトで指定する。「-s 0」で、1パケットあたり65535バイト（最大）を表す
-t	時間情報を表示しない
-tt	時間情報をUNIX時間で表示する
-ttt	時間情報を直前行との差分で表示する
-tttt	デフォルトの時間情報に、日付をつけて表示する
-v	詳細な情報を表示する
-vv	-vオプションよりもさらに詳細な情報を表示する
-vvv	-vvよりもさらに詳細な情報を表示する
-w <ファイル名>	キャプチャしたパケットを指定したファイル名でファイルに書き出す
-W <回数>	-Cオプションと併用して、-wオプションで書き出すファイルのローテーション回数を指定する
-x	レイヤー2ヘッダーを除いたパケットの内容を16進数で表示する
-xx	レイヤー2ヘッダーを含めたパケットの内容を16進数で表示する
-X	レイヤー2ヘッダーを除いたパケットの内容をASCIIと16進数で表示する
-XX	レイヤー2ヘッダーを含めたパケットの内容をASCIIと16進数で表示する

表 ● tcpdumpコマンドの代表的なオプション

Wireshark

続いて、パケットを解析するWireshark[※6]についてです。**Wiresharkはインターネットに公開されているオープンソースのパケット解析ツールです。**本書ではWindows PCにインストールして使用し

※6　本書では執筆時点の最新バージョンである「Version 4.0.10」を使用します。

ます。Wiresharkは以下のURLからダウンロードして、インストールしてください。セットアッププログラムを実行して、「Next」をクリックしていけばインストールできます。

Wiresharkのダウンロード
URL https://www.wireshark.org/download.html

Wiresharkは、GUIで簡単にパケットキャプチャできるだけでなく、キャプチャしたパケットを見やすくフィルターしたり、解析したりする機能を備えているため、現場でもかなり重宝します。ある程度経験を積んだネットワークエンジニアであれば、最初にインストールするアプリケーションのひとつだったりもするでしょう。

図 ● Wireshark

本書では、コンテナでtcpdumpコマンドの-wオプションを使用して、「/tmp/tinet」にパケットを書き出します。各コンテナの「/tmp/tinet」は、tinetの設定ファイルによって、WSLインスタンス（Ubuntu）の「/mnt/c/tinet」にマウントされています。また、p.22で説明したとおり、WSLインスタンスは起動するときにWindows OSのローカルドライブを「/mnt」配下にマウントするため、「/mnt/c/tinet」はWindows OSからは「C:¥tinet」に見えます。このからくりを利用すると、**コンテナの「/tmp/tinet」で書き込んだパケットがWindows OSの「C:¥tinet」で見えるようになります。**それをWindows PCにインストールされたWiresharkで開いて、解析します。

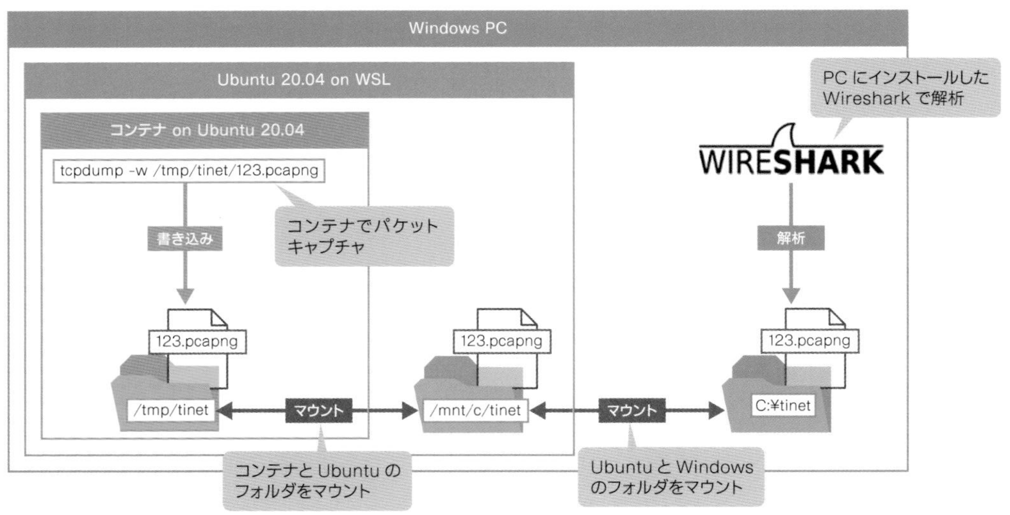

図●パケットキャプチャから解析までの流れ

パケットをキャプチャしよう

実際のネットワークの現場でtcpdumpを使用するときは、パケットキャプチャ自体の処理負荷や、後ほど行う解析のことを考えて、「キャプチャフィルター機能」でキャプチャするパケットを絞り込むのが一般的です。もちろん今回は検証環境なので、そこまでたくさんのパケットを流すわけでもなく、特に処理負荷や解析のことまで気にする必要はないかもしれません。ただ、本書では実際の現場での参考にもなるように、可能な限りキャプチャフィルター機能を使っていきます。

イーサネットフレームをキャプチャするにあたり、役に立ちそうなtcpdumpのキャプチャフィルターを次表に紹介しておきます。これらをオプションとあわせて入力します。複数のフィルターを「and」や「or」でつないで、キャプチャするパケットをさらに絞り込むことも可能です。

キャプチャフィルター	意味
ether host <MACアドレス>	送信元MACアドレス、あるいは宛先MACアドレスが指定したMACアドレスのイーサネットフレーム
ether src <MACアドレス>	送信元MACアドレスが指定したMACアドレスのイーサネットフレーム
ether dst <MACアドレス>	宛先MACアドレスが指定したMACアドレスのイーサネットフレーム
ether proto <プロトコル名>	タイプフィールドが指定したプロトコルのイーサネットフレーム。<プロトコル名>には、ipやarpなどが入る
ether broadcast	ブロードキャストのイーサネットフレーム
ether multicast	マルチキャストのイーサネットフレーム

表●イーサネットに関する代表的なキャプチャフィルター

少し前置きが長くなってしまいましたが、いよいよ検証環境でイーサネットフレームをキャプチャします。ここでは、家庭内LANのcl1からcl2に対してイーサネットフレームを送信し、そのパケットをcl2でキャプチャします。

では、具体的な流れについて、順を追って説明しましょう。こちらもプロトコルについて説明する最初の実践項ということで、コンテナに対するログイン方法やtcpdump/Wiresharkの細かい設定内容まで含めて、チュートリアル的に少し詳しく説明します※7。

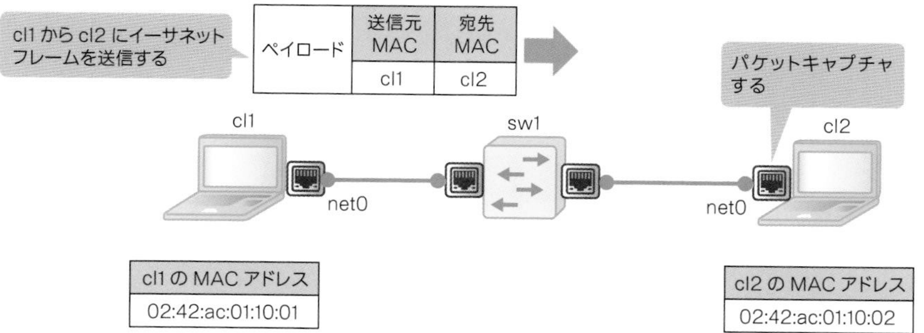

図 ● cl1でテストパケットを送信し、cl2でキャプチャする

1 WSLインスタンスにログインしたターミナルを2つ開いてから、片方のウィンドウで「docker exec -it cl1 /bin/bash」と入力して、cl1にログインします。同様に、もう片方のウィンドウで「docker exec -it cl2 /bin/bash」と入力して、cl2にログインします。

```
root@UBUNTU:~# docker exec -it cl1 /bin/bash
```

図 ● cl1にログイン

```
root@UBUNTU:~# docker exec -it cl2 /bin/bash
```

図 ● cl2にログイン

2 検証に使用するcl1とcl2のMACアドレスを確認します。UbuntuのMACアドレスを確認するためによく使用されるコマンドは、net-toolsに含まれる「ifconfigコマンド」か、iproute2に含まれる「ip addrコマンド」です。このうちip addrコマンドのほうが比較的新しいコマンドではあるですが、Docker特有の情報が含まれてしまい、少々わかりづらくなってしまいます。そこで、ここではネットワークを学習するための必要最低限の情報を表示してくれるifconfigコマンドを使用します。両方のコンテナで「ifconfig net0」と入力すると、以下のように表示されます。

```
root@cl1:/# ifconfig net0
net0: flags=4163<UP,BROADCAST,RUNNING,MULTICAST>  mtu 1500
        inet 192.168.11.1  netmask 255.255.255.0  broadcast 192.168.11.255
        ether 02:42:ac:01:10:01  txqueuelen 1000  (Ethernet)
        RX packets 2078  bytes 277292 (277.2 KB)
```

※7 本項よりあとの実践項では、コンテナへのログイン方法やtcpdump/Wiresharkの細かい設定内容については割愛します。

```
        RX errors 0  dropped 0  overruns 0  frame 0
        TX packets 1904  bytes 217784 (217.7 KB)
        TX errors 0  dropped 0 overruns 0  carrier 0  collisions 0
```

図 ● cl1のifconfigの表示結果

```
root@cl2:/# ifconfig net0
net0: flags=4163<UP,BROADCAST,RUNNING,MULTICAST>  mtu 1500
        inet 192.168.11.2  netmask 255.255.255.0  broadcast 192.168.11.255
        ether 02:42:ac:01:10:02  txqueuelen 1000  (Ethernet)
        RX packets 938  bytes 176196 (176.1 KB)
        RX errors 0  dropped 0  overruns 0  frame 0
        TX packets 735  bytes 106770 (106.7 KB)
        TX errors 0  dropped 0 overruns 0  carrier 0  collisions 0
```

図 ● cl2のifconfigの表示結果

表示結果を見ると、cl1のMACアドレスが「02:42:ac:01:10:01」、cl2のMACアドレスが「02:42:ac:01:10:02」であることがわかります。ちなみに、コンテナのMACアドレスは、デフォルトで起動時に割り当てられるIPアドレスから自動的に生成されますが、本書では解説の整合性の兼ね合いもあって、tinetの設定ファイルにより手動で設定されています。

3 cl2で「tcpdump -i net0 -w /tmp/tinet/ethernet.pcapng ether host 02:42:ac:01:10:01」と入力し、これからやりとりされるパケットに備えます。
このコマンドは、

- （cl2が持つ）net0のインターフェースでやりとりされる、
- 送信元MACアドレスあるいは宛先MACアドレスが02:42:ac:01:10:01（＝cl1のMACアドレス）のイーサネットフレームをキャプチャし、
- コンテナ上にある「/tmp/tinet」というフォルダに「ethernet.pcapng」というファイル名で書き込む

という意味です。

```
root@cl2:/# tcpdump -i net0 -w /tmp/tinet/ethernet.pcapng ether host 02:42:ac:01:10:01
tcpdump: listening on net0, link-type EN10MB (Ethernet), capture size 262144 bytes
```

図 ● cl2でイーサネットフレームをキャプチャする

4 cl1でイーサネットフレームを生成します。ここではイーサネットフレームを生成するために「pingコマンド」を使用します。
pingコマンドは、ネットワークの疎通を確認するときに使用するコマンドです。指定した端末（IPアドレス）にリクエスト（要求）パケットを送信し、リプライ（応答）パケットを見ることによって、ネットワークの状態を確認できます※8。次表のように、いろいろなオプションが用意されており、レイヤー3レベル以下のトラブルシューティングで重宝します。

オプション	意味
-4	IPv4だけを使用する
-6	IPv6だけを使用する
-c <カウント>	パケットを送信する回数を指定する
-h	ヘルプを表示する
-i <秒>	パケットの送信間隔を指定する
-I <インターフェース名 | IPアドレス>	パケットを送信するインターフェース、あるいはIPアドレスを指定する
-s <バイト数>	IPペイロードのサイズを指定する。デフォルトは56バイト
-t <TTL>	TTLを指定する
-W <タイムアウト秒>	タイムアウト時間（秒）を指定する

表 ● pingコマンドの代表的なオプション

では、cl1で「ping 192.168.11.2 -c 2」と入力し、cl2宛てにリクエストパケットを2回送信してみましょう。「64 bytes from 192.168.11.2: icmp_seq=...」と表示されたら、リプライパケットを受け取れていることになります。つまり、cl1とcl2がネットワーク的に疎通できています。

```
root@cl1:/# ping 192.168.11.2 -c 2
PING 192.168.11.2 (192.168.11.2) 56(84) bytes of data.
64 bytes from 192.168.11.2: icmp_seq=1 ttl=64 time=0.251 ms
64 bytes from 192.168.11.2: icmp_seq=2 ttl=64 time=0.414 ms

--- 192.168.11.2 ping statistics ---
2 packets transmitted, 2 received, 0% packet loss, time 1071ms
rtt min/avg/max/mdev = 0.251/0.332/0.414/0.081 ms
```

図 ● pingコマンドの表示結果

5 cl2でCtrl+cを押し、tcpdumpコマンドを終了します。

6 Windows PCで「C:¥tinet」を開くと、3で書き込んだ「ethernet.pcapng」があるはずです。このファイルをWiresharkで開いてください。

パケットを解析しよう

続いて、Wiresharkを使用して、キャプチャしたイーサネットフレームを解析していきましょう。

※8 pingコマンドは「ICMP（Internet Control Message Protocol）」という名前のレイヤー3プロトコルを利用しています。ICMPについては、p.124から詳しく説明します。イーサネット自体にリクエストとリプライという概念があるわけではありませんが、ここでは通信の方向がわかりやすくなるように便宜的に「リクエストパケット」と「リプライパケット」と呼び名を付けています。

ネットワークの現場でWiresharkを使用するときには、「表示列のカスタマイズ機能」や「表示フィルター機能」を使用して、視覚的に見やすくするのが一般的です。先述のとおり、今回の検証環境では、そこまでたくさんのパケットを流すわけではないので、これらの機能を使用する必要はないかもしれません。ただ、知っておいて損はない機能であることは間違いないので、本書は実際の現場の参考になるように、可能な限りこれらの機能を使用していきます。では、それぞれの機能の使い方について説明しましょう。

表示列のカスタマイズ機能

表示列のカスタマイズ機能は、表示する列をカスタマイズする機能です。実際の現場でパケットを解析するときは、鼻血が出るほど大量のパケットを解析することが多く、いきなり葉(パケットそのもの)を見るより、まずは森(パケット全体の流れ)を見ることを求められます。そこで、**表示列のカスタマイズ機能を使用して、特定の情報を列として追加し、その値の時系列的な変化を見ます。**

表示列のカスタマイズ機能を使用するには、パケット詳細欄に表示されている項目を右クリックしたあと、「列として適用」をクリックします。すると、パケット一覧にその列が追加され、その項目の値の変化を視覚的に知ることができます。本書でも、必要に応じて、表示列をカスタマイズし、ポイントとなる項目の変化が見やすくなるようにしています。

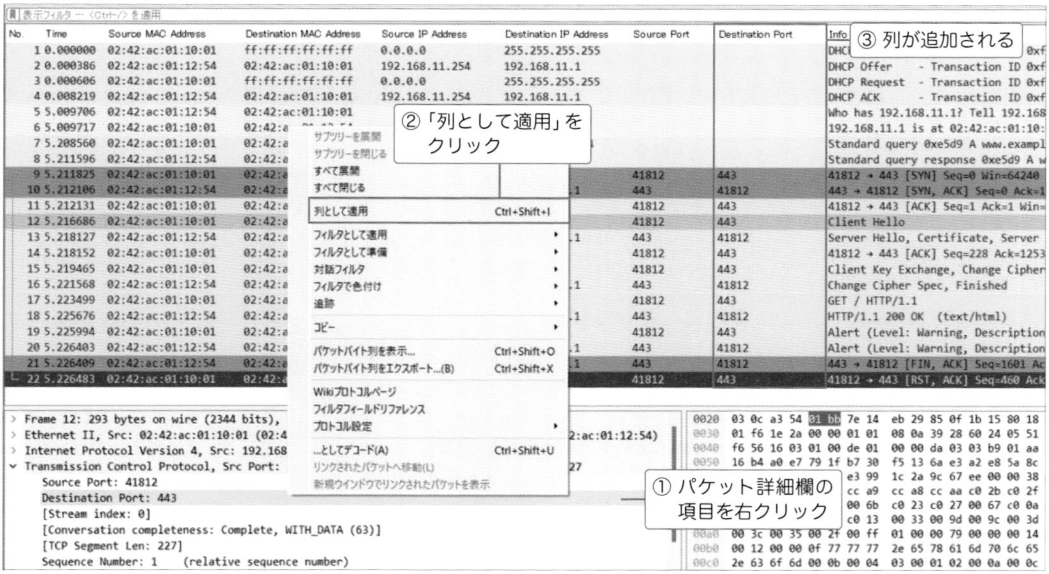

図●「列として適用」で表示列をカスタマイズする

表示フィルター機能

表示フィルター機能は、特定の条件に基づいて、表示するパケットを絞り込む機能です。前述したとおり、実際の現場でパケットを解析するときは大量のパケットを解析することが多く、それらひとつひとつを精査する暇も余裕もありません。そこで、**表示フィルター機能でプロトコルの種類や内容などで表示するパケットを絞り込みながら解析していきます。**

表示フィルター機能は、メインツールバーの下にある「フィルターツールバー」で設定できます。どのようなフォーマットで記述するかはプロトコルごとに異なるので、各章の「パケットを解析しよう」でそれぞれ説明します。

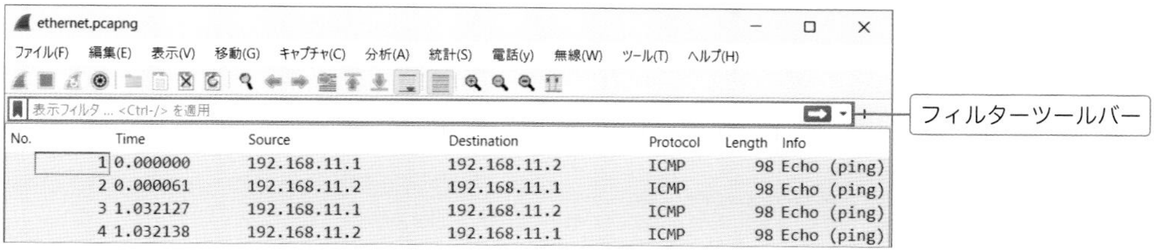

図 ● フィルターツールバーで表示フィルターを設定する

では、イーサネットフレームを解析するにあたり、役に立ちそうなWiresharkの表示フィルターを次表に紹介しましょう。これらをフィルターツールバーに入力します。複数の表示フィルターを「and」や「or」でつないで、表示するパケットをさらに絞り込むことも可能です。

表示フィルター	意味	記述例
eth.addr	宛先MACアドレスか送信元MACアドレス	eth.addr == bc:ee:7b:73:a5:d0
eth.addr_resolved	OUIをベンダー名に変換した宛先MACアドレスか送信元MACアドレス	eth.addr_resolved == AsustekC_73:a5:d0
eth.dst	宛先MACアドレス	eth.dst == bc:ee:7b:73:a5:d0
eth.dst_resolved	OUIをベンダー名に変換した宛先MACアドレス	eth.dst_resolved == AsustekC_73:a5:d0
eth.ig	I/Gビット	eth.ig == 1
eth.len	IEEE802.3フレーム内のサイズ(バイト単位)	eth.len > 1400
eth.lg	U/Lビット(L/Gビット)	eth.lg == 1
eth.padding	パディング	eth.padding
eth.src	送信元MACアドレス	eth.src == bc:ee:7b:73:a5:d0
eth.src_resolved	OUIをベンダー名に変換した送信元MACアドレス	eth.src_resolved == AsustekC_73:a5:d0
eth.type	タイプコード	eth.type == 0x800
frame.len	フレームサイズ(バイト単位)	frame.len > 1000

表 ● イーサネットに関する代表的な表示フィルター

またまた前置きが長くなってしまいましたが、いよいよ先ほどキャプチャしたパケットを解析していきます。Windows PCにインストールしたWiresharkで「C:¥tinet」にある「ethernet.pcapng」を開いてください。すると、4つのパケットが見えるはずです。1つ目はcl1から送信されたリクエストパケット、2つ目がそれに対するリプライパケットです。3つ目と4つ目のパケットは、2回目のリクエストパケットと、それに対するリプライパケットです。いずれもイーサネットフレームであることは変わりませんが、「表示フィルターを使いたい」という名目のもと、本書ではフィルターツールバーに「eth.src

== 02:42:ac:01:10:01」と入力し、cl1から送信されたイーサネットフレームのみ（1つ目と3つ目のパケットのみ）表示し、1つ目のパケットを深く見ていきます。

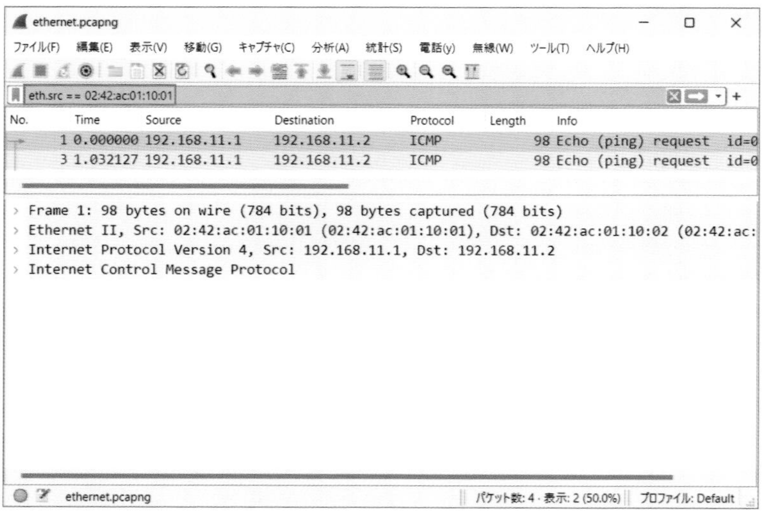

図 ● 表示フィルター機能でcl1から送信されるパケットだけに絞り込む

では、1つ目のパケットをダブルクリックしてください。p.43で説明したとおり、イーサネット（イーサネットⅡ）フレームは「プリアンブル」「宛先/送信元MACアドレス」「タイプ」「イーサネットペイロード」「FCS（Frame Check Sequence）」という5つのフィールドで構成されています。このうちプリアンブルは、tcpdumpでキャプチャする前に取り外されてしまうため、見ることができません。また、FCSはデフォルトで表示されません。**宛先MACアドレスはcl2のMACアドレス（02:42:ac:01:10:02）、送信元MACアドレスはcl1のMACアドレス（02:42:ac:01:10:01）になっていることがわかります。**タイプは、今回「192.168.11.2」というIPv4のIPアドレスにパケットを送信しているので、「0x0800」になります（p.45）。

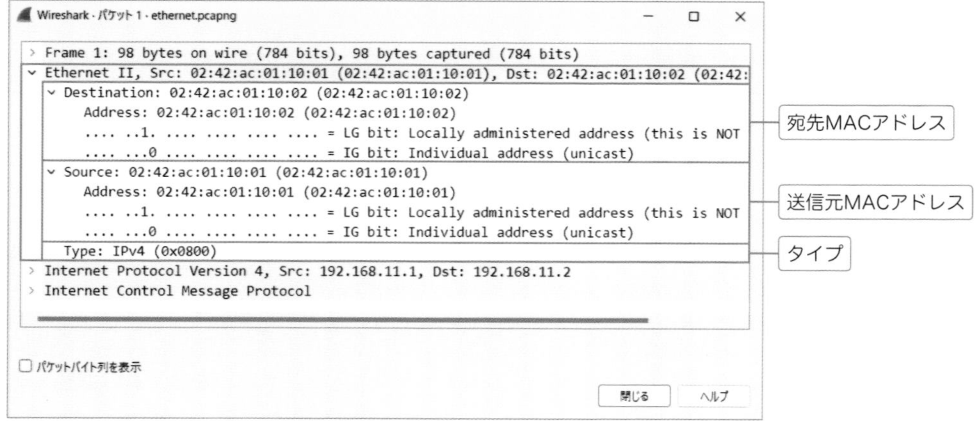

図 ● cl1からcl2に対するイーサネットフレーム

Wiresharkのパケットダイアグラム機能

最近のWireshark※9は、パケットをアスキーアート風のダイアグラムで表示するパケットダイアグラム機能も追加されています。パケットの構造を視覚的に確認するのに役立つので、たまに見てみるのもよいでしょう。

パケットダイアグラム機能は、「編集」-「設定」のダイアログで、「外観」-「レイアウト」を選択して、3つのペインのうち、どれか1つにパケットダイアグラムを割り当てます。

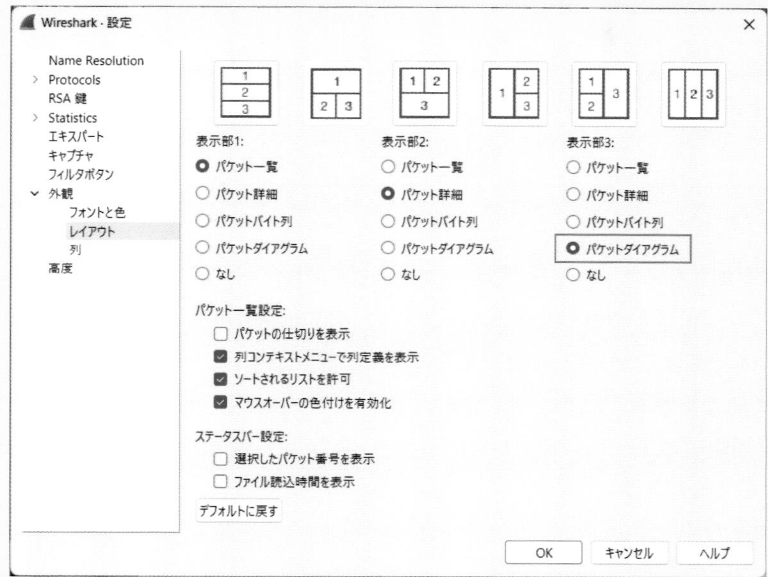

図 ● パケットダイアグラム機能を有効にする

2-2-2 ARP（Address Resolution Protocol）

ネットワークの世界において、アドレスを示すものは2つしかありません。1つはここまで説明してきた「MACアドレス」、もう1つは第3章で説明する「IPアドレス」です。

MACアドレスはNICそのものに設定するアドレスです。データリンク層で動作します。IPアドレスはOSに設定するアドレスです。ネットワーク層で動作します。この2つのアドレスが独立して動作してしまうと、データリンク層とネットワーク層の情報の整合性が取れず、通信が成立しません。そこで、**この2つのアドレスを紐づけ、データリンク層とネットワーク層の架け橋的な役割を担っているプロトコルが「ARP（Address Resolution Protocol）」です。**ARPは、OSI参照モデルのデータリン

※9 Version 3.3.0以降で有効にできます。

ク層とネットワーク層の中間（第2.5層）に位置するような存在なのですが、本書ではデータリンク層のプロトコルとして扱います。

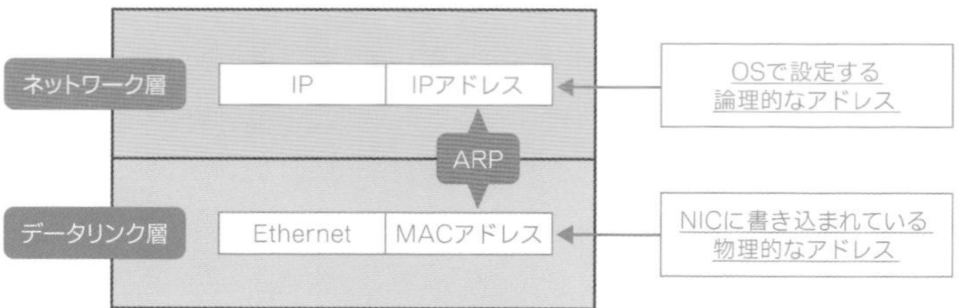

図 ● ARPはMACアドレスとIPアドレスを紐づけるプロトコル

机上で知ろう

ある端末がデータを送信するとき、ネットワーク層から受け取ったIPパケットをイーサネットフレームにカプセル化して、ケーブルに流す必要があります。しかし、IPアドレスを受け取っただけでは、イーサネットフレームを作るために必要な情報がまだ足りません。送信元MACアドレスは自分自身のNICのMACアドレスなのでまだわかるにしても、宛先MACアドレスについては知りようがありません。そこで、**実際のデータ通信に先立って、ARPで宛先IPアドレス**※10**から宛先MACアドレスを求めます。**これを「アドレス解決」といいます。

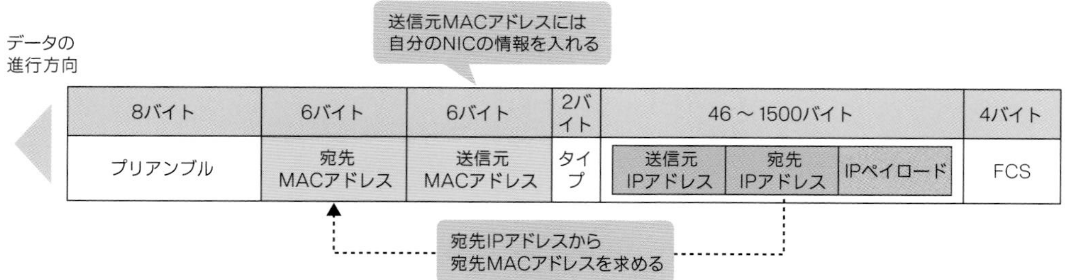

図 ● イーサネットフレームの宛先MACアドレスは宛先IPアドレスから求める

ARPのフレームフォーマット

ARPは、最初にRFC826「An Ethernet Address Resolution Protocol -- or -- Converting Network Protocol Addresses」で標準化され、その後RFC5227「IPv4 Address Conflict Detection」やRFC5494「IANA Allocation Guidelines for the Address Resolution Protocol（ARP）」で拡張されています。

ARPは、イーサネットヘッダーのタイプコード（p.45）で「0x0806」と定義されています。また、イーサネットペイロードにデータリンク層（レイヤー2）やネットワーク層（レイヤー3）の情報を詰め込むことによって、MACアドレスとIPアドレスの紐づけを行っています。

※10　もう少し踏み込んでいうと、IPv4のIPアドレスです。IPv6ではARPを使用しません。

```
root@UBUNTU:~# docker exec -it cl3 /bin/bash
root@cl3:/# ifconfig net0
net0: flags=4163<UP,BROADCAST,RUNNING,MULTICAST>  mtu 1500
        inet 192.168.11.100  netmask 255.255.255.0  broadcast 0.0.0.0
        ether 02:42:ac:01:11:00  txqueuelen 1000  (Ethernet)
        RX packets 4  bytes 1368 (1.3 KB)
        RX errors 0  dropped 0  overruns 0  frame 0
        TX packets 0  bytes 0 (0.0 B)
        TX errors 0  dropped 0 overruns 0  carrier 0  collisions 0
```

図 ● cl3のifconfigの表示結果

```
root@UBUNTU:~# docker exec -it rt1 /bin/bash
root@rt1:/# ifconfig net1
net1: flags=4163<UP,BROADCAST,RUNNING,MULTICAST>  mtu 1500
        inet 192.168.11.254  netmask 255.255.255.0  broadcast 0.0.0.0
        ether 02:42:ac:01:12:54  txqueuelen 1000  (Ethernet)
        RX packets 6  bytes 1452 (1.4 KB)
        RX errors 0  dropped 0  overruns 0  frame 0
        TX packets 6  bytes 1452 (1.4 KB)
        TX errors 0  dropped 0 overruns 0  carrier 0  collisions 0
```

図 ● rt1のifconfigの表示結果

2 検証のスタート地点を揃えるために、cl3とrt1が保持している余計なARPエントリを削除（フラッシュ）します。ここではエントリを削除するために「ip neighコマンド」を使用します。

ip neighコマンドは、ARPテーブルの情報を確認したり、操作したりするときに使用するコマンドです。次表のように、サブコマンドやオプションを組み合わせて使用します。

ip neighコマンド	意味
ip neigh [show]	ARPテーブルを表示する
ip neigh add <IPアドレス> dev <インターフェース名> lladdr <MACアドレス>	手動でARPエントリを追加する
ip neigh del <IPアドレス> dev <インターフェース名>	指定したARPエントリを削除する
ip neigh flush all	すべてのARPエントリを削除（フラッシュ）する
ip neigh flush dev <インターフェース名>	指定したインターフェースのARPエントリを削除（フラッシュ）する
ip neigh get <IPアドレス> dev <インターフェース名>	指定したIPアドレス、およびインターフェースのARPエントリを表示する
ip neigh show dev <インターフェース名>	指定したインターフェースに関連するARPエントリを表示する

表 ● 代表的なip neighコマンド

では、ip neighコマンドでARPエントリを削除し、そのあとARPテーブルを確認してみましょう。何も表示されなかったら、間違いなく削除されています。

```
root@cl3:/# ip neigh flush all
root@cl3:/# ip neigh
```

図●cl3のARPエントリを削除する

```
root@rt1:/# ip neigh flush all
root@rt1:/# ip neigh
```

図●rt1のARPエントリを削除する

3 rt1でtcpdumpコマンドを実行し、これからやりとりされるパケットに備えます。ここでは、rt1のnet1でやりとりされるARPフレームを/tmp/tinetに「arp.pcapng」というファイル名で書き込みます。

```
root@rt1:/# tcpdump -i net1 -w /tmp/tinet/arp.pcapng arp
tcpdump: listening on net1, link-type EN10MB (Ethernet), capture size 262144 bytes
```

図●rt1のtcpdumpコマンドを実行する

4 cl3（192.168.11.100）からrt1（192.168.11.254）にpingコマンドでイーサネットフレーム（リクエストパケット）を送信します。すると、rt1からイーサネットフレーム（リプライパケット）を受け取れていることがわかります。実際は、リクエストパケットの前に、rt1（192.168.11.254）のMACアドレスをARP Requestで問い合わせているはずです。

```
root@cl3:/# ping 192.168.11.254 -c 2
PING 192.168.11.254 (192.168.11.254) 56(84) bytes of data.
64 bytes from 192.168.11.254: icmp_seq=1 ttl=64 time=0.771 ms
64 bytes from 192.168.11.254: icmp_seq=2 ttl=64 time=0.843 ms

--- 192.168.11.254 ping statistics ---
2 packets transmitted, 2 received, 0% packet loss, time 1034ms
rtt min/avg/max/mdev = 0.771/0.807/0.843/0.036 ms
```

図●cl3からrt1に対してイーサネットフレームを送信する

5 rt1でCtrl＋Cを押し、tcpdumpコマンドを終了します。

6 cl3とrt1でARPテーブルを確認します。すると、お互いにARPテーブルにIPアドレスとMACアドレスのARPエントリを書き込んでいることがわかります。このARPエントリは、エントリ数が増えすぎない限り、保持され続けます。

```
root@cl3:/# ip neigh
192.168.11.254 dev net0 lladdr 02:42:ac:01:12:54 STALE
```

図● cl3のARPテーブル※11

```
root@rt1:/# ip neigh
192.168.11.100 dev net1 lladdr 02:42:ac:01:11:00 STALE
```

図● rt1のARPテーブル※12

パケットを解析しよう

続いて、前項でキャプチャしたARPフレームを解析しましょう。解析に先立って、役に立ちそうなWiresharkの表示フィルターを紹介しておきます。これらをフィルターツールバーに入力します。複数の表示フィルターを「and」や「or」でつないで、表示するパケットをさらに絞り込むことも可能です。

表示フィルター	意味	記述例
arp.hw.type	ハードウェアタイプ	arp.hw.type == 1
arp.proto.type	プロトコルタイプ	arp.proto.type == 0x0800
arp.hw.size	ハードウェアアドレスサイズ	arp.hw.size == 6
arp.proto.size	プロトコルアドレスサイズ	arp.proto.size == 4
arp.opcode	オペレーションコード（オプコード）	arp.opcode == 1
arp.src.hw_mac	送信元MACアドレス	arp.src.hw_mac == 00:0c:29:45:db:90
arp.src.proto_ipv4	送信元IPアドレス	arp.src.proto_ipv4 == 10.1.1.101
arp.dst.hw_mac	目標MACアドレス	arp.dst.hw_mac == 00:00:00:00:00:00
arp.dst.proto_ipv4	目標IPアドレス	arp.dst.proto_ipv4 == 10.1.1.200

表● ARPに関する代表的な表示フィルター

では、Wiresharkで「C:¥tinet」にある「arp.pcapng」を開いてみましょう。すると、4つのパケットが見えるはずです※13。1つ目のパケットがcl3から送信されたARP Request、2つ目のパケットがそれに対するARP Replyです。3つ目のパケットはrt1からcl3への到達性を確認するユニキャストのARP Request、4つ目のパケットがそれに対するARP Replyです。ここでは、最初にIPアドレスとMACアドレスを紐づけている、1つ目と2つ目のパケットに着目します。

※11 ip neighコマンドを実行するタイミングによっては、エントリの状態を表す「STALE」が「REACHABLE」になっていることがあります。
※12 ip neighコマンドを実行するタイミングによっては、「192.168.11.1」や「192.168.11.2」のARPエントリが見えることがあります。また、エントリの状態を表す「STALE」が「REACHABLE」になっていることがあります。
※13 tcpdumpコマンドを終了するタイミングによっては、2つしかパケットがない場合があります。その場合は、1つ目と2つ目のパケットを見てください。

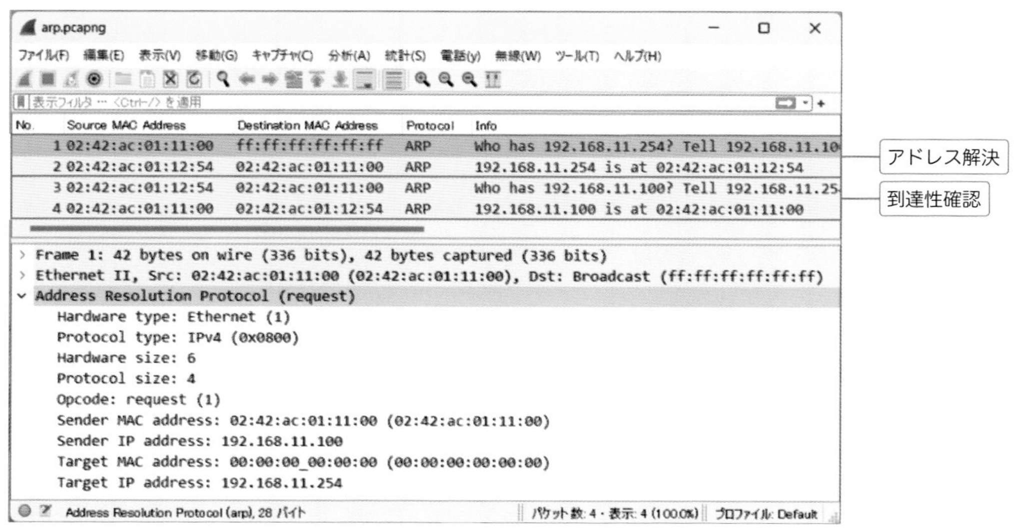

図 ● arp.pcapng

まず、1つ目のパケット（ARP Request）を見ると、宛先MACアドレスがブロードキャスト（ff:ff:ff:ff:ff:ff）になっていることがわかります。また、ARPフィールドの目標MACアドレスがダミーMACアドレス（00:00:00:00:00:00）、目標IPアドレスがアドレス解決したいrt1のIPアドレス（192.168.11.254）になっていることがわかります。

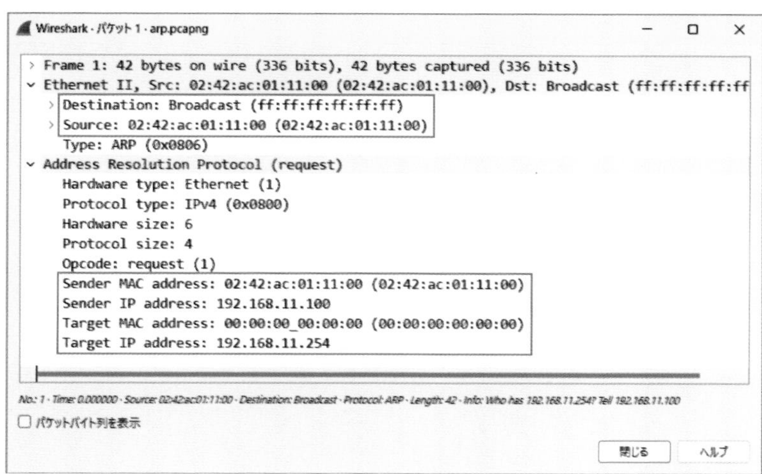

図 ● ARP Request

続いて、2つ目のパケット（ARP Reply）を見ると、送信元MACアドレスがrt1（02:42:ac:01:12:54）、宛先MACアドレスがcl3（02:42:ac:01:11:00）のユニキャストになっていることがわかります。また、ARPフィールドからダミーMACアドレスがなくなり、すべてrt1とcl3のMACアドレスとIPアドレスになっていることがわかります。

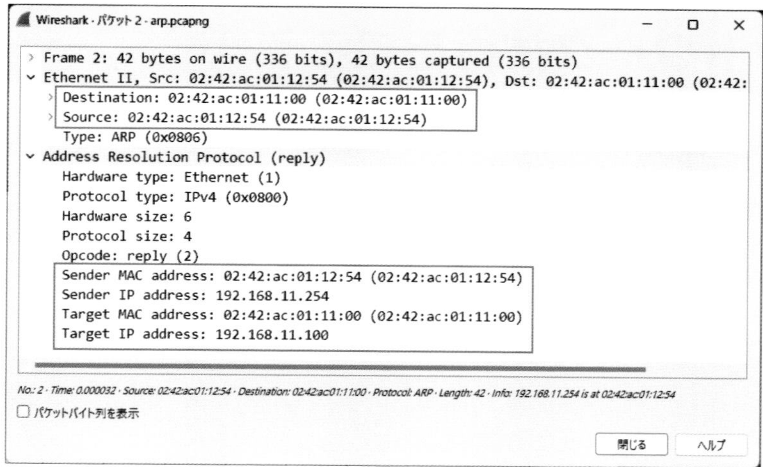
Wireshark · パケット 2 · arp.pcapng
Frame 2: 42 bytes on wire (336 bits), 42 bytes captured (336 bits)
Ethernet II, Src: 02:42:ac:01:12:54 (02:42:ac:01:12:54), Dst: 02:42:ac:01:11:00 (02:42:
Destination: 02:42:ac:01:11:00 (02:42:ac:01:11:00)
Source: 02:42:ac:01:12:54 (02:42:ac:01:12:54)
Type: ARP (0x0806)
Address Resolution Protocol (reply)
Hardware type: Ethernet (1)
Protocol type: IPv4 (0x0800)
Hardware size: 6
Protocol size: 4
Opcode: reply (2)
Sender MAC address: 02:42:ac:01:12:54 (02:42:ac:01:12:54)
Sender IP address: 192.168.11.254
Target MAC address: 02:42:ac:01:11:00 (02:42:ac:01:11:00)
Target IP address: 192.168.11.100
No.: 2 · Time: 0.000032 · Source: 02:42:ac:01:12:54 · Destination: 02:42:ac:01:11:00 · Protocol: ARP · Length: 42 · Info: 192.168.11.254 is at 02:42:ac:01:12:54
パケットバイト列を表示
閉じる
ヘルプ

図 ● ARP Reply

2-3 ネットワーク技術を知ろう

続いて、実際のネットワーク環境でよく使用されているイーサネットに関する技術について解説します。イーサネットのネットワークは、なんといってもまずはMACアドレスありきです。**どの機器のどのポート（インターフェース）にどんなMACアドレスを持つ端末が接続されているか、整理しながら学習を進めると、より効率よく理解を深められるでしょう。**

現代のネットワークにおいて、イーサネットで活躍する機器といえば「L2スイッチ」です。まず、L2スイッチがどのようなものか、簡単におさらいしておきましょう。

L2スイッチは、複数の有線LAN端末を接続し、イーサネットフレームを転送するネットワーク機器です。LANを構築するときに使用します。なじみのない方は、大型家電量販店やオフィスのフロアなどで見かける、ポートがたくさん付いた機器を思い浮かべてみてください。あれがL2スイッチです。また、家庭用ブロードバンドルーターの背面を見ると、「LANポート」という名前のインターフェースがいくつか付いていませんか。あのLANポートにもL2スイッチの役割があります。ほとんどの有線LAN端末は、LANケーブルを経由してL2スイッチのポートに接続されていると考えてよいでしょう。

ここではL2スイッチの代表的な技術である「L2スイッチング」と「VLAN（Virtual Local Area Network）」について説明します。

2-3-1 L2スイッチング

L2スイッチは、イーサネットヘッダーに含まれている送信元MACアドレスと自分自身のポート番号（インターフェース番号）を管理することによって、イーサネットフレームの転送先を切り替え、通信の効率化を図っています。このイーサネットフレームの転送先を切り替える技術のことを「L2スイッチング」といいます。また、送信元MACアドレスとポート番号を管理するテーブル（表）のことを「MACアドレステーブル」といいます。L2スイッチングはMACアドレステーブルありきで動作します。

机上で知ろう

L2スイッチはどのようにしてMACアドレステーブルを作り、どのようにしてL2スイッチングをしているのでしょうか。まずは、机上で流れを理解しましょう。ここでは、検証環境の家庭内LANにおいて、同じL2スイッチsw1に接続しているcl1とcl2がイーサネットフレームを送信しあう場面を例に説明します。なお、ここでは純粋にデータ通信におけるL2スイッチングの処理を説明するために、すべての端末がお互いのMACアドレスを知っている前提で説明します。

1 cl1は、cl2に対するイーサネットフレーム（リクエストパケット）を作り、LANケーブルに流します。このとき、送信元MACアドレスはcl1のMACアドレス（02:42:ac:01:10:01）、宛先MACアドレスはcl2のMACアドレス（02:42:ac:01:10:02）です。この時点では、sw1のMACアドレステーブルはまだ空っぽです。

2 cl1のイーサネットフレームを受け取ったsw1は、そのフレームの送信元MACアドレス（02:42:ac:01:10:01）とフレームを受け取ったポート番号（port1）をMACアドレステーブルに登録します。

3 sw1は、この時点ではcl2が自身のどのインターフェースに接続されているか知りません。そこで、cl1のイーサネットフレームのコピーを、cl1が接続されているインターフェース、つまりport1以外のインターフェースに送信します。この動作のことを「フラッディング」といいます。**「どのインターフェース宛てのフレームかわからないから、とりあえずみんなに投げちゃえ！」という動作です。**ちなみに、ブロードキャストのMACアドレス「ff:ff:ff:ff:ff:ff」は送信元MACアドレスになることがないため、MACアドレステーブルに登録されることがありません。したがって、ブロードキャストは、いつもフラッディングされることになります。

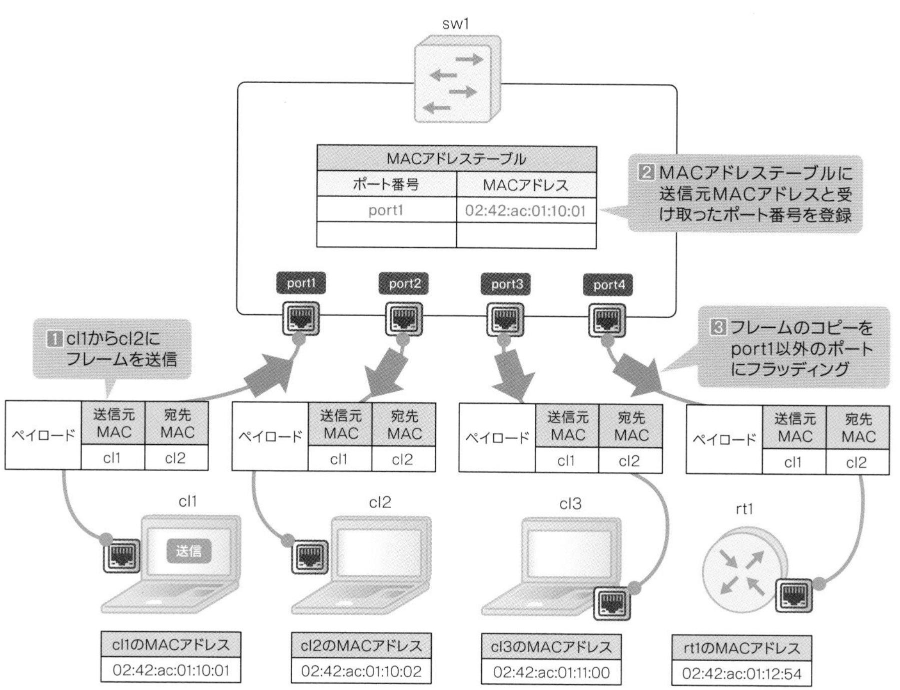

図 ● 1から3までの処理

4 コピーフレームを受け取ったcl2は、cl1に対するイーサネットフレーム（リプライパケット）を作り、LANケーブルに流します。フラッディングにより、cl1とcl2の通信に関係のないcl3とrt1も同じくコピーフレームを受け取りますが、自分に関係のないイーサネットフレームと判断して破棄します。

5 cl2からイーサネットフレームを受け取ったsw1は、イーサネットフレームの送信元MACアドレスに入っているcl2のMACアドレス（02:42:ac:01:10:02）と、そのフレームを受け取ったポート番号（port2）をMACアドレステーブルに登録します。

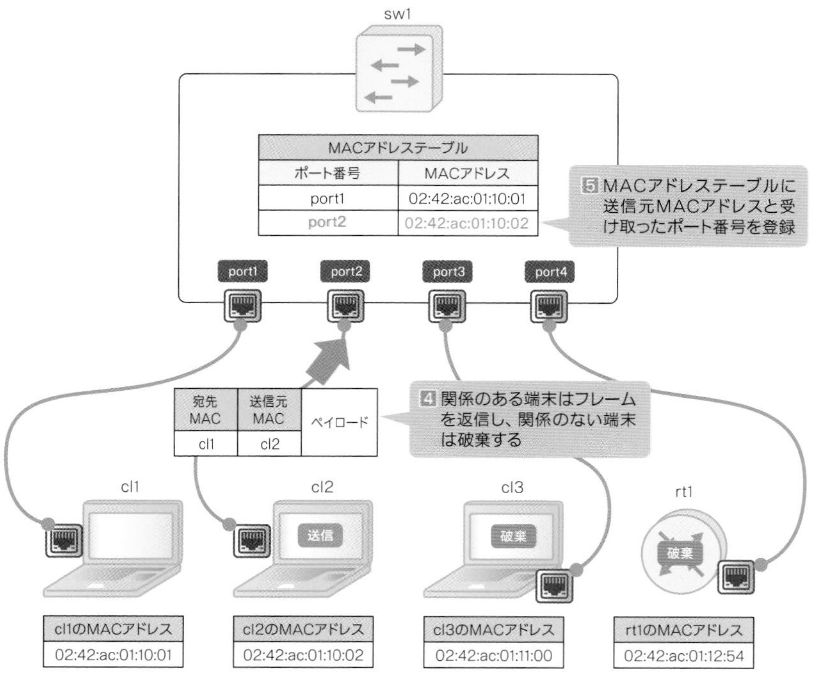

図 ● 4から5までの処理

6 これでsw1はcl1とcl2がどのポートに接続されているかを認識できました。これ以降は、cl1とcl2の間の通信を直接転送するようになります。3のようなフラッディングは行いません。

7 sw1は、cl1あるいはcl2が一定時間通信しなくなると、MACアドレステーブルの中の関連している行を削除します。削除するまでの時間（エージングタイム）は機器によって異なりますが、任意に変更することも可能です。たとえば、Cisco社のスイッチ「Catalystシリーズ」の場合、デフォルトで5分（300秒）です。また、本書の検証環境で使用しているOVSの場合も、デフォルトで5分（300秒）です。

実践で知ろう

それでは、検証環境を使用して、L2スイッチングの動作を見ていきましょう。ここでは「OVS（Open vSwitch)」という仮想スイッチアプリケーションを使用します。OVSはオープンソースのアプリケーションで、仮想マシンやコンテナをネットワークに接続するときに使用します。**OVSをL2スイッチとして使用するときは、「ブリッジ」と呼ばれる仮想L2スイッチを作り、それに仮想ポート（仮想インターフェース）を割り当てます。**

OVSで使用する代表的なコマンドは次表のとおりです。

OVSコマンド	意味
ovs-vsctl add-br <ブリッジ名>	指定したブリッジを作成する
ovs-vsctl add-port <ブリッジ名> <ポート名> [vlan_mode=<VLANモード>] [tag=<VLAN ID>] [trunk=VLAN ID]	指定したブリッジに（指定した設定の）ポートを割り当てる ●vlan_mode: VLANモードを指定する ●tag: VLAN IDを指定する ●trunk: VLANタグを付与するVLAN IDを指定する
ovs-vsctl del-br <ブリッジ名>	指定したブリッジを削除する
ovs-vsctl del-port <ブリッジ名> <ポート名>	指定したブリッジの指定したポートを削除する
ovs-vsctl list-br	設定されているブリッジを表示する
ovs-vsctl list-ports <ブリッジ名>	ブリッジに紐づけられたポートを表示する
ovs-vsctl set port <ポート名> [vlan_mode=<VLANモード>] [tag=<VLAN ID>] [trunk=VLAN ID]	指定したポートの設定を変更する ●vlan_mode: VLANモードを指定する ●tag: VLAN IDを指定する ●trunk: VLANタグを付与するVLAN IDを指定する
ovs-vsctl show	ブリッジの設定内容を表示する
ovs-appctl fdb/flush <ブリッジ名>	指定したブリッジのMACアドレステーブル（fdb）の情報を削除（フラッシュ）する
ovs-appctl fdb/show <ブリッジ名>	指定したブリッジのMACアドレステーブル（fdb）の情報を表示する

表●代表的なOVSコマンド

p.26の表で説明したとおり、OVSはsw1とsw2のコンテナイメージに含まれています。ここでは、tinetの設定ファイル「spec_02.yaml」で、すでに設定を投入してあるsw1を使用します。ネットワークプロトコル節の「パケットをキャプチャしよう」で、イーサネットフレームやARPをキャプチャする必要があったため、sw1だけは以下のように設定を投入しておきました。具体的には、「sw1」という名前のブリッジを作り、「port1」から「port4」という、4つの仮想ポートを割り当てています。

```
ovs-vsctl add-br sw1 -- set bridge sw1 datapath_type=netdev※1
ovs-vsctl add-port sw1 port1
ovs-vsctl add-port sw1 port2
ovs-vsctl add-port sw1 port3
```

※1 WSL2を使用している関係で、ブリッジを作るときに、あわせて「-- set bridge sw1 datapath_type=netdev」も設定する必要があります。

```
ovs-vsctl add-port sw1 port4
```

図 ● tinetの設定ファイル経由で投入されるsw1の設定

各仮想ポートに接続する端末(コンテナ)も、tinetの設定ファイルで設定しています。port1にはcl1、port2にはcl2、port3にはcl3、port4にはrt1がそれぞれ接続されています。ここでは、この環境でcl1がcl2とイーサネットフレームをやりとりしたとき、どのようにsw1のMACアドレステーブルが遷移するか、順を追って見ていきます。

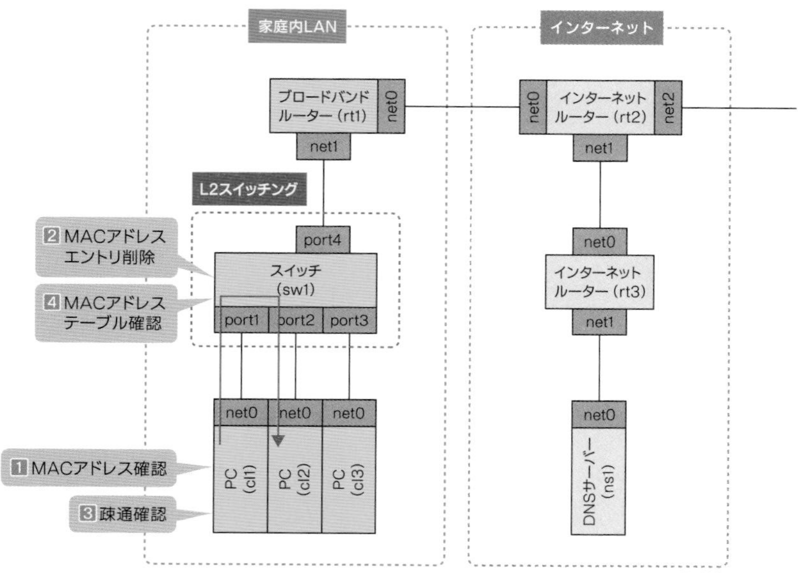

図 ● sw1でL2スイッチの動作を確認する

1 sw1、cl1、cl2にそれぞれログインし、検証に使用する「cl1のnet0」と「cl2のnet0」のMACアドレスを確認します。cl1のnet0のMACアドレスは「02:42:ac:01:10:01」、cl2のnet0のMACアドレスは「02:42:ac:01:10:02」であることがわかります。ちなみに、これらのMACアドレスは、解説の整合性の兼ね合いもあって、tinetの設定ファイルにより手動で設定してあります。

```
root@cl1:/# ifconfig net0
net0: flags=4163<UP,BROADCAST,RUNNING,MULTICAST>  mtu 1500
        inet 192.168.11.1  netmask 255.255.255.0  broadcast 192.168.11.255
        ether 02:42:ac:01:10:01  txqueuelen 1000  (Ethernet)
        RX packets 5  bytes 1410 (1.4 KB)
        RX errors 0  dropped 0  overruns 0  frame 0
        TX packets 3  bytes 726 (726.0 B)
        TX errors 0  dropped 0 overruns 0  carrier 0  collisions 0
```

図 ● cl1のifconfigの表示結果

```
root@cl2:/# ifconfig net0
net0: flags=4163<UP,BROADCAST,RUNNING,MULTICAST>  mtu 1500
        inet 192.168.11.2  netmask 255.255.255.0  broadcast 192.168.11.255
        ether 02:42:ac:01:10:02  txqueuelen 1000  (Ethernet)
        RX packets 5  bytes 1410 (1.4 KB)
        RX errors 0  dropped 0  overruns 0  frame 0
        TX packets 3  bytes 726 (726.0 B)
        TX errors 0  dropped 0 overruns 0  carrier 0  collisions 0
```

図 ● cl2のifconfigの表示結果

2 検証のスタート地点を揃えるために、sw1のMACアドレステーブルの情報をいったん削除（フラッシュ）し、間違いなく削除されたことを確認します。ちなみに、**コマンドに含まれる「fdb」は「Forwarding DataBase（転送データベース）」の略で、OVSにおけるMACアドレステーブルのことを表しています。**

```
root@sw1:/# ovs-appctl fdb/flush sw1
table successfully flushed

root@sw1:/# ovs-appctl fdb/show sw1
 port  VLAN  MAC                Age
```

図 ● MACアドレステーブルの情報を削除する

3 cl1（02:42:ac:01:10:01）からcl2（02:42:ac:01:10:02）にpingコマンドでイーサネットフレーム（リクエストパケット）を送信します。

```
root@cl1:/# ping 192.168.11.2 -c 2
PING 192.168.11.2 (192.168.11.2) 56(84) bytes of data.
64 bytes from 192.168.11.2: icmp_seq=1 ttl=64 time=0.226 ms
64 bytes from 192.168.11.2: icmp_seq=2 ttl=64 time=0.339 ms

--- 192.168.11.2 ping statistics ---
2 packets transmitted, 2 received, 0% packet loss, time 1040ms
rtt min/avg/max/mdev = 0.226/0.282/0.339/0.056 ms
```

図 ● cl1からcl2にイーサネットフレームを送信する

なお、本来であれば、イーサネットフレーム（リクエストパケット）を送信する前に、ARPのやりとりが行われます。ここでは、机上項と同様に、純粋にデータ通信におけるL2スイッチングの処理を見たいということもあって、お互いがお互いのMACアドレスを認識する静的ARPの設定を、tinetの設定ファイルに加えています。具体的には、cl1のARPテーブルにcl2の情報（192.168.11.2と02:42:ac:01:10:02）を、cl2のARPテーブルにcl1の情報（192.168.11.1と02:42:ac:01:10:01）を設定しています。これらの設定は、ip neighコマンドで確認可能です。「PERMENENT」となっている行が静的に設定されたARPエントリです。この設定により、ARPのやりとりがスキップされます。

```
root@cl1:/# ip neigh
192.168.11.254 dev net0 lladdr 02:42:ac:01:12:54 STALE
192.168.11.2 dev net0 lladdr 02:42:ac:01:10:02 PERMANENT
```

図●cl1のARPテーブル

```
root@cl2:/# ip neigh
192.168.11.254 dev net0 lladdr 02:42:ac:01:12:54 STALE
192.168.11.1 dev net0 lladdr 02:42:ac:01:10:01 PERMANENT
```

図●cl2のARPテーブル

4 sw1でMACアドレステーブルを確認すると、port1に「02:42:ac:01:10:01」、port2に「02:42:ac:01:10:02」が登録されていることがわかります。この環境では、cl2からミリ秒単位で応答が返ってくるため、いきなり2つのMACアドレスが登録されていますが、実際は、cl1から送信されたイーサネットフレーム（リクエストパケット）でport1のMACアドレスが登録され、cl2から送信されたイーサネットフレーム（リプライパケット）でport2のMACアドレスが登録されています※2。

```
root@sw1:/# ovs-appctl fdb/show sw1
 port  VLAN  MAC                Age
    1     0  02:42:ac:01:10:01    5
    2     0  02:42:ac:01:10:02    5
```

図●cl1とcl2でやりとりしたあとのMACアドレステーブル

MACアドレスが重複したときの挙動

続いて、端末のMACアドレスが重複してしまったときの挙動を見てみましょう。p.48で説明したとおり、かつてMACアドレスは世界的に一意なものであると信じられていました。しかし、**最近は必ずしも一意になっているとは限らず、たとえ同じLANにあったとしても、MACアドレスが重複しないという保証はありません。** ここでは、cl2とcl3それぞれから継続的にrt1にイーサネットフレームを送信している状態で、cl3にcl2と同じMACアドレス（02:42:ac:01:10:02）を設定したとき、どのような現象が発生するか見ていきます。

※2 コマンドを実行するタイミングによっては、port3やport4にMACアドレスが登録されていることがあります。それらは、cl3やrt1から送出されたイーサネットフレームによって学習されたエントリです。

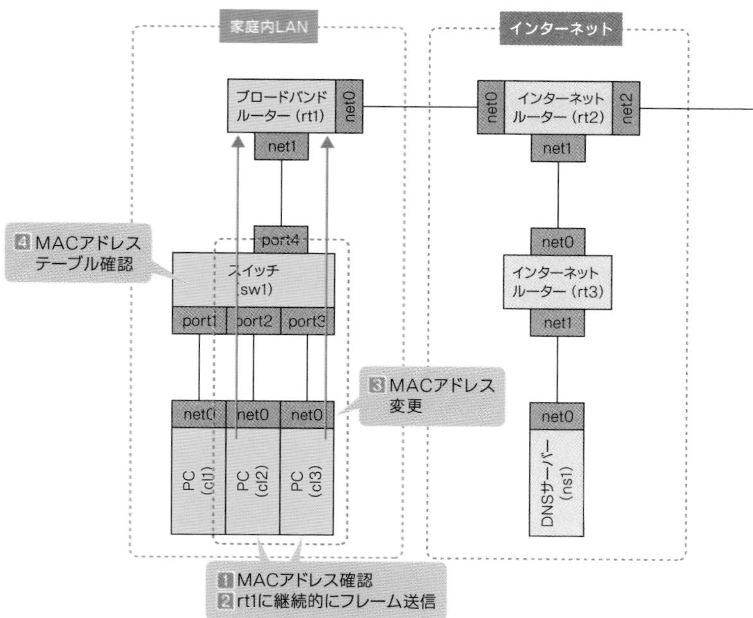

図 • cl2とcl3のMACアドレスを重複させる

1 sw1、cl2、cl3にそれぞれログインし、検証に使用する「cl2のnet0」と「cl3のnet0」のMACアドレスを確認します。

```
root@cl2:/# ifconfig net0
net0: flags=4163<UP,BROADCAST,RUNNING,MULTICAST>  mtu 1500
        inet 192.168.11.2  netmask 255.255.255.0  broadcast 192.168.11.255
        ether 02:42:ac:01:10:02  txqueuelen 1000  (Ethernet)
        RX packets 5  bytes 1410 (1.4 KB)
        RX errors 0  dropped 0  overruns 0  frame 0
        TX packets 3  bytes 726 (726.0 B)
        TX errors 0  dropped 0 overruns 0  carrier 0  collisions 0
```

図 • cl2のifconfigの表示結果

```
root@cl3:/# ifconfig net0
net0: flags=4163<UP,BROADCAST,RUNNING,MULTICAST>  mtu 1500
        inet 192.168.11.100  netmask 255.255.255.0  broadcast 0.0.0.0
        ether 02:42:ac:01:11:00  txqueuelen 1000  (Ethernet)
        RX packets 4  bytes 1368 (1.3 KB)
        RX errors 0  dropped 0  overruns 0  frame 0
        TX packets 0  bytes 0 (0.0 B)
        TX errors 0  dropped 0 overruns 0  carrier 0  collisions 0
```

図 • cl3のifconfigの表示結果

2 まず、cl2とcl3からrt1に対して、pingコマンドでイーサネットフレーム(リクエストパケット)を継続的に送信します。どちらのコンソールにも「64 bytes from 192.168.11.254: icmp_seq=…」と表示され、rt1からイーサネットフレーム(リプライパケット)を受け取ることができていることがわかります。

cl2

```
root@cl2:/# ping 192.168.11.254
PING 192.168.11.254 (192.168.11.254) 56(84) bytes of data.
64 bytes from 192.168.11.254: icmp_seq=1 ttl=64 time=0.592 ms
64 bytes from 192.168.11.254: icmp_seq=2 ttl=64 time=0.240 ms
64 bytes from 192.168.11.254: icmp_seq=3 ttl=64 time=0.448 ms
64 bytes from 192.168.11.254: icmp_seq=4 ttl=64 time=0.264 ms

(以下、省略)
```

cl3

```
root@cl3:/# ping 192.168.11.254
PING 192.168.11.254 (192.168.11.254) 56(84) bytes of data.
64 bytes from 192.168.11.254: icmp_seq=1 ttl=64 time=0.498 ms
64 bytes from 192.168.11.254: icmp_seq=2 ttl=64 time=0.190 ms
64 bytes from 192.168.11.254: icmp_seq=3 ttl=64 time=0.137 ms
64 bytes from 192.168.11.254: icmp_seq=4 ttl=64 time=0.116 ms

(以下、省略)
```

図● cl2とcl3からrt1にpingを打ち続ける

また、このとき、MACアドレステーブルには、以下のとおり、port2にはcl2のMACアドレス(02:42:ac:01:10:02)、port3にはcl3のMACアドレス(02:42:ac:01:11:00)、port4にはrt1のMACアドレス(02:42:ac:01:12:54)が登録されています。この状態は正常です。

```
root@sw1:/# ovs-appctl fdb/show sw1
 port  VLAN  MAC                Age
    4     0  02:42:ac:01:12:54    1
    2     0  02:42:ac:01:10:02    1
    3     0  02:42:ac:01:11:00    1
```

図● 正常時のMACアドレステーブル

3 この状態で、cl2とcl3を同じMACアドレスにします。MACアドレスを手動で設定するには「ip linkコマンド」を使用します。**ip linkコマンドは、NICの情報を表示したり、NICを操作したりするときに使用するコマンドです。**次表のように、サブコマンドやオプションを組み合わせて使用します。

ip linkコマンド	意味
ip link add link <インターフェース名> name <タグVLANインターフェース名> type vlan id <VLAN ID>	タグVLANインターフェースを作成する
ip link delete <インターフェース名>	インターフェースを削除する
ip link show [インターフェース名]	インターフェースの統計情報を表示する。ip -d link showで、より詳細な情報を表示する
ip link set <インターフェース名> address <MACアドレス>	インターフェースのMACアドレスを変更する
ip link set <インターフェース名> down	インターフェースをダウンさせる
ip link set <インターフェース名> mtu <バイト数>	インターフェースのMTUを変更する
ip link set <インターフェース名> up	インターフェースをアップさせる

表 ● 代表的なip linkコマンド

では、もう1つWSLインスタンスにログインしたターミナルを開いて、cl3にログインし、cl3のMACアドレスをcl2と同じMACアドレス（02:42:ac:01:10:02）に変更してみましょう。

```
root@cl3:/# ip link set net0 address 02:42:ac:01:10:02
```

図 ● cl3にcl2と同じMACアドレスを設定する

4 sw1のMACアドレステーブルを何度か確認すると、「02:42:ac:01:10:02」が登録されているポートがport2になったり、port3になったりします。port2とport3の両方に「02:42:ac:01:10:02」が登録されることはありません。**この現象は、同じMACアドレスのエントリを複数持つことができないという、MACアドレステーブルの仕様によるものです**[※3]。sw1は、cl2とcl3からイーサネットフレームを受け取るたびに、MACアドレステーブルのエントリを書き換え、その情報に基づいて、L2スイッチングの処理を行います。

```
root@sw1:/# ovs-appctl fdb/show sw1
 port  VLAN  MAC                Age
    3     0  02:42:ac:01:11:00   48
    4     0  02:42:ac:01:12:54    1
    2     0  02:42:ac:01:10:02    1
```

図 ● あるタイミングのMACアドレステーブル

```
root@sw1:/# ovs-appctl fdb/show sw1
 port  VLAN  MAC                Age
    3     0  02:42:ac:01:11:00   51
    3     0  02:42:ac:01:10:02    0
    4     0  02:42:ac:01:12:54    0
```

図 ● 別のあるタイミングのMACアドレステーブル

※3 もう少し細かく言うと、1つのVLANの中で、同じMACアドレスのエントリを複数持つことができません。VLANについては次項で詳しく説明するという本書の流れの関係もあって、ここではVLANについての記載を省略しています。

この動作により、本来であればport2にL2スイッチングされるべきイーサネットフレームがport3にL2スイッチングされたり、逆にport3にL2スイッチングされるべきイーサネットフレームがport2にL2スイッチングされたりして、cl2とcl3の通信が著しく不安定になります。

cl2

```
root@cl2:/# ping 192.168.11.254
PING 192.168.11.254 (192.168.11.254) 56(84) bytes of data.
64 bytes from 192.168.11.254: icmp_seq=1 ttl=64 time=0.246 ms
64 bytes from 192.168.11.254: icmp_seq=2 ttl=64 time=0.302 ms
64 bytes from 192.168.11.254: icmp_seq=3 ttl=64 time=0.921 ms
64 bytes from 192.168.11.254: icmp_seq=4 ttl=64 time=0.764 ms
64 bytes from 192.168.11.254: icmp_seq=5 ttl=64 time=0.940 ms
64 bytes from 192.168.11.254: icmp_seq=6 ttl=64 time=0.898 ms
64 bytes from 192.168.11.254: icmp_seq=7 ttl=64 time=0.234 ms
^C
--- 192.168.11.254 ping statistics ---
7 packets transmitted, 7 received, 0% packet loss, time 6121ms
rtt min/avg/max/mdev = 0.234/0.615/0.940/0.311 ms
```

このタイミングではcl2は通信できている

cl3

```
root@cl3:/# ping 192.168.11.254
PING 192.168.11.254 (192.168.11.254) 56(84) bytes of data.
^C
--- 192.168.11.254 ping statistics ---
5 packets transmitted, 0 received, 100% packet loss, time 4160ms
```

このタイミングではcl3は通信できていない

図 ● cl2とcl3の通信が不安定になる

5 検証が終わったら、cl3のMACアドレスを元に戻し、念のため元に戻っていることを確認してください。また、cl2とcl3で実行しているpingコマンドはCtrl＋cで終了しましょう。

```
root@cl3:/# ip link set net0 address 02:42:ac:01:11:00

root@cl3:/# ifconfig net0
net0: flags=4163<UP,BROADCAST,RUNNING,MULTICAST>  mtu 1500
        inet 192.168.11.100  netmask 255.255.255.0  broadcast 0.0.0.0
        ether 02:42:ac:01:11:00  txqueuelen 1000  (Ethernet)
        RX packets 403  bytes 136138 (136.1 KB)
        RX errors 0  dropped 0  overruns 0  frame 0
        TX packets 4  bytes 280 (280.0 B)
        TX errors 0  dropped 0 overruns 0  carrier 0  collisions
```

図 ● cl3のMACアドレスを元に戻す

Chapter 2 レイヤー2プロトコルを知ろう

2-3-2 VLAN（Virtual LAN）

VLAN（Virtual LAN）は、1台のL2スイッチを仮想的に複数のL2スイッチに分割する技術です。 VLANの仕組みはとてもシンプルです。L2スイッチのポートにVLANの識別番号となる「VLAN ID」という数字を設定し、異なるVLAN IDが設定されているポートには、イーサネットフレームを転送しないようにしているだけです。一般的なLAN環境では、このVLANを運用管理やセキュリティの目的で使用します。たとえば、総務部はVLAN3、営業部はVLAN5、マーケティング部はVLAN7を割り当て、それぞれは相互に通信させないといった具合です。

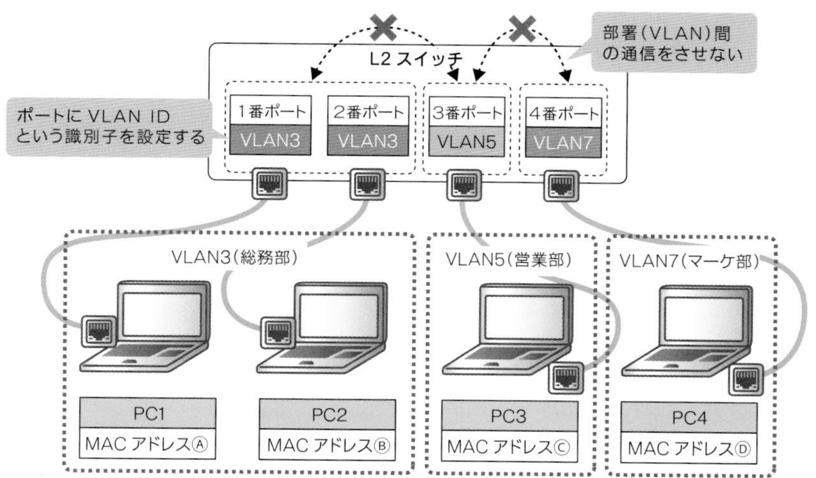

図 ● ポートごとにVLANを設定する

机上で知ろう

VLANを実現する技術は、「ポートVLAN」と「タグVLAN」の2種類に大別できます。それぞれ説明しましょう。

ポートVLAN

ポートVLAN（ポートベースVLAN、アクセスVLAN）は、1つのポートに対して、1つのVLANを割り当てる技術です。 たとえば、ポートVLANを使用して、検証環境のサーバーサイトにあるsw2のport1とport2にVLAN2を、port3とport4にVLAN1を割り当てたとします。すると、sw2の中にVLAN1のL2スイッチと、VLAN2のL2スイッチ、独立した2台のL2スイッチができたようなイメージになります。**フラッディングもそれぞれのVLANで完結するので、同じVLANのポートに接続されている端末とは直接イーサネットフレームをやりとりできますが、異なるVLANのポートに接続されて**

いる端末とは直接やりとりできません。 たとえば、sv1から送信されたイーサネットフレームのフラッディングは、同じVLAN（VLAN2）に所属しているsv2には届きますが、異なるVLAN（VLAN1）に所属しているfw1/lb1には届きません。したがって、sv1はsv2とは直接イーサネットフレームをやりとりできますが、fw1/lb1とはやりとりできません。

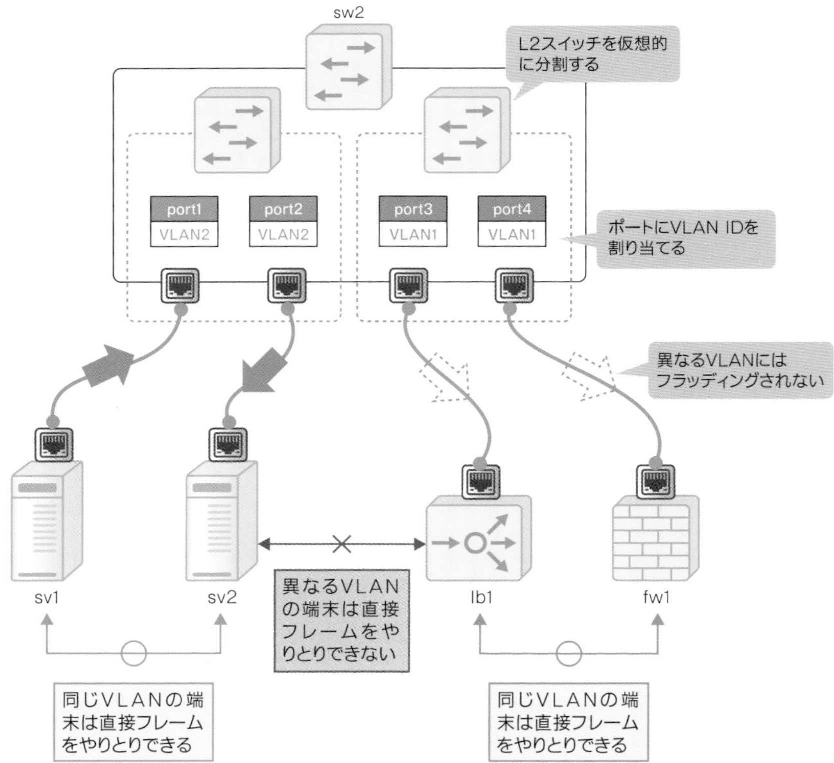

図●ポートVLANでポートにVLANを割り当てる

タグVLAN

タグVLANは、イーサネットフレームにVLAN情報を「VLANタグ」としてくっつける技術です。 IEEE802.1qで標準化されていて、実際の現場では略して「ワンキュー」とか「イチキュー」とか言ったりします。

前述のポートVLANは、1ポート1VLANという絶対的な決まりがあるため、複数のVLANを持つ機器を接続するときは、VLANごとにポートを用意する必要があります。**タグVLANを使用すると、VLANタグを利用してVLANを識別できるようになり、1つのポートで複数のVLANのイーサネットフレームを処理できるようになります。**

もう少し具体的な例をもとに説明しましょう。たとえば、検証環境のsw2とlb1は、クライアントのリクエストを受け付ける「クライアントVLAN（VLAN1）」とサーバーに転送する「サーバーVLAN（VLAN2）」を処理する必要があります。この環境でポートVLANを使用すると、sw2とlb1にそれぞれ2

つのポートを用意する必要があります。対して、タグVLANを使用すると、sw2とlb1に1つのポートだけを用意しておけばよくなります。検証環境はコンテナ環境なのでそこまで意識する必要はないかもしれませんが、オンプレミス環境だったりすると、L2スイッチのポート数は有限ですし、使用するポート数が多くなればなるほど、接続するLANケーブルも増え、その分管理コストも資材コストも上がります。先ほど取り上げた検証環境の例だと、2つのVLANしかなかったので、使用するポートが2ポートから1ポートになっただけで、そこまで効果を感じないかもしれませんが、実際のネットワーク環境では数百、数千のVLANをタグVLANで処理することになるため、その効果は絶大です。

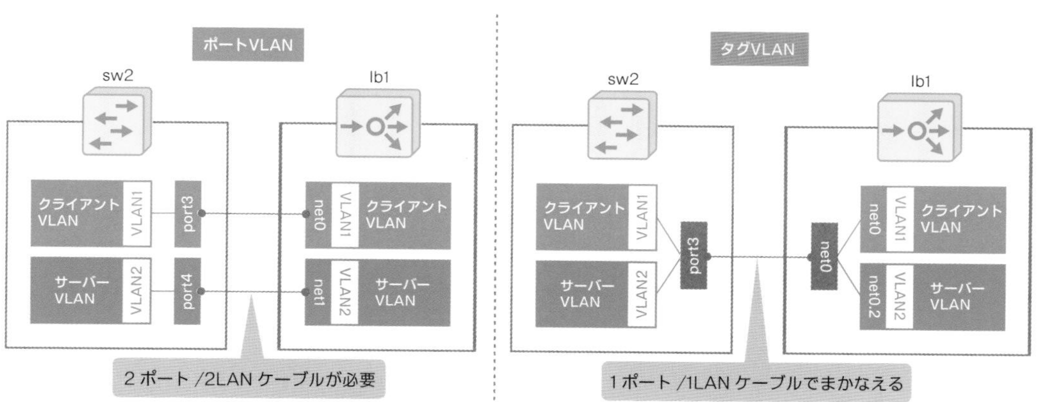

図 • タグVLANで1つのポートで複数のVLANを処理する

タグVLANで処理されるVLANタグは、IEEE802.1qフレームであることを表す「TPID（Tag Protocol IDentifier)」、優先度を表す「PCP（Priority Code Point)」、アドレス形式を表す「CFI（Canonical Format Indicator)」、VLAN IDを表す「VID（VLAN IDentifier)」で構成されています[※4]。これをイーサネットフレームの送信元MACアドレスとタイプの間に差し込みます。

	0ビット	8ビット	16ビット	24ビット
0バイト	プリアンブル			
4バイト				
8バイト	宛先MACアドレス			
12バイト			送信元MACアドレス	
16バイト				
20バイト	TPID		PCP / CFI / VID	
可変	タイプ			
	イーサネットペイロード（IPパケット（+パディング））			
最後の4バイト	FCS			

図 • IEEE802.1qのフレームフォーマット

※4　PCP、CFI、VIDの3つをあわせて「TCI（Tag Control Information)」といいます。

タグVLANの処理

では、タグVLANの処理について、検証環境のサーバーサイトにあるlb1からsv1に対するパケットを例に説明しましょう。

lb1はnet0とnet0.2という2つのインターフェースを持ちます。net0は、VLANタグを処理しない、つまり純粋なイーサネットフレームを処理するインターフェースです。net0.2はVLAN2のVLANタグを処理するために、net0上に追加された論理的なインターフェース（VLANインターフェース）です。lb1はsv1にイーサネットフレームを送信するとき、上位レイヤー（IP）の情報に基づき、sv1と同じIPネットワーク（172.16.2.0/24）にいる※5net0.2を使用します。このとき、net0.2に設定されたVLAN2のVLANタグをくっつけ、802.1qフレームとして送信します。sw2は、タグVLANとして設定されたport3で、そのフレームを受け取ると、VLANタグを取り外し、同じVLAN2に設定されたポートの中でL2スイッチングの処理を行います。ここでは、sv1はVLAN2に設定されたport1に接続されているので、port1へL2スイッチングします。VLAN2のポートVLANに設定されたport1は、VLANタグを付けずに、イーサネットフレームとしてsv1に転送します。

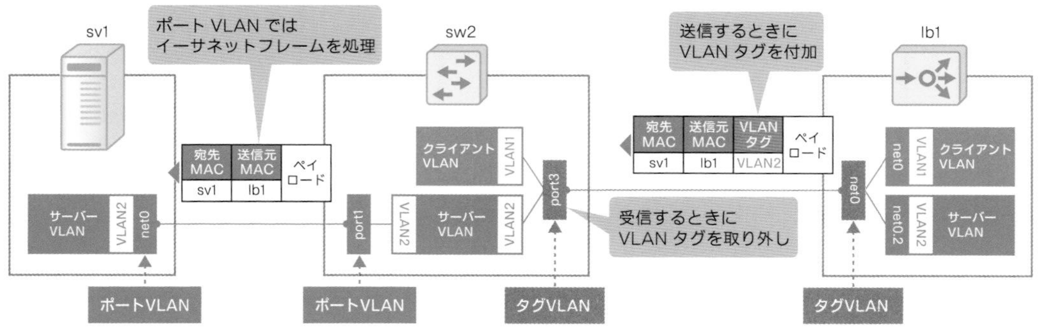

図●タグVLANの処理

ネイティブVLAN

タグVLANを使用するときに、もうひとつ気に留めておかないといけないのが「ネイティブVLAN」の存在です。タグVLANのポートは、VLANタグが付いていない、純粋なイーサネットフレームを受け取ったときに、どのVLANのイーサネットフレームとして処理するかを決めておく必要があります。このVLANのことをネイティブVLANといいます。

lb1からfw1に対するパケットを例を説明しましょう。先述のとおり、lb1はイーサネットを処理するnet0と、VLAN2のVLANタグが付いたIEEE802.1qフレームを処理するnet0.2を持っています。lb1は上位レイヤー（IP）の情報に基づき、fw1と同じネットワーク（172.16.1.0/24）にいる※6net0を使用して、イーサネットフレームを送信します。このときVLANタグは付いていないので、sw2はどのVLANのイーサネットフレームとして処理すべきか判断できません。そこでネイティブVLANの出番です。ネ

※5　IPについては第3章で説明します。ここでは、今のところ「同じVLAN（VLAN2）にいる」と読み替えても問題ありません。
※6　IPについては第3章で説明します。ここでは、今のところ「同じVLAN（VLAN1）にいる」と読み替えても問題ありません。

イティブVLANをVLAN1に設定しておく※7と、VLAN1と設定されたポートの中でL2スイッチングの処理を行います。ここでは、fw1はVLAN1に設定されたport4に接続されているので、port4へL2スイッチングします。VLAN1のポートに設定されたport4は、VLANタグを付けずに、イーサネットフレームとしてfw1に転送します。

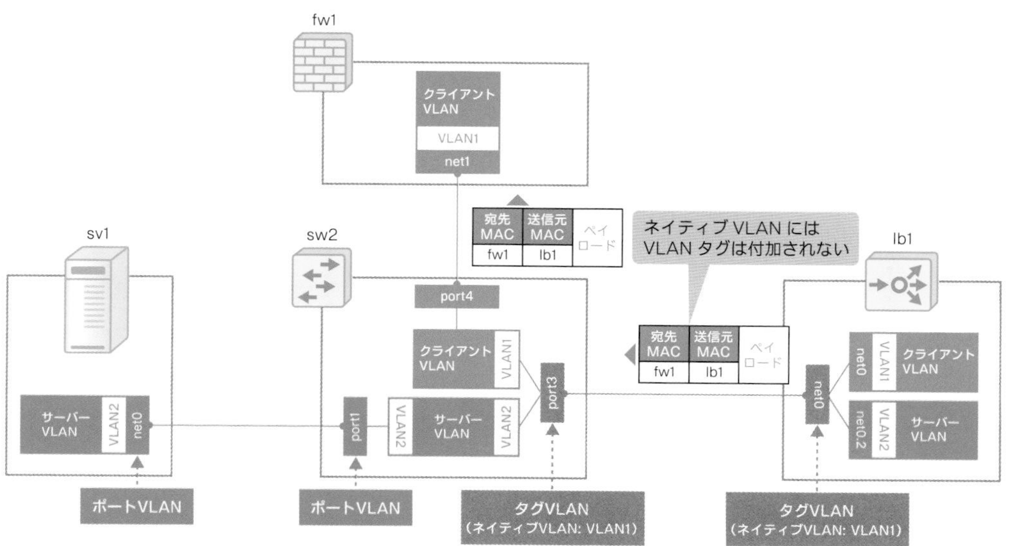

図 ● ネイティブVLANの存在

実践で知ろう

それでは、検証環境を用いて、ポートVLANとタグVLANを設定し、実際の動作を見ていきましょう。検証環境にはsw1とsw2、2台のL2スイッチが存在していますが、sw1はイーサネットの実践項の絡みもあって、tinetの設定ファイルで設定済みです。そこで、ここではサーバーサイトにあるsw2を設定していきます。p.75でも説明したとおり、sw2のコンテナイメージには、OVSがインストールされています。サーバーサイトを構成するVLANそれぞれでイーサネット的に疎通が取れるように、まずポートVLANを設定し、次にタグVLANを設定します。

ポートVLAN

では、ポートVLANの動作について見ていきましょう。第2章の設定ファイル「spec_02.yaml」には、sw1のVLAN設定は投入されていますが、sw2のVLAN設定は投入されていません。そこで、まずはsw2のOVSでポートVLANを設定し、その動作を確認します。

※7 lb1は明示的にネイティブVLANを設定する必要はありません。net0がネイティブVLANを処理するインターフェースとして動作します。

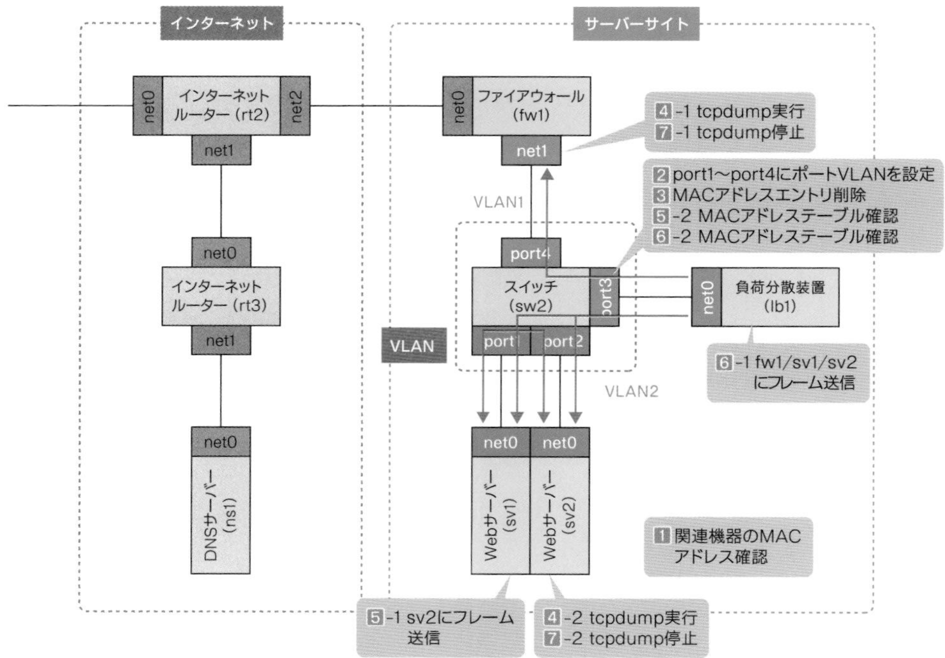

図 ● ポートVLANの設定

1 sw2、sv1、sv2、lb1、fw1にそれぞれログインし、検証に使用する「sv1のnet0」「sv2のnet0」「lb1のnet0」「fw1のnet1」のMACアドレスを確認します。

```
root@sv1:/# ifconfig net0
net0: flags=4163<UP,BROADCAST,RUNNING,MULTICAST>  mtu 1500
        inet 172.16.2.1  netmask 255.255.255.0  broadcast 0.0.0.0
        ether 02:42:ac:00:20:01  txqueuelen 1000  (Ethernet)
        RX packets 7  bytes 374 (374.0 B)
        RX errors 0  dropped 0  overruns 0  frame 0
        TX packets 7  bytes 374 (374.0 B)
        TX errors 0  dropped 0 overruns 0  carrier 0  collisions 0
```

図 ● sv1のMACアドレス

```
root@sv2:/# ifconfig net0
net0: flags=4163<UP,BROADCAST,RUNNING,MULTICAST>  mtu 1500
        inet 172.16.2.2  netmask 255.255.255.0  broadcast 0.0.0.0
        ether 02:42:ac:00:20:02  txqueuelen 1000  (Ethernet)
        RX packets 1  bytes 42 (42.0 B)
        RX errors 0  dropped 0  overruns 0  frame 0
        TX packets 0  bytes 0 (0.0 B)
        TX errors 0  dropped 0 overruns 0  carrier 0  collisions 0
```

図 ● sv2のMACアドレス

```
root@lb1:/# ifconfig net0
net0: flags=4163<UP,BROADCAST,RUNNING,MULTICAST>  mtu 1500
        inet 172.16.1.253  netmask 255.255.255.0  broadcast 0.0.0.0
        ether 02:42:ac:00:12:53  txqueuelen 1000  (Ethernet)
        RX packets 1984  bytes 185400 (185.4 KB)
        RX errors 0  dropped 0  overruns 0  frame 0
        TX packets 1983  bytes 191765 (191.7 KB)
        TX errors 0  dropped 0 overruns 0  carrier 0  collisions 0
```

図●lb1のMACアドレス

```
root@fw1:/# ifconfig net1
net1: flags=4163<UP,BROADCAST,RUNNING,MULTICAST>  mtu 1500
        inet 172.16.1.254  netmask 255.255.255.0  broadcast 0.0.0.0
        ether 02:42:ac:00:12:54  txqueuelen 1000  (Ethernet)
        RX packets 1976  bytes 191391 (191.3 KB)
        RX errors 0  dropped 0  overruns 0  frame 0
        TX packets 1977  bytes 184998 (184.9 KB)
        TX errors 0  dropped 0 overruns 0  carrier 0  collisions 0
```

図●fw1のMACアドレス

表示結果を見ると、sv1(net0)のMACアドレスが「02:42:ac:00:20:01」、sv2(net0)のMACアドレスが「02:42:ac:00:20:02」、lb1(net0)のMACアドレスが「02:42:ac:00:12:53」、fw1(net1)のMACアドレスが「02:42:ac:00:12:54」であることがわかります。これらのMACアドレスは、tinetの設定ファイルにより手動で設定されています。

2 接続されている端末のMACアドレスがわかったところで、いよいよOVSでポートVLANを設定します。**OVSは「ovs-vsctlコマンド」で仮想スイッチを作ったあとに、ポートVLANのポートを割り当てるという流れで設定します。**ここでは、「sw2」という名前のブリッジを作り、VLAN2（サーバーVLAN）のport1とport2と、VLAN1（クライアントVLAN）のport3とport4を割り当てます。

```
root@sw2:/# ovs-vsctl add-br sw2 -- set bridge sw2 datapath_type=netdev※8
root@sw2:/# ovs-vsctl add-port sw2 port1 tag=2
root@sw2:/# ovs-vsctl add-port sw2 port2 tag=2
root@sw2:/# ovs-vsctl add-port sw2 port3 tag=1
root@sw2:/# ovs-vsctl add-port sw2 port4 tag=1
```

図●sw2のポートVLAN設定

念のため、ovs-vsctl showコマンドで、間違いなく設定が実行されているかも確認しておきます。すると、各ポートのtagの項目にVLAN IDが設定されていることがわかります。

※8 WSL2を使用している関係で、ブリッジを作るときに、あわせて「-- set bridge sw2 datapath_type=netdev」も設定する必要があります。

```
root@sw2:/# ovs-vsctl show
2edcaae0-58e9-4cd3-8ccb-7d291ef7841e
    Bridge sw2
        datapath_type: netdev
        Port sw2
            Interface sw2
                type: internal
        Port port1
            tag: 2
            Interface port1
        Port port2
            tag: 2
            Interface port2
        Port port3
            tag: 1
            Interface port3
        Port port4
            tag: 1
            Interface port4
```

図●sw2の設定確認

これでsw2の中にVLAN1とVLAN2のL2スイッチができました。では、この状態でいくつかの通信を発生させて、sw2におけるフラッディングとMACアドレステーブルの挙動を見てみましょう。

3 検証のスタート地点を揃えるために、sw2のMACアドレステーブルの情報をいったん削除（フラッシュ）し、空っぽになっていることを確認します。

```
root@sw2:/# ovs-appctl fdb/flush sw2
table successfully flushed

root@sw2:/# ovs-appctl fdb/show sw2
 port  VLAN  MAC                  Age
```

図●MACアドレステーブルの情報を削除する

4 sv2とfw1でtcpdumpコマンドを実行し、sv1のMACアドレス（02:42:ac:00:20:01）でやりとりされるパケットに備えます。今回は、特にパケットの中身を細かく見るわけではないので、「-w」オプションでファイルには書き込まず、コンソール上にパケットを表示します。また、表示にMACアドレスが含まれるようにします。

```
root@sv2:/# tcpdump -eni net0 ether host 02:42:ac:00:20:01
tcpdump: verbose output suppressed, use -v or -vv for full protocol decode
listening on net0, link-type EN10MB (Ethernet), capture size 262144 bytes
```

図●sv2でtcpdumpコマンドを実行する

```
root@fw1:/# tcpdump -eni net1 ether host 02:42:ac:00:20:01
tcpdump: verbose output suppressed, use -v or -vv for full protocol decode
listening on net1, link-type EN10MB (Ethernet), capture size 262144 bytes
```

図 ● fw1でtcpdumpコマンドを実行する

5 この状態でsv1からsv2に対してイーサネットフレーム（リクエストパケット）を送信します。

```
root@sv1:/# ping 172.16.2.2 -c 2
PING 172.16.2.2 (172.16.2.2) 56(84) bytes of data.
64 bytes from 172.16.2.2: icmp_seq=1 ttl=64 time=0.942 ms
64 bytes from 172.16.2.2: icmp_seq=2 ttl=64 time=0.482 ms

--- 172.16.2.2 ping statistics ---
2 packets transmitted, 2 received, 0% packet loss, time 1001ms
rtt min/avg/max/mdev = 0.482/0.712/0.942/0.230 ms
```

図 ● sv1からsv2にイーサネットフレームを送信する

すると、同じVLAN（VLAN2）にいるsv2ではイーサネットフレームが見えますが、異なるVLAN（VLAN1）にいるfw1では何も見えません。つまり、**リクエストパケットに先立って、送信されるARP Requestのフラッディングも同じVLANで完結し、fw1には届いていません。** ARP Requestを受け取ったsv2は、ARP Replyを返し、続くリクエストパケットに対するリプライパケットを返しています。

```
root@sv2:/# tcpdump -eni net0 ether host 02:42:ac:00:20:01
tcpdump: verbose output suppressed, use -v or -vv for full protocol decode
listening on net0, link-type EN10MB (Ethernet), capture size 262144 bytes
14:42:58.466258 02:42:ac:00:20:01 > ff:ff:ff:ff:ff:ff, ethertype ARP (0x0806), length 42:
Request who-has 172.16.2.2 tell 172.16.2.1, length 28
14:42:58.466282 02:42:ac:00:20:02 > 02:42:ac:00:20:01, ethertype ARP (0x0806), length 42:
Reply 172.16.2.2 is-at 02:42:ac:00:20:02, length 28
14:42:58.466439 02:42:ac:00:20:01 > 02:42:ac:00:20:02, ethertype IPv4 (0x0800), length 98:
172.16.2.1 > 172.16.2.2: ICMP echo request, id 1, seq 1, length 64
14:42:58.466449 02:42:ac:00:20:02 > 02:42:ac:00:20:01, ethertype IPv4 (0x0800), length 98:
172.16.2.2 > 172.16.2.1: ICMP echo reply, id 1, seq 1, length 64
14:42:59.485927 02:42:ac:00:20:01 > 02:42:ac:00:20:02, ethertype IPv4 (0x0800), length 98:
172.16.2.1 > 172.16.2.2: ICMP echo request, id 1, seq 2, length 64
14:42:59.485994 02:42:ac:00:20:02 > 02:42:ac:00:20:01, ethertype IPv4 (0x0800), length 98:
172.16.2.2 > 172.16.2.1: ICMP echo reply, id 1, seq 2, length 64
14:43:03.485508 02:42:ac:00:20:02 > 02:42:ac:00:20:01, ethertype ARP (0x0806), length 42:
Request who-has 172.16.2.1 tell 172.16.2.2, length 28
14:43:03.485962 02:42:ac:00:20:01 > 02:42:ac:00:20:02, ethertype ARP (0x0806), length 42:
Reply 172.16.2.1 is-at 02:42:ac:00:20:01, length 28
```

図 ● sv2（同じVLANにいる端末）ではイーサネットフレームが見える※9

※9 最後にやりとりされているARPは、ARPエントリの到達性を確認するために行われるユニキャストのARP RequestとARP Replyです。

```
root@fw1:/# tcpdump -eni net1 ether host 02:42:ac:00:20:01
tcpdump: verbose output suppressed, use -v or -vv for full protocol decode
listening on net1, link-type EN10MB (Ethernet), capture size 262144 bytes
```

図●fw1（異なるVLANにいる端末）ではイーサネットフレームが見えない

また、このとき**sw2のMACアドレステーブルを見ると、VLAN列が「2」になっているsv1（02:42:ac:00:20:01）とsv2（02:42:ac:00:20:02）のエントリがあります。**VLAN1のエントリはありません。

```
root@sw2:/# ovs-appctl fdb/show sw2
 port  VLAN  MAC                Age
    1     2  02:42:ac:00:20:01    1
    2     2  02:42:ac:00:20:02    1
```

図●VLAN2のエントリができる

6 今度はlb1からの疎通を確認するために、lb1からfw1、sv1、sv2に対して、イーサネットフレーム（リクエストパケット）を送信します。すると、**同じVLAN1に所属しているfw1に対しては疎通できますが、VLAN2に所属しているsv1とsv2には疎通できないことがわかります。**

```
root@lb1:/# ping 172.16.1.254 -c 2                         fw1に対する疎通確認
PING 172.16.1.254 (172.16.1.254) 56(84) bytes of data.
64 bytes from 172.16.1.254: icmp_seq=1 ttl=64 time=0.331 ms
64 bytes from 172.16.1.254: icmp_seq=2 ttl=64 time=0.393 ms

--- 172.16.1.254 ping statistics ---
2 packets transmitted, 2 received, 0% packet loss, time 1063ms
rtt min/avg/max/mdev = 0.331/0.362/0.393/0.031 ms

root@lb1:/# ping 172.16.2.1 -c 2                           sv1に対する疎通確認
PING 172.16.2.1 (172.16.2.1) 56(84) bytes of data.
From 172.16.2.254 icmp_seq=1 Destination Host Unreachable
From 172.16.2.254 icmp_seq=2 Destination Host Unreachable

--- 172.16.2.1 ping statistics ---
2 packets transmitted, 0 received, +2 errors, 100% packet loss, time 1051ms
pipe 2

root@lb1:/# ping 172.16.2.2 -c 2                           sv2に対する疎通確認
PING 172.16.2.2 (172.16.2.2) 56(84) bytes of data.
From 172.16.2.254 icmp_seq=1 Destination Host Unreachable
From 172.16.2.254 icmp_seq=2 Destination Host Unreachable

--- 172.16.2.2 ping statistics ---
2 packets transmitted, 0 received, +2 errors, 100% packet loss, time 1015ms
pipe 2
```

図●同じVLANの端末としか疎通できない

このときsw2のMACアドレステーブルを見ると、新たにVLAN列が「1」となっているfw1（02:42:ac:00:12:54）とlb1（02:42:ac:00:12:53）のエントリができています※10。

```
root@sw2:/# ovs-appctl fdb/show sw2
 port  VLAN  MAC                Age
    1     2  02:42:ac:00:20:01   64
    2     2  02:42:ac:00:20:02   64
    4     1  02:42:ac:00:12:54   22
    3     1  02:42:ac:00:12:53   22
```

図 ● VLAN1のエントリができる

7 最後にsv2とfw1で実行しているtcpdumpコマンドをCtrl＋cで終了してください。

タグVLAN

続いて、タグVLANの動作について見ていきましょう。前項では、ポートVLANの動作を確認するために、lb1が接続されているport3をVLAN1に設定しました。しかし、実際のところ、lb1はVLAN1（クライアントVLAN）とVLAN2（サーバーVLAN）という2つのVLANを持ち、両方のVLANそれぞれで疎通が取れる必要があります。そこで、ここではsw2のport3をタグVLANに設定変更して、VLAN2でも疎通できるようにします。

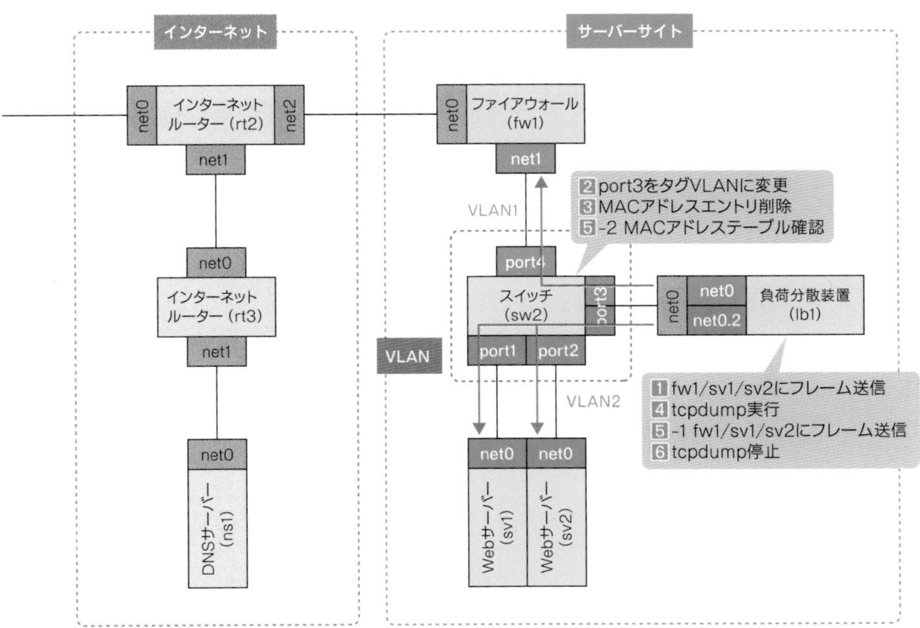

図 ● タグVLANの設定

※10 5で実行したpingコマンドから5分（エージングタイム）以上経過したあとにコマンドを実行すると、VLAN2のエントリは消滅しています。

1 まず、現状を確認しましょう。lb1からfw1、sv1、sv2にpingを打ちます。すると、**lb1から同じVLAN（VLAN1）にいるfw1には疎通が取れていますが、異なるVLAN（VLAN2）にいるsv1とsv2には疎通が取れていないことがわかります。**これは前項で確認したとおりです。

```
root@lb1:/# ping 172.16.1.254 -c 2                fw1に対する疎通確認
PING 172.16.1.254 (172.16.1.254) 56(84) bytes of data.
64 bytes from 172.16.1.254: icmp_seq=1 ttl=64 time=0.331 ms
64 bytes from 172.16.1.254: icmp_seq=2 ttl=64 time=0.393 ms

--- 172.16.1.254 ping statistics ---
2 packets transmitted, 2 received, 0% packet loss, time 1063ms
rtt min/avg/max/mdev = 0.331/0.362/0.393/0.031 ms

root@lb1:/# ping 172.16.2.1 -c 2                  sv1に対する疎通確認
PING 172.16.2.1 (172.16.2.1) 56(84) bytes of data.
From 172.16.2.254 icmp_seq=1 Destination Host Unreachable
From 172.16.2.254 icmp_seq=2 Destination Host Unreachable

--- 172.16.2.1 ping statistics ---
2 packets transmitted, 0 received, +2 errors, 100% packet loss, time 1051ms
pipe 2

root@lb1:/# ping 172.16.2.2 -c 2                  sv2に対する疎通確認
PING 172.16.2.2 (172.16.2.2) 56(84) bytes of data.
From 172.16.2.254 icmp_seq=1 Destination Host Unreachable
From 172.16.2.254 icmp_seq=2 Destination Host Unreachable

--- 172.16.2.2 ping statistics ---
2 packets transmitted, 0 received, +2 errors, 100% packet loss, time 1015ms
pipe 2
```

図● 同じVLANにいる端末としか通信できない

また、lb1でVLANタグを処理するnet0.2の情報も確認しておきましょう。ただ単にMACアドレスを確認するだけだったらifconfigコマンドでよいと思いますが、**ここでは処理するVLAN IDも見たいので、レイヤー1やレイヤー2の情報をより深く見ることができる「ip -d link showコマンド」を使用します。**すると、MACアドレスが「02:42:ac:00:22:54」、処理するVLAN IDが「VLAN2」ということがわかります。

```
root@lb1:/# ip -d link show net0.2
3: net0.2@net0: <BROADCAST,MULTICAST,UP,LOWER_UP> mtu 1500 qdisc noqueue state UP mode
DEFAULT group default qlen 1000
    link/ether 02:42:ac:00:22:54 brd ff:ff:ff:ff:ff:ff promiscuity 0 minmtu 0 maxmtu 65535
    vlan protocol 802.1Q id 2 <REORDER_HDR> addrgenmode eui64 numtxqueues 1 numrxqueues 1
gso_max_size 65536 gso_max_segs 65535
```

図● net0.2のMACアドレスと処理するVLAN ID

2 現状を確認できたところで、いよいよOVSでタグVLANを設定します。ポートVLANの実践項で、sw2のport3は、VLAN1に設定されています。**これをovs-vsctl setコマンドでタグVLANに変更し、VLAN2でも疎通できるようにします。** ここでは、あらかじめ設定してあるVLAN1をネイティブVLANとして定義する「native-untaggedモード」に設定しています。また、trunksオプションで、VLAN2をVLANタグとして付与できるように設定しています。

```
root@sw2:/# ovs-vsctl set port port3 vlan_mode=native-untagged trunks=2
```

図 ● port3をタグVLANに変更

念のため、ovs-vsctl showコマンドで間違いなく設定が実行されているかも確認しておきます。すると、port3に「trunks: [2]」が追加されています。**trunksはタグVLANのことを表し、VLANタグをくっつけるVLANが「VLAN2」であることを表しています。**

```
root@sw2:/# ovs-vsctl show
2edcaae0-58e9-4cd3-8ccb-7d291ef7841e
    Bridge sw2
        datapath_type: netdev
        Port sw2
            Interface sw2
                type: internal
        Port port1
            tag: 2
            Interface port1
        Port port2
            tag: 2
            Interface port2
        Port port3
            tag: 1
            trunks: [2]
            Interface port3
        Port port4
            tag: 1
            Interface port4
```

図 ● port3の設定確認

さあ、これでVLAN2でも疎通ができるようになったはずです。では、この状態で、lb1がVLAN2でも疎通できるようになっているか、そしてそのときどのようなパケットがやりとりされ、MACアドレステーブルがどのような挙動を示すかを見てみましょう。

3 検証のスタート地点を揃えるために、sw2のMACアドレステーブルの情報をいったん削除（フラッシュ）し、間違いなく削除されたことを確認します。

```
root@sw2:/# ovs-appctl fdb/flush sw2
table successfully flushed

root@sw2:/# ovs-appctl fdb/show sw2
 port  VLAN  MAC                Age
```

図 ● MACアドレステーブルの情報を削除する

4 lb1でtcpdumpコマンドを実行し、これからやりとりされるパケットに備えます。ここでは、lb1でやりとりされる、送信元/宛先MACアドレスが「02:42:ac:00:12:53」か「02:42:ac:00:22:54」のイーサネットフレームを、/tmp/tinetに「1q.pcapng」というファイル名で書き込むようにします。「02:42:ac:00:12:53」は、p.89で確認したとおり、lb1のnet0のMACアドレスです。「02:42:ac:00:22:54」は、VLANタグを処理するために作成されたVLANインターフェース（net0.2）のMACアドレスです。tinetの設定ファイルによって設定されています。

```
root@lb1:/# tcpdump -i net0 -w /tmp/tinet/1q.pcapng ether host 02:42:ac:00:12:53 or ether host 02:42:ac:00:22:54
tcpdump: listening on net0, link-type EN10MB (Ethernet), capture size 262144 bytes
```

図 ● lb1でtcpdumpコマンドを実行する※11

5 lb1にログインしたターミナルをもう1つ開き、fw1、sv1、sv2に対してイーサネットフレーム（リクエストパケット）を送信します。すると、**VLAN2だけでなく、VLAN1でも疎通できるようになっていることがわかります。**

```
root@lb1:/# ping 172.16.1.254 -c 2                    fw1に対する疎通確認
PING 172.16.1.254 (172.16.1.254) 56(84) bytes of data.
64 bytes from 172.16.1.254: icmp_seq=1 ttl=64 time=0.173 ms
64 bytes from 172.16.1.254: icmp_seq=2 ttl=64 time=0.196 ms

--- 172.16.1.254 ping statistics ---
2 packets transmitted, 2 received, 0% packet loss, time 1070ms
rtt min/avg/max/mdev = 0.173/0.184/0.196/0.011 ms

root@lb1:/# ping 172.16.2.1 -c 2                      sv1に対する疎通確認
PING 172.16.2.1 (172.16.2.1) 56(84) bytes of data.
64 bytes from 172.16.2.1: icmp_seq=1 ttl=64 time=0.194 ms
64 bytes from 172.16.2.1: icmp_seq=2 ttl=64 time=0.196 ms

--- 172.16.2.1 ping statistics ---
2 packets transmitted, 2 received, 0% packet loss, time 1046ms
rtt min/avg/max/mdev = 0.194/0.195/0.196/0.001 ms
```

※11　インターフェースはnet0を指定してください。net0.2でやりとりされるイーサネットフレームもあわせてキャプチャできます。

```
root@lb1:/# ping 172.16.2.2 -c 2                    sv2に対する疎通確認
PING 172.16.2.2 (172.16.2.2) 56(84) bytes of data.
64 bytes from 172.16.2.2: icmp_seq=1 ttl=64 time=0.493 ms
64 bytes from 172.16.2.2: icmp_seq=2 ttl=64 time=0.168 ms

--- 172.16.2.2 ping statistics ---
2 packets transmitted, 2 received, 0% packet loss, time 1046ms
rtt min/avg/max/mdev = 0.168/0.330/0.493/0.162 ms
```

図●両方のVLANで疎通できるようになっている

また、**このときsw2のMACアドレステーブルを見ると、port3にlb1のVLAN1とVLAN2のエントリができています。**

```
root@sw2:/# ovs-appctl fdb/show sw2
 port  VLAN  MAC                Age
    3     1  02:42:ac:00:12:53    5
    4     1  02:42:ac:00:12:54    5
    1     2  02:42:ac:00:20:01    4
    3     2  02:42:ac:00:22:54    2
    2     2  02:42:ac:00:20:02    2
```

図●port3にVLAN1とVLAN2のエントリができる

6 最後にlb1で実行しているtcpdumpコマンドをCtrl+cで終了してください。

p.84で説明したとおり、タグVLANポートでやりとりされるパケットは、イーサネットフレームにVLANタグが付いたIEEE802.1qフレームとなります。そこで、先ほどキャプチャしたパケットを見ていきます。Wiresharkで「C:¥tinet」にある「1q.pcapng」を開き、タグVLANに着目するため、表示フィルターに「not arp」を入力してください。すると12個のパケットが見えるはずです。最初の4つがfw1（172.16.1.254）とやりとりしたときのパケット、次の4つがsv1（172.16.2.1）とやりとりしたときのパケット、その次の4つがsv2（172.16.2.2）とやりとりしたときのパケットです。

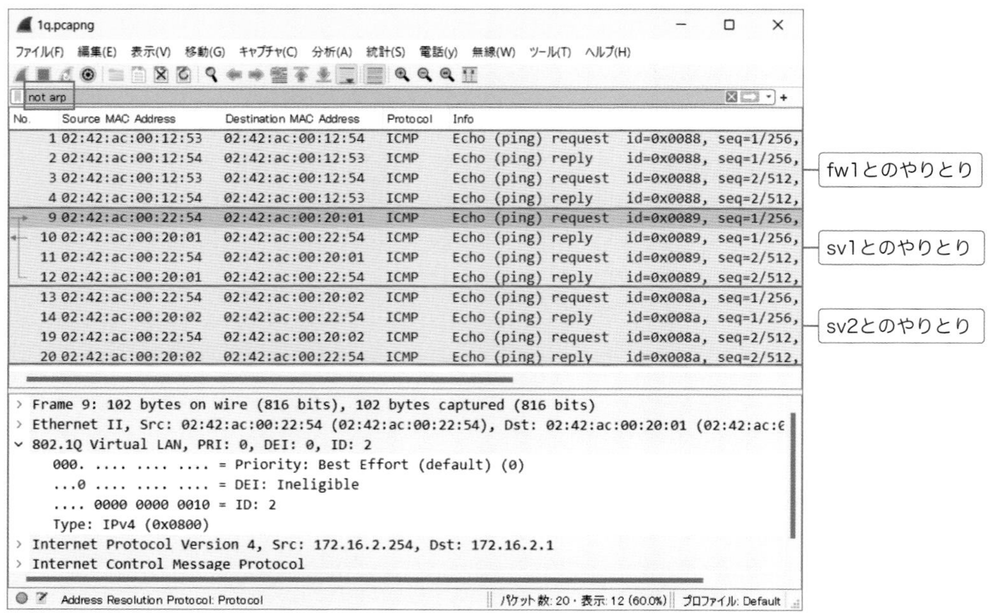

図 ● lb1からpingしたときのパケット

このうち最初の4つはネイティブVLANであるVLAN1のパケットなので、単純なイーサネットフレーム（イーサネットⅡフレーム）です。VLANタグはありません。なので、5つ目以降のパケットをダブルクリックして、深く見てみましょう。すると、**タイプフィールドがIEEE802.1qを表す「0x8100」になり、そのあとに「802.1Q Virtual LAN」となっているVLAN2のVLANタグが見えます。**

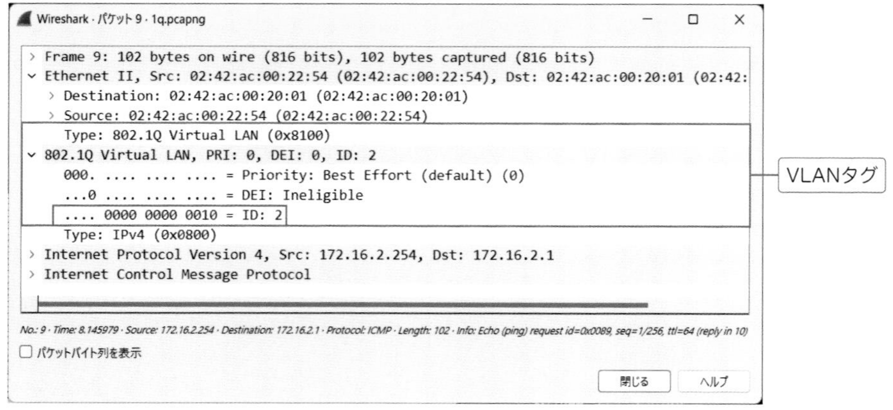

図 ● IEEE802.1qフレーム

さて、これで家庭内LANにいる端末同士、そしてサーバーサイトにいる端末同士がそれぞれ接続できるようになりました。でも、まだそれぞれLANの中だけで接続できるようになった状態で、インターネットには接続できてはいません。次の章では、それぞれのLANをインターネットに接続します。

Chapter

3

レイヤー 3プロトコルを知ろう

本章では、主要なレイヤー 3プロトコルである「IP（Internet Protocol）」「ICMP（Internet Control Message）」と、これらに関連する技術である「ルーティング」について、机上・実践の両側面から解説します。PCやスマホ、タブレットが「インターネット」という名の超巨大なネットワークの中で、どのようなパケットをどのようにやりとりしているのか、検証環境を通じて理解を深めましょう。

3-1 検証環境を知ろう

はじめに、事前知識として、検証環境の中で本章に関連するネットワーク構成について説明しておきましょう。本章の主役は、検証環境のインターネットに接続されているルーターとファイアウォールです。本書の検証環境のインターネット環境には、rt1、rt2、rt3という3台のルーターと、fw1というファイアウォールが接続されています。そこで、ここではそれぞれにフォーカスを当てて説明します。物理・論理構成図と照らし合わせながら確認してください。

rt1（ブロードバンドルーター）

rt1は家庭内LANをインターネットに接続するためのルーター、つまりブロードバンドルーターです。大型家電量販店やショッピングサイトで見かける一般的なブロードバンドルーターは、インターネットに接続するためのWANポートと、家庭内LANを接続するLANポートを持っています。rt1でも、それにあわせて、net0をWANポート、net1をLANポートとして設計されています。また、**ブロードバンドルーターは、PCやタブレットにネットワークに関する設定を配布したり（DHCP機能）、インターネットに接続できるようにIPアドレスを変換したり（NAT機能）、いろいろな機能を持っています。それにあわせて、rt1にも代表的な機能をいくつか持たせています。**

rt2、rt3（インターネットルーター）

rt2とrt3は、インターネットを構成するルーター、つまりインターネットルーターです。インターネットは、世界中に存在している無数のインターネットルーターが相互に接続されることによって構成されています。**実際にはいろいろな接続構成があって、かなり複雑なのですが、本書は入門書ということで、rt2とrt3の2台だけでインターネットを表現しています。**

rt2は、家庭内LANとインターネットとサーバーサイトLANという異なるネットワークを接続する役割を持っています。3つのインターフェースを持っていて、net0には家庭内LAN（rt1のnet0）、net1にはもう1つのインターネットルーター（rt3のnet0）、net2にはサーバーサイト（fw1のnet0）が、それぞれ別々のネットワークで接続されています。

rt3は、2つのインターフェースを持ち、net0にはもう1つのインターネットルーター（rt2のnet1）、net1にはサーバー（ns1のnet0）が、それぞれ別々のネットワークで接続されています。ns1は、ドメイン名をIPアドレスに変換するDNSサーバーです。インターネットサービスプロバイダーと契約するときに提示されるDNSサーバーや、最近だとGoogleやCloudflareが提供しているパブリックDNSサーバーっぽい機能を持っています。このns1は、第4章や第5章で使用します。

fw1（ファイアウォール）

fw1は、サーバーサイトとインターネットを接続するファイアウォールです。fw1のメインの役割は、第4章で説明する通信制御なのですが、本章で言及する役割は、サーバーのインターネット公開です。fw1は2つのインターフェースを持っていて、net0にはインターネット（rt2のnet2）、net1にはL2スイッチ（sw2のport4）を経由して負荷分散装置（lb1のnet0）が、それぞれ別々のネットワークを通じて接続されています。**fw1はnet0でインターネットから公開サーバー宛てのパケットを受け取ると、IPアドレスを変換して、net1からlb1に転送します。**

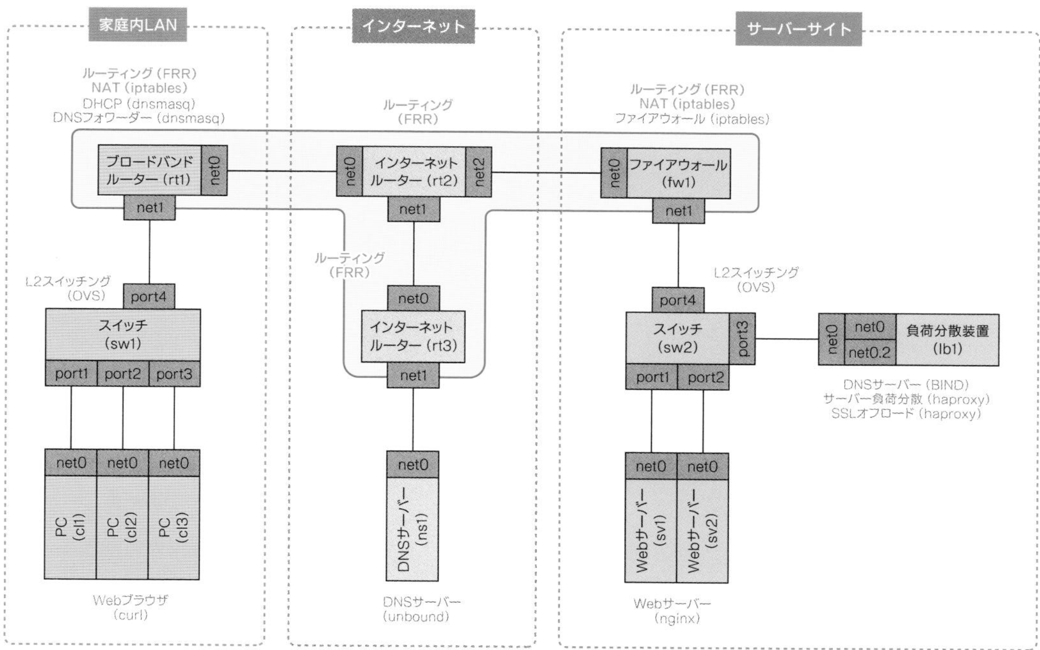

図● 本章の対象範囲（物理構成図）

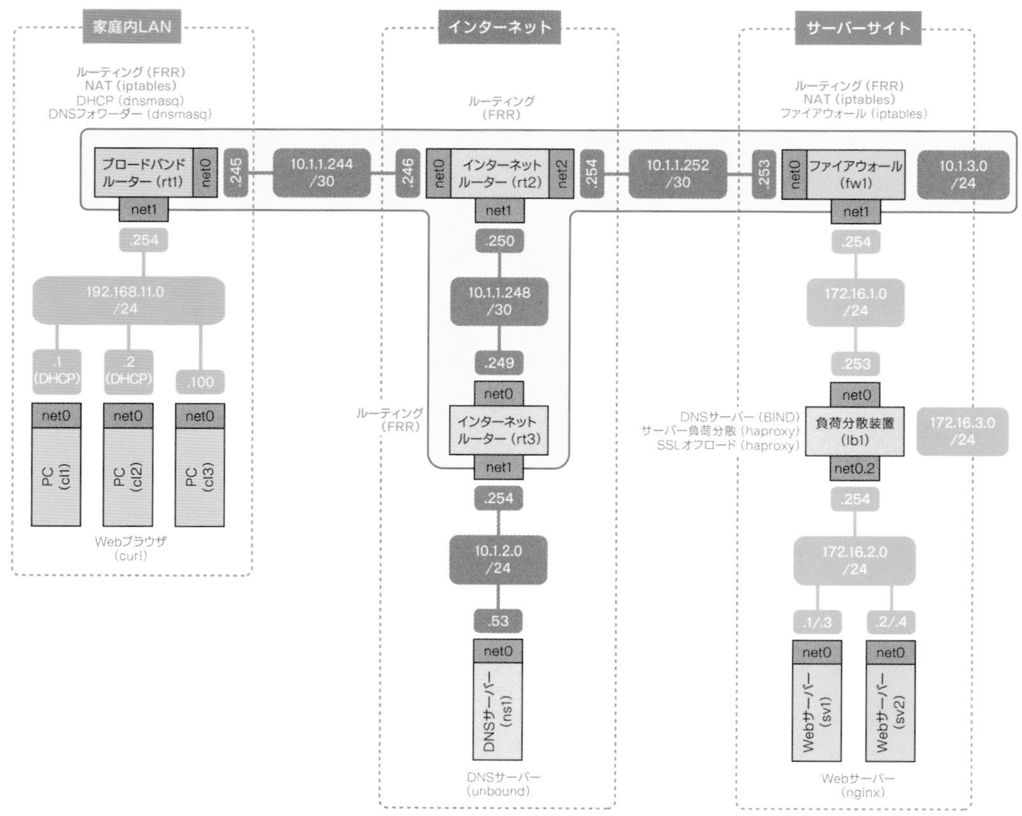

図 ● 本章の対象範囲（論理構成図）

3-2 ネットワークプロトコルを知ろう

ここからは、レイヤー 3プロトコルについて解説していきます。ただその前に、OSI参照モデルのネットワーク層（レイヤー 3、L3）について、さらりとおさらいしておきましょう。

ネットワーク層は、イーサネットやWi-Fiでできたネットワークをつなぎ合わせ、異なるネットワークにいる端末との接続性を確保するための階層です。データリンク層は同じネットワークに存在する端末たちを接続するところまでがお仕事です。それ以上のことはしてくれません。たとえば、海外のWebサーバーに接続しようとしても、別のネットワークに存在しているので、データリンク層レベルでは接続できません。**ネットワーク層は、データリンク層で接続できているネットワークをつなぎ合わせて、大きなネットワークを作ることを可能にします。**今や日常生活になくてはならないものになった「インターネット」。これは、ネットワークを相互に（インター）つなぐという意味からできている造語です。たくさんの小さなネットワークがつなぎ合わさって、インターネットという大きなネットワークができています。

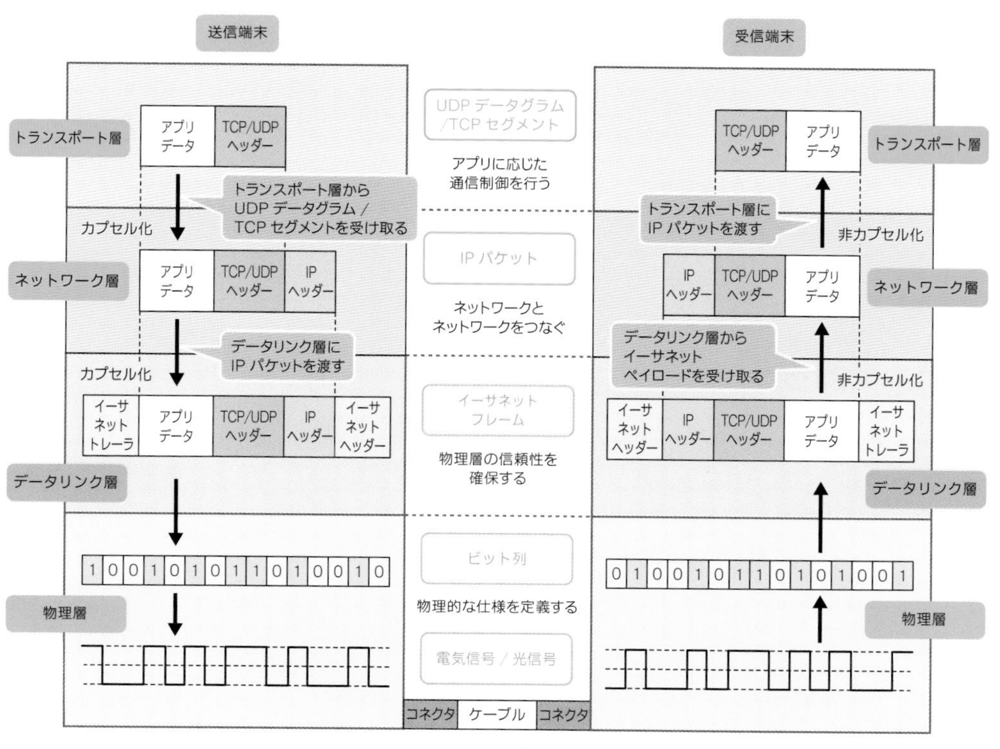

図 ● OSI参照モデルのネットワーク層

現代のネットワークで使用されているレイヤー 3プロトコルは「IP（Internet Protocol）」と「ICMP（Internet Control Message Protocol）」の2つです。ざっくりと、データのやりとりにはIP、トラブルシューティングにはICMPを使用します。ここでは、ネットワークプロトコル節として、はじめにそれぞれのプロトコルを机上で解説したあと、検証環境でキャプチャし、解析していきます。

3-2-1 IP（Internet Protocol）

データ通信で使用されているレイヤー 3プロトコルは、「これしかない！」と言い切ってしまってよいくらい「IP（Internet Protocol）」一択です。L3プロトコルは、とりあえずIPさえ押さえておけば、有線LAN、無線LANにかかわらず、ほぼすべてのネットワークに対応することができます。IPには「IPv4（Internet Protocol version 4）」と「IPv6（Internet Protocol version 6）」という2つのバージョンが存在していて、互換性はありません。本書は入門書ということで、基本のIPv4のみを取り上げます。**以降、本書における「IP」は、バージョンに依存する特別なことがない限り、イコールIPv4であると考えてください。**

IPv6

IPv6は、将来枯渇するであろうIPv4アドレスを見据えて策定されたIPバージョンです。IPv4の時代が長かったということもあって、なかなか普及が進みませんでしたが、最近はスマホにもIPv6アドレスが割り当てられていたり、インターネット回線もIPoE方式だとIPv6にしか対応していなかったり、だいぶ一般化してきた感があります。IPv6は、IPアドレスの長さが32ビットから128ビットに拡張されていたり、ヘッダーを構成するフィールドがシンプルになっていたり、IPv4の欠点を補うために、いろいろなところがブラッシュアップされています。

机上で知ろう

IP（Internet Protocol）は、1981年に発行されたRFC791「INTERNET PROTOCOL」で標準化されているプロトコルで、イーサネットヘッダーのタイプコードでは「0x8000」と定義されています。RFC791では、IPがどのようなフォーマット（形式）でカプセル化を行い、構成するフィールドがどんな機能を持っているのかが定義されています。

IPによってカプセル化されるパケットのことを「IPパケット」といいます。**IPパケットは、いろいろな制御情報がセットされている「IPヘッダー」と、データそのものを表す「IPペイロード」で構成されています。**このうちIP通信の鍵を握っているのがIPヘッダーです。IPヘッダーには、IPネットワークに接続する端末を識別したり、データを小分けにしたりするための情報が凝縮されています。

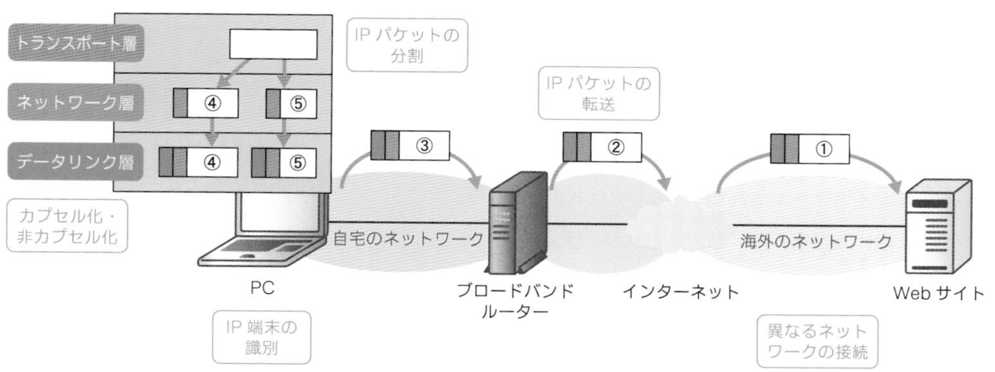

図 ● IPのいろいろな機能

IPのパケットフォーマット

私たちは、日ごろいろいろなWebサイトを見ることができていますが、その裏側ではIPパケットが海を潜ったり、山を越えたり、谷を下ったりと、世界中のありとあらゆる場所をビュンビュン駆け巡っています。IPヘッダーは、こうした世界中の環境差をうまく吸収しつつ、目的の端末までIPパケットを転送できるように、次図のようなたくさんのフィールドで構成されています。

	0ビット		8ビット	16ビット		24ビット
0バイト	バージョン	ヘッダー長	ToS	パケット長		
4バイト	識別子			フラグ	フラグメントオフセット	
8バイト	TTL		プロトコル番号	ヘッダーチェックサム		
12バイト	送信元IPアドレス					
16バイト	宛先IPアドレス					
可変	IPペイロード（TCPセグメント/UDPデータグラム）					

図 ● IPパケットのフォーマット（オプションなし）

以下に、IPヘッダーの各フィールドについて説明します。

バージョン

「バージョン」は、その名のとおり、IPのバージョンを表す4ビットのフィールドです。 IPv4の場合は、「4」（2進数表記で「0100」）が入ります。

ヘッダー長

「ヘッダー長」は、IPヘッダーの長さを表す4ビットのフィールドです。「Internet Header Length」、略して「IHL」と言ったりもします。パケットを受け取る端末は、この値を見ることによって、どこまでがIPヘッダーであるかを知ることができます。ヘッダー長には、IPヘッダーの長さを4バイト（32ビット）単位に換算した値が入ります。IPヘッダーの長さは、基本的に20バイト（160ビット＝32ビット×5）なので、「5」が入ります。

ToS

「ToS（Type of Service）」は、IPパケットの優先度を表す1バイト（8ビット）のフィールドで、優先制御や帯域制御、輻輳制御[※1]などのQoS（Quality of Service）で使用します。あらかじめネットワーク機器で「この値だったら、最優先で転送する」とか、「この値だったら、これだけ保証する」など、ふるまいを設定しておくと、サービス要件に応じたQoS処理ができるようになります。

ToSは、先頭6ビットの「DSCP（Differentiated Services Code Point）フィールド」と、残り2ビットの「ECN（Explicit Congestion Notification）フィールド」で構成されています。DSCPフィールドは、優先制御と帯域制御に使用します。ECNフィールドは、輻輳を通知するときに使用します。

パケット長

「パケット長」は、IPヘッダーとIPペイロードをあわせたパケット全体の長さを表す2バイト（16ビット）のフィールドです。パケットを受け取る端末は、このフィールドを見ることによって、どこまでがIPパケットなのかを知ることができます。たとえば、イーサネットのデフォルトのMTU（Maximum Transmission Unit）いっぱいまでデータが入ったIPパケットの場合、パケット長の値は「1500」（16進数で「05dc」）になります。

識別子

IP通信では、データをそのままの状態で送信するわけではなく、送りやすいように小分けにして送信します。**IPでデータを小分けにする処理のことを「IPフラグメンテーション」といいます。**p.45で説明したとおり、レイヤー2ペイロード、つまりIPパケットという名の小包には、MTUまでのデータしか格納できません。したがって、もしもトランスポート層からMTUより大きいデータを受け取ったり、入口より出口のインターフェースのMTUが小さかったりする場合は、MTUに収まるようにデータを小分けにする必要があります。「識別子」「フラグ」「フラグメントオフセット」には、IPフラグメンテーションに関する情報が格納されています。

識別子は、パケットを作成するときにランダムに割り当てるパケットのIDで、2バイト（16ビット）で構成されています。IPパケットのサイズがMTUを超えてしまって、途中でフラグメンテーションされると、フラグメントパケットは同じ識別子をコピーして持ちます。フラグメントパケットを受け取った端末は、この識別子の値を見て、通信の途中でフラグメンテーションされていることを認識し、パケットを再結合します。

※1　ネットワークが混雑することを「輻輳（ふくそう）」といいます。

フラグ

フラグは、3ビットで構成されていて、1ビット目は使用しません。2ビット目は「DF(Don't Fragment)ビット」といい、IPパケットをフラグメンテーションしてよいかどうかを表しています。「0」だったらフラグメンテーションを許可し、「1」だったらフラグメンテーションを許可しません。フラグメンテーションが発生するネットワーク環境において、何も考えずにパケットをフラグメンテーションすればよいかといえば、そうではありません。フラグメンテーションが発生すると、その分の処理遅延が発生し、パフォーマンスが劣化します。そこで最近のアプリケーションは、処理遅延を考慮して、フラグメンテーションを許可しないように、つまりDFビットを「1」にセットして、上位層(トランスポート層〜アプリケーション層)でデータサイズを調整しています。

3ビット目は「MF(More Fragments)ビット」といい、フラグメンテーションされたIPパケットが後ろに続くかどうかを表しています。「0」だったらフラグメンテーションされたIPv4パケットが後ろに続きません。「1」だったらフラグメンテーションされたIPパケットが後ろに続きます。

フラグメントオフセット

フラグメントオフセットは、フラグメンテーションしたときに、そのパケットがオリジナルパケットの先頭からどこに位置しているかを示す13ビットのフィールドです。フラグメンテーションされた最初のパケットには「0」が、その後のパケットには位置を示した値が入ります。パケットを受け取る端末は、この値を見て、IPパケットの順序を正しく並べ替えます。

TTL

「TTL(Time To Live)」は、IPパケットの寿命を表す1バイト(8ビット)のフィールドです。IPの世界では、IPパケットの寿命を「経由するルーターの数」で表します。経由するルーターの数のことを「ホップ数」といいます。TTLの値は、ルーターを経由するたびに、つまりネットワークを経由するたびに1つずつ減算され、値が「0」になると破棄されます。IPパケットを破棄したルーターは、「Time-to-live Exceeded(タイプ11/コード0)」というICMPパケットを返して(p.127)、パケットを破棄したことを送信元端末に伝えます。

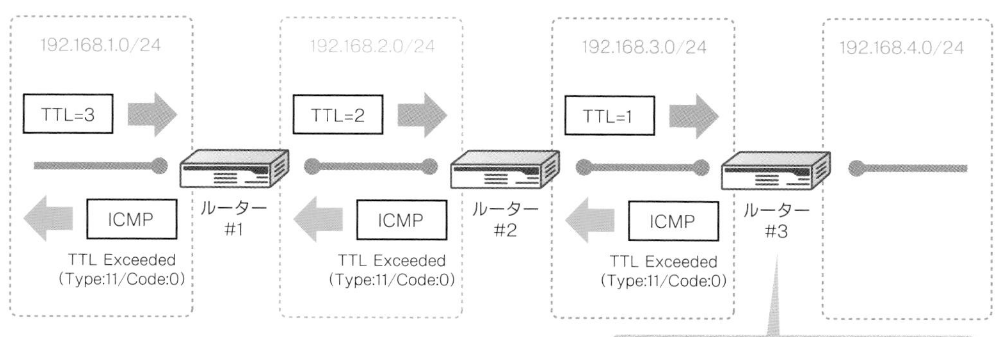

図 ● TTLが0になったらIPパケットを破棄し、ICMPで送信元に通知する

TTLのデフォルト値は、OSによって異なります※2。そのため、パケットに含まれるTTLの値を見ることによって、パケットをやりとりした端末のOSをざっくり判別することができます。次表に代表的なOSのTTL値をまとめておきました。参考にしてください。

メーカー	OS/バージョン	TTLのデフォルト値
マイクロソフト	Windows 10	128
マイクロソフト	Windows 11	128
アップル	macOS 14	64
アップル	iOS 17.0.3	64
オープンソース	Ubuntu 20.04	64
グーグル	Android 11	64
Cisco	Cisco IOS 15.1	255

表● TTLのデフォルト値

プロトコル番号

「プロトコル番号」は、IPペイロードがどんなプロトコルで構成されているかを表す1バイト(8ビット)のフィールドです。プロトコルを表す番号は、RFC790「ASSIGNED NUMBERS」で標準化されています。

ヘッダーチェックサム

「ヘッダーチェックサム」は、IPヘッダーの整合性をチェックするために使用される2バイト(16ビット)のフィールドです。ヘッダーチェックサムの計算は、RFC1071「Computing the Internet Checksum」で定義されていて、「1の補数演算」という計算方法が採用されています。

送信元/宛先IPアドレス

「IPアドレス」は、IPネットワークに接続されている端末を表す4バイト(32ビット)の識別IDです。IPネットワークにおける住所のようなものと考えてよいでしょう。PCやサーバーのNIC、ルーターやファイアウォール、インテリジェントL2スイッチ※3など、IPネットワークで通信する端末はすべてIPアドレスを持つ必要があります。また、必ずしも1端末当たり1つのIPアドレスしか持てないわけではなく、機器の種類や用途に応じて、複数のIPアドレスを持つことも可能です。たとえば、ルーターはIPネットワークをつなぐために、ポートごとにIPアドレスを持ち、あわせて管理のためだけに用意されているイーサネット管理ポートにもIPアドレスを持ちます。

※2 一部のOSは、使用するレイヤー4プロトコル(TCP、UDP)によってもデフォルト値が異なります。

※3 機器の状態を見られたり、障害を検知できたりする、管理可能なL2スイッチのことを「インテリジェントL2スイッチ」といいます。対して、管理できないL2スイッチのことを「ノンインテリジェントL2スイッチ」といいます。ノンインテリジェントL2スイッチはIPアドレスを持つことができません。

オプション

「オプション」は、IPパケット送信における拡張機能が格納される可変長のフィールドです。パケットが通った経路を記録する「Record Route」や、指定した経路を通過するように指定する「Loose Source Route」など、いろいろな機能が用意されていますが、少なくとも筆者は実務の現場で使用されているのを見たことがありません。

パディング

「パディング」は、IPヘッダーのビット数を整えるために使用されるフィールドです。IPヘッダーは、仕様上4バイト（32ビット）単位である必要があります。オプションの長さは決まっていないため、4バイトになるかわかりません。4バイトの整数倍にならないようであれば、末尾にパディングの「0」を付与し、4バイトの整数倍になるようにします。

IPアドレスとサブネットマスク

IPヘッダーの中で最も重要なフィールドが、「送信元IPアドレス」と「宛先IPアドレス」です。ネットワーク層は、IPアドレスありきの階層といっても過言ではありません。

IPアドレスは、IPネットワークに接続された端末を識別するIDです。32ビット（4バイト）で構成されていて、「192.168.11.1」や「10.1.99.254」のように、8ビット（1バイト）ずつドットで区切って、10進数で表記します。この表記法のことを「ドット付き10進表記」といいます。ドットで区切られたグループのことを「オクテット」といい、先頭から「第1オクテット」「第2オクテット」…と表現します。

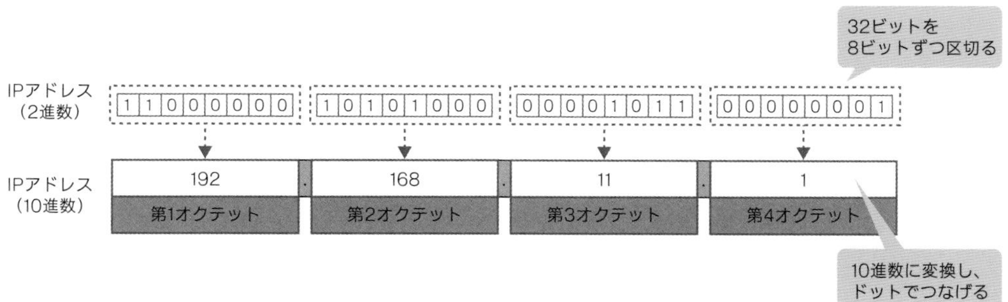

図 ● IPアドレスの表記

IPアドレスはそれ単体で機能するわけではありません。「サブネットマスク」という、これまた32ビットの値とセットで使用します。

IPアドレスは「ネットワーク部」と「ホスト部」の2つで構成されています。ネットワーク部は「どのIPネットワークにいるのか」を表しています。ホスト部は「どの端末なのか」を表しています。サブネットマスクは、この2つを区切る目印のようなもので、「1」のビットがネットワーク部、「0」のビットがホスト部を表しています。IPアドレスとサブネットマスクを組み合わせることによって、「どのIPネットワークにいるどの端末なのか」を識別できます。

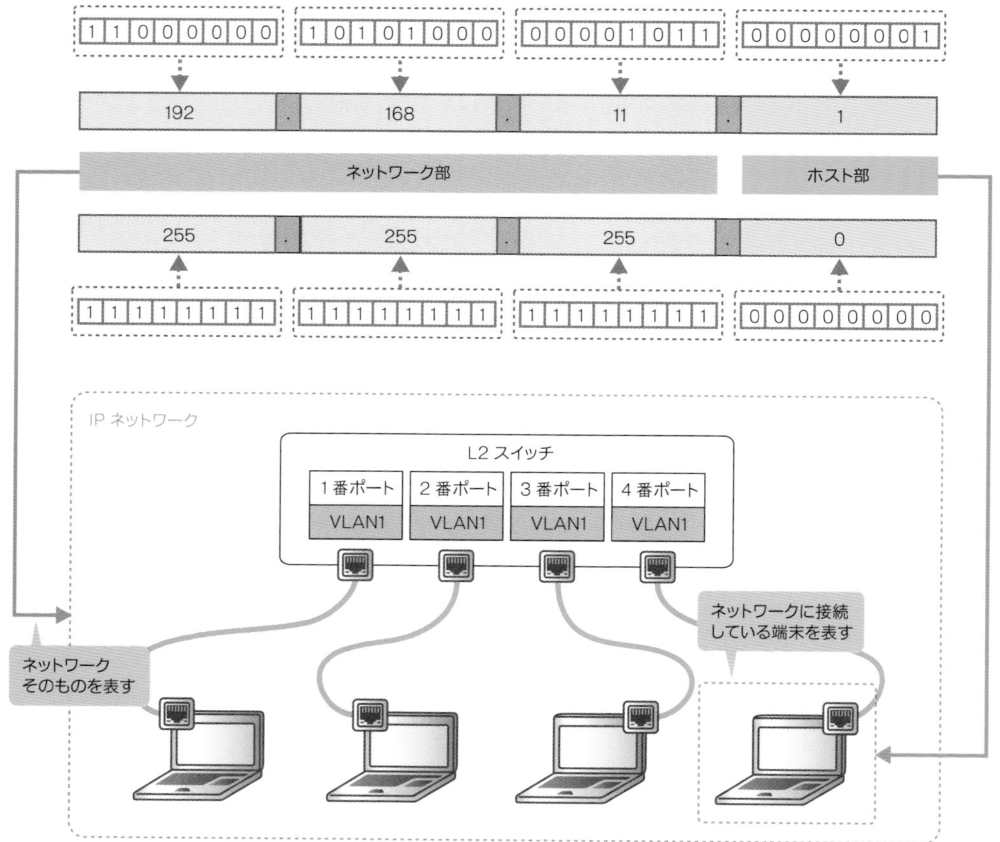

図●IPアドレスとサブネットマスク

サブネットマスクには、「10進数表記」と「CIDR（Classless Inter-Domain Routing、サイダー）表記」という2種類の表記方法があります。10進数表記は、サブネットマスク単体を表現する表記方法で、IPアドレスと同じように32ビットを8ビットずつ4つのグループに分け、10進数に変換して、ドットで区切って表記します。一方、CIDR表記は、IPアドレスとサブネットマスクをまとめて表現する表記方法で、IPアドレスの後に「/」(スラッシュ) と、サブネットマスク (2進数) の「1」の個数を表記します。たとえば、検証環境の家庭内LANにあるcl1のIPアドレスは「192.168.11.1」、サブネットマスクは10進数表記で「255.255.255.0」です。これをCIDR表記にすると「192.168.11.1/24」になります。

いろいろなIPアドレス

IPアドレスは「0.0.0.0」から「255.255.255.255」まで、2^{32} (約43億) 個あります。しかし、どこでも好き勝手に使ってよいわけではありません。**RFCによって、どこからどこまでをどのように使うかが決められています。**本書では、このルールについて「割り当て方式」「使用場所」「除外アドレス」という3つの分類方法を用いて説明します。

割り当て方式による分類

IPアドレスの割り当て方式には「クラスフルアドレッシング」と「クラスレスアドレッシング」の2種類があります。それぞれ説明しましょう。

クラスフルアドレッシング

クラスフルアドレッシングは、約43億個あるIPアドレスを先頭4ビットのパターンで、「アドレスクラス」という名前のカテゴリーに分類し、その中からIPアドレスを割り当てる方式です。アドレスクラスは、クラスAからクラスEまで5つあり、このうち端末に設定して使用するのがクラスAからクラスCです。

クラスAからクラスCは、それぞれに1オクテット（8ビット）単位のサブネットマスクが決められていて、IPアドレスが割り当てられたら、必然的にサブネットマスクが決まるようになっています。たとえば、IPアドレスが「10.1.1.1」だったら、サブネットマスクは「255.0.0.0」になります。
クラスDとクラスEは特殊な用途で使用し、一般的には使用しません。クラスDは、特定のグループの端末にトラフィックを配信するIPマルチキャストで使用します。クラスEは、将来のために予約されているアドレスクラスです。

初期のIPアドレス割り当てを担っていたクラスフルアドレッシングですが、わかりやすく、管理がしやすい半面、無駄が多いというデメリットを抱えていました。たとえば、クラスAで割り当て可能なIPアドレスは、次表で示すように1600万以上もあります。1つの企業や団体、組織だけで1600万ものIPアドレスを必要とするところがあるでしょうか。おそらくありません。必要な分を割り当てたら、残りは放置することになってしまい、もったいなさすぎます。そこで、有限なIPアドレスを有効活用しようと新たに生まれた割り当て方式が、次に説明するクラスレスアドレッシングです。

アドレスクラス	用途	先頭ビット	開始IPアドレス	終了IPアドレス	ネットワーク部	ホスト部	最大割り当てIPアドレス数
クラスA	ユニキャスト（大規模）	0	0.0.0.0	127.255.255.255	8ビット	24ビット	16,777,214（$=2^{24}-2$）
クラスB	ユニキャスト（中規模）	10	128.0.0.0	191.255.255.255	16ビット	16ビット	65,534（$=2^{16}-2$）
クラスC	ユニキャスト（小規模）	110	192.0.0.0	223.255.255.255	24ビット	8ビット	254（$=2^{8}-2$）
クラスD	マルチキャスト	1110	224.0.0.0	239.255.255.255	―	―	―
クラスE	研究、予約用	1111	240.0.0.0	255.255.255.255	―	―	―

表 ● IPアドレスのアドレスクラス

クラスレスアドレッシング

アドレスクラスにとらわれずにIPアドレスを割り当てる方式を「クラスレスアドレッシング」といいます。「サブネッティング」や「CIDR（Classless Inter-Domain Routing、サイダー）」とも呼ばれています。

クラスレスアドレッシングでは、ネットワーク部とホスト部のほかに「**サブネット部**」という新しい概念を導入して、新しいネットワークを作り出します。サブネット部は、もともとホスト部として使用されていた部分なのですが、ここをうまく利用することによって、もっと小さな単位にネットワークを分割します。**サブネットマスクを8ビット単位ではなく、1ビット単位で自由に操作することによって、それを実現します。**

ここでは、例として、「192.168.11.0」をサブネット化してみましょう。上表で示したように「192.168.11.0」はクラスCのIPアドレスなので、ネットワーク部は24ビット、ホスト部は8ビットです。このホスト部からサブネット部を割り当てます。サブネット部に何ビット割り当てるかは、必要なIPアドレス数や必要なネットワーク数に応じて考えます。今回は、16個のネットワークにサブネット化してみましょう。16個に分割するためには、4ビット必要です（$16=2^4$）。4ビットをサブネット部として使用し、新しいネットワーク部を作ります。すると、「192.168.11.0/28」から「192.168.11.240/28」まで、16個のサブネット化されたネットワークができます。また、各ネットワークには最大14個（2^4-2）※4のIPアドレスを割り当てることができます。

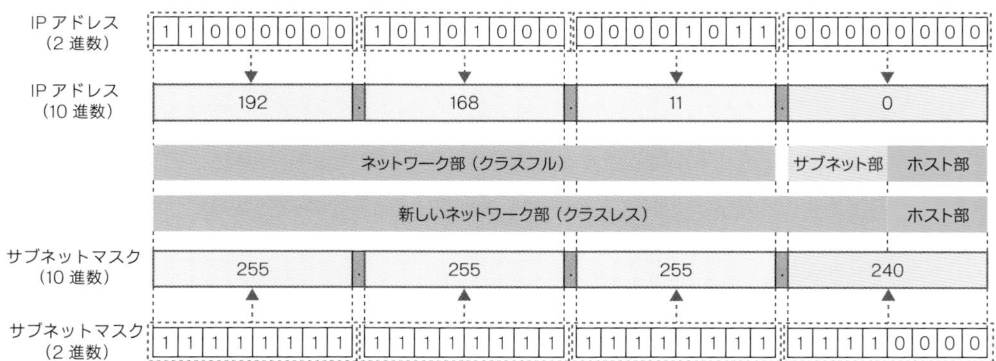

図● クラスレスアドレッシング

※4　ホスト部がすべて「1」、あるいはすべて「0」のIPアドレスは端末に割り当てることができません。そのIPアドレス分を除いています。

<table>
<tr><th>10進数表記</th><th>255.255.255.0</th><th>255.255.255.128</th><th>255.255.255.192</th><th>255.255.255.224</th><th>255.255.255.240</th></tr>
<tr><td>CIDR表記</td><td>/24</td><td>/25</td><td>/26</td><td>/27</td><td>/28</td></tr>
<tr><td>最大IP数</td><td>254（=256−2）</td><td>126（=128−2）</td><td>62（=64−2）</td><td>30（=32−2）</td><td>14（=16−2）</td></tr>
<tr><td rowspan="16">割り当て
ネットワーク</td><td rowspan="16">192.168.11.0</td><td rowspan="8">192.168.11.0</td><td rowspan="4">192.168.11.0</td><td rowspan="2">192.168.11.0</td><td>192.168.11.0</td></tr>
<tr><td>192.168.11.16</td></tr>
<tr><td rowspan="2">192.168.11.32</td><td>192.168.11.32</td></tr>
<tr><td>192.168.11.48</td></tr>
<tr><td rowspan="4">192.168.11.64</td><td rowspan="2">192.168.11.64</td><td>192.168.11.64</td></tr>
<tr><td>192.168.11.80</td></tr>
<tr><td rowspan="2">192.168.11.96</td><td>192.168.11.96</td></tr>
<tr><td>192.168.11.112</td></tr>
<tr><td rowspan="8">192.168.11.128</td><td rowspan="4">192.168.11.128</td><td rowspan="2">192.168.11.128</td><td>192.168.11.128</td></tr>
<tr><td>192.168.11.144</td></tr>
<tr><td rowspan="2">192.168.11.160</td><td>192.168.11.160</td></tr>
<tr><td>192.168.11.176</td></tr>
<tr><td rowspan="4">192.168.11.192</td><td rowspan="2">192.168.11.192</td><td>192.168.11.192</td></tr>
<tr><td>192.168.11.208</td></tr>
<tr><td rowspan="2">192.168.11.224</td><td>192.168.11.224</td></tr>
<tr><td>192.168.11.240</td></tr>
</table>

表 ● 必要なIPアドレス数やネットワーク数に応じてサブネット化

なお、検証環境では、インターネットを構成するルーター間（rt1-rt2、rt2-rt3、rt2-fw1）のネットワークは、将来を通じて、確実に2台しか接続されないので、10.0.0.0をサブネット化して、「255.255.255.252」（/30）のサブネットマスクを割り当てました。それ以外のネットワークも接続端末の台数に応じて、細かくサブネット化しようと思えばできなくはないですが、今回はわかりやすくなるように「255.255.255.0」（/24）にサブネット化してあります。

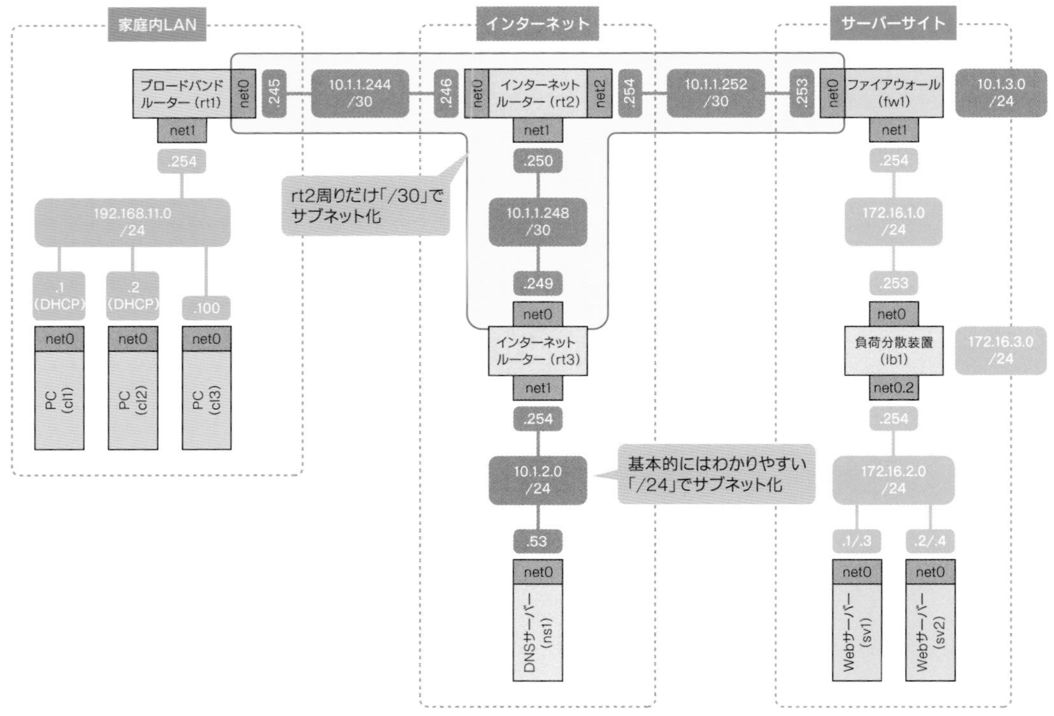

図 ● 検証環境におけるクラスレスアドレッシング

クラスレスアドレッシングは、有限なIPアドレスを有効活用できるため、現代のIPアドレス割り当て方式の主流になっています。 ちなみに、世界中のIPアドレスを管理している「IANA（Internet Assigned Numbers Authority）」の割り当て方式もクラスレスアドレッシングです。

使用場所による分類

続いて、使用場所による分類です。「使用場所」といっても、「屋外ではこのIPアドレス、屋内ではこのIPアドレス」のような物理的な場所を表しているわけではありません。IPネットワークにおける論理的な場所を表しています。

IPアドレスは使用する場所によって、「パブリックIPアドレス（グローバルIPアドレス）」と「プライベートIPアドレス（ローカルIPアドレス）」の2つに分類することもできます。前者はインターネットにおける一意な（ほかに同じものがない、個別の）IPアドレスであり、後者は企業や家庭のネットワークなど限られた組織内だけで一意なIPアドレスです。**電話でたとえると、パブリックIPアドレスが外線、プライベートIPアドレスが内線ということになります。**

▶ パブリックIPアドレス

パブリックIPアドレスは、「ICANN（Internet Corporation for Assigned Names and Numbers、アイキャン）」という非営利法人の一機能であるIANAと、その下部組織（RIR、NIR、LIR※5）によって

階層的に管理されていて、**自由に使用することができないIPアドレスです。** たとえば、日本のパブリックIPアドレスは、JPNIC（JaPan Network Information Center）というNIRが管理しています。パブリックIPアドレスは昨今、割り当て在庫が枯渇してしまったため、新規の割り当てに制限がかけられるようになっています。検証環境でも使用していません。

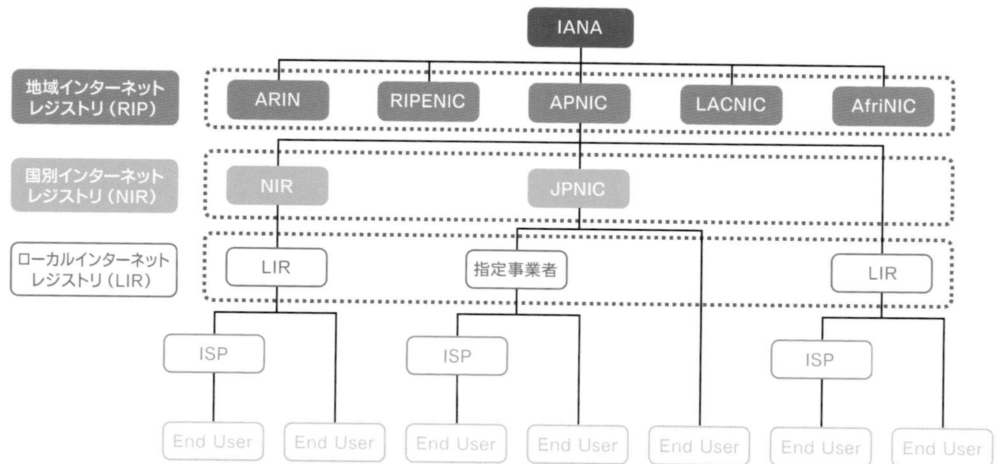

図 ● IANAとその下部組織がパブリックIPアドレスを管理している

▶ プライベートIPアドレス

プライベートIPアドレスは、**組織内であれば自由に割り当ててよいIPアドレスです。** RFC1918「Address Allocation for Private Internets」で標準化されていて、次表のようにアドレスクラスごとに定義されています。

クラス	開始IPアドレス	終了IPアドレス	サブネットマスク	最大割り当てノード数
クラスA	10.0.0.0	10.255.255.255	255.0.0.0（/8）	16,777,214（$=2^{24}-2$）
クラスB	172.16.0.0	172.31.255.255	255.240.0.0（/12）	1,048,574（$=2^{20}-2$）
クラスC	192.168.0.0	192.168.255.255	255.255.0.0（/16）	65,534（$=2^{16}-2$）

表 ● プライベートIPアドレス

このうちどのプライベートIPアドレスを使用するかは、割り当て可能なIPアドレス数が違うことから、実質的にネットワークの規模感に応じて決めることが多いでしょう。大規模なネットワークだったらクラスAのプライベートIPアドレス、中規模なネットワークだったらクラスBのプライベートIPアドレス、小規模なネットワークだったらクラスCのプライベートIPアドレス、といった感じです。

※5 RIR（Regional Internet Registry）：地域インターネットレジストリ
NIR（National Internet Registry）：国別インターネットレジストリ
LIR（Local Internet Registry）：ローカルインターネットレジストリ

たとえば、家庭でブロードバンドルーターを使っている方は、PCやタブレット端末に「192.168.x.x/24」のIPアドレスが設定されていることが多いでしょう。「192.168.x.x/24」は、クラスCで定義されているプライベートIPアドレスです。検証環境でも、インターネットは大規模なのでクラスA、サーバーサイトは中規模なのでクラスB、家庭内LANは小規模なのでクラスC、というざっくりとしたイメージに基づいたプライベートIPアドレスを使用しています。なお、インターネットにはパブリックIPアドレスを使用したいところではありますが、あくまで検証環境ということで、クラスAのプライベートIPアドレスをパブリックIPアドレスのようにして使っています。

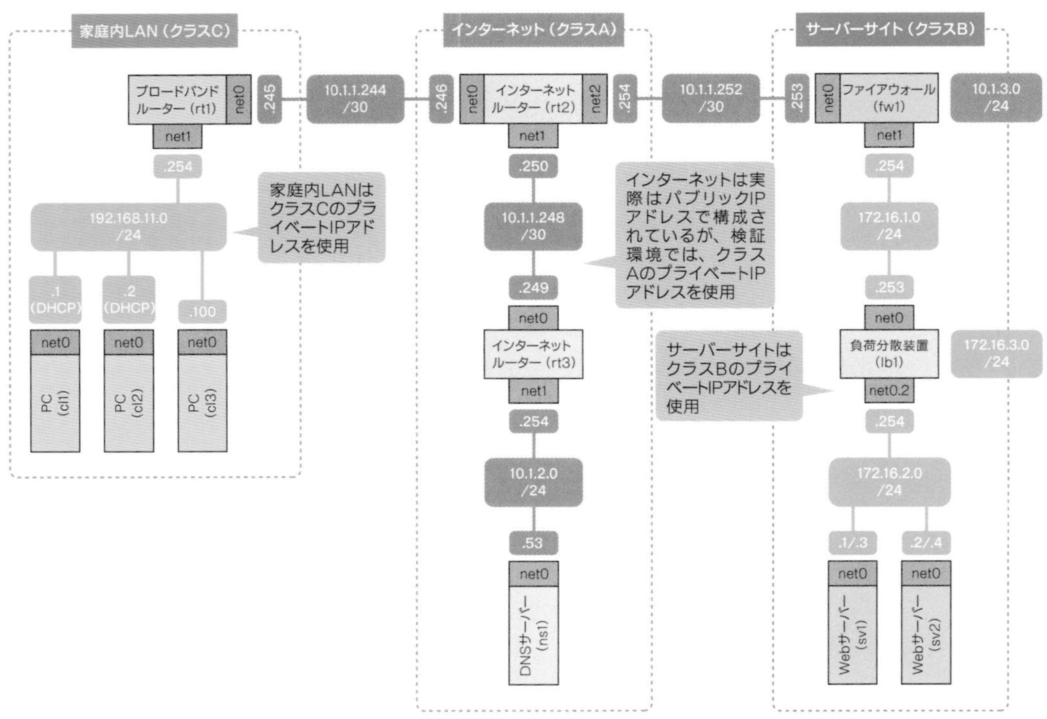

図● 検証環境におけるプライベートIPアドレス

また、プライベートIPアドレスは組織内だけで有効なIPアドレスです。インターネットに直接的に接続できるわけではありません。インターネットに接続するときは、プライベートIPアドレスをパブリックIPアドレスに変換する必要があります。IPアドレスを変換する技術のことを「NAT（Network Address Translation、ナット）」といいます。**家庭でブロードバンドルーターを使っている方は、そのブロードバンドルーターが送信元IPアドレスをプライベートIPアドレスからパブリックIPアドレスに変換しています。**検証環境でも、インターネットと接続するrt1とfw1がNATの処理をしています。なお、NATについては、p.153から詳しく説明します。

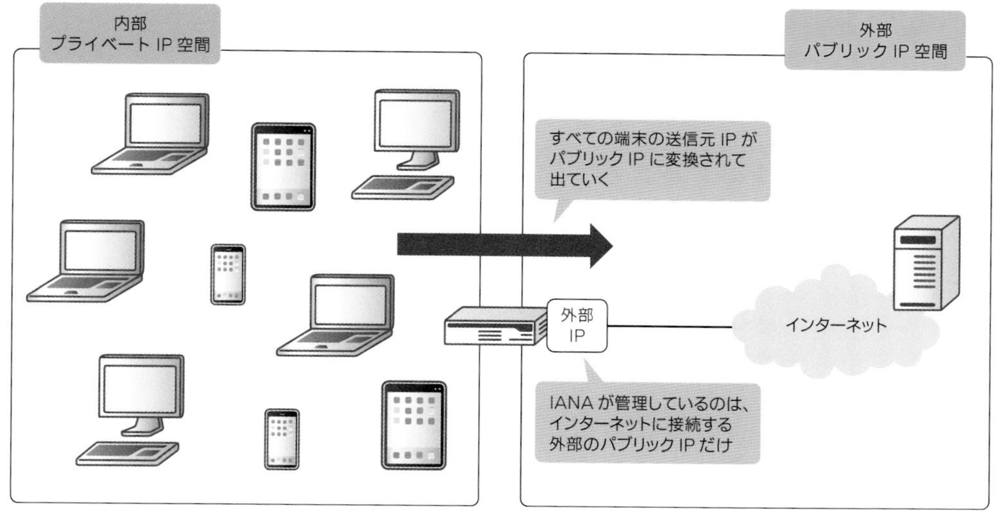

図 ● プライベートIPアドレスは組織内だけで有効

除外アドレス

IPアドレスの中でも、特別な用途に使用され、端末には設定できないアドレスがいくつかあります。その中でもネットワークの現場で特に重要なIPアドレスが「ネットワークアドレス」「ブロードキャストアドレス」「ループバックアドレス」の3つです。

▶ ネットワークアドレス

ネットワークアドレスは、ホスト部のビットがすべて「0」のIPアドレスで、ネットワークそのものを表しています。たとえば、検証環境にあるcl1のように、「192.168.11.1」というIPアドレスに「255.255.255.0」というサブネットマスクが設定されていたら、「192.168.11.0」がネットワークアドレスになります。

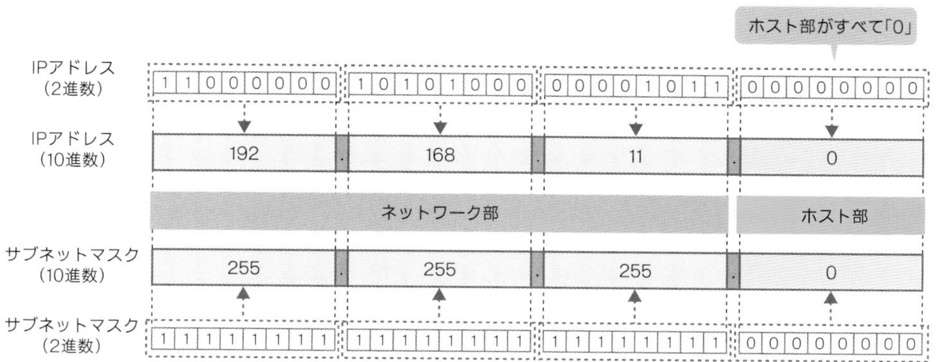

図 ● ネットワークアドレスはネットワークそのものを表す

ちなみに、ネットワークアドレスを極限まで推し進めて、IPアドレスもサブネットマスクもすべて「0」にした「0.0.0.0/0」は、「デフォルトルートアドレス」になります。デフォルトルートアドレスは、「すべてのネットワーク」を表します。

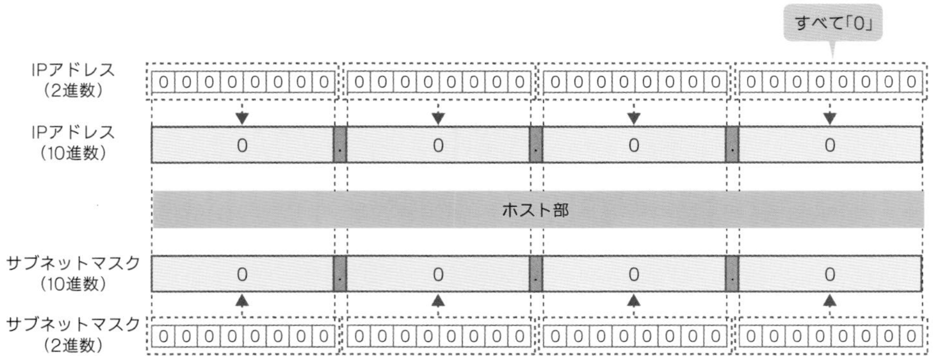

図 ● デフォルトルートアドレスは「すべてのネットワーク」を表す

▶ ブロードキャストアドレス

ブロードキャストアドレスは、ホスト部のビットがすべて「1」のIPアドレスで、同じネットワークに存在するすべての端末を表しています。 たとえば、検証環境にあるcl1のように、「192.168.11.1」というIPアドレスに「255.255.255.0」というサブネットマスクが設定されていたら、「192.168.11.255」がブロードキャストアドレスになります。

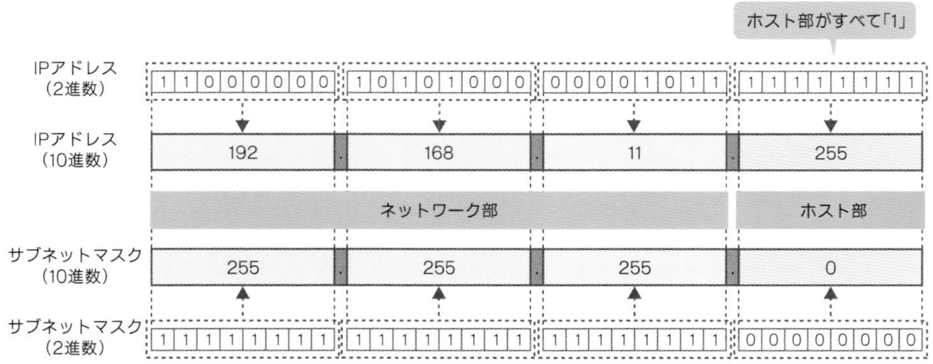

図 ● ブロードキャストアドレスは同じネットワーク内のすべての端末を表す

ちなみに、ブロードキャストアドレスを極限まで推し進めて、IPアドレスもサブネットマスクもすべて「1」とした「255.255.255.255/32」は、「リミテッドブロードキャストアドレス」になります。リミテッドブロードキャストアドレスは、自分のIPアドレス／ネットワークアドレスがわからないときや、DHCP（p.327）でIPアドレスを取得するときなどに使用します。

ループバックアドレス

ループバックアドレスは、自分自身を表すIPアドレスで、RFC1122「Requirements for Internet Hosts -- Communication Layers」で標準化されています。ループバックアドレスは第1オクテットが「127」のIPアドレスです。第1オクテットが「127」でさえあれば、どれを使ってもよいのですが、「127.0.0.1/8」を使用するのが一般的です。Windows OSやmacOS、そして検証環境で使用しているUbuntuも、通信で使用するIPアドレスとは別に、自動的に「127.0.0.1/8」が設定されます。

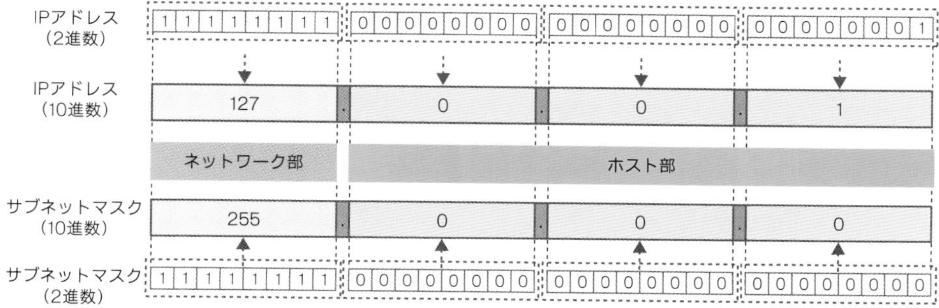

図● ループバックアドレスは自分自身を表す

実践で知ろう

ここまでの知識を踏まえて、実際に検証環境を利用して、IPパケットを見てみましょう。ここで使用する設定ファイルは「spec_03.yaml」です。まずは、tinet upコマンドとtinet confコマンドでspec_03.yamlを読み込み、検証環境を構築してください※6。やり方を忘れてしまった方は、第2章(p.48)を参考にしてください。

ここでは、最初にcl1を使用してIPアドレスを確認したあと、実際にやりとりされるIPパケットをキャプチャし、中身を観察していきます。

パケットをキャプチャしよう

検証環境が用意できたら、IPパケットをキャプチャしましょう。キャプチャに先立って、役に立ちそうなtcpdumpのキャプチャフィルターを紹介しておきます。これらをオプションとあわせて入力します。複数のキャプチャフィルターを「and」や「or」でつないで、キャプチャするパケットをさらに絞り込むことも可能です。

キャプチャフィルター	意味
host <IPアドレス>	送信元IPアドレス、あるいは宛先IPアドレスが指定したIPアドレスのIPパケット
src host <IPアドレス>	送信元IPアドレスが指定したIPアドレスのIPパケット

※6 すでに別の設定ファイルが読み込まれている場合は、先にtinet downコマンド(p.30)で検証環境を削除してください。

dst host <IPアドレス>	宛先IPアドレスが指定したIPアドレスのIPパケット
net <IPアドレス/サブネットマスク>	送信元IPアドレス、あるいは宛先IPアドレスが指定したネットワークに含まれるIPパケット
src net <IPアドレス/サブネットマスク>	送信元IPアドレスが指定したネットワークに含まれるIPパケット
dst net <IPアドレス/サブネットマスク>	宛先IPアドレスが指定したネットワークに含まれるIPパケット
ip proto <プロトコル名>	プロトコルフィールドが指定したプロトコルのIPパケット。<プロトコル名>には、icmpやudp、tcpなどが入る
ip broadcast	ブロードキャストのIPパケット
ip multicast	IPマルチキャストのIPパケット

表 ● IPに関する代表的なキャプチャフィルター

さて、いよいよIPパケットをキャプチャします。ここでは、**家庭内LANのcl1からcl2に対してIPパケットを送信し、そのパケットをcl2でキャプチャします。**では、具体的な流れについて、順を追って説明します。

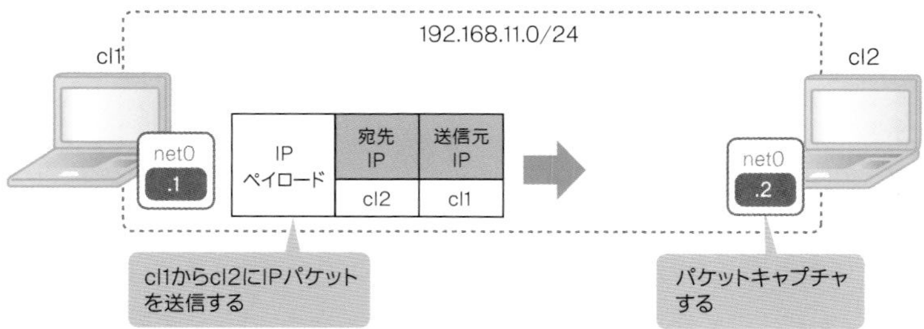

図 ● cl1でテストパケットを送信し、cl2でキャプチャする

1 cl1とcl2にそれぞれログインし、検証に使用するcl1とcl2のIPアドレスを確認します。UbuntuのIPアドレスを確認するためによく使用されるコマンドは、net-toolsに含まれる「ifconfigコマンド」か、iproute2に含まれる「ip addrコマンド」です。ip addrコマンドのほうが比較的新しいコマンドではあるのですが、Docker特有の情報が含まれてしまい、少々わかりづらくなってしまいます。そこで、ここではネットワークを学習するための必要最低限の情報を表示してくれるifconfigコマンドを使用します。

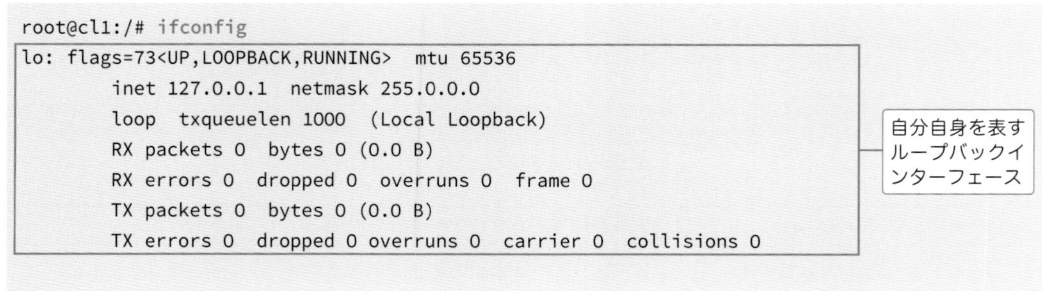

```
root@cl1:/# ifconfig
lo: flags=73<UP,LOOPBACK,RUNNING>  mtu 65536
        inet 127.0.0.1  netmask 255.0.0.0
        loop  txqueuelen 1000  (Local Loopback)
        RX packets 0  bytes 0 (0.0 B)
        RX errors 0  dropped 0  overruns 0  frame 0
        TX packets 0  bytes 0 (0.0 B)
        TX errors 0  dropped 0 overruns 0  carrier 0  collisions 0
```

```
net0: flags=4163<UP,BROADCAST,RUNNING,MULTICAST>  mtu 1500
        inet 192.168.11.1  netmask 255.255.255.0  broadcast 192.168.11.255
        ether 02:42:ac:01:10:01  txqueuelen 1000  (Ethernet)
        RX packets 5  bytes 1410 (1.4 KB)
        RX errors 0  dropped 0  overruns 0  frame 0
        TX packets 3  bytes 726 (726.0 B)
        TX errors 0  dropped 0 overruns 0  carrier 0  collisions 0
```

ほかの端末とパケットをやりとりするインターフェース

図 ● cl1のifconfigの表示結果

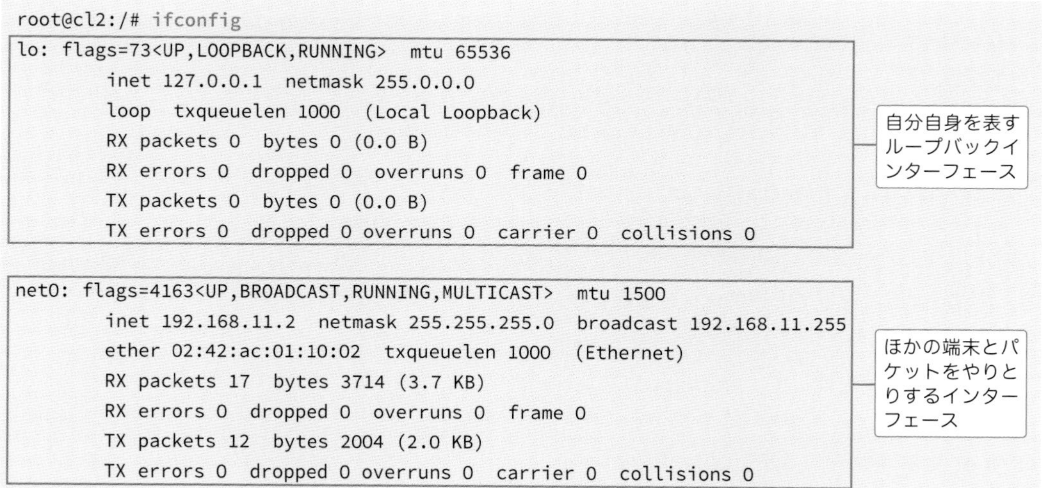

```
root@cl2:/# ifconfig
lo: flags=73<UP,LOOPBACK,RUNNING>  mtu 65536
        inet 127.0.0.1  netmask 255.0.0.0
        loop  txqueuelen 1000  (Local Loopback)
        RX packets 0  bytes 0 (0.0 B)
        RX errors 0  dropped 0  overruns 0  frame 0
        TX packets 0  bytes 0 (0.0 B)
        TX errors 0  dropped 0 overruns 0  carrier 0  collisions 0

net0: flags=4163<UP,BROADCAST,RUNNING,MULTICAST>  mtu 1500
        inet 192.168.11.2  netmask 255.255.255.0  broadcast 192.168.11.255
        ether 02:42:ac:01:10:02  txqueuelen 1000  (Ethernet)
        RX packets 17  bytes 3714 (3.7 KB)
        RX errors 0  dropped 0  overruns 0  frame 0
        TX packets 12  bytes 2004 (2.0 KB)
        TX errors 0  dropped 0 overruns 0  carrier 0  collisions 0
```


図 ● cl2のifconfigの表示結果

では、cl1の表示結果を深く見てみましょう。

1つ目（lo）は、自分自身を表すループバックインターフェースです。これは意図して作成したわけではなく、起動するときに自動的に作成されたものです。「127.0.0.1/8」のIPアドレス/サブネットマスクも同様に自動的に設定されたものです。

2つ目（net0）は、ほかの端末（コンテナ）とパケットをやりとりするためのインターフェースです。tinet経由で設定されています。また、「192.168.11.1/24」のIPアドレス/サブネットマスクが設定されています。こちらはtinet経由で作成されています。続く「192.168.11.255」は、IPアドレス/サブネットマスクから算出されたブロードキャストアドレスです。

2 cl2でtcpdumpコマンドを実行し、これからやりとりされるパケットに備えます。ここでは、cl2のnet0でやりとりされる送信元IPアドレス、あるいは宛先IPアドレスが「192.168.11.1」のIPパケットをキャプチャし、コンテナ上にある「/tmp/tinet」というフォルダに「ip.pcapng」というファイル名で書き込むようにしています。

```
root@cl2:/# tcpdump -i net0 host 192.168.11.1 -w /tmp/tinet/ip.pcapng
tcpdump: listening on net0, link-type EN10MB (Ethernet), capture size 262144 bytes
```

図 ● cl2でtcpdumpコマンドを実行

3 cl1（192.168.11.1）からcl2（192.168.11.2）に対して、pingコマンドでIPパケット（リクエストパケット）を送信します。するとcl2からIPパケット（リプライパケット）を受け取ることができていることがわかります。

```
root@cl1:/# ping 192.168.11.2 -c 2
PING 192.168.11.2 (192.168.11.2) 56(84) bytes of data.
64 bytes from 192.168.11.2: icmp_seq=1 ttl=64 time=0.218 ms
64 bytes from 192.168.11.2: icmp_seq=2 ttl=64 time=0.459 ms

--- 192.168.11.2 ping statistics ---
2 packets transmitted, 2 received, 0% packet loss, time 1076ms
rtt min/avg/max/mdev = 0.218/0.338/0.459/0.120 ms
```

図 ● cl1からcl2に対してIPパケットを送信する

4 cl2でCtrl+cを押して、tcpdumpコマンドを終了してください。

パケットを解析しよう

続いて、前項でキャプチャしたIPパケットを解析していきます。解析に先立って、役に立ちそうなWiresharkの表示フィルターを紹介しておきましょう。これらをフィルターツールバーに入力します。複数の表示フィルターを「and」や「or」でつないで、表示するパケットをさらに絞り込むことも可能です。

表示フィルター	意味	記述例
ip.version	IPのバージョン	ip.version == 4
ip.addr	宛先IPアドレスか送信元IPアドレス	ip.addr == 192.168.1.1
ip.host	宛先IPアドレスか送信元IPアドレスをFQDNに名前解決した値	ip.host == www.google.co.jp
ip.dst	宛先IPアドレス	ip.dst == 192.168.1.2
ip.dst_host	宛先IPアドレスをFQDNに名前解決した値	ip.dst_host == www.google.co.jp
ip.src	送信元IPアドレス	ip.src == 192.168.1.3
ip.src_host	送信元IPアドレスをFQDNに名前解決した値	ip.src_host == www.google.co.jp
ip.dsfield	ToS（DSフィールド）の値	ip.dsfield == 0x00
ip.flags.df	DFビットの値	ip.flags.df == 1
ip.flags.mf	MFビットの値	ip.flags.mf == 1
ip.frag_offset	フラグメントオフセットの値	ip.frag_offset == 1
ip.ttl	TTLの値	ip.ttl == 255

ip.proto	プロトコル番号	ip.proto == 1
ip.len	パケットサイズ(バイト単位)	ip.len > 1000

表 ● IPに関する代表的な表示フィルター

では、Wiresharkで「C:¥tinet」にある「ip.pcapng」を開いてみましょう。すると、4つのパケットが見えるはずです。1つ目はcl1から送信されたリクエストパケット、2つ目がそれに対するリプライパケットです。3つ目と4つ目のパケットは、2回目のリクエストパケットと、それに対するリプライパケットです。いずれもIPパケットであることは変わりません。

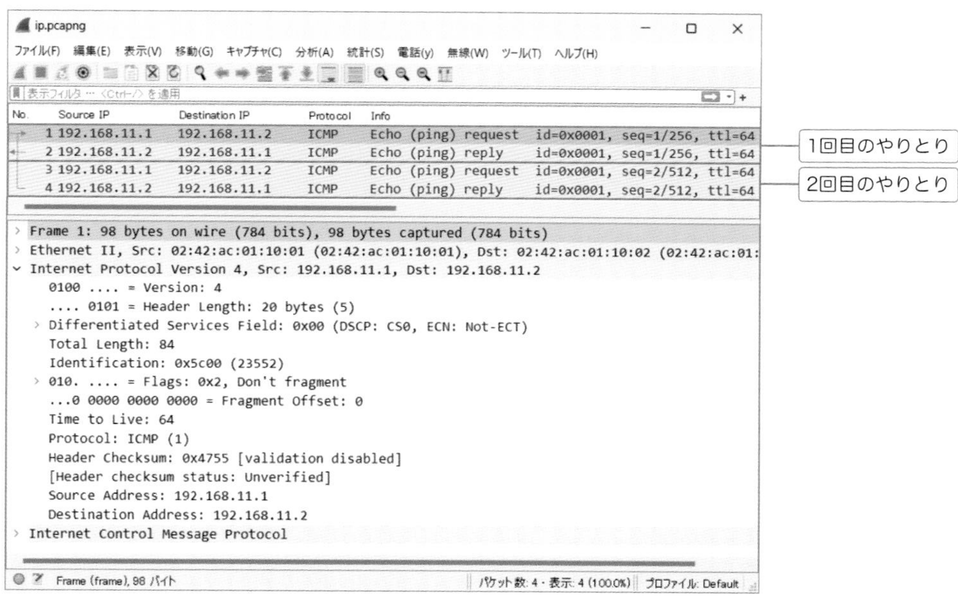

図 ● ip.pcapng

ここでは、表示フィルターに「ip.src == 192.168.11.1」を入力し、cl1から送信されたIPパケットのみ(1つ目と3つ目のパケットのみ)表示し、1つ目のパケットを深く見ていきます。

では、1つ目のパケットをダブルクリックしてください。p.105で説明したとおり、IPパケットはたくさんのフィールドで構成されています。ここでは、その中でも特に重要なフィールドだけ、いくつかピックアップして見てみましょう。

まず、TTLは「64」になっています。この値は、pingコマンドの「-t」オプションでも変更可能ですが(p.55)、今回は特に指定しなかったのでデフォルト値のままです。続いて、プロトコル番号は「1」になっています。pingコマンドで作成されるIPペイロードはICMPで構成されています。最後に、送信元IPアドレスはcl1のIPアドレス(192.168.11.1)、宛先IPアドレスはcl2のIPアドレス(192.168.11.2)になっています。

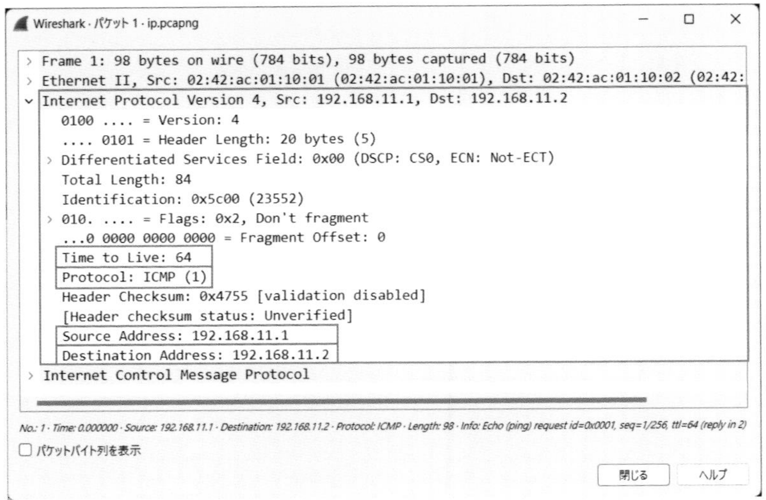

図●IPパケット

Chapter 3 レイヤー3プロトコルを知ろう

3-2-2 ICMP（Internet Control Message Protocol）

レイヤー3プロトコルとして、もうひとつ。IPほどは光が当たりませんが、縁の下の力持ち的にIPを助けているプロトコルが「ICMP（Internet Control Message Protocol）」です。**ICMPは、IPレベルの通信を確認したり、いろいろなエラーを通知したりと、IPネットワークにおいて、なくてはならない非常に重要な役割を担っています。**ITシステムに関わっている人であれば、一度は「ping（ピン、ピング）」という言葉を耳にしたことがあるでしょう。本書でもお手軽にパケットを生成できることから、イーサネットやIPの実践項でも使用しました。pingコマンドはICMPパケットを送信するときに使用する、ネットワーク診断プログラム（ネットワーク診断コマンド）です。

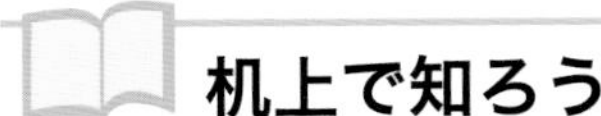

机上で知ろう

ICMPは、その名のとおり、「インターネット（Internet）を制御（Control）するメッセージ（Message）をやりとりするプロトコル（Protocol）」です。RFC791「INTERNET PROTOCOL」で定義されているIPを拡張したプロトコルとして、RFC792「INTERNET CONTROL MESSAGE PROTOCOL」で標準化されています。RFC792では、「ICMP is actually an integral part of IP, and must be implemented by every IP module.（ICMPはIPにおいて必要不可欠な部分であり、すべてのIPモジュールに実装されていなければならない）」と記載されており、**どんな端末であっても、IPとICMPは必ずセットで実装されています。**

ICMPのパケットフォーマット

ICMPは、IPにICMPメッセージを直接詰め込んだ、プロトコル番号「1」のIPパケットです。通信結果を返したり、エラーの内容をちょっと返したりするだけなので、パケットフォーマットはシンプルそのものです。

	0ビット		8ビット	16ビット		24ビット
0バイト	バージョン	ヘッダー長	ToS	パケット長		
4バイト	識別子			フラグ	フラグメントオフセット	
8バイト	TTL		プロトコル番号	ヘッダーチェックサム		
12バイト	送信元IPアドレス					
16バイト	宛先IPアドレス					
20バイト	タイプ		コード	チェックサム		
可変	ICMPペイロード					

図●ICMPのパケットフォーマット

ICMPを構成するフィールドの中で最も重要なのが、メッセージの最初にある「タイプ」と「コード」です。この2つの値の組み合わせによって、IPレベルにおいてどんなことが起きているか、ざっくり知ることができます。タイプとコードの代表的な組み合わせを次表にまとめています。

タイプ		コード		意味
0	Echo Reply	0	Echo reply	エコー応答
3	Destination Unreachable	0	Network unreachable	宛先ネットワークに到達できない
		1	Host unreachable	宛先ホストに到達できない
		2	Protocol unreachable	プロトコルに到達できない
		3	Port unreachable	ポートに到達できない
		4	Fragmentation needed but DF bit set	フラグメンテーションが必要だが、DFビットが「1」になっていて、フラグメントできない
		5	Source route failed	ソースルートが不明
		6	Network unknown	宛先ネットワークが不明
		7	Host unknown	宛先ホストが不明
		9	Destination network administratively prohibited	宛先ネットワークに対する通信が管理的に拒否(Reject)されている
		10	Destination host administratively prohibited	宛先ホストに対する通信が管理的に拒否(Reject)されている
		11	Network unreachable for ToS	指定したToS値では宛先ネットワークに到達できない
		12	Host unreachable for ToS	指定したToS値では宛先ホストに到達できない
		13	Communication administratively prohibited by filtering	フィルタリングによって通信が管理的に禁止されている
		14	Host precedence violation	プレシデンス値が違反している
		15	Precedence cutoff in effect	プレシデンス値が低すぎるため遮断された

5	Redirect	0	Redirect for network	宛先ネットワークに対する通信を、指定されたIPアドレスに転送（リダイレクト）する
		1	Redirect for host	宛先ホストに対する通信を、指定されたIPアドレスに転送（リダイレクト）する
		2	Redirect for ToS and network	宛先ネットワークとToS値の通信を、指定されたIPアドレスに転送（リダイレクト）する
		3	Redirect for ToS and host	宛先ホストとToS値の通信を、指定されたIPアドレスに転送（リダイレクト）する
8	Echo Request	0	Echo request	エコー要求
11	TTL超過	0	TTL expired	TTLが超過した

表●タイプとコードの組み合わせ

いろいろなICMPタイプとコード

続いて、ICMPがどのようにしてIPレベルの通信状態を確認したり、エラーを通知したりしているのか、現場でよく見かけるICMPの通信パターンについて説明します。ICMPはこれしかないと言い切ってしまってもよいくらい、タイプとコードありきです。この2つに着目すると、理解を深めやすいでしょう。

Echo Request/Echo Reply

IPレベルの通信状態を確認するときに使用されるICMPパケットが「Echo Request」と「Echo Reply」です。 Windows OSやLinux OSでpingコマンドを実行すると、指定したIPアドレスに対して、タイプが「8」、コードが「0」のEcho Requestが送信されます。Echo Requestを受け取った端末は、その応答として、タイプが「0」、コードが「0」のEcho Replyを返します。

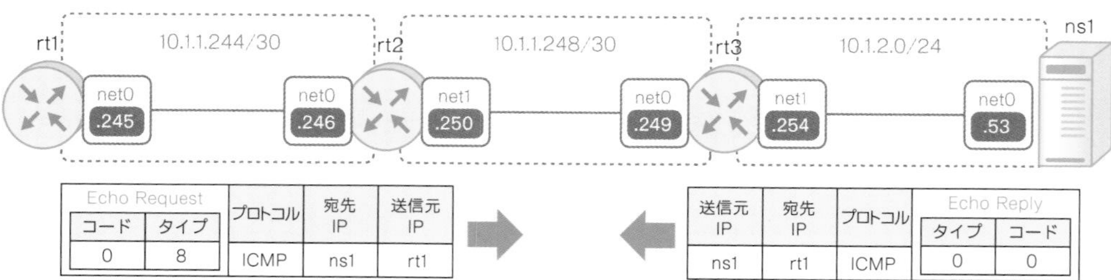

図●Echo RequestとEcho Reply

Destination Unreachable

ルーターが異なるネットワークにいる端末に対して、IPパケットを転送する動作のことを「ルーティング」といいます[※7]**。**ルーターが宛先端末（宛先IPアドレス）にIPパケットをルーティングできなかった

※7　ルーティングについては、p.133から詳しく説明します。ここではルーティングができなかったときにDestination Unreachableを返すということだけを頭に入れてください。

とき、エラーを通知するICMPパケットが「Destination Unreachable（宛先到達不可）」です。IPパケットをルーティングできなかったルーターは、そのIPパケットを破棄するとともに、タイプが「3」のDestination Unreachableを送信元端末（送信元IPアドレス）に返します。なお、コードは破棄した理由によって異なります。

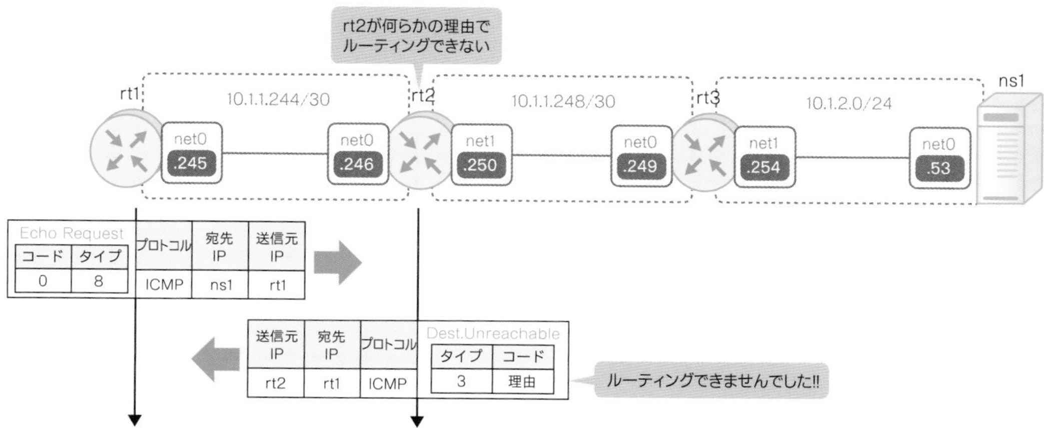

図 ● Destination Unreachable

Time-to-live Exceeded

IPパケットのTTL（Time To Live）が「0」になって破棄したとき、それを送信元端末に通知するICMPパケットが「Time-to-live Exceeded（TTL超過、以下、TTL Exceeded）」です。 TTL Exceededは、通信経路を確認する「tracerouteコマンド」※8で使用されます。tracerouteコマンドは、TTLを「1」から始めて、1つずつ増やしたIPパケットを送信することによって、どのような経路を通って宛先IPアドレスまで到達しているのかを確認します。この動作についても、後ほどルーティングの実践項（p.140）で検証してみましょう。

※8　Windows OSの場合は、「tracert」コマンドです。

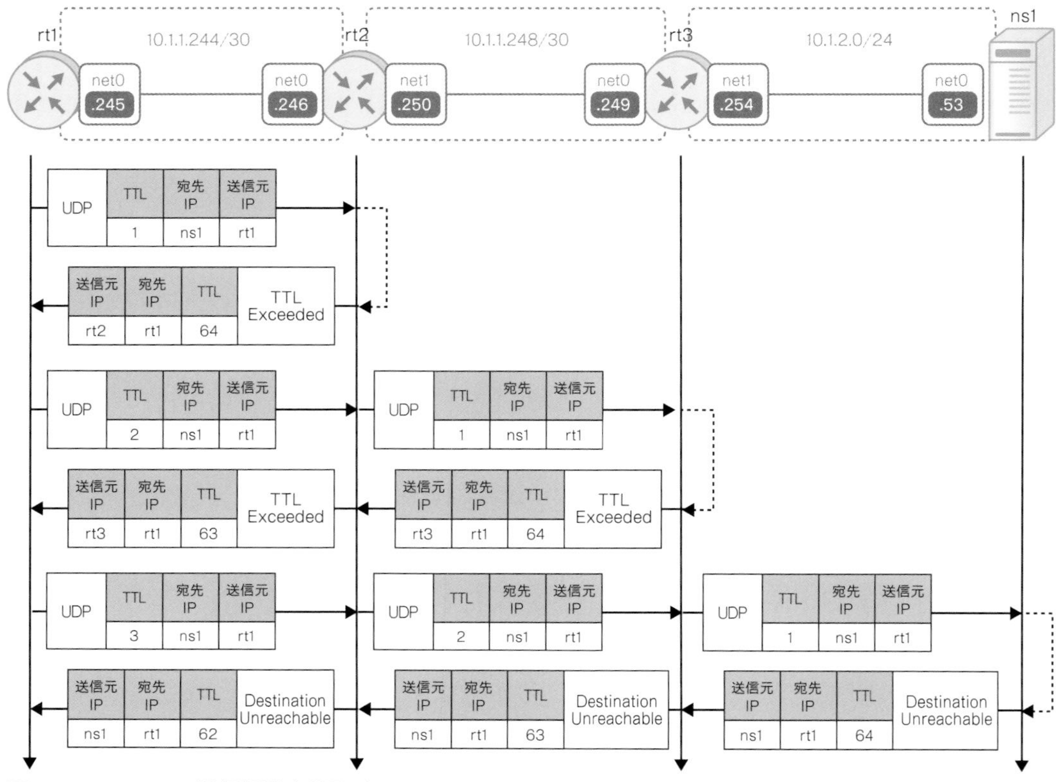

図 ● tracerouteで通信経路を確認する

実践で知ろう

では、実際に検証環境を利用して、ICMPパケットを見てみましょう。設定ファイルは、そのまま「spec_03.yaml」を使用します。ここでは、実際にやりとりされるICMPパケットをキャプチャし、中身を観察していきます。

パケットをキャプチャしよう

まず、検証環境でICMPパケットをキャプチャしましょう。キャプチャに先立って、役に立ちそうなtcpdumpのフィルターを紹介しておきます。これらをオプションとあわせて入力します。複数のフィルターを「and」や「or」でつないで、キャプチャするパケットをさらに絞り込むことも可能です。

キャプチャフィルター	意味
icmp[0] == <タイプ>	指定したタイプのICMPパケット
icmp[1] == <コード>	指定したコードのICMPパケット
icmp[5] == <識別子>	指定した識別子のICMPパケット
icmp[7] == <シーケンス番号>	指定したシーケンス番号のICMPパケット

表 ● ICMPに関する代表的なキャプチャフィルター

ICMPパケットをキャプチャしましょう。ここでは、**家庭内LANのcl1からcl2に対してICMPパケットを送信し、そのパケットをcl2でキャプチャします。**では、具体的な流れについて、順を追って説明します。

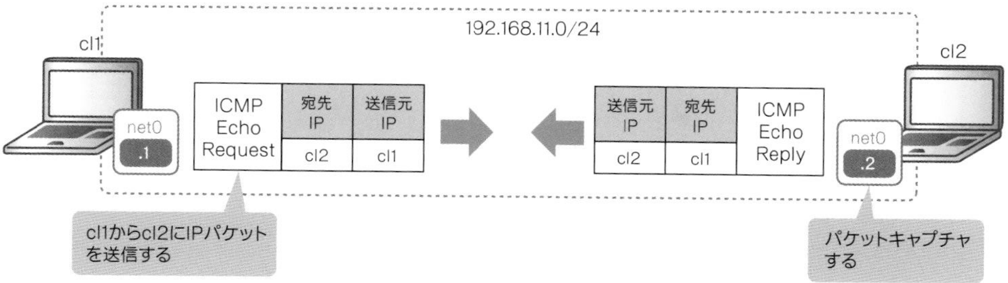

図 ● cl1でテストパケットを送信し、cl2でキャプチャする

1 cl1とcl2にそれぞれログインし、検証に使用するcl1とcl2のIPアドレスを確認します。

```
root@cl1:/# ifconfig net0
net0: flags=4163<UP,BROADCAST,RUNNING,MULTICAST>  mtu 1500
        inet 192.168.11.1  netmask 255.255.255.0  broadcast 192.168.11.255
        ether 02:42:ac:01:10:01  txqueuelen 1000  (Ethernet)
        RX packets 2078  bytes 277292 (277.2 KB)
        RX errors 0  dropped 0  overruns 0  frame 0
        TX packets 1904  bytes 217784 (217.7 KB)
        TX errors 0  dropped 0 overruns 0  carrier 0  collisions 0
```

図 ● cl1のifconfigの表示結果

```
root@cl2:/# ifconfig net0
net0: flags=4163<UP,BROADCAST,RUNNING,MULTICAST>  mtu 1500
        inet 192.168.11.2  netmask 255.255.255.0  broadcast 192.168.11.255
        ether 02:42:ac:01:10:02  txqueuelen 1000  (Ethernet)
        RX packets 938  bytes 176196 (176.1 KB)
        RX errors 0  dropped 0  overruns 0  frame 0
        TX packets 735  bytes 106770 (106.7 KB)
        TX errors 0  dropped 0 overruns 0  carrier 0  collisions 0
```

図 ● cl2のifconfigの表示結果

2 cl2でtcpdumpコマンドを実行し、これからやりとりされるパケットに備えます。ここでは、cl2のnet0でやりとりされるシーケンス番号が「1」のICMPパケットをキャプチャし、コンテナ上にある「/tmp/tinet」というフォルダに「icmp.pcapng」というファイル名で書き込むようにしています。

```
root@cl2:/# tcpdump -i net0 -w /tmp/tinet/icmp.pcapng icmp[7] == 1
tcpdump: listening on net0, link-type EN10MB (Ethernet), capture size 262144 bytes
```

図 ● tcpdumpコマンドを実行する

3 cl1からcl2に対して、pingコマンドでEcho Requestを送信します。するとcl1からEcho Replyを受け取ることができていることがわかります。

```
root@cl1:/# ping 192.168.11.2 -c 2
PING 192.168.11.2 (192.168.11.2) 56(84) bytes of data.
64 bytes from 192.168.11.2: icmp_seq=1 ttl=64 time=0.417 ms
64 bytes from 192.168.11.2: icmp_seq=2 ttl=64 time=0.252 ms

--- 192.168.11.2 ping statistics ---
2 packets transmitted, 2 received, 0% packet loss, time 1013ms
rtt min/avg/max/mdev = 0.252/0.334/0.417/0.082 ms
```

図 ● cl1とcl2でICMP Echo RequestとEcho Replyをやりとりする

4 cl2でCtrl+cを入力し、tcpdumpコマンドを終了してください。

パケットを解析しよう

続いて、前項でキャプチャしたICMPパケットを解析していきます。解析に先立って、役に立ちそうなWiresharkの表示フィルターを紹介しておきましょう。これらをフィルターツールバーに入力します。複数の表示フィルターを「and」や「or」でつないで、表示するパケットをさらに絞り込むことも可能です。

表示フィルター	意味	記述例
icmp	ICMPパケット	icmp
icmp.type	タイプの値	icmp.type == 8
icmp.code	コードの値	icmp.code == 0
icmp.checksum	チェックサムの値	icmp.checksum == 0x553a
icmp.seq	シーケンス番号の値	icmp.seq == 33

表 ● ICMPに関する代表的な表示フィルター

では、Wiresharkで「C:¥tinet」にある「icmp.pcapng」を開いてみましょう。すると、2つのパケットが見えるはずです。1つ目がcl1から送信されたEcho Request、2つ目がそれに対するEcho Replyです。

まず、1つ目のパケットをダブルクリックしてください。1つ目のパケットはEcho Requestなので、タイプが「8」、コードが「0」です。識別子はプロセスごとに割り当てられた値、シーケンス番号は1回目のpingのICMPパケットなので「1」です。ペイロード（WiresharkではDataと表示されている部分）には適当な文字列が入っています。

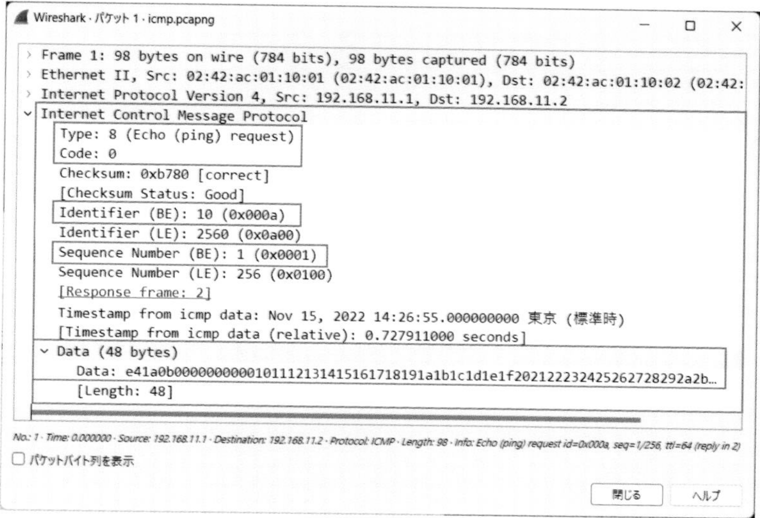

図 ● Echo Request

続いて、2つ目のパケットをダブルクリックしてください。2つ目のパケットはEcho Replyなので、タイプが「0」、コードが「0」です。識別子とシーケンス番号、ICMPペイロードは、Echo Requestと同じです。

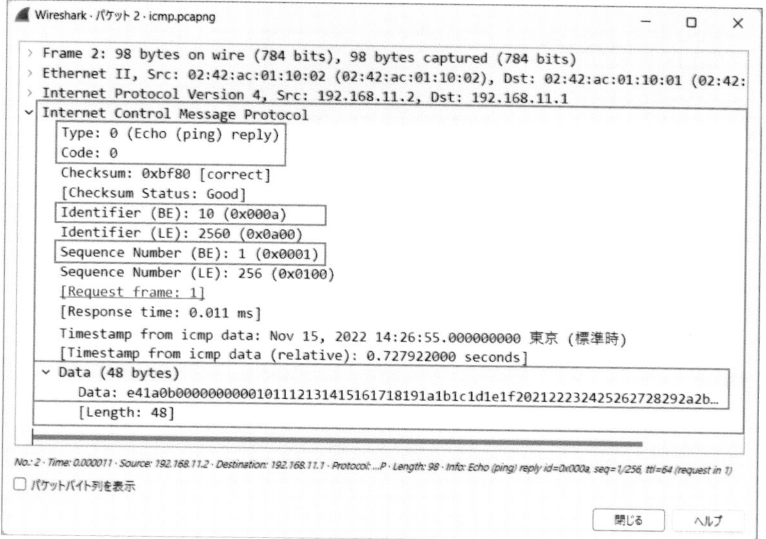

図 ● Echo Reply

3-3 ネットワーク技術を知ろう

続いて、実際のネットワーク環境でよく使用されているIPに関する技術について解説します。**IPのネットワークは、なんといってもまずはIPアドレスありきです。**宛先端末のIPアドレスがどのルーターの先にいるか、整理しながら学習を進めると、より効率よく理解を深められるでしょう。

現代のネットワークにおいて、IPで活躍する機器といえば「ルーター」です。まず、ルーターがどのようなものか、簡単におさらいしておきましょう。

ルーターは、複数のネットワークをつなぎ、異なるネットワークにIPパケットを転送するネットワーク機器です。なじみのない方は、大型家電量販店で見かけるブロードバンドルーターを思い浮かべてみてください。あれがルーターです。ブロードバンドルーターは、「家庭内LAN」という名の小さなネットワークと、「インターネット」という名の大きなネットワークをつなぎ、家庭内LAN端末のIPパケットをインターネットに転送しています。**インターネットは、たくさんのルーターが網目状にネットワークをつなぐことによって成り立っています。ルーターは、隣にいるルーターにIPパケットをバケツリレーして、えっさほいさと宛先端末まで届けます。**

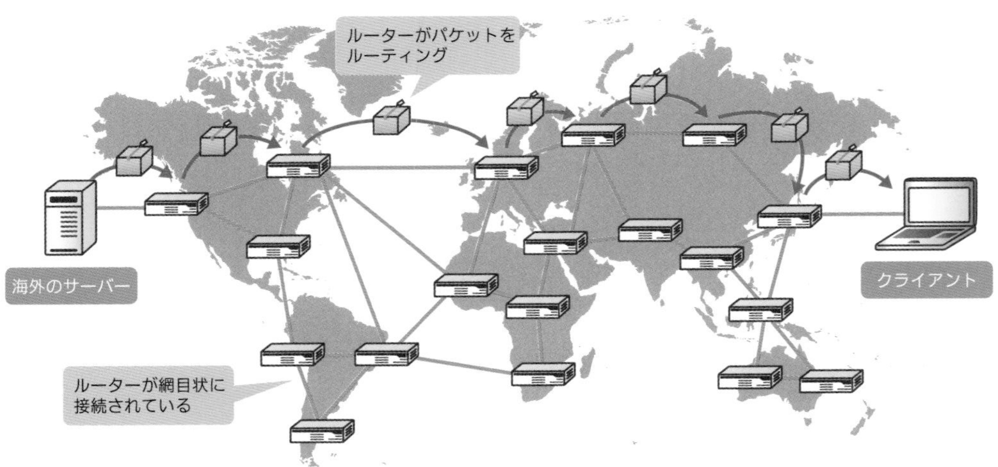

図●ルーターがパケットをバケツリレー

ここではルーターの代表的な技術である「ルーティング」と「NAT（Network Address Translation）」について説明します。

3-3-1 ルーティング

ルーターは、IPパケットの宛先IPアドレスと照らし合わせる「宛先ネットワーク」と、IPパケットを転送すべき機器のIPアドレスを表す「ネクストホップ」という2つの情報を管理することによって、IPパケットの転送先を切り替えています。このIPパケットの転送先を切り替える機能のことを「ルーティング」といいます。また、宛先ネットワークとネクストホップを管理するテーブル(表)のことを「ルーティングテーブル」といいます。

ルーティングは、ルーティングテーブルありきで行われます。なお、ここでは純粋にルーティングの動作を理解してもらうために、すべての機器のルーティングテーブルが適切に設定されており、かつ隣接機器のMACアドレスをARPで適切に学習しているものとします。

机上で知ろう

ルーティングの動作

ルーターはどのようにしてルーティングをしているのでしょうか。まずは、机上で流れを理解しましょう。ここでは、検証環境のインターネットにおいて、rt1からns1に宛てて、rt2とrt3を介して、IPパケットを送信する場面を例に説明します。

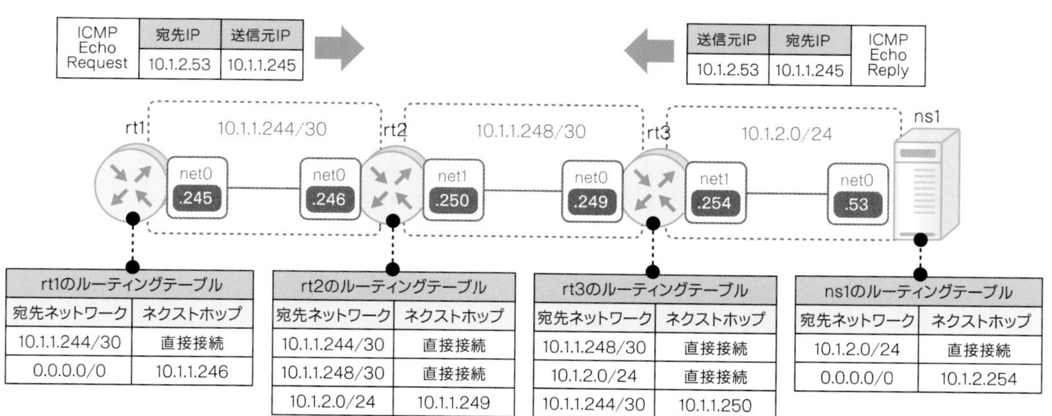

rt1のルーティングテーブル	
宛先ネットワーク	ネクストホップ
10.1.1.244/30	直接接続
0.0.0.0/0	10.1.1.246

rt2のルーティングテーブル	
宛先ネットワーク	ネクストホップ
10.1.1.244/30	直接接続
10.1.1.248/30	直接接続
10.1.2.0/24	10.1.1.249

rt3のルーティングテーブル	
宛先ネットワーク	ネクストホップ
10.1.1.248/30	直接接続
10.1.2.0/24	直接接続
10.1.1.244/30	10.1.1.250

ns1のルーティングテーブル	
宛先ネットワーク	ネクストホップ
10.1.2.0/24	直接接続
0.0.0.0/0	10.1.2.254

図 ● ルーティングを理解するためのネットワーク構成

rt1はトランスポート層から受け取ったデータを送信元IPアドレスがrt1(net0)のIPアドレス「10.1.1.245」、宛先IPアドレスがns1(net0)のIPアドレス「10.1.2.53」をセットしたIPヘッダーでカプセル化します。「10.1.2.53」をルーティングテーブルで検索すると、すべてのネットワークを表すデフォルトルートアドレス(0.0.0.0/0)にマッチします。

続いて、デフォルトルートアドレスのネクストホップのMACアドレスをARPテーブルから検索します。「10.1.1.246」のMACアドレスはrt2（net0）です。送信元MACアドレスにrt1（net0）、宛先MACアドレスにrt2（net0）をセットして、イーサネットでカプセル化し、ケーブルに流します。

ちなみに、デフォルトルートのネクストホップのことを「デフォルトゲートウェイ」といいます。**端末はインターネット上に存在する不特定多数のWebサイトにアクセスするとき、とりあえずデフォルトゲートウェイにIPパケットを送信し、あとはデフォルトゲートウェイの機器にルーティングを任せます。**

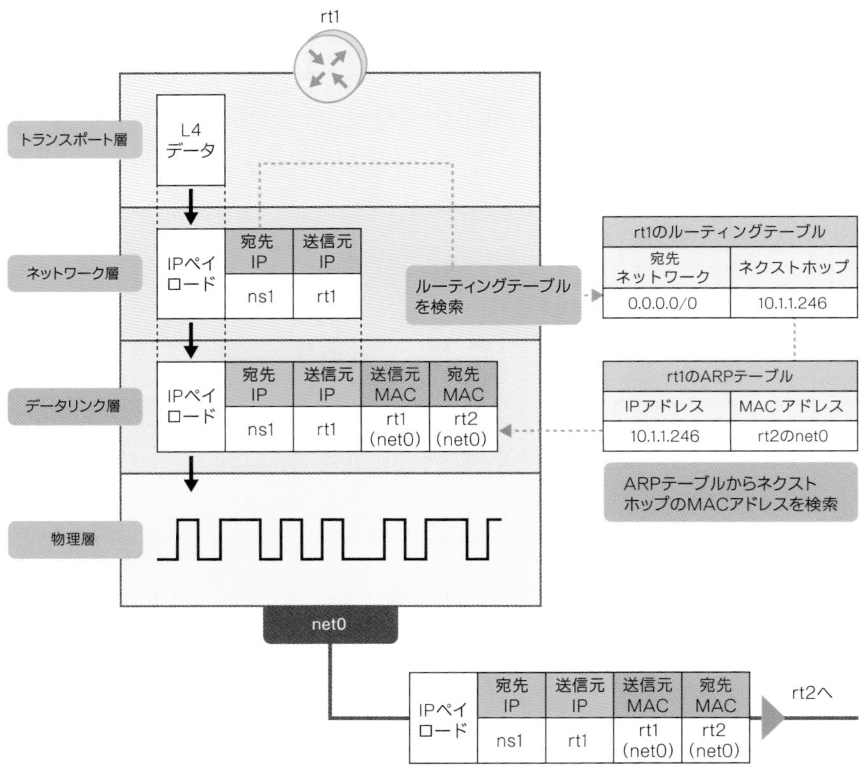

図 ● rt1はとりあえずデフォルトゲートウェイに送信する

rt1からIPパケットを受け取ったrt2は、IPヘッダーの宛先IPアドレスを見て、自身のルーティングテーブルを検索します。宛先IPアドレス「10.1.2.53」なので、ルーティングテーブルの「10.1.2.0/24」にマッチします。そこで、今度は「10.1.2.0/24」のネクストホップ（10.1.1.249）のMACアドレスをARPテーブルから検索します。「10.1.1.249」のMACアドレスはrt3（net0）です。送信元MACアドレスに出口のインターフェースであるrt2（net1）のMACアドレス、宛先MACアドレスにrt3（net0）のMACアドレスをセットし、イーサネットでカプセル化し、ケーブルに流します。

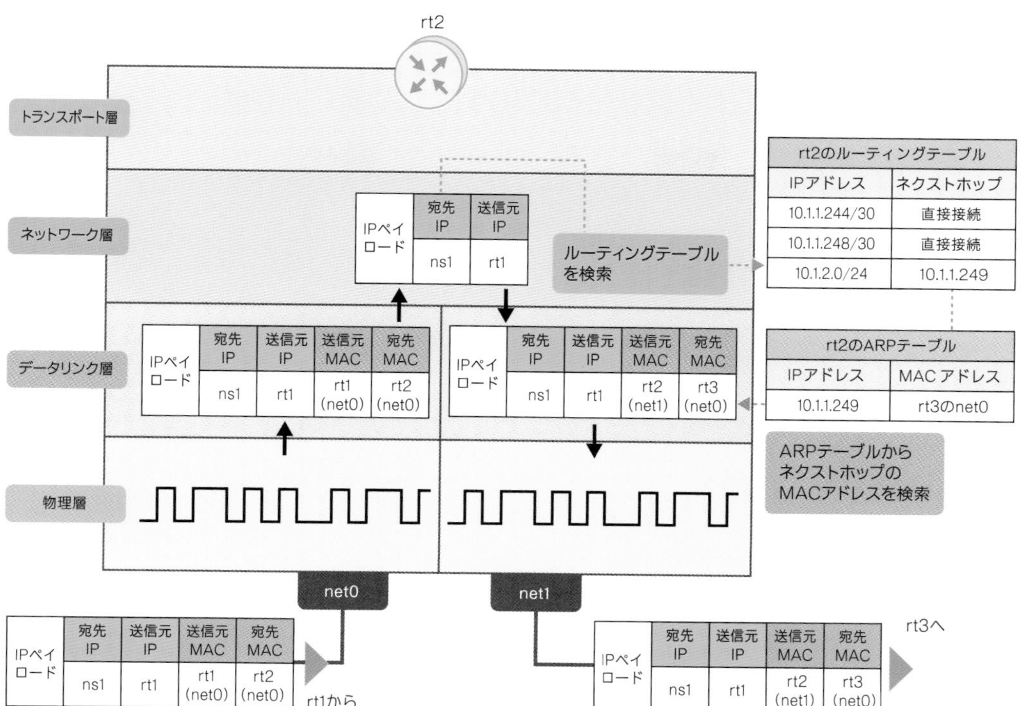

図 ● rt2がIPパケットをルーティング

rt2からIPパケットを受け取ったrt3は、IPヘッダーの宛先IPアドレスを見て、ルーティングテーブルを検索します。宛先IPアドレス「10.1.2.53」なので、ルーティングテーブルの「10.1.2.0/24」にマッチします。「10.1.2.0/24」は直接接続されたネットワークです。そこで今度は「10.1.2.53」のMACアドレスをARPテーブルから検索します。「10.1.2.53」のMACアドレスはns1（net0）です。送信元MACアドレスに出口のインターフェースであるrt3（net1）のMACアドレス、宛先MACアドレスにns1（net0）のMACアドレスをセットして、あらためてイーサネットでカプセル化し、ケーブルに流します。

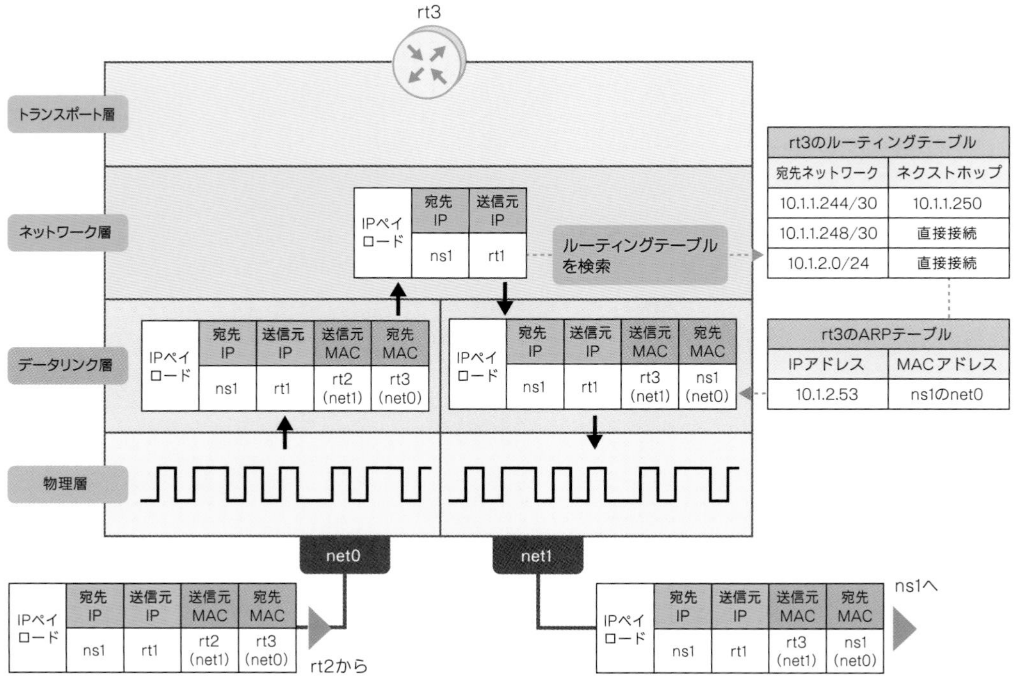

図●rt3がIPパケットをルーティング

rt3からIPパケットを受け取ったns1は、データリンク層で宛先MACアドレス、ネットワーク層で宛先IPアドレスを見て、パケットを受け入れ、上位層(トランスポート層〜アプリケーション層)へと処理を引き継ぎます。

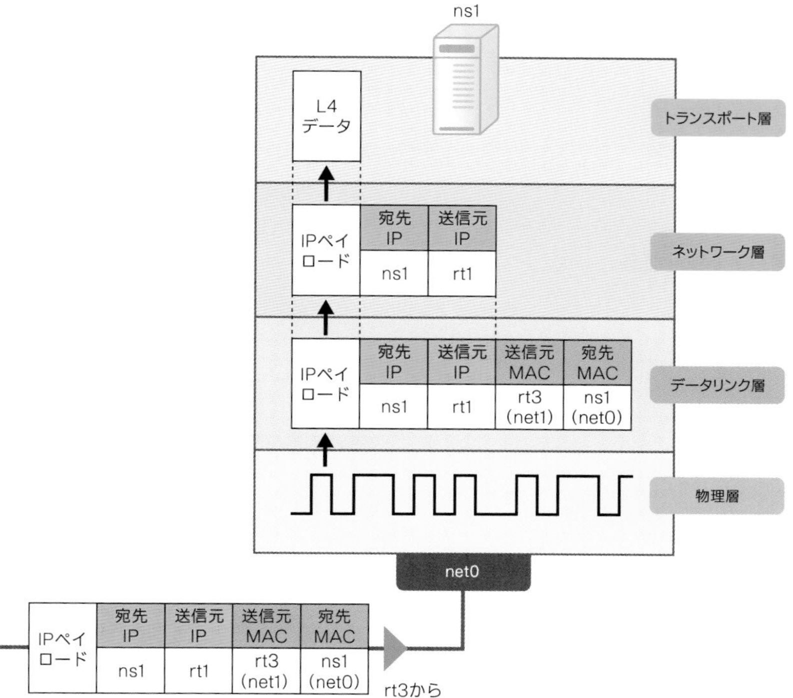

図 ● ns1がパケットを受け入れる

ルーティングテーブル

ここまで見てきたとおり、ルーティングの動作を制御しているのがルーティングテーブルです。**このルーティングテーブル(表)のルーティングエントリ(行)をどのようにして作るか。**これがルーティングのポイントになります。ルーティングエントリの作り方は、大きく2つに分類することができます。1つは「静的ルーティング(スタティックルーティング)」、もう1つは「動的ルーティング(ダイナミックルーティング)」です。それぞれ、さらに次の図のように細分化できます。

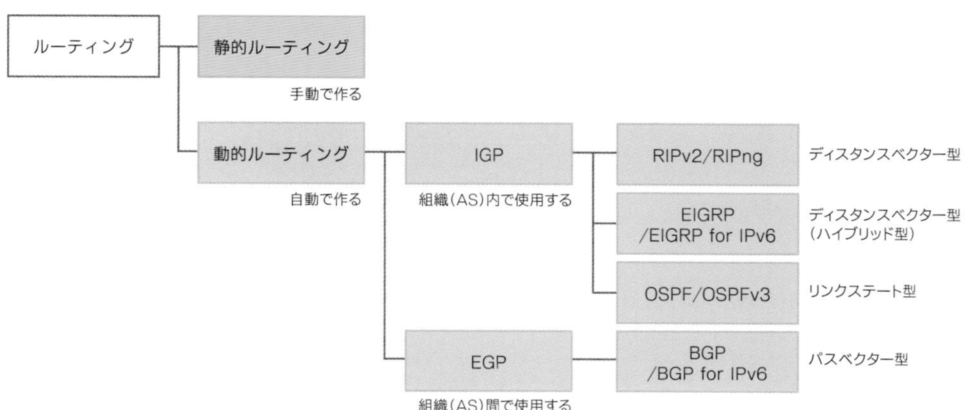

図 ● ルーティングの方式

静的ルーティング

静的ルーティングは、手動でルーティングエントリを作る方法です。宛先ネットワークとネクストホップをルーターに直接設定します。動作が単純でわかりやすいため、ルーターやルーティングエントリの数が少ない、小さなネットワーク環境のルーティングに適しています。その半面、すべてのルーターに対して、ひとつひとつ宛先ネットワークとネクストホップを設定する必要があるため、ルーターやルーティングエントリの数が多い、大きなネットワーク環境のルーティングには適していません。

検証環境では、家庭内LANとサーバーサイトはインターネットに対する経路(0.0.0.0/0)を静的ルーティングで確保します。また、rt2はfw1が内部に持つ公開IPネットワーク(10.1.3.0/24)に対する経路を静的ルーティングで確保します※1。

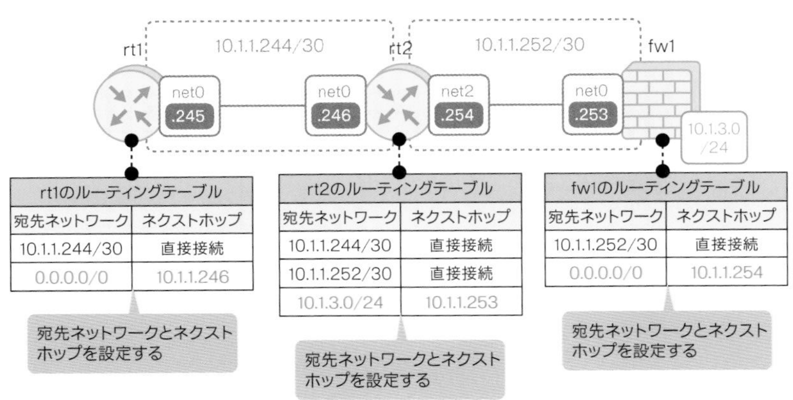

図●静的ルーティング

動的ルーティング

動的ルーティングは、隣接するルーター同士でルート情報を交換して、自動的にルーティングエントリを作る方法です。ルート情報を交換するためのプロトコルを「**ルーティングプロトコル**」といいます。動的ルーティングは、ひとつひとつのルーターに宛先ネットワークとネクストホップを設定する必要がないため、ルーターやルーティングエントリの数が多い、大きなネットワーク環境のルーティングに適しています。その半面、少し動作が難しいため、未熟な管理者が何も考えずに誤った設定をしてしまうと、その設定内容が波及的に伝播し、通信に影響を与える可能性があります。そのため、動的ルーティングはしっかりした設計に基づき、動作を理解した管理者が設定する必要があります。

検証環境では、インターネットを構成するrt2とrt3の間で「**OSPF**(Open Shortest Path Fast)」という名前のルーティングプロトコルをやりとりして、ルート情報を交換します。具体的には、rt2がrt3に対してrt2周りのネットワーク(10.1.1.244/30、10.1.1.252/30)と公開IPネットワーク(10.1.3.0/24)を広報し※2、rt3がrt2に対してDNSサーバーネットワーク(10.1.2.0/24)を広報して、

※1 公開IPネットワーク(10.1.3.0/24)については、次項のNATで使用します。
※2 自分の持っているルーティングエントリを相手に伝えることを「広報」、あるいは「アドバタイズ」といいます。

それぞれでルーティングエントリを作ります。

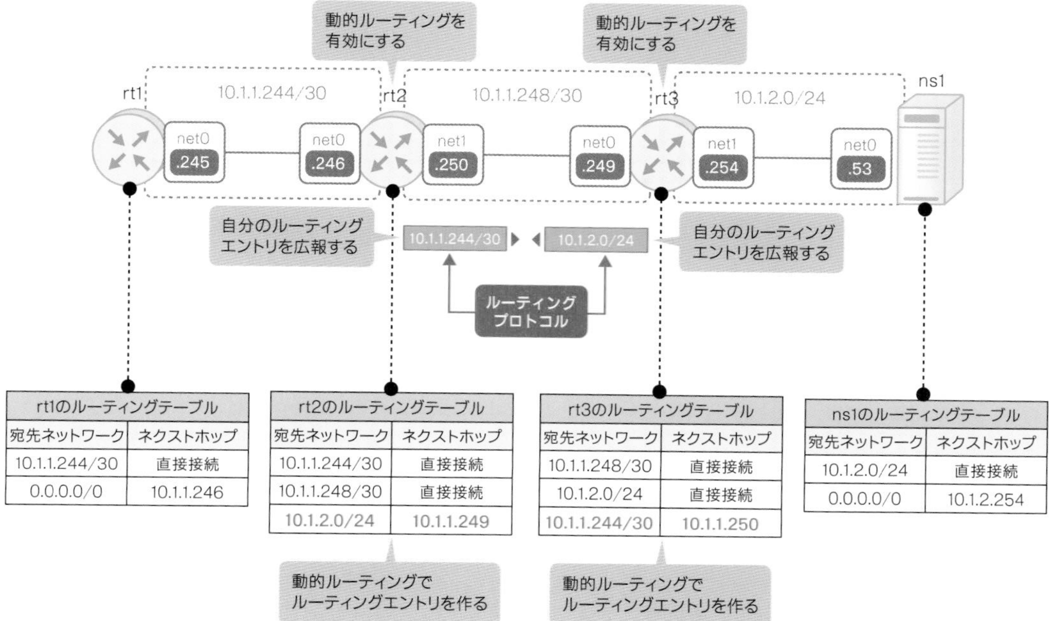

rt1のルーティングテーブル	
宛先ネットワーク	ネクストホップ
10.1.1.244/30	直接接続
0.0.0.0/0	10.1.1.246

rt2のルーティングテーブル	
宛先ネットワーク	ネクストホップ
10.1.1.244/30	直接接続
10.1.1.248/30	直接接続
10.1.2.0/24	10.1.1.249

rt3のルーティングテーブル	
宛先ネットワーク	ネクストホップ
10.1.1.248/30	直接接続
10.1.2.0/24	直接接続
10.1.1.244/30	10.1.1.250

ns1のルーティングテーブル	
宛先ネットワーク	ネクストホップ
10.1.2.0/24	直接接続
0.0.0.0/0	10.1.2.254

図 ● 動的ルーティング※3

再配送

静的ルーティングと動的ルーティングは、「ルーティングエントリを作る」という点では共通していますが、互換性はありません。また、同じ動的ルーティングであっても、ルーティングプロトコルが違えば、互換性はありません。したがって、管理者にとっては、1つのルーティング方式、あるいは1つのルーティングプロトコルで統一したネットワークを構築するのが最もわかりやすく、理想的です。しかし、現実はそんなに甘くありません。会社が合併したり分割したり、そもそも機器が対応していなかったりと、いろいろな状況が重なり合って、複数の方式、プロトコルを使用せざるを得ない場合がほとんどでしょう。このようなとき、**それぞれをうまく変換して、協調的に動作させる必要があります。** この変換のことを「再配送」といいます。「再配布」や「リディストリビューション（Redistribution）」と言ったりもしますが、すべて同じです。

ちなみに、検証環境では、rt2で静的ルーティングとして設定した公開IPネットワーク（10.1.3.0/24）をOSPFに再配送して、rt3で受け取ります※4。

※3　ここでは図の簡素化を図るため、fw1に関するルートは除外しています。
※4　再配送の設定は、NATの実践項（p.155）で行います。

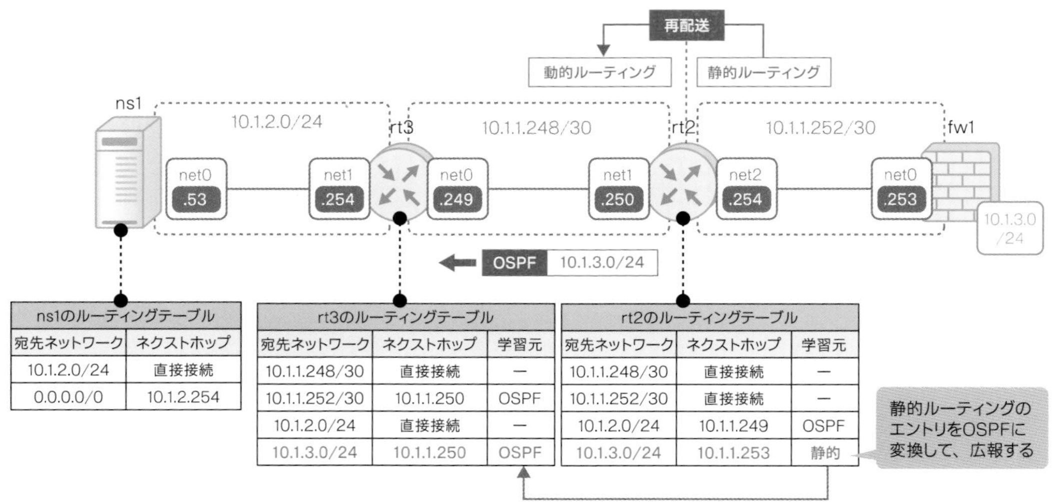

ns1のルーティングテーブル

宛先ネットワーク	ネクストホップ
10.1.2.0/24	直接接続
0.0.0.0/0	10.1.2.254

rt3のルーティングテーブル

宛先ネットワーク	ネクストホップ	学習元
10.1.1.248/30	直接接続	―
10.1.1.252/30	10.1.1.250	OSPF
10.1.2.0/24	直接接続	―
10.1.3.0/24	10.1.1.250	OSPF

rt2のルーティングテーブル

宛先ネットワーク	ネクストホップ	学習元
10.1.1.248/30	直接接続	―
10.1.1.252/30	直接接続	―
10.1.2.0/24	10.1.1.249	OSPF
10.1.3.0/24	10.1.1.253	静的

図 ● 再配送

実践で知ろう

それでは、検証環境を用いて、静的ルーティングと動的ルーティングを設定し、実際の動作を見ていきましょう。ここでは、rt1、rt2、rt3、fw1、ns1を設定して、家庭内LAN、インターネット、サーバーサイトを接続します。rt1、rt2、rt3、fw1のコンテナイメージには、「FRR（FRRouting）」というルーターアプリケーションがインストールされています。**FRRは、Cisco IOSと類似したコマンドを備えており、Cisco製の機器が多いネットワーク環境にもうまく対応できます。**

FRRのユーザーガイド

FRRのユーザーガイドは、以下のWebサイトに用意されています。

URL https://docs.frrouting.org/en/latest/

ただ、このユーザーガイドは英語で書かれていることもあって、特に英語アレルギーな方には少々ハードルが高いかもしれません。そんなときはインターネット上に山ほど公開されているCiscoに関するWebサイトを参考にしてみましょう。もちろん、必ずしもすべてのコマンドが使えるわけではありませんが、かなりの確率で同じコマンドが入力できるはずです。たとえば、全体的な設定をする場合はグローバルコンフィギュレーションモードに入るのも同じですし、設定を削除する場合はコマンドの最初に「no」を付けるのも同じです。それで、もしコマンドが入力できないようだったら、ユーザーガイドを参照しましょう。

静的ルーティング

静的ルーティングを設定していきましょう。第3章の設定ファイル「spec_03.yaml」には、IPアドレスの設定は入っていますが、ルーティングの設定は入っていません。そこで、**rt1とfw1に静的ルーティングのルーティングエントリを設定します。**

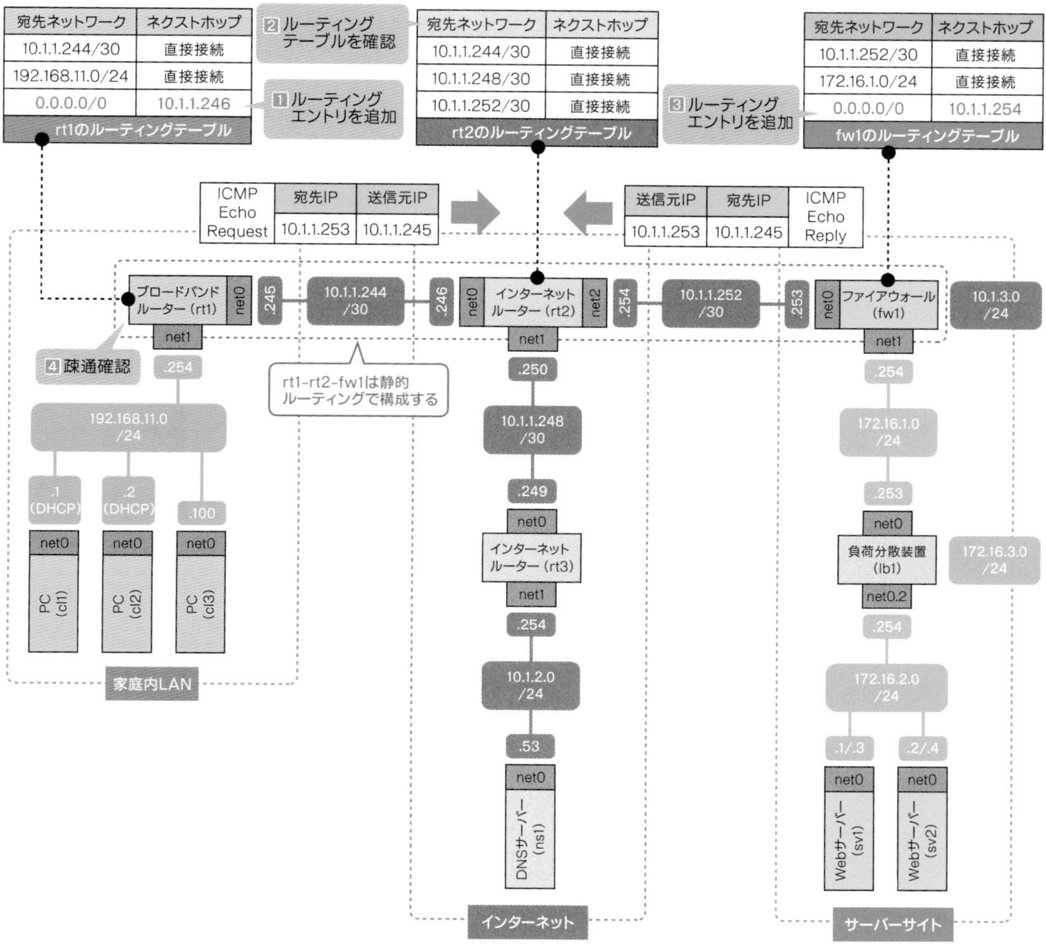

図 • 静的ルーティングの設定

1 まずは、現状を確認しましょう。rt1とfw1にそれぞれログインし、rt1（10.1.1.245）からfw1（10.1.1.253）に対してpingを打つと、**「Network is unreachable」となり、そもそも「10.1.1.253」に対するルーティングエントリがないことがわかります。** つまり、Echo Requestが送信すらされていません。

```
root@rt1:/# ping 10.1.1.253 -c 2
ping: connect: Network is unreachable
```

図 • rt1からfw1にpingする

そこで、rt1のルーティングテーブルを確認します。Ubuntu 20.04のルーティングテーブルは、「routeコマンド」や「ip routeコマンド」でも見ることはできますが、rt1のコンテナイメージにはFRRがインストールされているので、FRRを使用することにします。

FRRは「vtyshコマンド」でVTYシェルに入って、情報を見たり、設定したりします。先述のとおり、FRRの各種コマンドはCisco IOSと類似しているので、Cisco IOSのコマンドを参照するとよいでしょう。本書では、検証環境を構築するために必要なコマンドのみに特化して説明します。

FRRでルーティングテーブルを見るには、「show ip routeコマンド」使用します。すると、ルーティングテーブルには直接接続された「10.1.1.244/30」と「192.168.11.0/24」しかないことがわかります。**この中にはfw1（10.1.1.253）に対するルーティングエントリはないため、送信しようとしているEcho Requestは破棄されます。送信すらされません。**

```
root@rt1:/# vtysh
Hello, this is FRRouting (version 8.3.1).
Copyright 1996-2005 Kunihiro Ishiguro, et al.

rt1# show ip route
Codes: K - kernel route, C - connected, S - static, R - RIP,
       O - OSPF, I - IS-IS, B - BGP, E - EIGRP, N - NHRP,
       T - Table, v - VNC, V - VNC-Direct, A - Babel, F - PBR,
       f - OpenFabric,
       > - selected route, * - FIB route, q - queued, r - rejected, b - backup
       t - trapped, o - offload failure

C>* 10.1.1.244/30 is directly connected, net0, 00:01:52
C>* 192.168.11.0/24 is directly connected, net1, 00:01:52
```

図● rt1のルーティングテーブルを確認する

そこで、rt1にfw1（10.1.1.253）に対するルーティングエントリを追加します。今回は、**不特定多数のIPアドレスが存在するインターネットへの接続を前提にしているので、デフォルトゲートウェイを設定しましょう。**

「configure terminalコマンド」で、ルーター全体に関わる設定を行うグローバルコンフィギュレーションモードに入り、「ip routeコマンド」で静的ルートを設定します。入力するコマンドを見るだけでもなんとなく、すべてのネットワーク（0.0.0.0/0）に対するIPパケットをrt2（10.1.1.246）に転送するということを感じ取れると思います。設定したら、「exitコマンド」でグローバルコンフィギュレーションモードから抜けます。

```
rt1# configure terminal
rt1(config)# ip route 0.0.0.0/0 10.1.1.246
rt1(config)# exit
```

図● rt1のルーティングエントリを設定する

念のため、show ip routeコマンドでルーティングテーブルを確認すると、「0.0.0.0/0」に対するルーティングエントリができていることがわかります。exitコマンドでVTYシェルから抜けて、再度rt1

(10.1.1.245) からfw1 (10.1.1.253) に対して、pingを打ちます。残念ながら、まだ応答はありません。ただ、**宛先IPアドレスにマッチするルーティングエントリが追加されたため、表示結果は「Network is unreachable」ではなくなりました。**

```
rt1# show ip route
Codes: K - kernel route, C - connected, S - static, R - RIP,
       O - OSPF, I - IS-IS, B - BGP, E - EIGRP, N - NHRP,
       T - Table, v - VNC, V - VNC-Direct, A - Babel, F - PBR,
       f - OpenFabric,
       > - selected route, * - FIB route, q - queued, r - rejected, b - backup
       t - trapped, o - offload failure

S>* 0.0.0.0/0 [1/0] via 10.1.1.246, net0, weight 1, 00:00:06
C>* 10.1.1.244/30 is directly connected, net0, 00:02:48
C>* 192.168.11.0/24 is directly connected, net1, 00:02:48

rt1# exit
root@rt1:/# ping 10.1.1.253 -c 2
PING 10.1.1.253 (10.1.1.253) 56(84) bytes of data.

--- 10.1.1.253 ping statistics ---
2 packets transmitted, 0 received, 100% packet loss, time 1062ms
```

図 ● rt1のルーティングテーブルを再確認したあと、fw1にpingする

2 続いて、ネクストホップであるrt2のルーティングテーブルを確認します。rt2にログインし、rt1と同じようにvtyshコマンドでVTYシェルに入ってから、show ip routeコマンドでルーティングテーブルを確認します。すると、fw1 (10.1.1.253) を含む「10.1.1.252/30」のエントリがあります。したがって、rt2のルーティングテーブルには問題ありません。

```
root@rt2:/# vtysh

Hello, this is FRRouting (version 8.3).
Copyright 1996-2005 Kunihiro Ishiguro, et al.

rt2# show ip route
Codes: K - kernel route, C - connected, S - static, R - RIP,
       O - OSPF, I - IS-IS, B - BGP, E - EIGRP, N - NHRP,
       T - Table, v - VNC, V - VNC-Direct, A - Babel, F - PBR,
       f - OpenFabric,
       > - selected route, * - FIB route, q - queued, r - rejected, b - backup
       t - trapped, o - offload failure

C>* 10.1.1.244/30 is directly connected, net0, 00:33:14
C>* 10.1.1.248/30 is directly connected, net1, 00:33:14
C>* 10.1.1.252/30 is directly connected, net2, 00:33:13
```

図 ● rt2のルーティングテーブルを確認する

3 最後に、ネクストホップであるfw1のルーティングテーブルを確認します。rt1、rt2と同じようにvtyshコマンドでVTYシェルに入り、show ip routeコマンドでルーティングテーブルを確認します。すると、ルーティングテーブルには、直接接続された「10.1.1.252/30」と「172.16.1.0/24」しかないことがわかります。つまり、**今はrt1からEcho Requestは受け取れています。しかし、返そうとしているEcho Replyの宛先IPアドレス（10.1.1.245）に対応するルーティングエントリがないため、Echo Replyを送信できない状態です。**

```
root@fw1:/# vtysh

Hello, this is FRRouting (version 8.3).
Copyright 1996-2005 Kunihiro Ishiguro, et al.

fw1# show ip route
Codes: K - kernel route, C - connected, S - static, R - RIP,
       O - OSPF, I - IS-IS, B - BGP, E - EIGRP, N - NHRP,
       T - Table, v - VNC, V - VNC-Direct, A - Babel, F - PBR,
       f - OpenFabric,
       > - selected route, * - FIB route, q - queued, r - rejected, b - backup
       t - trapped, o - offload failure

C>* 10.1.1.252/30 is directly connected, net0, 00:56:57
C>* 172.16.1.0/24 is directly connected, net1, 00:56:57
```

図●fw1のルーティングテーブルを確認する

そこで、rt1（10.1.1.245）に対するルーティングエントリを追加します。**fw1もrt1と同じく不特定多数のIPアドレスが存在するインターネットへの接続を前提しているので、デフォルトゲートウェイを設定します。**configure terminalコマンドでグローバルコンフィギュレーションモードに入り、「ip routeコマンド」で静的ルートを設定します。設定したら、exitコマンドでグローバルコンフィギュレーションモードから抜けます。

```
fw1# configure terminal
fw1(config)# ip route 0.0.0.0/0 10.1.1.254
fw1(config)# exit
```

図●fw1のルーティングエントリを設定する

念のため、show ip routeコマンドでルーティングテーブルを確認すると、「0.0.0.0/0」に対するルーティングエントリができていることがわかります。

```
fw1# show ip route
Codes: K - kernel route, C - connected, S - static, R - RIP,
       O - OSPF, I - IS-IS, B - BGP, E - EIGRP, N - NHRP,
```

```
        T - Table, v - VNC, V - VNC-Direct, A - Babel, F - PBR,
        f - OpenFabric,
        > - selected route, * - FIB route, q - queued, r - rejected, b - backup
        t - trapped, o - offload failure

S>* 0.0.0.0/0 [1/0] via 10.1.1.254, net0, weight 1, 00:00:28
C>* 10.1.1.252/30 is directly connected, net0, 00:58:27
C>* 172.16.1.0/24 is directly connected, net1, 00:58:27
```

図●fw1のルーティングテーブルを再確認する

4 これで関連する機器のルーティングテーブルは問題ないはずです。再度rt1（10.1.1.245）からfw1（10.1.1.253）に対してpingを打ちます。すると、問題なく通信できるようになっています。せっかくなのでtracerouteコマンドも打ってみましょう。すると、**rt2（10.1.1.246）とfw1（10.1.1.253）を経由していることがわかります。**

```
root@rt1:/# ping 10.1.1.253 -c 2
PING 10.1.1.253 (10.1.1.253) 56(84) bytes of data.
64 bytes from 10.1.1.253: icmp_seq=1 ttl=63 time=0.024 ms
64 bytes from 10.1.1.253: icmp_seq=2 ttl=63 time=0.078 ms

--- 10.1.1.253 ping statistics ---
2 packets transmitted, 2 received, 0% packet loss, time 1009ms
rtt min/avg/max/mdev = 0.024/0.051/0.078/0.027 ms


root@rt1:/# traceroute 10.1.1.253
traceroute to 10.1.1.253 (10.1.1.253), 30 hops max, 60 byte packets
 1  10.1.1.246 (10.1.1.246)  0.023 ms  0.004 ms  0.003 ms
 2  10.1.1.253 (10.1.1.253)  0.012 ms  0.006 ms  0.005 ms
```

図●rt1からfw1に通信できるようになった

動的ルーティング

続いて、インターネットを構成するrt2とrt3に動的ルーティングを設定していきます。実際のインターネットでは、動的ルーティングに「BGP（Border Gateway Protocol）」という名前のルーティングプロトコルを使用しています。ただ、BGPは柔軟な設定ができる半面、設定が少し複雑で、入門書レベルの本書にはマッチしません。そこで、ここでは動的ルーティングつながりということで、「OSPF（Open Shortest Path First）」を設定することにします。

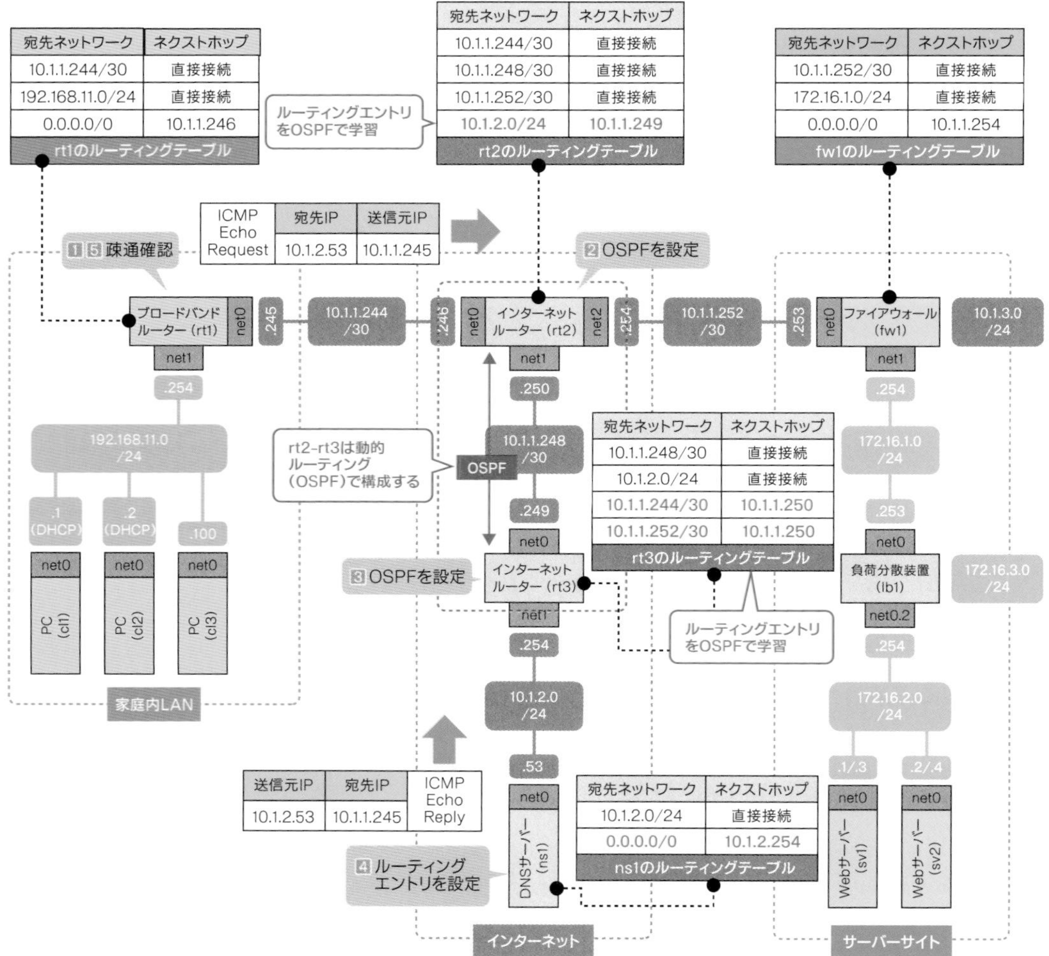

図 ● 動的ルーティングの設定

1 まずは、現状を確認しましょう。rt1（10.1.1.245）からns1（10.1.2.53）に対して、pingを打つと、「From 10.1.1.246 icmp_seq=1 Destination Net Unreachable」と表示され、rt2（10.1.1.246）から「Destination Unreachable（タイプ：3）/Network Unreachable（コード：0）」が返ってくることがわかります。そこで、rt2のルーティングテーブルを確認します。

```
root@rt1:/# ping 10.1.2.53 -c 2
PING 10.1.2.53 (10.1.2.53) 56(84) bytes of data.
From 10.1.1.246 icmp_seq=1 Destination Net Unreachable
From 10.1.1.246 icmp_seq=2 Destination Net Unreachable

--- 10.1.2.53 ping statistics ---
2 packets transmitted, 0 received, +2 errors, 100% packet loss, time 1069ms
```

図 ● rt1からns1にpingする

2 rt2のルーティングテーブルを確認します。vtyshコマンドでVTYシェルに入ったあと、show ip routeコマンドでルーティングテーブルを確認すると、**ns1（10.1.2.53）に対応するルーティングエントリがないことがわかります。**

```
root@rt2:/# vtysh

Hello, this is FRRouting (version 8.3).
Copyright 1996-2005 Kunihiro Ishiguro, et al.

rt2# show ip route
Codes: K - kernel route, C - connected, S - static, R - RIP,
       O - OSPF, I - IS-IS, B - BGP, E - EIGRP, N - NHRP,
       T - Table, v - VNC, V - VNC-Direct, A - Babel, F - PBR,
       f - OpenFabric,
       > - selected route, * - FIB route, q - queued, r - rejected, b - backup
       t - trapped, o - offload failure

C>* 10.1.1.244/30 is directly connected, net0, 00:14:24
C>* 10.1.1.248/30 is directly connected, net1, 00:14:24
C>* 10.1.1.252/30 is directly connected, net2, 00:14:24
```

図 ● rt2のルーティングテーブルを確認する

そこで、**OSPFを設定していきます。**OSPFは、configure terminalコマンドでグローバルコンフィギュレーションモードに入ったあと、「router ospfコマンド」でOSPFプロセスを起動し、「networkコマンド」でOSPFを有効にするインターフェースのIPアドレス（10.1.1.246/32、10.1.1.250/32、10.1.1.254/32）を指定します。そして、そのあと「interfaceコマンド」でインターフェースの設定を行うインターフェースコンフィギュレーションモードに入り、OSPFパケットをやりとりする必要がないインターフェース（net0、net2）を指定して、OSPFパケットのやりとりを抑止します。なお、実際の環境ではもっといろいろなコマンドを設定するのですが、本書は入門書ということで、必要最低限の設定にとどめています。設定が終わったら、「endコマンド」でグローバルコンフィギュレーションモードに戻ります。

```
rt2# configure terminal
rt2(config)# router ospf
rt2(config-router)# network 10.1.1.246/32 area 0
rt2(config-router)# network 10.1.1.250/32 area 0
rt2(config-router)# network 10.1.1.254/32 area 0
rt2(config-router)# interface net0
rt2(config-if)# ip ospf passive
rt2(config-if)# interface net2
rt2(config-if)# ip ospf passive
rt2(config-if)# end
```

図 ● OSPFを設定する

念のため、OSPFがしっかりと設定されているかを確認します。「show ip ospf interfaceコマンド」で適切なインターフェースでOSPFが有効になっていることを確認します。また、「show ip ospf neighborコマンド」で、OSPFの隣接状態を確認します。先述のとおり、動的ルーティングは、隣接するルーター同士でルートの情報を交換します。当然ながら、**この時点では、まだrt3にOSPFの設定を投入していないので、何も表示されません。**

```
rt2# show ip ospf interface
net0 is up
  ifindex 4, MTU 1500 bytes, BW 10000 Mbit <UP,BROADCAST,RUNNING,MULTICAST>
  Internet Address 10.1.1.246/30, Broadcast 10.1.1.247, Area 0.0.0.0
  MTU mismatch detection: enabled
  Router ID 10.1.1.254, Network Type BROADCAST, Cost: 10
  Transmit Delay is 1 sec, State DR, Priority 1
  Designated Router (ID) 10.1.1.254 Interface Address 10.1.1.246/30
  No backup designated router on this network
  Multicast group memberships: <None>
  Timer intervals configured, Hello 10s, Dead 40s, Wait 40s, Retransmit 5
    No Hellos (Passive interface)
  Neighbor Count is 0, Adjacent neighbor count is 0
net1 is up
  ifindex 5, MTU 1500 bytes, BW 10000 Mbit <UP,BROADCAST,RUNNING,MULTICAST>
  Internet Address 10.1.1.250/30, Broadcast 10.1.1.251, Area 0.0.0.0
  MTU mismatch detection: enabled
  Router ID 10.1.1.254, Network Type BROADCAST, Cost: 10
  Transmit Delay is 1 sec, State DR, Priority 1
  Designated Router (ID) 10.1.1.254 Interface Address 10.1.1.250/30
  No backup designated router on this network
  Multicast group memberships: OSPFAllRouters OSPFDesignatedRouters
  Timer intervals configured, Hello 10s, Dead 40s, Wait 40s, Retransmit 5
    Hello due in 3.283s
  Neighbor Count is 0, Adjacent neighbor count is 0
net2 is up
  ifindex 6, MTU 1500 bytes, BW 10000 Mbit <UP,BROADCAST,RUNNING,MULTICAST>
  Internet Address 10.1.1.254/30, Broadcast 10.1.1.255, Area 0.0.0.0
  MTU mismatch detection: enabled
  Router ID 10.1.1.254, Network Type BROADCAST, Cost: 10
  Transmit Delay is 1 sec, State DR, Priority 1
  Designated Router (ID) 10.1.1.254 Interface Address 10.1.1.254/30
  No backup designated router on this network
  Multicast group memberships: <None>
  Timer intervals configured, Hello 10s, Dead 40s, Wait 40s, Retransmit 5
    No Hellos (Passive interface)
  Neighbor Count is 0, Adjacent neighbor count is 0


rt2# show ip ospf neighbor

Neighbor ID Pri State    Up Time Dead Time Address      Interface       RXmtL RqstL DBsmL
```

図 ● OSPFが有効になっているインターフェースと隣接状態を確認する

3 続いて、rt3のルーティングテーブルを確認します。rt3にログインし、vtyshコマンドでVTYシェルに入ったあと、show ip routeコマンドでルーティングテーブルを表示します。すると、ns1(10.1.2.53)に対応するルーティングエントリはありますが、**送信元であるrt1(10.1.1.245)に対応するルーティングエントリがないことがわかります。**

```
root@rt3:/# vtysh

Hello, this is FRRouting (version 8.3).
Copyright 1996-2005 Kunihiro Ishiguro, et al.

rt3# show ip route
Codes: K - kernel route, C - connected, S - static, R - RIP,
       O - OSPF, I - IS-IS, B - BGP, E - EIGRP, N - NHRP,
       T - Table, v - VNC, V - VNC-Direct, A - Babel, F - PBR,
       f - OpenFabric,
       > - selected route, * - FIB route, q - queued, r - rejected, b - backup
       t - trapped, o - offload failure

C>* 10.1.1.248/30 is directly connected, net0, 00:01:30
C>* 10.1.2.0/24 is directly connected, net1, 00:01:30
```

図 ● rt3のルーティングテーブルを確認する

そこで、rt3にOSPFを設定していきます。 rt2と同じように、グローバルコンフィギュレーションモードでOSPFプロセスを有効にして、OSPFを有効にするインターフェースのIPアドレス(10.1.1.249/32、10.1.2.254/32)を指定します。そして、そのあとOSPFパケットをやりとりする必要がないインターフェースを指定します。設定が終わったら、endコマンドでグローバルコンフィギュレーションモードに戻ります。

```
rt3# configure terminal
rt3(config)# router ospf
rt3(config-router)# network 10.1.1.249/32 area 0
rt3(config-router)# network 10.1.2.254/32 area 0
rt3(config-router)# interface net1
rt3(config-if)# ip ospf passive
rt3(config-if)# end
```

図 ● OSPFを設定する

念のため、OSPFがしっかりと設定されているかを確認しましょう。show ip ospf interfaceコマンドでOSPFが適切なインターフェースで有効になっていることを確認します。また、show ip ospf neighborコマンドでOSPFルーターの隣接状態を確認します。すると、rt2のIPアドレスが見えるようになっています。**Stateが「Full/DR」になったら、OSPFのやりとり完了です。** 筆者のPC環境では、この状態に落ち着くまで30秒程度かかりました。この**落ち着くまでの時間のことを「収束時間」、落ち着いた状態のことを「収束状態」といいます。**

ちなみに、tinet confコマンドで設定を投入したあとに、最も時間がかかる処理がOSPFです。収束状態になるまで、20～30秒程度かかります。本書で使用するtinetの設定ファイルは、その時間が気にならないようにするため、はじめにr2とr3を設定するように、設定順序を設計してあります。

```
rt3# show ip ospf interface
net0 is up
  ifindex 4, MTU 1500 bytes, BW 10000 Mbit <UP,BROADCAST,RUNNING,MULTICAST>
  Internet Address 10.1.1.249/30, Broadcast 10.1.1.251, Area 0.0.0.0
  MTU mismatch detection: enabled
  Router ID 10.1.2.254, Network Type BROADCAST, Cost: 10
  Transmit Delay is 1 sec, State Backup, Priority 1
  Designated Router (ID) 10.1.1.254 Interface Address 10.1.1.250/30
  Backup Designated Router (ID) 10.1.2.254, Interface Address 10.1.1.249
  Multicast group memberships: OSPFAllRouters OSPFDesignatedRouters
  Timer intervals configured, Hello 10s, Dead 40s, Wait 40s, Retransmit 5
    Hello due in 2.397s
  Neighbor Count is 1, Adjacent neighbor count is 1
net1 is up
  ifindex 5, MTU 1500 bytes, BW 10000 Mbit <UP,BROADCAST,RUNNING,MULTICAST>
  Internet Address 10.1.2.254/24, Broadcast 10.1.2.255, Area 0.0.0.0
  MTU mismatch detection: enabled
  Router ID 10.1.2.254, Network Type BROADCAST, Cost: 10
  Transmit Delay is 1 sec, State DR, Priority 1
  Designated Router (ID) 10.1.2.254 Interface Address 10.1.2.254/24
  No backup designated router on this network
  Multicast group memberships: <None>
  Timer intervals configured, Hello 10s, Dead 40s, Wait 40s, Retransmit 5
    No Hellos (Passive interface)
  Neighbor Count is 0, Adjacent neighbor count is 0


rt3# show ip ospf neighbor

Neighbor ID Pri State    Up Time Dead Time Address    Interface        RXmtL RqstL DBsmL
10.1.1.254    1 Full/DR  1m19s     30.487s 10.1.1.250 net0:10.1.1.249      0     0     0
```

図 ● OSPFの隣接状態とルーティングテーブルを確認する

この状態でrt3のルーティングテーブルを見ると、新たにOSPFで学習した「10.1.1.244/30」と「10.1.1.252/30」が見えるようになっています。

```
rt3# show ip route
Codes: K - kernel route, C - connected, S - static, R - RIP,
       O - OSPF, I - IS-IS, B - BGP, E - EIGRP, N - NHRP,
       T - Table, v - VNC, V - VNC-Direct, A - Babel, F - PBR,
       f - OpenFabric,
       > - selected route, * - FIB route, q - queued, r - rejected, b - backup
       t - trapped, o - offload failure
```

```
O>* 10.1.1.244/30 [110/20] via 10.1.1.250, net0, weight 1, 00:01:13
O   10.1.1.248/30 [110/10] is directly connected, net0, weight 1, 00:01:23
C>* 10.1.1.248/30 is directly connected, net0, 00:39:52
O>* 10.1.1.252/30 [110/20] via 10.1.1.250, net0, weight 1, 00:01:13
O   10.1.2.0/24 [110/10] is directly connected, net1, weight 1, 00:01:19
C>* 10.1.2.0/24 is directly connected, net1, 00:39:52
```

図 ● rt3のルーティングテーブルを再確認する

再度rt1（10.1.1.245）からns1（10.1.2.53）に対して、pingを打ちます。残念ながら、まだ応答はありません。

```
root@rt1:/# ping 10.1.2.53 -c 2
PING 10.1.2.53 (10.1.2.53) 56(84) bytes of data.

--- 10.1.2.53 ping statistics ---
2 packets transmitted, 0 received, 100% packet loss, time 1030ms
```

図 ● rt1からns1にpingする

4 最後に、ns1のルーティングテーブルを確認します。rt1、rt2、rt3、fw1は、ルーターの基本的な設定を、デファクトスタンダードであるCisco IOSのコマンドに近い形で学んでもらいたいという筆者の技術的な意図から、FRRでルートを設定しました。ただ、一般的なサーバーにFRRがインストールされていることなど、めったにありません。したがって、サーバーで静的ルートを設定したり、ルーティングに関するトラブルシューティングをしたりするときは、「routeコマンド」か「ip routeコマンド」を使用します。このうち、ip routeコマンドのほうが新しく、徐々にそちらに移行が進みつつあるのですが、本書では視覚的にわかりやすいrouteコマンドを使用することにします。routeコマンドは、次表のオプションを使用することで、ルーティングテーブルを操作できます。

オプション	意味
-n	名前解決せず、IPアドレスで表示する
-e	netstatフォーマットを使用して、ルーティングテーブルを表示する
-ee	ルーティングエントリに関するすべての情報を1行で表示する
add <宛先IPアドレス> gw <ネクストホップ> [インターフェース名]	指定したIPアドレスに対する静的ルートのルーティングエントリを追加する 宛先IPアドレスに「default」を入れると、デフォルトゲートウェイを設定可能
add -net <宛先IPアドレス/サブネットマスク> gw <ネクストホップ> [インターフェース名]	指定したIPネットワークに対する静的ルートのルーティングエントリを追加する
del <宛先IPアドレス>	指定したIPアドレスに対する静的ルートのルーティングエントリを削除する
del -net <宛先IPアドレス/サブネットマスク>	指定したIPネットワークに対する静的ルートのルーティングエントリを削除する

表 ● routeコマンドの代表的なオプション

では、ns1にログインし、routeコマンドでルーティングテーブルを確認してみましょう。すると、**rt1(10.1.1.245)に対するルーティングエントリがないことがわかります。**つまり、今はrt1からEcho Requestは受け取れています。しかし、返そうとしているEcho Replyの宛先IPアドレス(10.1.1.245)に対応するルーティングエントリがないため、Echo Replyを送信できない状態です。

```
root@ns1:/# route -n
Kernel IP routing table
Destination     Gateway         Genmask         Flags Metric Ref    Use Iface
10.1.2.0        0.0.0.0         255.255.255.0   U     0      0        0 net0
```

図●ns1のルーティングテーブルを確認する

そこで、「route addコマンド」**でデフォルトゲートウェイを設定して、再度ルーティングテーブルを確認します。**

```
root@ns1:/# route add default gw 10.1.2.254

root@ns1:/# route -n
Kernel IP routing table
Destination     Gateway         Genmask         Flags Metric Ref    Use Iface
0.0.0.0         10.1.2.254      0.0.0.0         UG    0      0        0 net0
10.1.2.0        0.0.0.0         255.255.255.0   U     0      0        0 net0
```

図●ns1のルーティングテーブルを確認する

5 これで関連する機器のルーティングテーブルは問題ないはずです。再度rt1（10.1.1.245）からns1（10.1.2.53）に対して、pingを打ちます。すると、問題なく通信できるようになっています。せっかくなのでtracerouteコマンドも打ってみましょう。すると、**rt2（10.1.1.246）とrt3（10.1.1.249）を経由していることがわかります。**

```
root@rt1:/# ping 10.1.2.53 -c 2
PING 10.1.2.53 (10.1.2.53) 56(84) bytes of data.
64 bytes from 10.1.2.53: icmp_seq=1 ttl=62 time=0.082 ms
64 bytes from 10.1.2.53: icmp_seq=2 ttl=62 time=0.077 ms

--- 10.1.2.53 ping statistics ---
2 packets transmitted, 2 received, 0% packet loss, time 1082ms
rtt min/avg/max/mdev = 0.077/0.079/0.082/0.002 ms

root@rt1:/# traceroute 10.1.2.53
traceroute to 10.1.2.53 (10.1.2.53), 30 hops max, 60 byte packets
 1  10.1.1.246 (10.1.1.246)  0.017 ms  0.003 ms  0.003 ms
 2  10.1.1.249 (10.1.1.249)  0.011 ms  0.004 ms  0.004 ms
 3  10.1.2.53 (10.1.2.53)  0.009 ms  0.004 ms  0.004 ms
```

図●rt1からns1に通信できるようになった

これで、家庭内LANのブロードバンドルーターと、サーバーサイトのファイアウォールをインターネットに接続できました。ただし、まだサーバーサイトにいるサーバーはインターネットに公開されていませんし、家庭内LANにいるクライアントはインターネットに接続できません。インターネットに接続するためには、パブリックIPアドレスが必要です。続いて、IPアドレスを変換し、クライアントとサーバーにパブリックIPアドレスを割り当てる技術について説明します。

Chapter 3 レイヤー3プロトコルを知ろう

3-3-2 NAT（Network Address Translation）

IPアドレスを変換する技術を「NAT（Network Address Translation、ナット）」といいます。NATを使用すると、不足しがちなパブリックIPアドレスを節約できたり、同じIPアドレスを持つシステム間で通信できるようになったりと、IP環境に潜在するいろいろな問題を解決できます。**NATは、変換前後のIPアドレスやポート番号を「NATテーブル」というメモリ上のテーブル（表）で紐づけて、管理します。** NATは、NATテーブルありきで動作します。

NATには、広義のNATと狭義のNATの2種類が存在します。広義のNATは、IPアドレスを変換する技術全般を表しています。本書では、狭義のNATを意味する「静的NAT」と、「NAPT（Network Address Port Translation、ナプト）」について説明します。

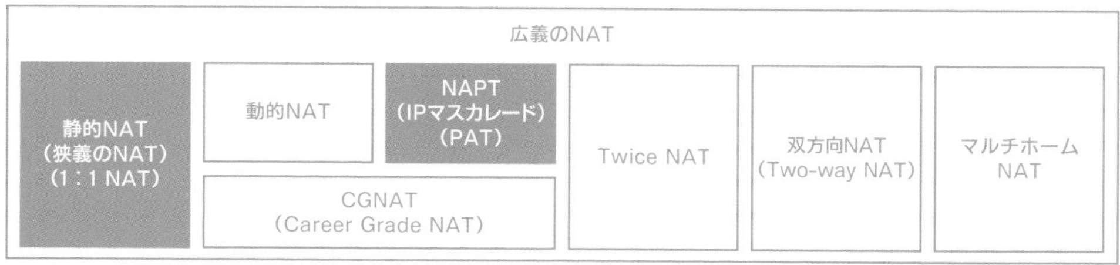

図 ● いろいろなNAT

机上で知ろう

ルーターやファイアウォールはどのようにしてNATをしているのでしょうか。まずは、机上で流れを理解しましょう。ここでは、検証環境の家庭内LAN、あるいはサーバーLANがインターネットにIPパケットを送信したり、インターネットからIPパケットを受信したりする場面を例に説明します。

静的NAT（Static NAT）

静的NAT（Static NAT）は、外部と内部の※5のIPアドレスを1:1に紐づけて変換します。「1:1

※5 LAN内にあるシステムの境界でNATを使用することもあるため、ここでは「内部」と「外部」という言葉を使用しています。内部と外部という言葉がイメージしづらい方は、内部＝LAN、外部＝インターネットと読み替えてください。

NAT」とも呼ばれていて、いわゆる狭義のNATはこの静的NATのことを意味します。

静的NATは、あらかじめNATテーブルに外部のIPアドレスと内部のIPアドレスを一意に紐づけるNATエントリ（行）を持っています。 そのエントリに従って、外部から内部に対するIPパケットの宛先IPアドレス、あるいは内部から外部に対するIPパケットの送信元IPアドレスを変換します。静的NATは、サーバーをインターネットに公開するときや、特定の端末を特定のIPアドレスでインターネットにアクセスさせたいときなどに使用します。

検証環境では、インターネットからsv1、sv2、lb1上のIPアドレス※6に対するIPパケットとそのリプライパケットがfw1で静的NATされます。

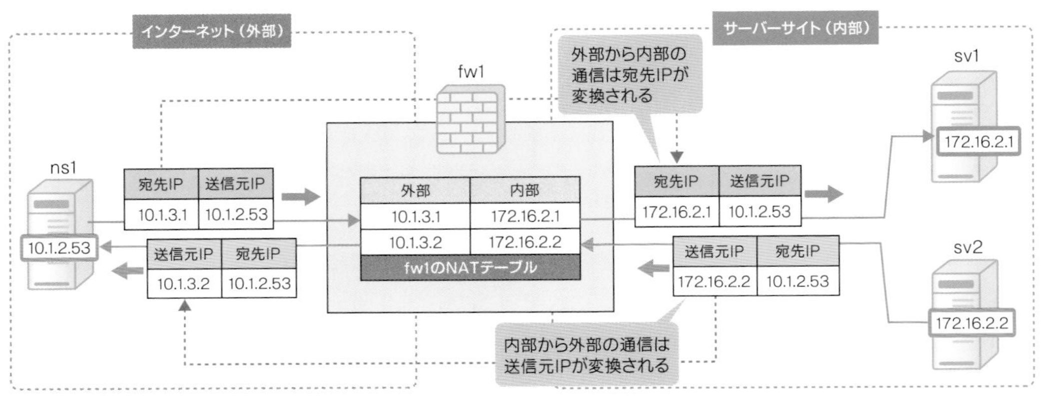

図●静的NAT（1:1 NAT）

NAPT

NAPT（Network Address Port Translation、ナプト）は、内部と外部のIPアドレスをn:1に紐づけて変換します。「IPマスカレード」や「PAT（Port Address Translation、パット）」と呼ぶこともありますが、すべて同じと考えてよいでしょう。

NAPTは、内部のIPアドレス＋ポート番号※7と外部のIPアドレス＋ポート番号を一意に紐づけるNATエントリを、NATテーブルに動的に追加・削除します。 内部から外部にアクセスするときに、送信元IPアドレスだけでなく、レイヤー4プロトコル（TCP、UDP）の情報である送信元ポート番号を必要に応じて変換します。どの端末がどのポート番号を利用しているかを見て、パケットを振り分けているので、n:1に変換することができます※8。

家庭で使用されているブロードバンドルーターや、テザリングをしているスマートフォンは、このNAPTを使用して、PCやタブレット端末をインターネットに接続しています。最近では、PCだけでなく、スマートフォンやタブレット端末、扇風機や掃除機など、ありとあらゆる機器がIPアドレスを持

※6　lb1は、サーバー負荷分散用のIPアドレス（172.16.3.12、172.16.3.34）と、DNSサーバーのIPアドレス（172.16.3.51、172.16.3.52、172.16.3.53）を持ちます。これらのIPアドレスは第5章で使用します。

※7　ポート番号については、p.177で詳しく説明します。

※8　ICMPのようにポート番号がないIPパケットは、NATエントリにIDやダミーのポート番号を付与することによって、送信元端末を識別します。

ち、インターネットに接続するようになりました。これらひとつひとつに世界中で一意のパブリックIPアドレスを割り当てていたら、有限なアドレスがすぐになくなってします。そこで、NAPTを使用して、パブリックIPアドレスを節約します。検証環境でも、家庭内LANにいる端末（cl1、cl2、cl3）からインターネットに対するIPパケットがブロードバンドルーター（rt1）でNAPTされます。

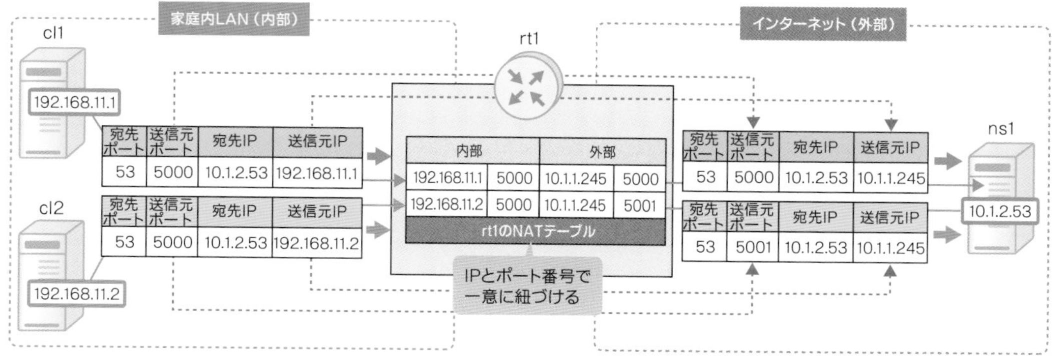

図 ● NAPT（IPマスカレード、PAT）

実践で知ろう

それでは、検証環境を用いて、静的NATとNAPTを設定し、実際の動作を見ていきましょう。ここでは、fw1に静的NATを設定して、サーバーをインターネットに公開します。また、rt1にNAPTを設定して、家庭内LANにいる複数の端末からインターネットに接続できるようにします。fw1とrt1のコンテナイメージには「iptables」という名前のNATアプリケーション※9がインストールされています。

静的NAT

まず、静的NATを設定していきましょう。**プライベートIPアドレス（172.16.0.0/12）を持つサーバーサイト内の端末に、公開IPネットワークのIPアドレス（10.1.3.0/24）を1:1に紐付けます。**公開IPネットワークは、検証環境において、インターネットに公開するために用意したネットワークです。net0やnet1などのインターフェースに割り当てられているわけでなく、fw1が内部的に持ちます。fw1はインターネットでルーティングされてきた「10.1.3.0/24」宛てのパケットを受け取ると、いったん自分の中に引き込み、静的NATの処理を行います。ここでは、sv1（172.16.2.1）を「10.1.3.1」、sv2（172.16.2.2）を「10.1.3.2」でインターネットに公開します。そして、その公開されたサーバーに対してns1から疎通確認を行います。

※9 実際はファイアウォールアプリケーションでもあるのですが、本項はNATの実践項ということで、NATアプリケーションとしています。

Note 機器の内部にIPネットワークを割り当てる設計

ファイアウォールや負荷分散装置では、一般的に外部インターフェース（検証環境におけるnet0やnet1）に割り当てるIPネットワークとは別に、機器内部にIPネットワークを割り当てる設計を採ることがあります。NATやサーバー負荷分散で使用するIPアドレスを外部インターフェースと同じIPネットワークに含めると、そのIPネットワークのIPアドレスを使い切ってしまったときに、そこに接続するすべての機器のIPアドレスやサブネットマスクを変更しないといけません。サーバーやネットワーク機器の外部インターフェースの設定変更はサービスに直接影響するため、そう簡単にできるものではありません。機器内部にIPネットワークを割り当てると、たとえそのIPネットワークのIPアドレスを使い切ってしまったとしても、周辺機器のルーティングさえ設定変更すればよく、ネットワークに拡張性と柔軟性を持たせられます。たとえば、検証環境で公開IPネットワーク（10.1.3.0/24）のIPアドレスをNATで使い切ってしまった場合でも、機器内部に新しいIPネットワークを割り当て、そのためのルーティングエントリをrt2に追加するだけで対応できます。

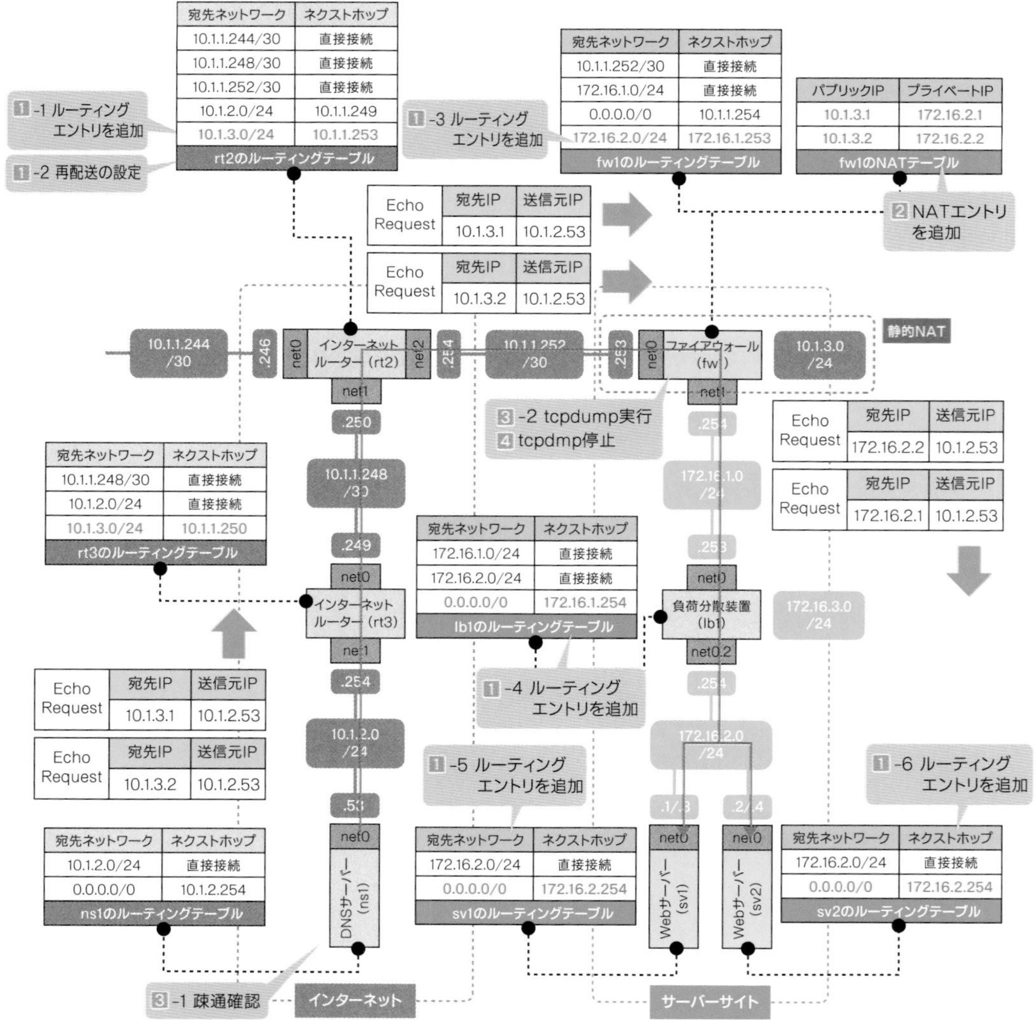

図 ● 静的NATの設定

1 静的NATを設定する前に、ns1からsv1、sv2に対するルートを確保しましょう。**ルーティングができていないと、たとえNATを設定したとしても、対象の端末までIPパケットがたどり着けません。** では、ns1からsv1、sv2に向かって、順にワンホップずつルーティングテーブルを確認し、適切なエントリを設定していきましょう。あらかじめお伝えしておきますが、このステップは関与する機器が多いぶん、若干手間がかかります。ただ、ここでルートを確保さえしておけば、以降すべての実践項で使い回しができるので、少しだけ踏ん張りましょう。

では、まずns1にログインし、ルーティングテーブルを確認します。ns1は、動的ルーティングの実践項（p.152）で、すでにデフォルトゲートウェイが設定してあるはずです。念のため、routeコマンドで確認してください。

```
root@ns1:/# route -n
Kernel IP routing table
Destination     Gateway         Genmask         Flags Metric Ref    Use Iface
0.0.0.0         10.1.2.254      0.0.0.0         UG    0      0        0 net0
10.1.2.0        0.0.0.0         255.255.255.0   U     0      0        0 net0
```

図 ● ns1のルーティングテーブル

続いて、rt3にログインし、ルーティングテーブルを確認します。vtyshコマンドでVTYシェルに入り、show ip routeコマンドでルーティングテーブルを見てみましょう。すると、公開IPネットワーク（10.1.3.0/24）をOSPFで学習していません。**rt2が公開IPネットワークをOSPFで広報していない可能性があります。** rt2を見てみましょう。

```
root@rt3:/# vtysh

Hello, this is FRRouting (version 8.4.1).
Copyright 1996-2005 Kunihiro Ishiguro, et al.


rt3# show ip route
Codes: K - kernel route, C - connected, S - static, R - RIP,
       O - OSPF, I - IS-IS, B - BGP, E - EIGRP, N - NHRP,
       T - Table, v - VNC, V - VNC-Direct, A - Babel, F - PBR,
       f - OpenFabric,
       > - selected route, * - FIB route, q - queued, r - rejected, b - backup
       t - trapped, o - offload failure

O>* 10.1.1.244/30 [110/20] via 10.1.1.250, net0, weight 1, 09:09:39
O   10.1.1.248/30 [110/10] is directly connected, net0, weight 1, 09:10:29
C>* 10.1.1.248/30 is directly connected, net0, 09:10:30
O>* 10.1.1.252/30 [110/20] via 10.1.1.250, net0, weight 1, 09:09:39
O   10.1.2.0/24 [110/10] is directly connected, net1, weight 1, 09:10:29
C>* 10.1.2.0/24 is directly connected, net1, 09:10:30
```

公開ネットワークに対するルーティングエントリがない

図 ● rt3のルーティングテーブル

rt2にログインし、同じくvtyshコマンドでVTYシェルに入ったあと、show ip routeコマンドでルーティングテーブルを確認します。すると、公開IPネットワーク（10.1.3.0/24）のルーティングエントリがありません。そこで、まずはconfigure terminalコマンドでグローバルコンフィギュレーションモードに入り、ip routeコマンドで公開IPネットワーク（10.1.3.0/24）に対する静的ルートを設定します。ただ、これだけでは静的ルーティングが設定されただけで、まだOSPFでrt3に公開IPネットワーク（10.1.3.0/24）は広報されません。そこで、**「router ospfコマンド」でルーターコンフィギュレーションモードに入ったあと、「redistribute staticコマンド」で静的ルートをOSPFに再配送します。**

```
root@rt2:/# vtysh

Hello, this is FRRouting (version 8.4.1).
Copyright 1996-2005 Kunihiro Ishiguro, et al.

rt2# show ip route
Codes: K - kernel route, C - connected, S - static, R - RIP,
       O - OSPF, I - IS-IS, B - BGP, E - EIGRP, N - NHRP,
       T - Table, v - VNC, V - VNC-Direct, A - Babel, F - PBR,
       f - OpenFabric,
       > - selected route, * - FIB route, q - queued, r - rejected, b - backup
       t - trapped, o - offload failure

O   10.1.1.244/30 [110/10] is directly connected, net0, weight 1, 09:12:07
C>* 10.1.1.244/30 is directly connected, net0, 09:12:07
O   10.1.1.248/30 [110/10] is directly connected, net1, weight 1, 09:12:07
C>* 10.1.1.248/30 is directly connected, net1, 09:12:07
O   10.1.1.252/30 [110/10] is directly connected, net2, weight 1, 09:12:07
C>* 10.1.1.252/30 is directly connected, net2, 09:12:07
O>* 10.1.2.0/24 [110/20] via 10.1.1.249, net1, weight 1, 09:11:16

rt2# configure terminal
rt2(config)# ip route 10.1.3.0/24 10.1.1.253
rt2(config)# router ospf
rt2(config-router)# redistribute static
```

公開IPネットワークに対するルーティングエントリがない

静的ルーティングを設定して、OSPFに再配送

図 ● rt2の設定

これで、rt3で公開IPネットワーク（10.1.3.0/24）のルーティングエントリが見えるようになったはずです。念のため、rt3でも再度show ip routeコマンドでルーティングエントリを確認してください。すると、**公開IPネットワーク（10.1.3.0/24）のルーティングエントリができています。**

```
rt3# show ip route
Codes: K - kernel route, C - connected, S - static, R - RIP,
       O - OSPF, I - IS-IS, B - BGP, E - EIGRP, N - NHRP,
       T - Table, v - VNC, V - VNC-Direct, A - Babel, F - PBR,
       f - OpenFabric,
```

```
       > - selected route, * - FIB route, q - queued, r - rejected, b - backup
       t - trapped, o - offload failure

O>* 10.1.1.244/30 [110/20] via 10.1.1.250, net0, weight 1, 09:15:11
O   10.1.1.248/30 [110/10] is directly connected, net0, weight 1, 09:16:01
C>* 10.1.1.248/30 is directly connected, net0, 09:16:02
O>* 10.1.1.252/30 [110/20] via 10.1.1.250, net0, weight 1, 09:15:11
O   10.1.2.0/24 [110/10] is directly connected, net1, weight 1, 09:16:01
C>* 10.1.2.0/24 is directly connected, net1, 09:16:02
O>* 10.1.3.0/24 [110/20] via 10.1.1.250, net0, weight 1, 00:02:15
```

公開IPネットワークを学習

図 ● rt2設定後のrt3のルーティングテーブル

続いて、fw1のルーティングテーブルを確認します。fw1にログインし、同じくvtyshコマンドでVTYシェルに入ったあと、show ip routeコマンドでルーティングテーブルを確認してください。すると、現状は直接接続のネットワーク（10.1.1.252/30、172.16.1.0/24）と、静的ルーティングの実践項で設定したデフォルトルート（0.0.0.0/0）しかありません。**sv1とsv2がいるWebサーバーネットワーク（172.16.2.0/24）に対するルーティングエントリがありません。**

```
root@fw1:/# vtysh

Hello, this is FRRouting (version 8.4.1).
Copyright 1996-2005 Kunihiro Ishiguro, et al.

fw1# show ip route
Codes: K - kernel route, C - connected, S - static, R - RIP,
       O - OSPF, I - IS-IS, B - BGP, E - EIGRP, N - NHRP,
       T - Table, v - VNC, V - VNC-Direct, A - Babel, F - PBR,
       f - OpenFabric,
       > - selected route, * - FIB route, q - queued, r - rejected, b - backup
       t - trapped, o - offload failure

S>* 0.0.0.0/0 [1/0] via 10.1.1.254, net0, weight 1, 09:19:19
C>* 10.1.1.252/30 is directly connected, net0, 09:19:20
C>* 172.16.1.0/24 is directly connected, net1, 09:19:20
```

Webサーバーネットワークに対するルーティングエントリがない

図 ● fw1のルーティングテーブル

そこで、configure terminalコマンドでグローバルコンフィギュレーションモードに入り、**ip routeコマンドで静的ルートを設定します。**そのあと、念のため、exitコマンドでグローバルコンフィギュレーションモードから抜けて、show ip routeコマンドでルーティングエントリが追加されていることを確認してください。確認できたら、exitコマンドでVTYシェルから抜けます。

```
fw1# configure terminal
fw1(config)# ip route 172.16.2.0/24 172.16.1.253
```

```
fw1(config)# exit

fw1# show ip route
Codes: K - kernel route, C - connected, S - static, R - RIP,
       O - OSPF, I - IS-IS, B - BGP, E - EIGRP, N - NHRP,
       T - Table, v - VNC, V - VNC-Direct, A - Babel, F - PBR,
       f - OpenFabric,
       > - selected route, * - FIB route, q - queued, r - rejected, b - backup
       t - trapped, o - offload failure

S>* 0.0.0.0/0 [1/0] via 10.1.1.254, net0, weight 1, 09:20:44
C>* 10.1.1.252/30 is directly connected, net0, 09:20:45
C>* 172.16.1.0/24 is directly connected, net1, 09:20:45
S>* 172.16.2.0/24 [1/0] via 172.16.1.253, net1, weight 1, 00:00:07

fw1# exit
root@fw1:/#
```

図 ● fw1の設定とルーティングテーブル

もう少しです。lb1にログインし、ルーティングテーブルを確認します。lb1のコンテナイメージには、FRRがインストールされていないので、routeコマンドを使用します。すると、直接接続されているルーティングエントリしかありません。**これでは、sv1、sv2からリプライされるIPパケットを戻すことができません。**

```
root@lb1:/# route -n
Kernel IP routing table
Destination     Gateway         Genmask         Flags Metric Ref    Use Iface
172.16.1.0      0.0.0.0         255.255.255.0   U     0      0        0 net0
172.16.2.0      0.0.0.0         255.255.255.0   U     0      0        0 net0.2
```

図 ● lb1のルーティングテーブル

そこで、routeコマンドでデフォルトゲートウェイを設定して、再度ルーティングテーブルを確認します。ネクストホップはfw1（172.16.1.254）です。

```
root@lb1:/# route add default gw 172.16.1.254

root@lb1:/# route -n
Kernel IP routing table
Destination     Gateway         Genmask         Flags Metric Ref    Use Iface
0.0.0.0         172.16.1.254    0.0.0.0         UG    0      0        0 net0
172.16.1.0      0.0.0.0         255.255.255.0   U     0      0        0 net0
172.16.2.0      0.0.0.0         255.255.255.0   U     0      0        0 net0.2
```

図 ● lb1設定後のルーティングテーブル

最後に、sv1とsv2にそれぞれログインし、ルーティングテーブルを確認します。sv1とsv2のコンテナイメージにもFRRがインストールされていないので、routeコマンドを使用します。**lb1と同じく、直接接続しているルーティングエントリしかありません。**これではEcho Replyを返すことができません。

```
root@sv1:/# route -n
Kernel IP routing table
Destination     Gateway         Genmask         Flags Metric Ref    Use Iface
172.16.2.0      0.0.0.0         255.255.255.0   U     0      0        0 net0
```

図 ● sv1のルーティングテーブル[※10]

routeコマンドでデフォルトゲートウェイを設定して、再度ルーティングテーブルを確認します。ネクストホップはlb1（172.16.2.254）です。

```
root@sv1:/# route add default gw 172.16.2.254

root@sv1:/# route -n
Kernel IP routing table
Destination     Gateway         Genmask         Flags Metric Ref    Use Iface
0.0.0.0         172.16.2.254    0.0.0.0         UG    0      0        0 net0
172.16.2.0      0.0.0.0         255.255.255.0   U     0      0        0 net0
```

図 ● sv1設定後のルーティングテーブル[※11]

2 下準備が少し大変でしたが、これで関連する機器のルーティングテーブルは問題ないはずです。続いてfw1の静的NATを設定していきましょう。

先述のとおり、NATにはiptablesを使用します。iptablesは、Linuxに実装されているNAT機能とファイアウォール機能である「Netfilter」を間接的に設定するコマンドです。**iptablesは、「natテーブル」という名前のNATテーブルで、「ルーティングされる前（PREROUTING）」「ルーティングされたあと（POSTROUTING）」「ローカルプロセスから出力されるとき（OUTPUT）」のタイミング（チェイン）でNATの処理を行うことができます。**

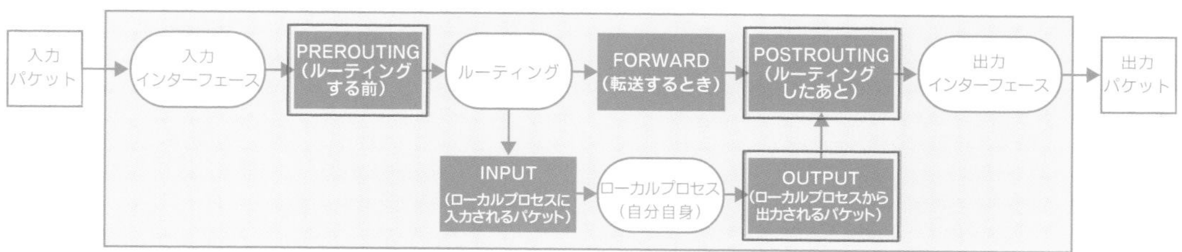

図 ● iptablesがNATの処理を行うタイミング（チェイン）

※10 sv2も同様です。
※11 sv2も同様です。

iptablesを設定するときは、iptablesコマンドと次表のようなオプションを駆使して、NAT前後のIPアドレスを指定したり、処理のタイミングを指定したりします。なお、iptablesコマンドにはたくさんのオプションがあり、いきなりすべてを理解するのは大変です。そのため、まずは本書の実践項で使用されている定型句を理解し、必要に応じて、その他のオプションを理解していくのがよいでしょう。

オプションカテゴリ	オプション	意味
テーブルオプション	-t <テーブル名>	処理を行うテーブルを指定する（NATの場合はnat、ファイアウォールの場合はfilter）。省略した場合は、デフォルトのfilterが指定される
コマンドオプション	-A <チェイン名>	指定したチェインの最後にエントリを追加する
	-D <チェイン名> <ルール番号>	指定したチェインのルール番号のエントリを削除する
	-F [チェイン名]	指定したチェインの内容を消去する
	-I <チェイン名> [ルール番号] <ルール>	指定したチェインのルール番号にエントリを挿入する
	-P <チェイン名> <処理>	指定したチェインのデフォルトの処理を指定する。指定しない場合はACCEPT（送受信を許可）する。主にファイアウォール機能で使用
	-L [チェイン名]	指定したチェインの内容を表示する。以下オプションを続けて使用することによって、より見やすく表示できたり、詳細な情報を表示できたりする ● --line-numbers:エントリを表示するときに、行番号を各行の始めに付加する ● -n: FQDNやサービス名で表示せず、IPアドレスやポート番号など、数値で表示する ● -v:詳細な情報を表示する
	-R <チェイン名> <ルール番号> <ルール>	指定したチェイン名のルール番号のエントリを置き換える
	-Z [チェイン名 [ルール番号]]	指定したチェイン名、ルール番号のカウンタをゼロにする
	-h	ヘルプを表示する
パラメーターオプション	-d <IPアドレス[/サブネットマスク]>	宛先IPアドレスを指定する
	-i <インターフェース名>	パケットを受信するインターフェースを指定する
	-j <処理>	パケットがマッチしたときの処理を指定する。以下を指定可能。 ● ACCEPT: パケットの送受信を許可する ● DROP: パケットを破棄する ● REJECT: パケットを破棄し、破棄したことを示すICMPパケットを返す ● LOG: ログを出力する ● SNAT: 送信元IPアドレスを変換する（natテーブルのPREROUTINGのみで使用可能）。「--to-destination <IPアドレス>」を続けることによって、変換するIPアドレスを指定可能。 ● DNAT: 宛先IPアドレスを変換する（natテーブルのPREROUTING、OUTPUTのみで使用可能）。「--to-source <IPアドレス>」を続けることによって、変換するIPアドレスを指定可能。 ● MASQUERADE: 出ていくインターフェイスのIPアドレスに送信元IPアドレスを変換する（natテーブルのPOSTROUTINGチェインのみで使用可能）
	-o <インターフェース名>	パケットを送信するインターフェースを指定する
	-s <IPアドレス[/サブネットマスク]>	送信元IPアドレスを指定する
	-p <プロトコル>	プロトコル（tcp、udp、icmp、all）を指定する

マッチング拡張オプション	-m conntrack	conntrackテーブルのコネクションの状態を指定する ●「--state <接続状態>」を続けて入力することによって、以下のパラメーターを指定可能。複数のパラメーターをカンマで続けることによって、複数の接続状態を指定することも可能 ●INVALID: 既存の接続にマッチしない ●ESTABLISHED: すでに確立されている通信 ●NEW: 新しい接続 ●RELATED: 確立されている通信に関係のある通信
	-m tcp	「-p tcp」が指定されたときに、TCPに関する以下の各種パラメーターを指定可能 ●--source-port <ポート番号>: 送信元ポート番号--destination-port <ポート番号>: 宛先ポート番号 ●--tcp-flags <TCPフラグ>: TCPフラグ（SYN、ACK、FIN、RST、URG、PSH、ALL、NONE） ●--syn: TCPフラグのSYNがセットされ、ACKとRSTがセットされていない
	-m udp	「-p udp」が指定されたときに、UDPに関する以下の各種パラメーターを指定可能 ●--source-port <ポート番号>: 送信元ポート番号 ●--destination-port <ポート番号>: 宛先ポート番号
	-m icmp	「-p icmp」が指定されたときに、ICMPに関する以下の各種パラメーターを指定可能 ●--icmp-type <タイプ（番号）>: ICMPのタイプ

表 ● iptablesコマンドの代表的なオプション

では、**静的NATでsv1（172.16.2.1）とsv2（172.16.2.2）を、それぞれ「10.1.3.1」と「10.1.3.2」でインターネットに公開してみましょう。**サーバーをインターネットに公開するときの静的NATは、PREROUTING（ルーティングする前）に、宛先IPアドレスを「10.1.3.1」から「172.16.2.1」に、「10.1.3.2」から「172.16.2.2」に、それぞれ変換するNATエントリを追加します。以下のようにiptablesコマンドを入力してください。

```
root@fw1:/# iptables -t nat -A PREROUTING -d 10.1.3.1 -j DNAT --to-destination 172.16.2.1
root@fw1:/# iptables -t nat -A PREROUTING -d 10.1.3.2 -j DNAT --to-destination 172.16.2.2
```

図 ● fw1に静的NATを設定する

念のため、「iptables -t nat -L」で、NATテーブルを確認します。すると、**ルーティングする前に（PREROUTING）、宛先IPアドレスが「10.1.3.1」から「172.16.2.1」、「10.1.3.2」から「172.16.2.2」に変換されるNATエントリができています。**

```
root@fw1:/# iptables -t nat -L
Chain PREROUTING (policy ACCEPT)
target     prot opt source               destination
DNAT       all  --  anywhere             10.1.3.1             to:172.16.2.1
DNAT       all  --  anywhere             10.1.3.2             to:172.16.2.2

Chain INPUT (policy ACCEPT)
target     prot opt source               destination
```

```
Chain OUTPUT (policy ACCEPT)
target     prot opt source               destination

Chain POSTROUTING (policy ACCEPT)
target     prot opt source               destination
```

図●NATテーブルを確認する

3 では、ns1から公開されたIPアドレス(10.1.3.1、10.1.3.2)に対して、pingを打ってみましょう。すると、応答が返ってきます。**これでsv1、sv2をインターネットに公開できました。**

```
root@ns1:/# ping 10.1.3.1 -c 1
PING 10.1.3.1 (10.1.3.1) 56(84) bytes of data.
64 bytes from 10.1.3.1: icmp_seq=1 ttl=60 time=0.752 ms

--- 10.1.3.1 ping statistics ---
1 packets transmitted, 1 received, 0% packet loss, time 0ms
rtt min/avg/max/mdev = 0.752/0.752/0.752/0.000 ms

root@ns1:/# ping 10.1.3.2 -c 1
PING 10.1.3.2 (10.1.3.2) 56(84) bytes of data.
64 bytes from 10.1.3.2: icmp_seq=1 ttl=60 time=0.447 ms

--- 10.1.3.2 ping statistics ---
1 packets transmitted, 1 received, 0% packet loss, time 0ms
rtt min/avg/max/mdev = 0.447/0.447/0.447/0.000 ms
```

図●ns1から疎通確認

念のため、間違いなく静的NATされているか、fw1でtcpdumpして、再度ns1からpingを打ってみましょう。ここでは、**IPアドレスが変換されていることがわかるように、「-ni any」ですべてのインターフェースを指定し、IPアドレスが表示されるようにします。**すると、Echo Requestの宛先IPアドレスがそれぞれ「172.16.2.1」と「172.16.2.2」に変換されていることがわかります。また、Echo Replyの送信元IPアドレスが「10.1.3.1」と「10.1.3.2」にそれぞれ変換されていることがわかります。

```
root@fw1:/# tcpdump -ni any icmp
tcpdump: verbose output suppressed, use -v or -vv for full protocol decode
listening on any, link-type LINUX_SLL (Linux cooked v1), capture size 262144 bytes
16:54:32.694361 IP 10.1.2.53 > 10.1.3.1: ICMP echo request, id 33, seq 1, length 64
16:54:32.694389 IP 10.1.2.53 > 172.16.2.1: ICMP echo request, id 33, seq 1, length 64
16:54:32.695062 IP 172.16.2.1 > 10.1.2.53: ICMP echo reply, id 33, seq 1, length 64
16:54:32.695092 IP 10.1.3.1 > 10.1.2.53: ICMP echo reply, id 33, seq 1, length 64

16:54:37.441804 IP 10.1.2.53 > 10.1.3.2: ICMP echo request, id 34, seq 1, length 64
16:54:37.441832 IP 10.1.2.53 > 172.16.2.2: ICMP echo request, id 34, seq 1, length 64
16:54:37.442226 IP 172.16.2.2 > 10.1.2.53: ICMP echo reply, id 34, seq 1, length 64
16:54:37.442233 IP 10.1.3.2 > 10.1.2.53: ICMP echo reply, id 34, seq 1, length 64
```

fw1とsv1のやりとり

fw1とsv2のやりとり

図●fw1でtcpdumpする

4 fw1でCtrl+Cを押し、tcpdumpコマンドを終了します。

以上で、静的NATの設定は完了です。

NAPT

続いて、NAPTを設定していきましょう。ここでは、rt1にNAPTを設定し、家庭内LANにいるcl1（192.168.11.1）、cl2（192.168.11.2）、cl3（192.168.11.100）が、rt1のnet0のIPアドレス（10.1.1.245）でインターネットに接続できるようにします。そして、cl1とcl2からインターネット上にいるns1に対して疎通確認を行います。

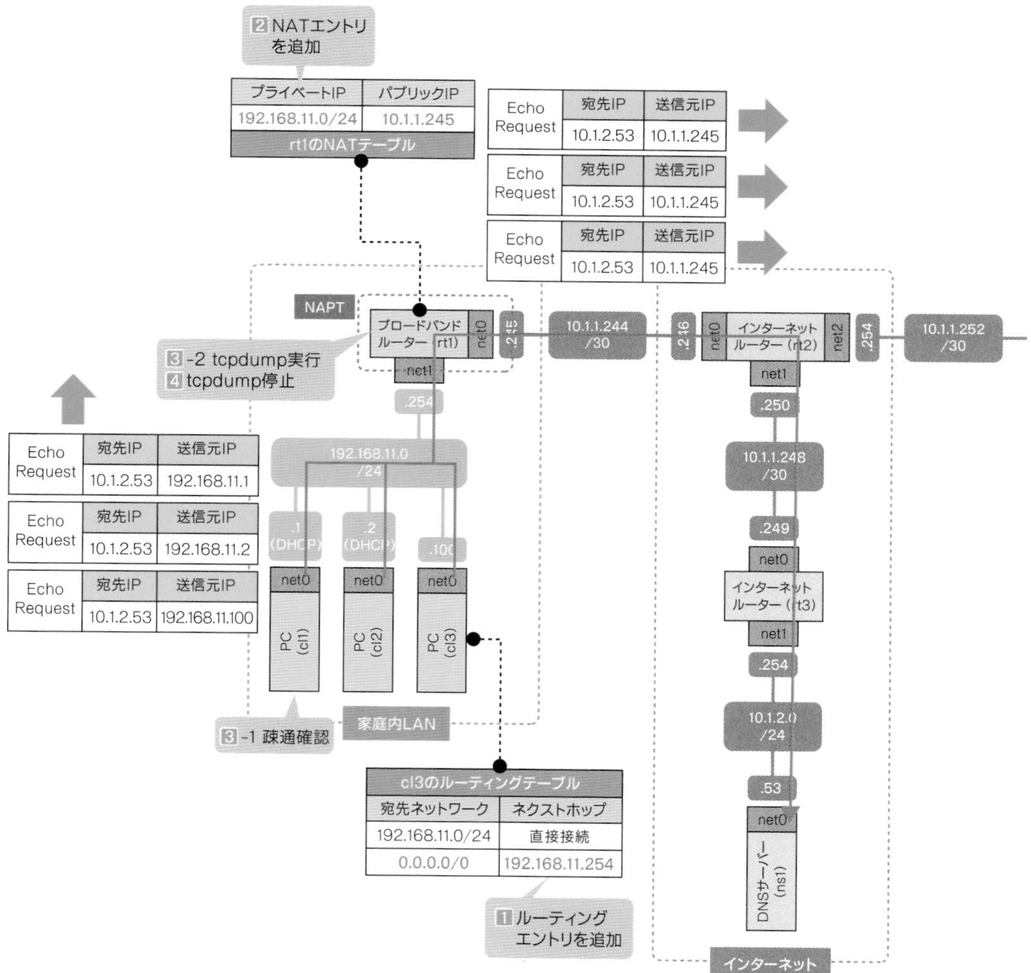

図 • NAPTの設定

1 NAPTを設定する前に、家庭内LANからns1に対するルートを確保します。cl1、cl2、cl3にそれぞれログインし、順にルーティングテーブルを確認していきましょう。
cl1とcl2は、p.327で後述するDHCPでIPアドレスとともにデフォルトゲートウェイのIPアドレスを受け取っています。ルーティング的には問題ありません。

```
root@cl1:/# route -n
Kernel IP routing table
Destination     Gateway         Genmask         Flags Metric Ref    Use Iface
0.0.0.0         192.168.11.254  0.0.0.0         UG    0      0        0 net0
192.168.11.0    0.0.0.0         255.255.255.0   U     0      0        0 net0
```

図●cl1のルーティングテーブル※12

続いて、cl3のルーティングテーブルを確認します。すると、DHCPを使用していないので、**デフォルトゲートウェイが設定されていないことがわかります。**そこで、route addコマンドでデフォルトゲートウェイを設定し、再度routeコマンドでルーティングテーブルを確認します。

```
root@cl3:/# route -n
Kernel IP routing table
Destination     Gateway         Genmask         Flags Metric Ref    Use Iface
192.168.11.0    0.0.0.0         255.255.255.0   U     0      0        0 net0

root@cl3:/# route add default gw 192.168.11.254

root@cl3:/# route -n
Kernel IP routing table
Destination     Gateway         Genmask         Flags Metric Ref    Use Iface
0.0.0.0         192.168.11.254  0.0.0.0         UG    0      0        0 net0
192.168.11.0    0.0.0.0         255.255.255.0   U     0      0        0 net0
```

図●cl3の設定とルーティングテーブルの確認

続いて、rt1にログインし、ルーティングテーブルを確認します。rt1のルーティングテーブルは静的ルーティングの実践項で設定済みです（p.142）。念のため、vtyshコマンドでVTYシェルに入り、show ip routeコマンドで確認だけしておきましょう。確認できたら、exitコマンドでVTYシェルから抜けます。

```
root@rt1:/# vtysh

Hello, this is FRRouting (version 8.3.1).
Copyright 1996-2005 Kunihiro Ishiguro, et al.

rt1# show ip route
Codes: K - kernel route, C - connected, S - static, R - RIP,
```

※12　cl2も同様です。

```
       O - OSPF, I - IS-IS, B - BGP, E - EIGRP, N - NHRP,
       T - Table, v - VNC, V - VNC-Direct, A - Babel, F - PBR,
       f - OpenFabric,
       > - selected route, * - FIB route, q - queued, r - rejected, b - backup
       t - trapped, o - offload failure

S>* 0.0.0.0/0 [1/0] via 10.1.1.246, net0, weight 1, 00:35:19
C>* 10.1.1.244/30 is directly connected, net0, 00:35:20
C>* 192.168.11.0/24 is directly connected, net1, 00:35:20

rt1# exit
root@rt1:/#
```

図●rt1のルーティングテーブル

残りの機器（rt2、rt3、ns1）のルーティングテーブルは、先ほどの静的NATの実践項で設定済みなので、割愛します。

2 下準備が終わりました。では、**rt1でNAPTを設定しましょう。**インターネットに接続するときのNAPTは、POSTROUTING（ルーティングしたあと）に、送信元IPアドレスを「192.168.11.0/24」からrt1のnet0のIPアドレス（10.1.1.245）に変換する※13NATエントリを追加します。

```
root@rt1:/# iptables -t nat -A POSTROUTING -s 192.168.11.0/24 -j MASQUERADE
```

図●NAPTを設定する

念のため、「iptables -t nat -L」で、NATテーブルを確認します。すると、**ルーティングしたあとに（POSTROUTING）、送信元IPアドレスが「192.168.11.0/24」から「10.1.1.245（出力されるインターフェースのIPアドレス、rt1のnet0のIPアドレス）」に変換されるNATエントリができています。**

```
root@rt1:/# iptables -t nat -L
Chain PREROUTING (policy ACCEPT)
target     prot opt source               destination

Chain INPUT (policy ACCEPT)
target     prot opt source               destination

Chain OUTPUT (policy ACCEPT)
target     prot opt source               destination

Chain POSTROUTING (policy ACCEPT)
target     prot opt source               destination
MASQUERADE  all  --  192.168.11.0/24      anywhere
```

図●NATテーブルを確認する

※13 「-j MASQUERADE」がそれを表しています。

3 では、家庭内LANにいるPC（cl1、cl2 、cl3）から、ns1（10.1.2.53）に対して、pingを打ってみましょう。すると、応答が返ってきます。**無事にインターネットに接続できるようになりました。**

```
root@cl1:/# ping 10.1.2.53 -c 1
PING 10.1.2.53 (10.1.2.53) 56(84) bytes of data.
64 bytes from 10.1.2.53: icmp_seq=1 ttl=61 time=0.592 ms

--- 10.1.2.53 ping statistics ---
1 packets transmitted, 1 received, 0% packet loss, time 0ms
rtt min/avg/max/mdev = 0.592/0.592/0.592/0.000 ms
```

図●cl1からns1に対して疎通確認

```
root@cl2:/# ping 10.1.2.53 -c 1
PING 10.1.2.53 (10.1.2.53) 56(84) bytes of data.
64 bytes from 10.1.2.53: icmp_seq=1 ttl=61 time=0.633 ms

--- 10.1.2.53 ping statistics ---
1 packets transmitted, 1 received, 0% packet loss, time 0ms
rtt min/avg/max/mdev = 0.633/0.633/0.633/0.000 ms
```

図●cl2からns1に対して疎通確認

```
root@cl3:/# ping 10.1.2.53 -c 1
PING 10.1.2.53 (10.1.2.53) 56(84) bytes of data.
64 bytes from 10.1.2.53: icmp_seq=1 ttl=61 time=0.377 ms

--- 10.1.2.53 ping statistics ---
1 packets transmitted, 1 received, 0% packet loss, time 0ms
rtt min/avg/max/mdev = 0.377/0.377/0.377/0.000 ms
```

図●cl3からns1に対して疎通確認

念のため、間違いなくNAPTされているか、rt1でtcpdumpしながら、再度pingを打ってみましょう。ここでは、**IPアドレスが変換されていることがわかるように、「-ni any」オプションですべてのインターフェースを指定し、IPアドレスが表示されるようにします。**すると、どのEcho Requestの送信元IPアドレスも「10.1.1.245」に変換されていることがわかります。また、Echo Replyの宛先IPアドレスがそれぞれ元のIPアドレス（192.168.11.1、192.168.11.2、192.168.11.3）に戻っていることがわかります。

```
root@rt1:/# tcpdump -ni any icmp
tcpdump: verbose output suppressed, use -v or -vv for full protocol decode
listening on any, link-type LINUX_SLL (Linux cooked v1), capture size 262144 bytes
01:56:42.580832 IP 192.168.11.1 > 10.1.2.53: ICMP echo request, id 2, seq 1, length 64
01:56:42.580877 IP 10.1.1.245 > 10.1.2.53: ICMP echo request, id 2, seq 1, length 64
01:56:42.580894 IP 10.1.2.53 > 10.1.1.245: ICMP echo reply, id 2, seq 1, length 64
01:56:42.580897 IP 10.1.2.53 > 192.168.11.1: ICMP echo reply, id 2, seq 1, length 64

01:57:02.559415 IP 192.168.11.2 > 10.1.2.53: ICMP echo request, id 3, seq 1, length 64
01:57:02.559449 IP 10.1.1.245 > 10.1.2.53: ICMP echo request, id 3, seq 1, length 64
01:57:02.559465 IP 10.1.2.53 > 10.1.1.245: ICMP echo reply, id 3, seq 1, length 64
01:57:02.559468 IP 10.1.2.53 > 192.168.11.2: ICMP echo reply, id 3, seq 1, length 64

01:57:13.734367 IP 192.168.11.100 > 10.1.2.53: ICMP echo request, id 4, seq 1, length 64
01:57:13.734394 IP 10.1.1.245 > 10.1.2.53: ICMP echo request, id 4, seq 1, length 64
01:57:13.734409 IP 10.1.2.53 > 10.1.1.245: ICMP echo reply, id 4, seq 1, length 64
01:57:13.734411 IP 10.1.2.53 > 192.168.11.100: ICMP echo reply, id 4, seq 1, length 64
```

cl1とns1のやりとり

cl2とns1のやりとり

cl3とns1のやりとり

図 ● rt1でtcpdumpする

4 rt1でCtrl+Cを押し、tcpdumpコマンドを終了します。

以上で、NAPTの設定は完了です。

これで、NATの実践項でサーバーサイトにいるサーバーはインターネットに公開されましたし、NAPTの実践項で家庭内LANにいるPCはインターネットにアクセスできるようになりました。次の章からは、いよいよ家庭内LANのPCからサーバーサイトのサーバーにアクセスします。

Chapter

4

レイヤー 4プロトコルを知ろう

本章では、主要なレイヤー 4プロトコルである「UDP（User Datagram Protocol）」「TCP（Transmission Control Protocol）」と、これらに関連する技術である「ファイアウォール」について、机上・実践の両側面から解説します。IPによって運ばれたパケットがどのようにしてOSからアプリケーションに渡されるのか、そして、ファイアウォールがどのようにしてシステムを守っているのか、検証環境を通じて理解を深めましょう。

4-1 検証環境を知ろう

はじめに、事前知識として、検証環境の中で本章に関連するネットワーク構成について説明しておきましょう。本章の主役は、IPアドレスとポート番号で通信を制御する「ファイアウォール」です。本書の検証環境には、fw1というファイアウォールがサーバーサイトを守るために配置されています。そこで、ここではfw1にフォーカスを当てて説明します。物理・論理構成図と照らし合わせながら確認してください。

fw1（ファイアウォール）

fw1はサーバーサイトをインターネットから守るファイアウォールです。インターネットは、ありとあらゆるユーザーや端末が接続するパブリックな空間です。いつ何時、誰がサーバーを乗っ取ったり、情報を窃取したりしようとしているかわかりません。そこで、検証環境でも、最前面にfw1を配置して、背後にいる負荷分散装置（lb1）やWebサーバー（sv1、sv2）を守ります。

実際のところ、最近のファイアウォールは「次世代ファイアウォール」といって、アプリケーション識別機能やIPS（Intrusion Prevention System、不正侵入防止システム）/IDS（Intrusion Detection System、不正侵入検知システム）、ウイルス検知機能やVPN（Virtual Private Network）など、いろいろなセキュリティ機能がふんだんに詰め込まれています。ただ、**本書は入門書ということもあって、IPアドレスとポート番号で通信を制御する、最も基本的なファイアウォール「トラディショナルファイアウォール」の機能をfw1に持たせています。**fw1はインターネット（rt2のnet2）からパケットを受け取ると、そのIPアドレスやポート番号を見て、通信を許可したりブロックしたりして、通信を制御します。そして、許可した通信だけをlb1のnet0へ転送します。

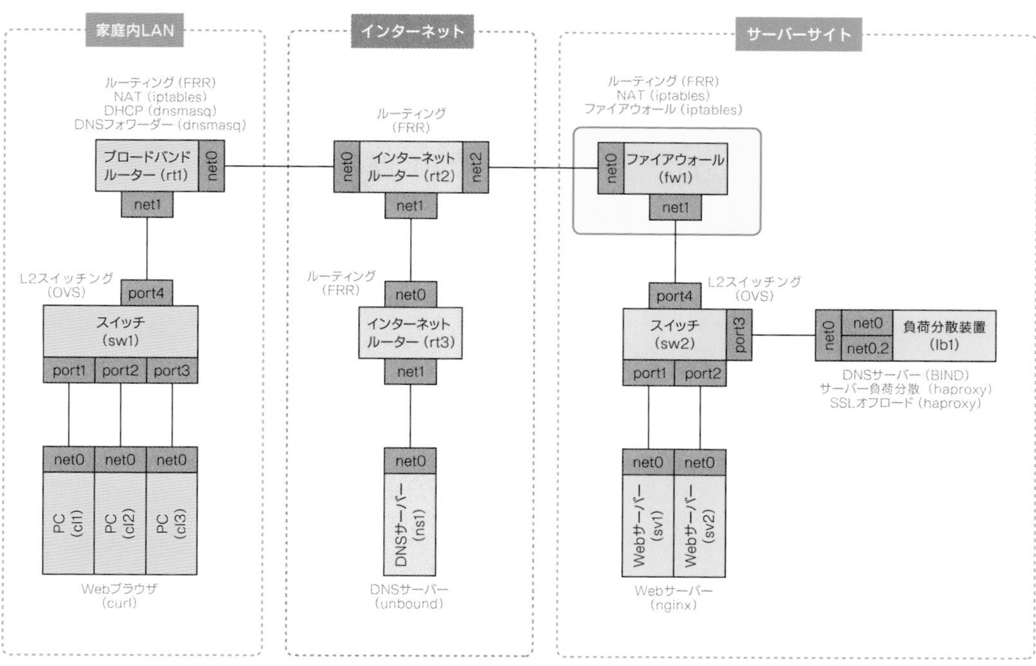

図 ● 本章の対象範囲（物理構成図）

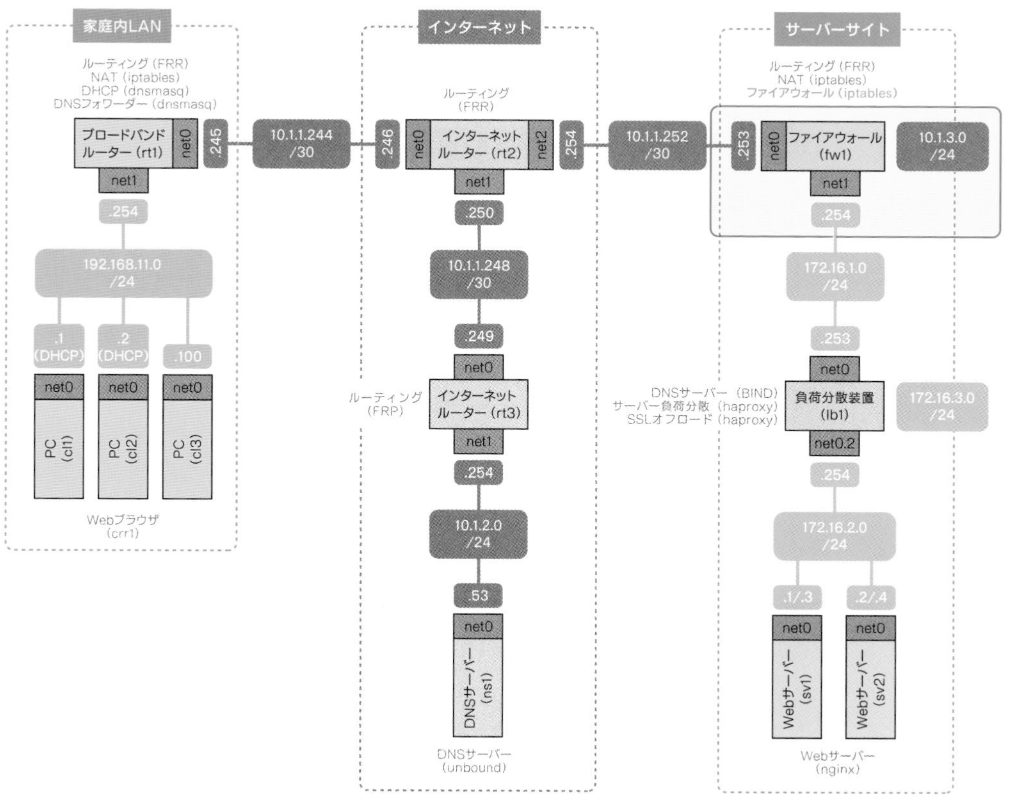

図 ● 本章の対象範囲（論理構成図）

4-2 ネットワークプロトコルを知ろう

ここからは、レイヤー 4プロトコルについて解説していきます。ただその前に、OSI参照モデルのトランスポート層（レイヤー 4、L4）について、さらりとおさらいしておきましょう。

トランスポート層は、「**アプリケーションの識別**」と「**要件に応じた転送制御**」を行うことで、ネットワークとアプリケーションの架け橋になる階層です。

ネットワーク層は、いろいろなネットワークを越えて、通信相手にパケットを届けるまでがお仕事です。それ以上のことはしてくれません。たとえIPのおかげで海外のサーバーにアクセスできたとしても、サーバーは受け取ったパケットをどのアプリケーションに渡して処理すればよいかわかりません。

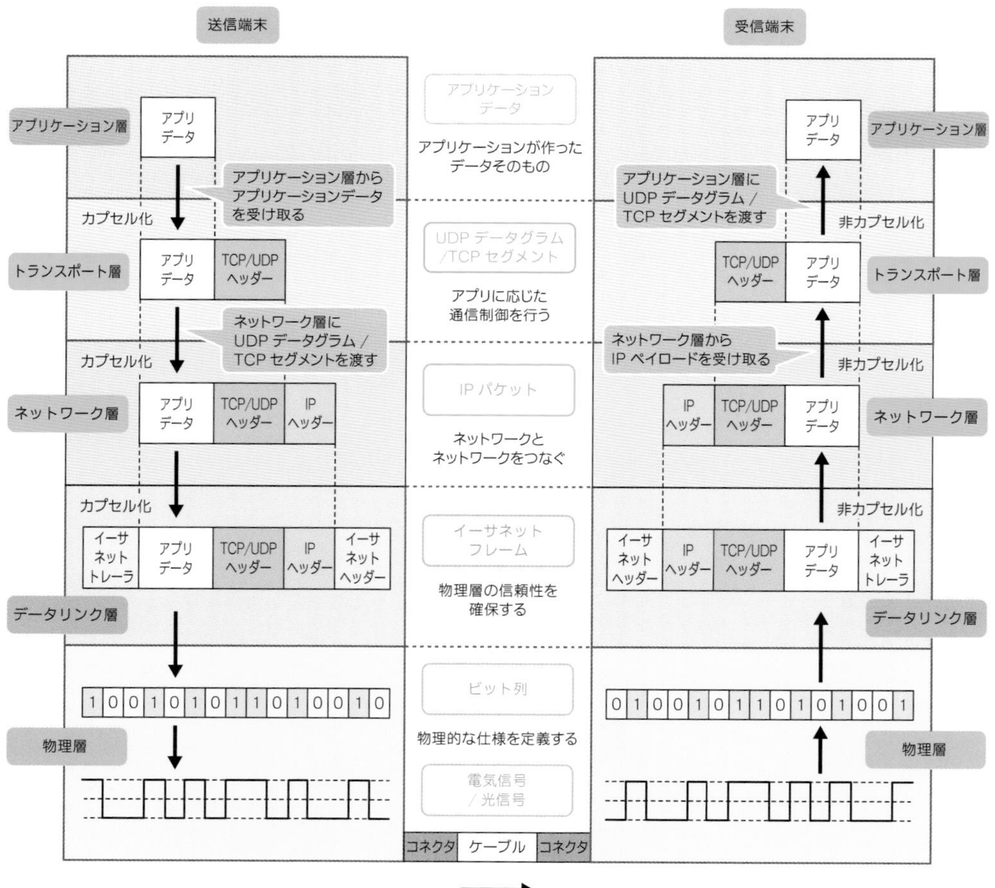

図 ● OSI参照モデルのトランスポート層

そこで、トランスポート層では「ポート番号」という名前の数字を利用して、パケットを渡すアプリケーションを識別します。また、アプリケーションの要件や通信状態にあわせて、パケットの送受信量を制御したり、転送途中に消失したパケットを再送したりします。

現代のネットワークで使用されているレイヤー4プロトコルは、「UDP(User Datagram Protocol)」か「TCP(Transmission Control Protocol)」のどちらかです。**アプリケーションが即時性(リアルタイム性)を求めるときにはUDP、信頼性を求めるときにはTCPを使用します。**

Chapter 4 レイヤー4プロトコルを知ろう

4-2-1 UDP (User Datagram Protocol)

UDP (User Datagram Protocol) は、名前解決 (p.303) やIPアドレス配布 (p.327)、音声通話や時刻同期など、即時性 (リアルタイム性) が要求されるアプリケーションで使用されています。データを送る前に行う接続交渉の処理[※1]や、データを送るときの確認応答の処理[※2]を省略し、一方的にデータを送信し続けることによって、即時性の向上を図っています。

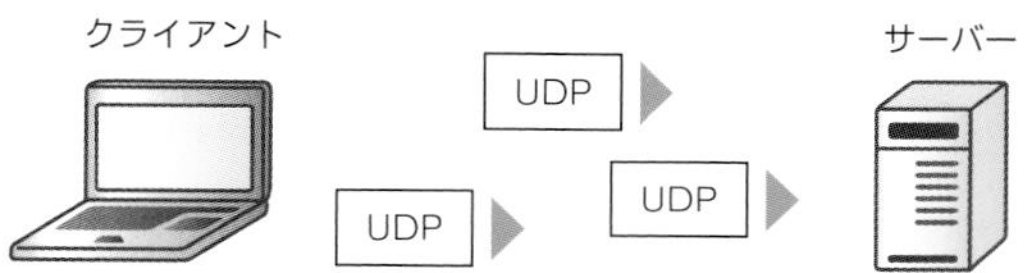

図 ● UDPはパケットを送ったら送りっぱなし

項目	UDP	TCP
IPヘッダーのプロトコル番号	17	6
タイプ	コネクションレス型	コネクション型
信頼性	低い	高い
即時性 (リアルタイム性)	速い	遅い

表 ● UDPとTCPの比較

机上で知ろう

UDPは、RFC768「User Datagram Protocol」で標準化されているプロトコルで、IPヘッダーのプロトコル番号 (p.108) では「17」と定義されています。UDPは上位層から受け取ったアプリケーションデータを「UDPペイロード」とし、「UDPヘッダー」をくっつけることによって、「UDPデータグラム」にします。

※1 「今から送りますよー」と「いいですよー」とあいさつしてからデータを送信する仕組みのことです。
※2 「送りましたー」と「受け取りましたー」をやりとりしながらデータを送信する仕組みのことです。

UDPのパケットフォーマット

UDPは即時性（リアルタイム性）に重きを置いているため、パケットフォーマットはシンプルそのものです。構成されるヘッダーフィールドはたったの4つ、ヘッダーの長さも8バイト（64ビット）しかありません。クライアント（送信元端末）はUDPでUDPデータグラムを作り、通信相手のことを気にせずどんどん送るだけです。一方、データを受け取ったサーバー（宛先端末）は、UDPヘッダーに含まれるUDPデータグラム長とチェックサムを利用して、データが壊れていないかチェックします（チェックサム検証）。チェックに成功したら、データを受け入れます。

	0ビット	8ビット	16ビット	24ビット
0バイト	送信元ポート番号		宛先ポート番号	
4バイト	UDPデータグラム長		チェックサム	
可変	UDPペイロード（アプリケーションデータ）			

図● UDPのパケットフォーマット

以下に、UDPヘッダーの各フィールドについて説明します。

送信元/宛先ポート番号

「ポート番号」は、アプリケーション（プロセス）の識別に使用される2バイト（16ビット）の値です。クライアント（送信元端末）はコネクションを作るとき、OSが決められた範囲からランダムに割り当てた値を「送信元ポート番号」に、アプリケーションごとに定義されている値を「宛先ポート番号」にセットして、サーバー（宛先端末）に送信します。データグラムを受け取ったサーバーは、宛先ポート番号を見てどのアプリケーションのデータか判断し、そのアプリケーションにデータを渡します。なお、ポート番号については次項で詳しく説明します。

UDPデータグラム長

「UDPデータグラム長」は、UDPヘッダー（8バイト＝64ビット）とUDPペイロード（アプリケーションデータ）をあわせたデータグラム全体のサイズを表す、2バイト（16ビット）のフィールドです。バイト単位の値がセットされます。最小値はUDPヘッダーのみで構成された場合の「8」、最大値は理論上65535バイトです。

チェックサム

「チェックサム」は、受け取ったUDPデータグラムが壊れていないか、整合性のチェックに使用される2バイト（16ビット）のフィールドです。UDPのチェックサム検証には、IPヘッダーのチェックサムと同じ「1の補数演算」が採用されています。データグラムを受け取った端末は、検証に成功すると、データグラムを受け入れます。

では、ns1で「nc -ul 50000」と入力して、宛先ポート番号が50000番のUDPデータグラムを待ち受けるUDPサーバーを起動します。

```
root@ns1:/# nc -ul 50000
```

図●UDPサーバーの起動

念のため、宛先ポート番号が50000番のUDPデータグラムを受け入れられるようになっているかを「ssコマンド」で確認しておきます。**ssコマンドは、通信状態を表示するコマンドです。**次表のオプションを併用して、いろいろな情報を表示することができます。

ショートオプション	ロングオプション	意味
-4	--ipv4	IPv4に関する通信状態を表示する
-6	--ipv6	IPv6に関する通信状態を表示する
-a	--all	すべての通信状態を表示する
-h	--help	オプションのサマリーを表示する
-l	--listening	待ち受けポートだけを表示する
-n	--numeric	ポート番号を表示する。サービス名に変換しない
-p	--processes	各通信に関連するプロセスを表示する
-t	--tcp	TCPに関する通信状態を表示する
-u	--udp	UDPに関する通信状態を表示する

表●ssコマンドの代表的なオプション

もう1つウィンドウ、あるいはタブを開いてns1にログインし、ssコマンドを実行してください。すると、**ncコマンドのプロセスが50000番でパケットを待ち受けていることがわかります。**

```
root@ns1:/# ss -lnup
State    Recv-Q Send-Q Local Address:Port  Peer Address:Port Process
UNCONN   0      0      0.0.0.0:50000       0.0.0.0:*         users:(("nc",pid=194,fd=3))
UNCONN   0      0      0.0.0.0:53          0.0.0.0:*         users:(("unbound",pid=115,fd=3))
```

図●ssコマンドの表示結果

2 続いて、同じくns1でtcpdumpコマンドを実行し、これからやりとりされるパケットに備えます。ここでは、ns1のnet0でやりとりされる送信元ポート番号、あるいは宛先ポート番号が「50000」のUDPデータグラムをキャプチャし、コンテナ上にある「/tmp/tinet」というフォルダに「udp.pcapng」というファイル名で書き込むようにしています。

```
root@ns1:/# tcpdump -i net0 -w /tmp/tinet/udp.pcapng udp port 50000
tcpdump: listening on net0, link-type EN10MB (Ethernet), capture size 262144 bytes
```

図●tcpdumpコマンドを実行

3 cl1でUDPデータグラムを生成します。cl1で「nc -u 10.1.2.53 50000」と入力したあと、「Hello」と入力してみましょう。すると、**ns1でもその文字列が表示されます。**

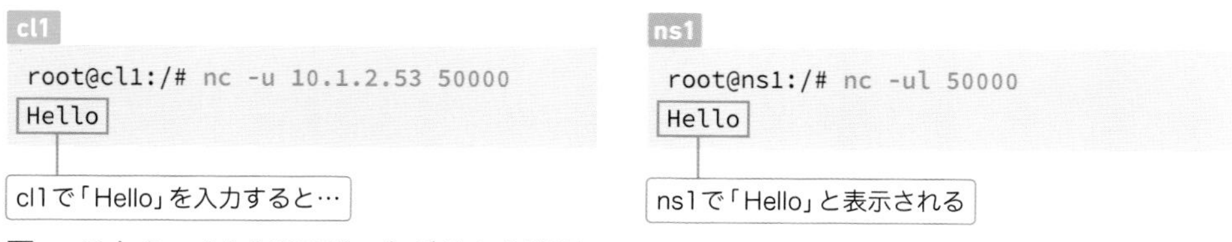

cl1
root@cl1:/# nc -u 10.1.2.53 50000
Hello
cl1で「Hello」を入力すると…
ns1
root@ns1:/# nc -ul 50000
Hello
ns1で「Hello」と表示される

図 ● cl1からns1にUDPデータグラムを送信

4 すべてのウィンドウでCtrl+Cを押して、ncとtcpdumpを終了します。

パケットを解析しよう

続いて、前項でキャプチャしたUDPデータグラムを解析していきます。解析に先立って、役に立ちそうなWiresharkの表示フィルターを紹介しておきましょう。これらをフィルターツールバーに入力します。複数の表示フィルターを「and」や「or」でつないで、表示するパケットをさらに絞り込むことも可能です。

表示フィルター	意味	記述例
udp	UDPのデータグラムすべて	udp
udp.checksum	チェックサムの値	udp.checksum == 0x1764
udp.checksum.bad	チェックサムエラー	udp.checksum.bad
udp.dstport	宛先ポート番号	udp.dstport == 53
udp.length	長さ	udp.length <= 50
udp.port	送信元ポート番号か宛先ポート番号	udp.port == 53
udp.srcport	送信元ポート番号	udp.srcport == 53
udp.stream	UDPのやりとりに自動で付与されるStream Indexの番号	udp.stream == 0

表 ● UDPに関する代表的な表示フィルター

では、Wiresharkで「C:¥tinet」にある「udp.pcapng」を開いてみましょう。すると、パケットが1つ見えるはずです。これがncコマンドによって生成され、「Hello」の文字列を運んだUDPデータグラムです。ダブルクリックすると、ヘッダーが「送信元ポート番号」「宛先ポート番号」「UDPデータグラム長」「チェックサム」という4つのフィールドで構成されていることがわかります。また、「パケットバイト列を表示」を有効にして、「UDP payload」をクリックすると、ncコマンドで入力した「Hello」という文字列が入っていることがわかります。

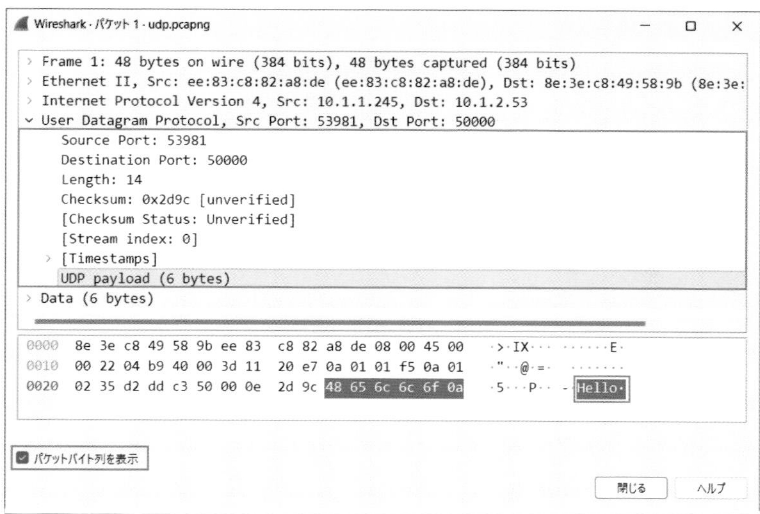

図 ● UDPデータグラム

Chapter 4 レイヤー4プロトコルを知ろう

4-2-2 TCP（Transmission Control Protocol）

TCP（Transmission Control Protocol）は、メールやファイル転送、Webなど、データを送り届けることについて信頼性を求めるアプリケーションで使用します。**TCPはアプリケーションデータを送信する前に、「TCPコネクション」という論理的な通信路を作って、通信環境を整えます。** TCPコネクションは、データをやりとりするそれぞれの端末から見て、送信専用に使用する「送信パイプ」と、受信専用に使用する「受信パイプ」で構成されています。TCPは送信側の端末と受信側の端末が2本の論理的なパイプを使用して「送りまーす！」「受け取りました！」と確認しあいながらデータを送るため、信頼性が向上します。

図 ● TCPは確認しあいながらデータを送る

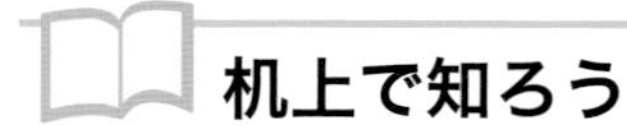

机上で知ろう

TCPは、RFC9293「Transmission Control Protocol（TCP）」で標準化されているプロトコルで、IPヘッダーのプロトコル番号（p.108）では「6」と定義されています。**TCPは上位層（アプリケーション）から受け取ったアプリケーションデータを「TCPペイロード」とし、「TCPヘッダー」をくっつけることによって、「TCPセグメント」にします。**

TCPは信頼性を担保するために、いろいろな形で拡張されており、一度に全体を理解することは困難です。いつ、どんなときに、どのフィールドを使用するのか、ひとつひとつ整理しながら理解しましょう。

TCPのパケットフォーマット

TCPは信頼性を求めるため、パケットフォーマットも少々複雑です。ヘッダーの長さだけでも、IPヘッダーと同じで、最低20バイト（160ビット）もあります。たくさんあるフィールドをフルに活用して、どの「送ります」に対する「受け取りました」なのかを確認したり、パケットの送受信量を調整したりしています。

	0ビット		8ビット	16ビット	24ビット
0バイト	送信元ポート番号			宛先ポート番号	
4バイト	シーケンス番号				
8バイト	確認応答番号				
12バイト	データオフセット	予約領域	コントロールビット	ウィンドウサイズ	
16バイト	チェックサム			緊急ポインタ	
可変	オプション+パディング				
可変	TCPペイロード（アプリケーションデータ）				

図●TCPのパケットフォーマット

以下に、TCPヘッダーの各フィールドについて説明します。

送信元/宛先ポート番号

「ポート番号」は、UDPと同じで、アプリケーション（プロセス）の識別に使用される2バイト（16ビット）の数字です。 クライアント（送信元端末）は、OSが決められた範囲からランダムに割り当てた値を「送信元ポート番号」に、アプリケーションごとに定義されている値を「宛先ポート番号」にセットして、サーバー（宛先端末）に送信します。TCPセグメントを受け取ったサーバーは、宛先ポート番号を見て、どのアプリケーションのデータか判断し、そのアプリケーションにデータを渡します。

シーケンス番号

「シーケンス番号」は、TCPセグメントを正しい順序に並べるために使用される4バイト（32ビット）のフィールドです。 送信側の端末は、アプリケーションから受け取ったデータの各バイトに対して、

「初期シーケンス番号(ISN、Initial Sequence Number)」から順に、通し番号を付与します。受信側の端末は、受け取ったTCPセグメントのシーケンス番号を確認して、番号順に並べ替えたうえでアプリケーションに渡します。

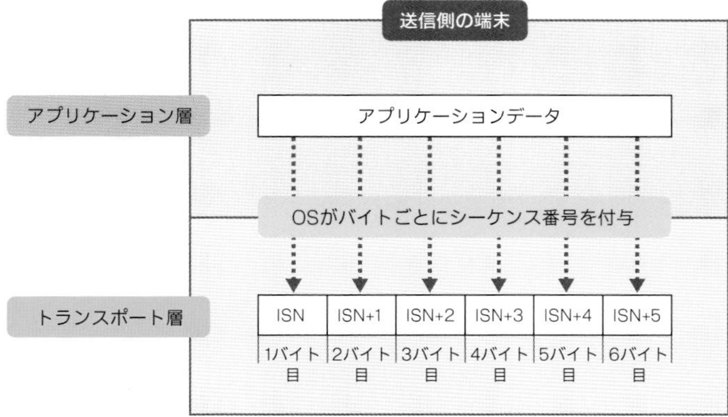

図●送信側の端末が通し番号(シーケンス番号)を付与

シーケンス番号は、3ウェイハンドシェイク(p.191)するときにランダムな値が初期シーケンス番号としてセットされ、TCPセグメントを送信するたびに送信したバイト数分だけ加算されていきます。そして、4バイト(32ビット)で管理できるデータ量(2^{32}=4Gバイト)を超えたら、再び「0」に戻ってカウントアップします。

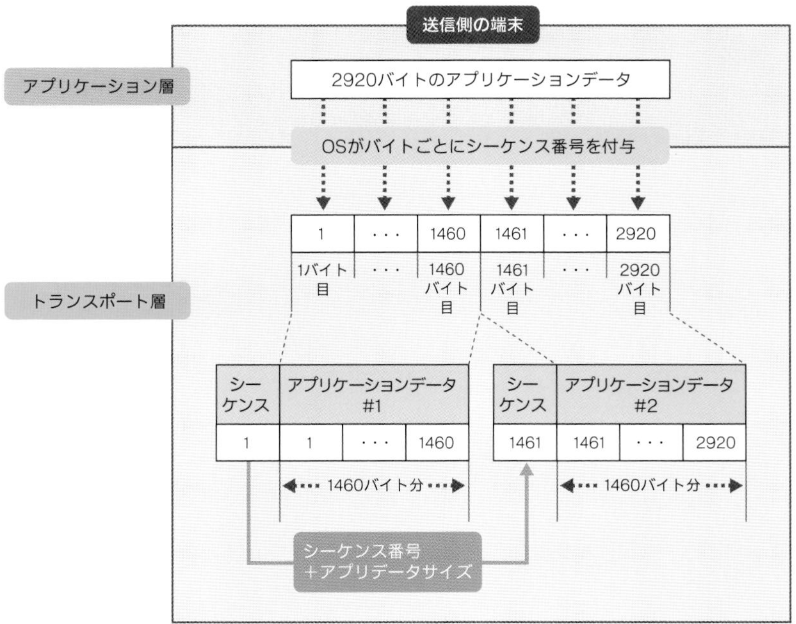

図●シーケンス番号はTCPセグメントを送信するたびに送信したバイト数分だけ加算される

確認応答番号

「確認応答番号(ACK番号、Acknowledge番号)」は、「次はここからのデータをください」と相手に伝えるために使用される4バイト(32ビット)のフィールドです。 後述するコントロールビットのACKフラグが「1」になっているときだけ有効になるフィールドで、具体的には「受け取りきったデータのシーケンス番号(最後のバイトのシーケンス番号)+1」、つまり「シーケンス番号+アプリケーションデータの長さ」がセットされています。あまり深く考えずに、クライアントがサーバーに「次にこのシーケンス番号以降のデータをくださーい」と言っているようなイメージで捉えるとわかりやすいでしょう。

TCPは、シーケンス番号と確認応答番号(ACK番号)を協調的に動作させることによって、データの信頼性を確保しています。

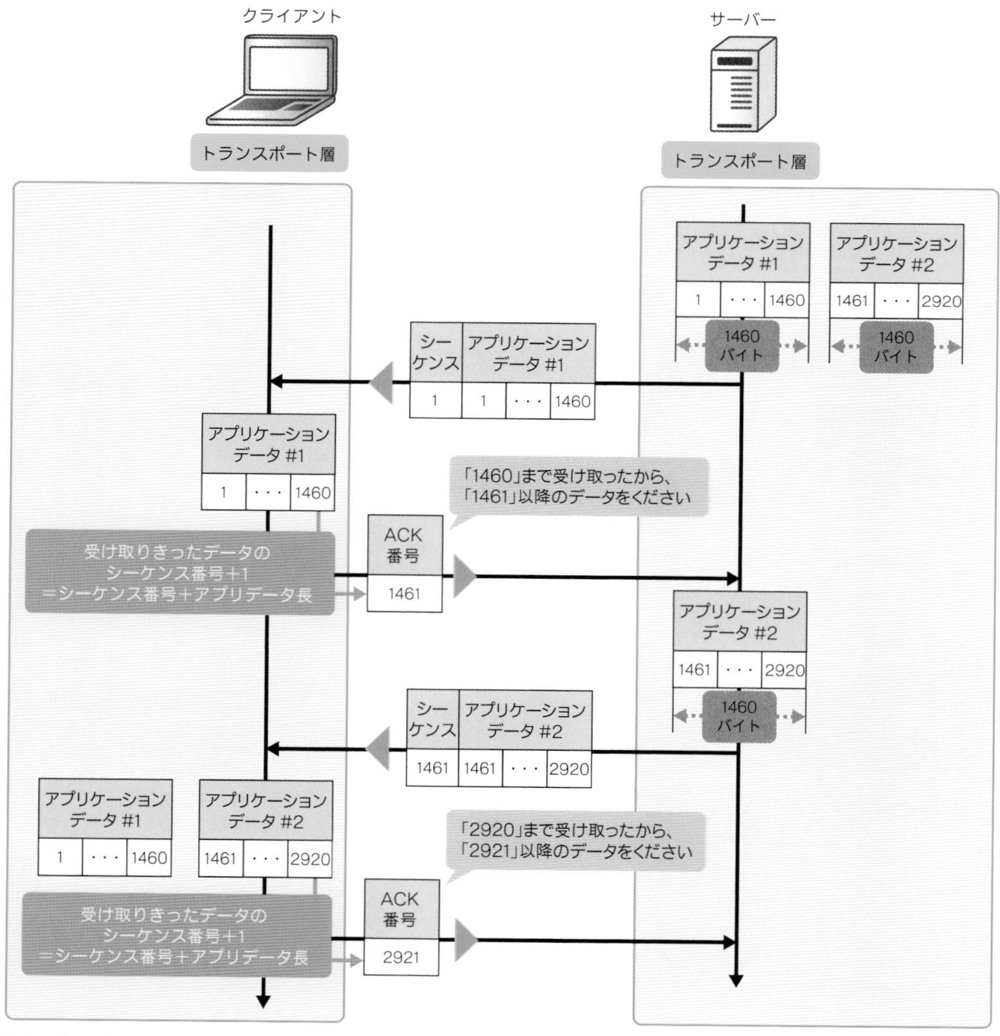

図 ● 確認応答番号(ACK番号)

データオフセット

「データオフセット」**は、TCPヘッダーの長さを表す4ビットのフィールドです。**端末はこの値を見ることによって、どこまでがTCPヘッダーであるか知ることができます。データオフセットは、IPヘッダーと同じく、TCPヘッダーの長さを4バイト（32ビット）単位に換算した値が入ります。たとえば、最も小さいTCPヘッダー（オプションなしのTCPヘッダー）の長さは20バイト（160ビット＝32ビット×5）なので、「5」が入ります。

コントロールビット

「コントロールビット」**は、コネクションの状態を制御するフィールドです。**8ビットのフラグで構成されていて、それぞれのビットが次表のような意味を表しています。TCPはコネクションを作るとき、これらのフラグを「0」にしたり「1」にしたりすることによって、現在コネクションがどのような状態にあるのか伝えあっています。

ビット	フラグ名	説明	概要
1ビット目	CWR	Congestion Window Reduced	ECN-Echoに従って、輻輳ウィンドウ（p.194）を減少させたことを通知するフラグ
2ビット目	ECE	ECN-Echo	輻輳（p.194）が発生していることを明示的に通信相手に通知するフラグ
3ビット目	URG	Urgent Pointer field significant	緊急を表すフラグ
4ビット目	ACK	Acknowledgment field significant	確認応答を表すフラグ
5ビット目	PSH	Push Function	速やかにアプリケーションにデータを渡すフラグ
6ビット目	RST	Reset the connection	コネクションを強制切断するフラグ
7ビット目	SYN	Synchronize sequence numbers	コネクションをオープンするフラグ
8ビット目	FIN	No more data from sender	コネクションをクローズするフラグ

表・コントロールビット

ウィンドウサイズ

「ウィンドウサイズ」**は、受け取れるデータサイズを通知するためのフィールドです。**どんなに高性能な端末でも、一気に、かつ無尽蔵にパケットを受け取れるわけではありません。そこで、「これくらいまでだったら受け取れますよ」という感じで、確認応答を待たずに受け取れるデータサイズをウィンドウサイズとして通知します。

ウィンドウサイズは2バイト（16ビット）で構成されていて、最大65535バイトまで通知でき、「0」がもう受け取れないことを表します。送信側の端末は、ウィンドウサイズが「0」のパケットを受け取ると、いったん送信するのを止めます。

チェックサム

「チェックサム」**は、受け取ったTCPセグメントが壊れていないか、整合性のチェックに使用される**

2バイト（16ビット）のフィールドです。TCPのチェックサム検証にも「1の補数演算」が採用されています。TCPセグメントを受け取った端末は、検証に成功すると、セグメントを受け入れます。

緊急ポインタ

「緊急ポインタ」は、コントロールビットのURGフラグが「1」になっているときにだけ有効な2バイト（16ビット）のフィールドです。緊急データがあったときに、緊急データを示す最後のバイトのシーケンス番号がセットされます。

オプション

「オプション」は、TCPに関連する拡張機能を通知しあうために使用されます。このフィールドは4バイト（32ビット）単位で変化するフィールドで、「種別（Kind）」によって定義されているいくつかのオプションを、「オプションリスト」として並べていく形で構成されています。オプションリストの組み合わせは、OSやそのバージョンによって異なります。代表的なオプションとしては、次表のようなものがあります。この中でも特に重要なオプションが、「MSS（Maximum Segment Size）」と「SACK（Selective Acknowledgment）」です。

種別	オプションヘッダー	RFC	意味
0	End Of Option List	RFC9293	オプションリストの最後であることを表す
1	NOP（No-Operation）	RFC9293	何もしない。オプションの区切り文字として使用する
2	MSS（Maximum Segment Size）	RFC9293	アプリケーションデータの最大サイズを通知する
3	Window Scale	RFC7323	ウィンドウサイズの最大サイズ（65535バイト）を拡張する
4	SACK（Selective ACK）Permitted	RFC2018	Selective ACK（選択的確認応答）に対応している
5	SACK（Selective ACK）	RFC2018	Selective ACKに対応しているときに、すでに受信したシーケンス番号を通知する
8	Timestamps	RFC7323	パケットの往復時間（RTT）を計測するタイムスタンプに対応している
30	MPTCP（Multipath TCP）	RFC8684	Multipath TCPに対応している
34	TCP Fast Open	RFC7413	TCP Fast Openに対応していることを通知したり、Cookieの情報を渡す

表●代表的なオプション

▶MSS

MSS（Maximum Segment Size）は、TCPペイロード（アプリケーションデータ）の最大サイズです。同じくMの付く3文字の用語で混同しがちなMTU（Maximum Transmission Unit）と比較しながら説明しましょう。

MTUは、IPパケットの最大サイズを表しています。p.45でも説明したとおり、端末は大きなアプリケーションデータを送信するとき、大きいまま、ドーン！と送信するわけではありません。小分けにして、ちょこちょこ送信します。そのときの最も大きい小分けの単位がMTUです。MTUは伝送媒体によって異なっていて、たとえばイーサネットの場合、デフォルトで1500バイトです。

それに対してMSSは、TCPセグメントに詰め込むことができるアプリケーションデータの最大サイズを表しています。MSSは、明示的に設定したり、VPN環境だったりしないかぎり、「MTU－40バイト（IPv4ヘッダー＋TCPヘッダー）」です。たとえば、イーサネット（レイヤー2）＋IPv4（レイヤー3）環境の場合、デフォルトのMTUが1500バイトなので、MSSは1460（＝1500－40）バイトになります。トランスポート層は、アプリケーションデータをMSSに区切って、TCPにカプセル化します。

TCP端末は、3ウェイハンドシェイク（p.191）するときに、「このMSSのアプリケーションデータだったら受け取れますよー」と、サポートしているMSSの値をお互いに教えあいます。

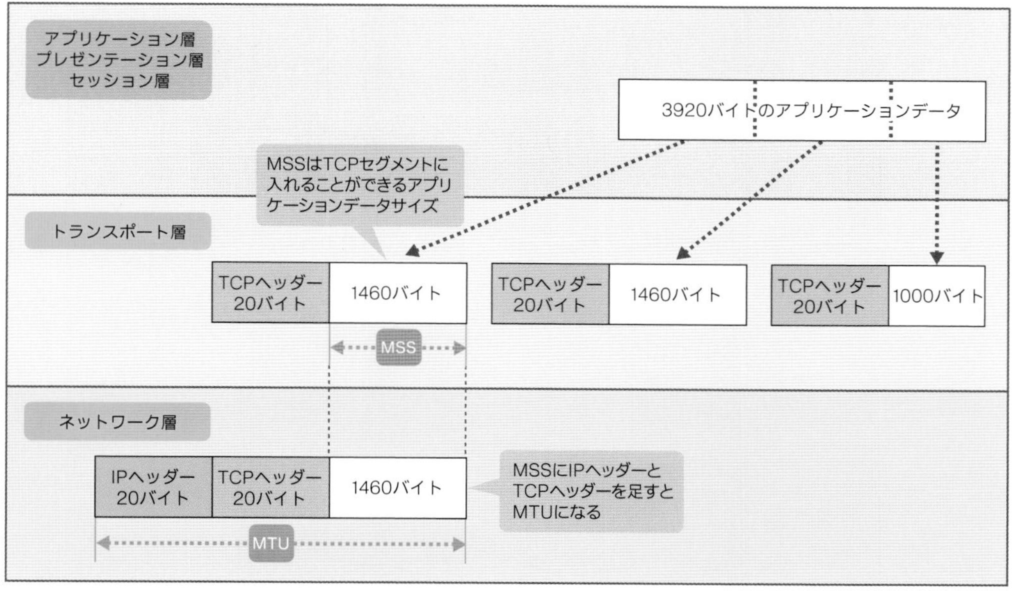

図 ● MSSとMTU

▶ SACK

SACK（Selective Acknowledgment）は、消失したTCPセグメントだけを再送する機能です。 RFC2018「TCP Selective Acknowledgment Options」で標準化されていて、ほぼすべてのOSでサポートされています。

RFC9293で定義されている標準的なTCPは、「アプリケーションデータをどこまで受け取ったか」を確認応答番号（ACK番号）のみで判断しています。そのため、部分的にTCPセグメントが消失した場合、消失したTCPセグメント以降の、すべてのTCPセグメントを再送してしまうという非効率さを抱えています。SACKに対応していると、部分的にTCPセグメントが消失した場合、「どこからどこまで受け取ったか」という範囲をオプションフィールドで通知するようになります。この情報をもとに、消失したTCPセグメントだけを再送するようになり、再送効率が向上します。

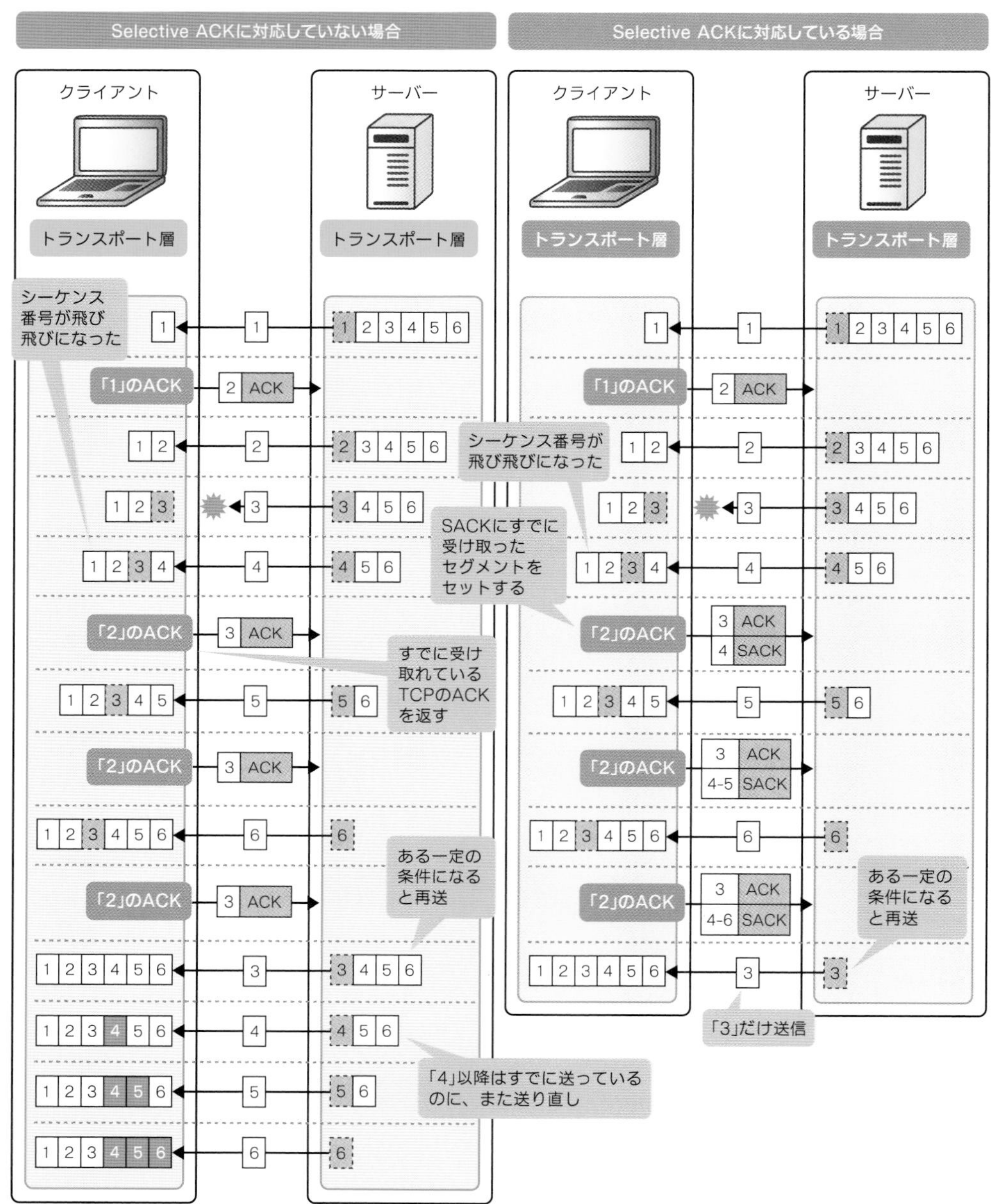

図 • SACK（Selective ACK）

TCPにおける状態遷移

ここからはTCPがどのようにして信頼性を確保しているのか、「接続開始フェーズ」「接続確立フェーズ」「接続終了フェーズ」という3つのフェーズに分けて説明していきます。

TCPでは、コントロールビットを構成している8つのフラグを「0」にしたり、「1」にしたりすることによって、次図のようにTCPコネクションの状態を制御しています。なお、それぞれの状態については、これからフェーズごとに詳しく説明していきます。まずは、こんな状態の名前があって、こんな感じで遷移しているんだなと、さらりと確認してください。

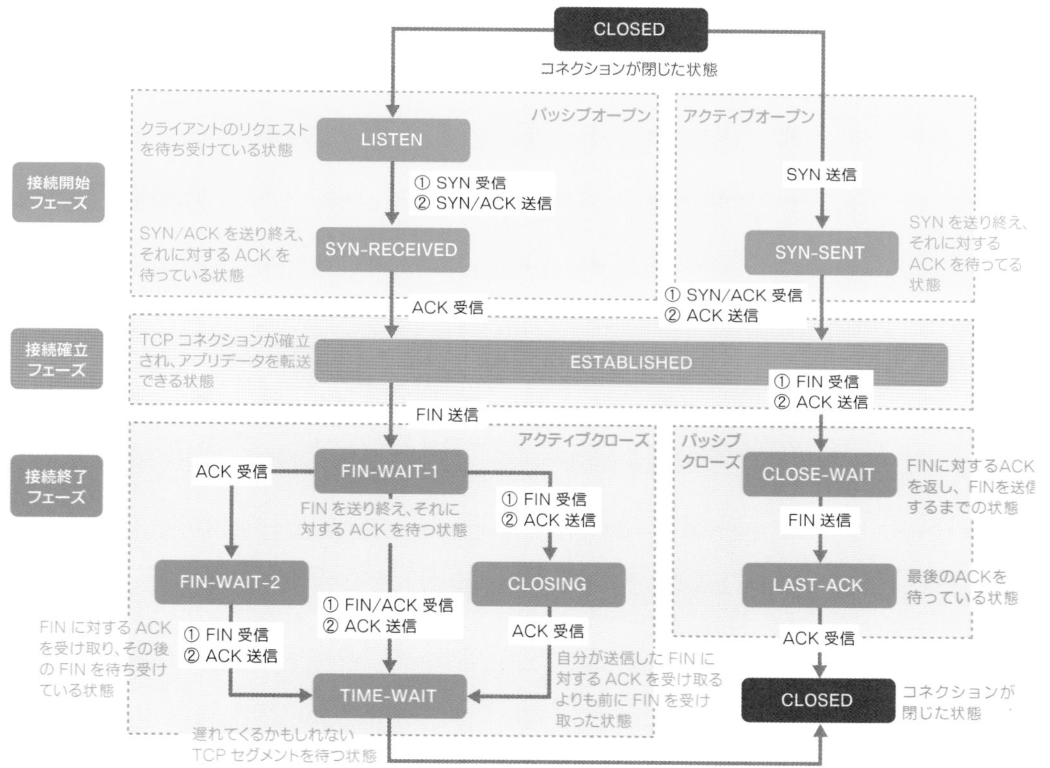

図 • TCPコネクションの状態遷移

接続開始フェーズ

TCPコネクションは「3ウェイハンドシェイク」でコネクションをオープンするところから始まります。3ウェイハンドシェイクとは、コネクションを確立する前に行うあいさつを表す処理手順のことです。

クライアントとサーバーは、3ウェイハンドシェイクの中で、お互いがサポートしている機能やシーケンス番号を決めて、「オープン」と呼ばれる下準備を行います。この3ウェイハンドシェイクによるオープンの処理において、コネクションを作りにいく側（クライアント）の処理を「アクティブオープン」、コネクションを受け付ける側（サーバー）の処理を「パッシブオープン」といいます。

では、3ウェイハンドシェイクの流れを見ていきましょう。

1 3ウェイハンドシェイクを開始する前、クライアントは「CLOSED」、サーバーは「LISTEN」の状態です。CLOSEDはコネクションが完全に閉じている状態、つまり何もしていない状態です。LISTENはクライアントからのコネクションを待ち受けている状態です。たとえば、Webブラウザ（Webクライアント）からWebサーバーに対してHTTPでアクセスする場合、WebブラウザはWebサーバーにアクセスしない限り、CLOSEDです。それに対して、Webサーバーはデフォルトで80番をLISTENにして、コネクションを受け付けられるようにしています。

2 クライアントはSYNフラグを「1」、シーケンス番号にランダムな値（図中のx）をセットしたSYNパケットを送信し、オープンの処理に入ります。この処理によって、クライアントは「SYN-SENT」状態に移行し、続くSYN/ACKパケットを待ちます。

3 SYNパケットを受け取ったサーバーは、パッシブオープンの処理に入ります。SYNフラグとACKフラグを「1」にセットしたSYN/ACKパケットを返し、「SYN-RECEIVED」状態に移行します。なお、このときのシーケンス番号はランダム（図中のy）、確認応答番号はSYNパケットのシーケンス番号に「1」を足した値（x+1）になります。

4 SYN/ACKパケットを受け取ったクライアントは、ACKフラグを「1」にセットしたACKパケットを返し、「ESTABLISHED」状態に移行します。ESTABLISHEDはコネクションが確立した状態です。この状態になって、はじめて実際のアプリケーションデータを送受信できるようになります。

5 ACKパケットを受け取ったサーバーはESTABLISHED状態に移行します。この状態になって、はじめて実際のアプリケーションデータを送受信できるようになります。これまでのシーケンス番号と確認応答番号のやりとりによって、アプリケーションデータの最初に付与されるシーケンス番号がそれぞれ確定します。

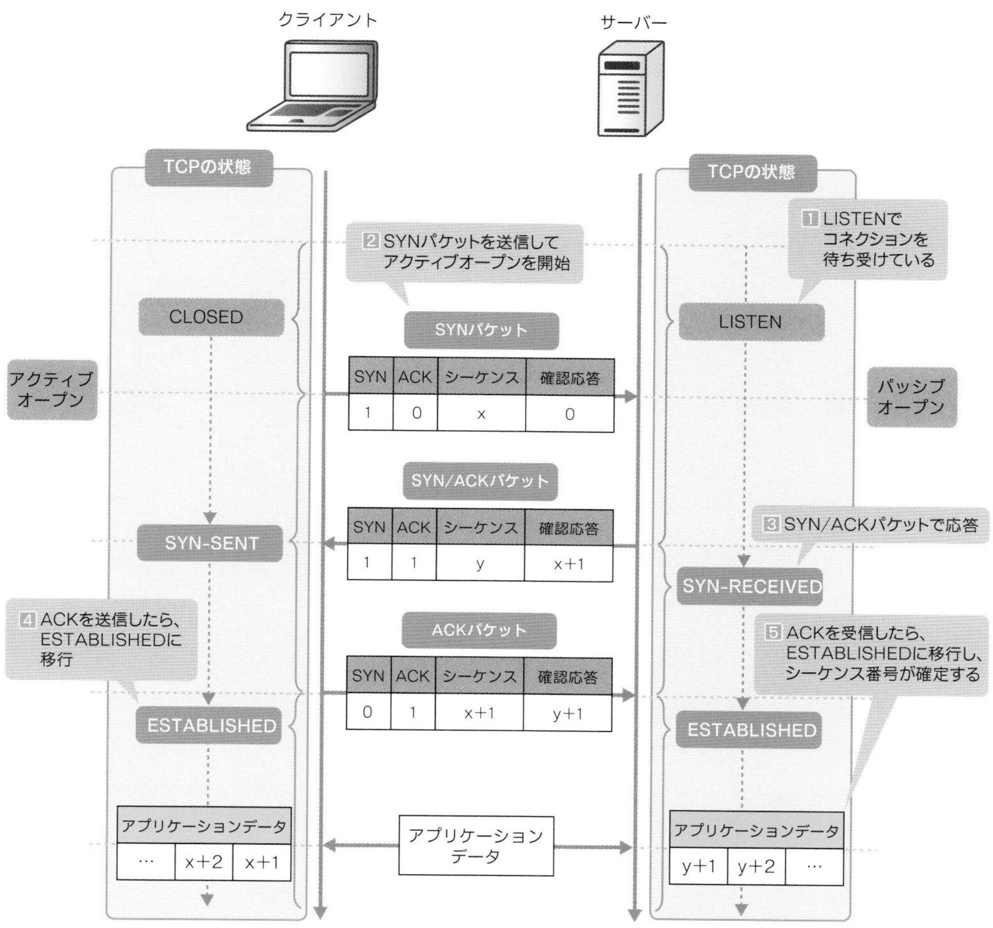

図 • 3ウェイハンドシェイク

接続確立フェーズ

3ウェイハンドシェイクが完了したら、実際のアプリケーションデータのやりとりが始まります。TCPは、アプリケーションデータ転送の信頼性を保つため、「フロー制御」「輻輳制御」「再送制御」という3つの制御をうまく組み合わせて転送を行っています。

フロー制御

フロー制御は、受信側の端末が行う流量調整です。 ウィンドウサイズの項（p.187）でも説明したとおり、受信側の端末はウィンドウサイズのフィールドを使用して、自分が受け取ることができるデータ量を通知しています。送信側の端末は、ウィンドウサイズまでは確認応答（ACK）を待たずにどんどんTCPセグメントを送りますが、それ以上のデータは送りません。そうすることによって、受信側の端末が受け取りきれるように考慮しつつ、可能なかぎりたくさんのデータを送信するようにしています。この一連の動作のことを「スライディングウィンドウ」といいます。

▶ 輻輳制御

輻輳制御は、送信側の端末が行う流量調整です[※7]。「輻輳（ふくそう）」とは、ざっくり言うと、ネットワークにおける混雑のことです。昼休みにインターネットをしていて、「遅いなー」「重いなー」と感じたことはありませんか。これは昼休みに入って、たくさんの人がインターネットを見るようになり、ネットワーク上のパケットが一気に混雑したことによるものです。パケットが混雑してくると、ネットワーク機器が処理しきれなくなったり、回線の帯域制限に引っかかったりして、パケットが消失したり、転送に時間がかかるようになったりします。その結果、体感的に「遅い！」「重い！」と感じるようになります。

TCPは、大量の送信パケットでネットワークが輻輳しないように、「輻輳制御アルゴリズム」によってパケットの送信数を制御します。このパケットの送信数のことを「輻輳ウィンドウ（cwnd、congestion window）」といいます。輻輳制御アルゴリズムは、輻輳してきたら輻輳ウィンドウを減らし、空いてきたら増やします。

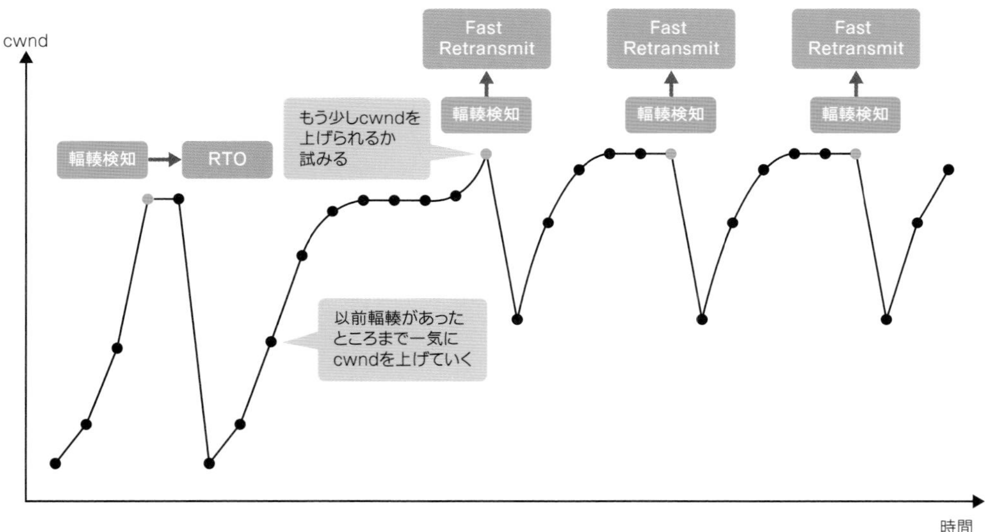

図 ● 輻輳制御のイメージ

輻輳制御アルゴリズムには、どのような情報をもとに輻輳状態を判断するかによって、いくつかの種類があります。どの輻輳制御アルゴリズムが使用されているかは、OSやそのバージョンによって異なりますが、2023年現在の主流はパケットロス（パケットの消失）をもとに輻輳状態を判断する「CUBIC」です。2023年現在、最新のWindows 10/11やmacOS、そして検証環境のUbuntuでもデフォルトでCUBICが使用されています。CUBICは、パケットロスを検出したら輻輳が発生していると判断して、輻輳ウィンドウを減らします。パケットロスを検出しなくなったら輻輳が解消していると判断して、輻輳ウィンドウを増やします。

※7　本書では、ECEフラグとCWRフラグを使用した明示的な輻輳制御については取り扱いません。

再送制御

再送制御は、パケットロスが発生したときに行うパケットの再送機能です。TCPは、ACKパケットによってパケットロスを検知し、パケットを再送します。再送制御が発動するタイミングは、受信側の端末がきっかけで行われる「重複ACK（Duplicate ACK）」と、送信側の端末がきっかけで行われる「再送タイムアウト（Retransmission Time Out、RTO）」の2つです。

重複ACK

受信側の端末は、受け取ったTCPセグメントのシーケンス番号が飛び飛びになると、パケットロスが発生したと判断して、確認応答が同じACKパケットを連続して送出します。このACKパケットのことを「重複ACK（Duplicate ACK）」といいます。

送信側の端末は、一定回数以上の重複ACKを受け取ると、対象となるTCPセグメント※8を再送します。重複ACKをトリガーとする再送制御のことを「Fast Retransmit（高速再送）」といいます。

再送タイムアウト

送信側の端末は、TCPセグメントを送信した後、ACK（確認応答）パケットを待つまでの時間を「再送タイマー（Retransmission Timer）」として保持しています。この再送タイマーは、短すぎず長すぎず、RTT（Round Trip Time、パケットの往復遅延時間）から数学的なロジックに基づいて算出されます。ざっくり言うと、RTTが短いほど再送タイマーも短くなります。再送タイマーはACKパケットを受け取るとリセットされます。

接続終了フェーズ

アプリケーションデータのやりとりが終わったら、「クローズ」と呼ばれるTCPコネクションの終了処理に入ります。コネクションのクローズに失敗すると、不要なコネクションが端末に溜まり続けてしまい、端末のリソースを圧迫しかねません。そこで、クローズの処理はオープンの処理よりもしっかり、かつ慎重に進めるようにできています。クライアントとサーバーは、終了処理の中でFINパケット（FINフラグが「1」のTCPセグメント）やRSTパケット（RSTフラグが「1」のTCPセグメント）を交換しあい、コネクションをクローズします。FINフラグは「もう送信するアプリケーションデータはありません」を意味するフラグで、上位アプリケーションの挙動にあわせた形で付与されます。RSTフラグは、コネクションの強制切断を意味するフラグで、TCP的に予期しないエラーが発生するなどして、コネクションをすぐに切断したいときなどに付与されます。ここでは、FINパケットを使用した一般的なクローズの処理について説明します。

p.191で説明したとおり、TCPコネクションのオープンは必ずクライアントのSYNから始まります。それに対して、クローズはクライアント、サーバーどちらのFINから始まると明確に定義されているわ

※8 SACK（p.189）が有効な場合はタイムアウトが発生したTCPセグメントのみ、無効な場合はタイムアウトが発生したTCPセグメント以降のTCPセグメントをすべて再送します。

けではありません。クライアント、サーバーの役割にかかわらず、先にFINを送出してTCPコネクションを終わらせに行く側の処理のことを「アクティブクローズ」、それを受け付ける側の処理のことを「パッシブクローズ」といいます。クローズの処理にはいくつかのパターンがあります。ここでは「4ウェイハンドシェイク」と「3ウェイハンドシェイク」、代表的な2パターンについて説明します。クローズの処理は、若干複雑なところがありますが、**TCP的な処理を行う「OS」と、アプリケーション的な処理を行う「アプリケーション」の連携を注視しながら順々に追っていくと、わかりやすいでしょう。**

▶ **4ウェイハンドシェイクパターン**

まず、最も基本な終了処理である4ウェイハンドシェイクのパターンです。ここではわかりやすくするために、クライアント側でアクティブクローズ、サーバー側でパッシブクローズを行うものとして説明します。

1 クライアントアプリケーションは予定したアプリケーションデータをやりとりし終わると、クライアントOSに対してクローズ要求を行います。クライアントOSはこのクローズ要求に応じて、アクティブクローズの処理を開始します。FINフラグとACKフラグを「1」にしたFIN/ACKパケットを送信し、サーバーからのFIN/ACKパケットを待つ「FIN-WAIT-1」状態に移行します。

2 FIN/ACKパケットを受け取ったサーバー OSは、パッシブクローズの処理を開始します。サーバーアプリケーションにクローズ処理の依頼をかけ、FIN/ACKパケットに対するACKパケットを送信します。また、あわせてサーバーアプリケーションからのクローズ要求を待つ「CLOSE-WAIT」状態に移行します。

3 ACKパケットを受け取ったクライアントOSは、サーバーからのFIN/ACKパケットを待つ「FIN-WAIT-2」状態に移行します。

4 サーバー OSは、サーバーアプリケーションからクローズ処理の要求があると、FIN/ACKパケットを送信し、自身が送信したFIN/ACKパケットに対するACKパケット、つまりクローズ処理における最後のACKパケットを待つ「LAST-ACK」状態に移行します。

5 サーバー OSからFIN/ACKを受け取ったクライアントOSは、それに対するACKパケットを送信し、「TIME-WAIT」状態に移行します。TIME-WAITは、もしかしたら遅れて届くかもしれないACKパケットを待つ、保険のような状態です。

6 ACKパケットを受け取ったサーバー OSは「CLOSED」状態に移行し、TCPコネクションを削除します。あわせて、このTCPコネクションのために確保していたリソースを解放します。これで、パッシブクローズの処理は終了です。

7 TIME-WAIT状態に移行しているクライアントOSは、設定された時間(タイムアウト)を待って「CLOSED」状態に移行し、コネクションを削除します。あわせて、このコネクションのために確保していたリソースを解放します。これで、アクティブクローズの処理は終了です。

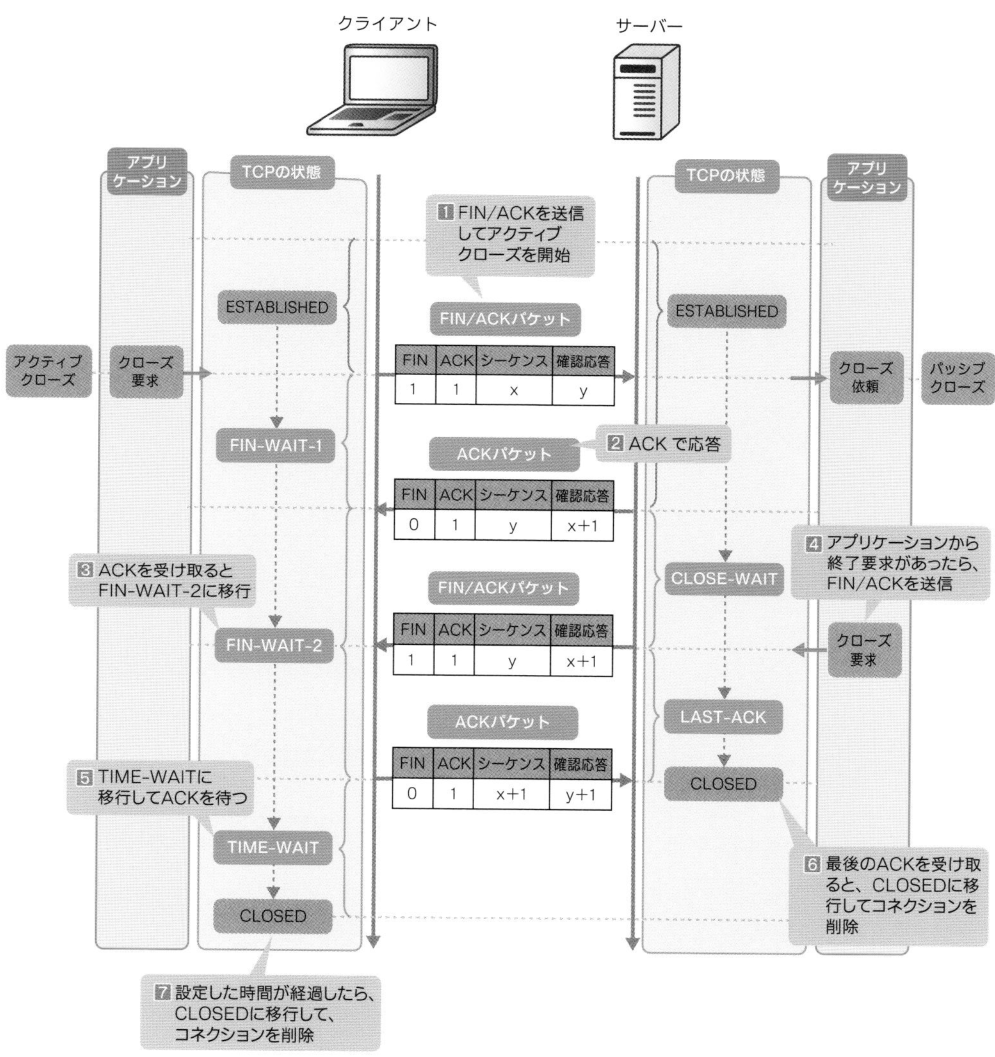

図 ● 4ウェイハンドシェイクによるクローズ処理

▶ 3ウェイハンドシェイクパターン

続いて、パッシブクローズ側のアプリケーションが即座にクローズ処理したときに起きうる3ウェイハンドシェイクのパターンです。ここでもわかりやすくするために、クライアント側でアクティブクローズ、サーバー側でパッシブクローズを行うものとして説明します。

1 最初は4ウェイハンドシェイクのときと同じです。クライアントOSは、クライアントアプリケーションからクローズ要求が入るとアクティブクローズの処理を開始し、FIN/ACKパケットを送信します。また、あわせてFIN-WAIT-1状態に移行します。

2 FIN/ACKパケットを受け取ったサーバーOSは、パッシブクローズの処理を開始し、サーバーアプリケーションにクローズ処理の依頼をかけます。クローズ処理の依頼を受け取ったサーバーアプリケーションは即座に処理を行い、サーバーOSがACKを返すよりも前にサーバーOSにクローズ処理を要求します。クローズ処理の要求を受け取ったサーバーOSは、FIN/ACKパケットを送信し、それに対するACKパケットを待つ「LAST-ACK」状態に移行します。このFIN/ACKパケットは、4ウェイハンドシェイクにおける2のACKパケットと3のFIN/ACKパケットをまとめたものと考えてよいでしょう。

3 サーバーからFIN/ACKパケットを受け取ったクライアントOSは、それに対するACKパケットを送信し、TIME-WAIT状態に移行します。

4 ここからはまた4ウェイハンドシェイクのときと同じです。ACKパケットを受け取ったサーバーはCLOSED状態に移行し、コネクションを削除します。あわせてこのTCPコネクションのために確保していたリソースを解放します。これで、パッシブクローズの処理は終了です。

5 TIME-WAIT状態に移行しているクライアントOSは、設定された時間（タイムアウト）を待って「CLOSED」状態に移行し、コネクションを削除します。あわせて、このコネクションのために確保していたリソースを解放します。これで、アクティブクローズの処理は終了です。

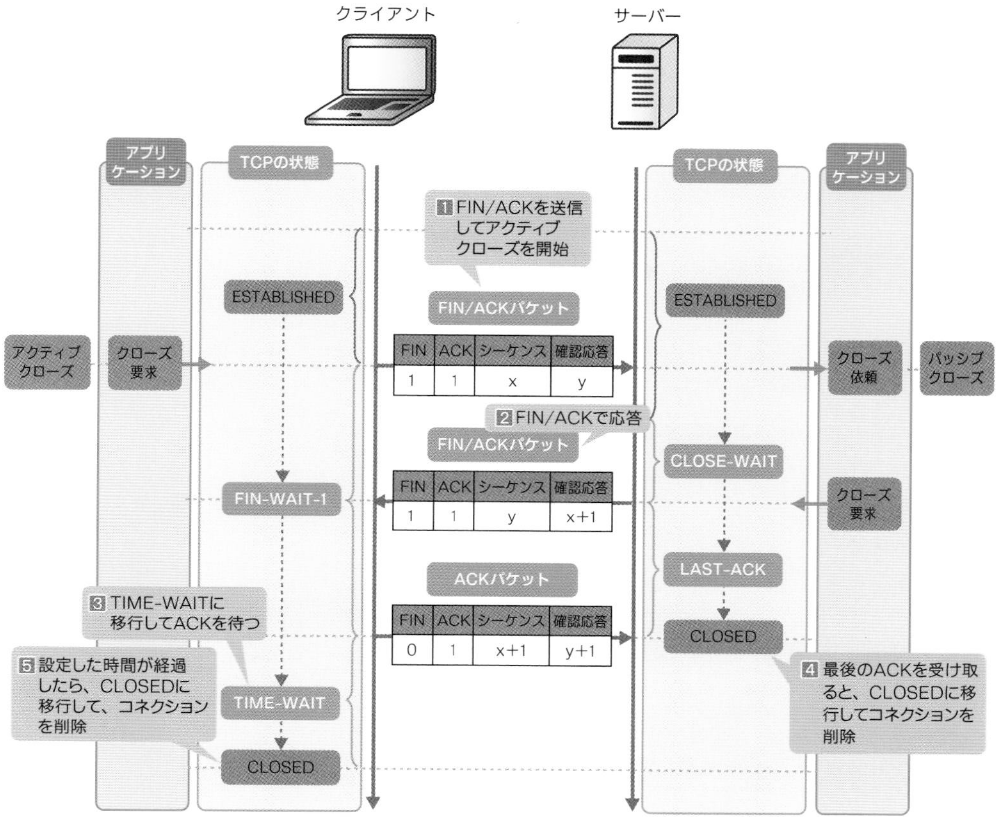

図 • 3ウェイハンドシェイクによるクローズ処理

実践で知ろう

では、実際に検証環境を利用して、TCPセグメントを見てみましょう。設定ファイルは、そのまま「spec_04.yaml」を使用します。ここでは、実際にやりとりされるTCPセグメントをキャプチャし、中身を解析していきます。

パケットをキャプチャしよう

まず、検証環境でTCPセグメントをキャプチャしましょう。キャプチャに先立って、役に立ちそうなtcpdumpのフィルターを紹介しておきます。これらをオプションとあわせて入力します。複数のフィルターを「and」や「or」でつないで、キャプチャするパケットをさらに絞り込むことも可能です。

キャプチャフィルター	意味
tcp	すべてのTCPセグメント
tcp port <ポート番号>	送信元ポート番号、あるいは宛先ポート番号が指定したポート番号のTCPセグメント

tcp src port <ポート番号>	送信元ポート番号が指定したポート番号のTCPセグメント
tcp dst port <ポート番号>	宛先ポート番号が指定したポート番号のTCPセグメント
'(tcp[tcpflags] & tcp-syn)' != 0	SYNビットが「1」のTCPセグメント
'(tcp[tcpflags] & tcp-ack)' != 0	ACKビットが「1」のTCPセグメント
'(tcp[tcpflags] & tcp-rst)' != 0	RSTビットが「1」のTCPセグメント
'(tcp[tcpflags] & tcp-fin)' != 0	FINビットが「1」のTCPセグメント

表 ● TCPに関する代表的なキャプチャフィルター

TCPセグメントをキャプチャしましょう。ここでは、家庭内LANにいるcl1から、インターネットにいるns1のファイル（/var/tmp/10KB）をダウンロードし、そのパケットをns1でキャプチャします。では、具体的な流れについて、順を追って説明します。

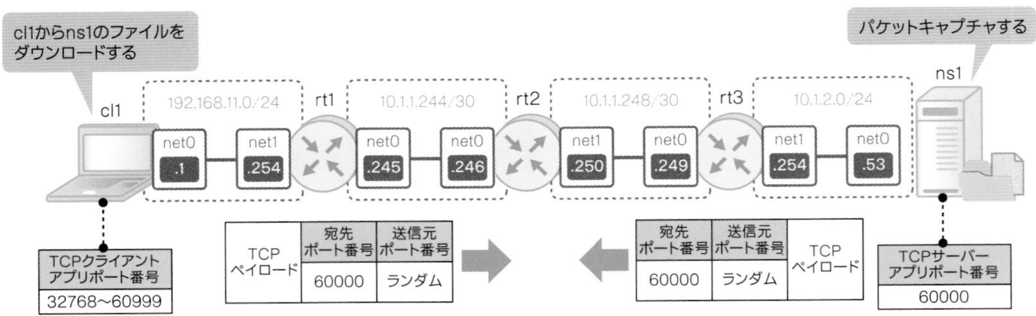

図 ● cl1からns1のファイルをダウンロードする

1 ns1をTCPサーバーにして、TCPセグメントを待ち受ける準備をします。ここでは、TCPサーバーに、UDPサーバーと同じく、ncコマンドを使用します。**ns1にログインして、ncコマンドを実行し、宛先ポート番号が60000番のTCPセグメントを待ち受けます。** また、あわせて「/var/tmp」に作成した「10KB」という名前の10キロバイトのテストファイルを転送できるようにします。ちなみに、このテストファイルは、tinetの設定ファイルで作成してあります。

```
root@ns1:/# nc -l 60000 < /var/tmp/10KB
```

図 ● TCPサーバーを起動する

念のため、宛先ポート番号が60000番のTCPセグメントを受け入れられるようになっているかをssコマンドで確認しておきましょう。もう1つウィンドウ、あるいはタブを開いてns1にログインし、ssコマンドを実行してください。すると、**ncコマンドのプロセスが60000番でパケットを待ち受けている（LISTEN状態である）ことがわかります。**

```
root@ns1:/# ss -nltp
```

```
State    Recv-Q Send-Q  Local Address:Port  Peer Address:Port Process
LISTEN   0      256        127.0.0.1:8953        0.0.0.0:*    users:(("unbound",pid=115,fd=5))
LISTEN   0      1            0.0.0.0:60000       0.0.0.0:*    users:(("nc",pid=308,fd=3))
LISTEN   0      256          0.0.0.0:53          0.0.0.0:*    users:(("unbound",pid=115,fd=4))
```

図 ● ssコマンドの表示結果

2 続いて、同じくns1でtcpdumpコマンドを実行し、これからやりとりされるパケットに備えます。ここでは、ns1のnet0でやりとりされる送信元ポート番号、あるいは宛先ポート番号が「60000」のTCPセグメントをキャプチャし、コンテナ上にある「/tmp/tinet」というフォルダに「tcp.pcapng」というファイル名で書き込むようにしています。

```
root@ns1:/# tcpdump -i net0 -w /tmp/tinet/tcp.pcapng tcp port 60000
tcpdump: listening on net0, link-type EN10MB (Ethernet), capture size 262144 bytes
```

図 ● tcpdumpコマンドを実行

3 cl1でns1のファイルをダウンロードします。cl1にログインし、「nc -v 10.1.2.53 60000 > /dev/null」と入力しましょう。ちなみに、ns1からダウンロードしたファイル(10KB)を「/dev/null」という特殊ファイルに捨てています。ダウンロードが終わったら、ctrl+cを押して、ncコマンドを終了してください。

```
root@cl1:/# nc -v 10.1.2.53 60000 > /dev/null
Connection to 10.1.2.53 60000 port [tcp/*] succeeded!
```

図 ● ns1のファイルをダウンロード

4 ns1でCtrl+cを押して、tcpdumpを終了します。

パケットを解析しよう

続いて、前項でキャプチャしたTCPセグメントを解析していきます。解析に先立って、役に立ちそうなWiresharkの表示フィルターを紹介しておきましょう。これらをフィルターツールバーに入力します。複数の表示フィルターを「and」や「or」でつないで、表示するパケットをさらに絞り込むことも可能です。

フィールド名	フィールド名が表す意味	記述例
tcp	TCPのセグメントすべて	tcp
tcp.stream	TCPコネクション	tcp.stream == 1
tcp.port	ポート番号	tcp.port == 80
tcp.srcport	送信元ポート番号	tcp.srcport == 31954
tcp.dstport	宛先ポート番号	tcp.dstport == 80
tcp.seq	シーケンス番号	tcp.seq <= 500

tcp.flags.syn	SYNフラグ	tcp.flags.syn == 1
tcp.flags.ack	ACKフラグ	tcp.flags.ack == 1
tcp.analysis.flags	TCP分析情報がセットされているTCPセグメント	tcp.analysis.flags
tcp.analysis.lost_segment	1つ前のセグメントがロストしているTCPセグメント	tcp.analysis.lost_segment
tcp.analysis.fast_retransmission	Fast Retransmitによって再送されたTCPセグメント	tcp.analysis.fast_retransmission
tcp.analysis.reused_ports	同じポート番号を再利用されたTCPセグメント	tcp.analysis.reused_ports
tcp.analysis.out_of_order	順番が入れ替わったTCPセグメント	tcp.analysis.out_of_order
tcp.analysis.window_update	ウインドウサイズが拡張されたTCPセグメント	tcp.analysis.window_update
tcp.analysis.window_full	受信側端末のバッファがいっぱいになることを示すTCPセグメント	tcp.analysis.window_full
tcp.analysis.zero_window	ウィンドウサイズが0のTCPセグメント	tcp.analysis.zero_window

表●TCPに関する代表的な表示フィルター

では、Wiresharkで「C:¥tinet」にある「tcp.pcapng」を開いてみましょう。すると、たくさんのパケットが見えるはずです。これらが10キロバイト分のデータを運んだTCPセグメントです。

まずは、1番上のパケットをダブルクリックしてみましょう。すると、ヘッダーが「送信元ポート番号」や「宛先ポート番号」、「シーケンス番号」や「確認応答番号（ACK番号）」など、たくさんのフィールドで構成されていることがわかります。

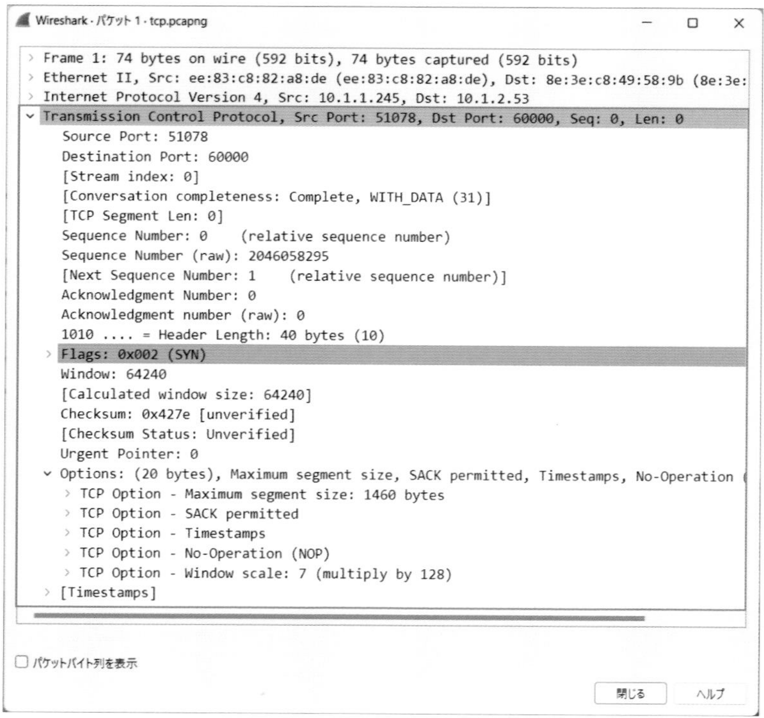

図●TCPセグメント

続いて、接続フェーズごとにどのようなTCPセグメントがやりとりされているのか見ていきましょう。全体を俯瞰してみると、次図のように接続開始フェーズ、接続確立フェーズ、接続終了フェーズと、3つのフェーズを分けることができます。

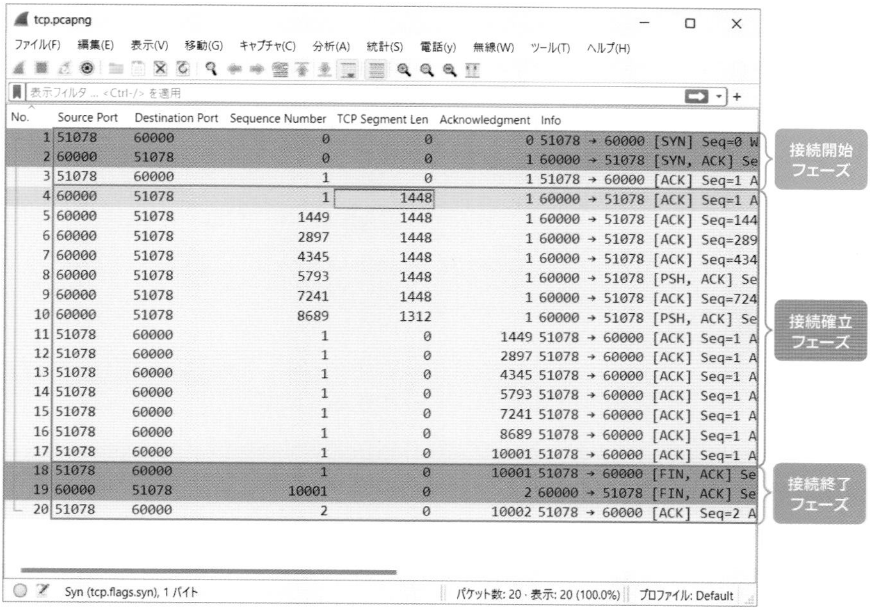

tcp.pcapng

ファイル(F) 編集(E) 表示(V) 移動(G) キャプチャ(C) 分析(A) 統計(S) 電話(y) 無線(W) ツール(T) ヘルプ(H)

表示フィルタ ... <Ctrl-/> を適用

No.	Source Port	Destination Port	Sequence Number	TCP Segment Len	Acknowledgment	Info
1	51078	60000	0	0	0	51078 → 60000 [SYN] Seq=0 W
2	60000	51078	0	0	1	60000 → 51078 [SYN, ACK] Se
3	51078	60000	1	0	1	51078 → 60000 [ACK] Seq=1 A
4	60000	51078	1	1448	1	60000 → 51078 [ACK] Seq=1 A
5	60000	51078	1449	1448	1	60000 → 51078 [ACK] Seq=144
6	60000	51078	2897	1448	1	60000 → 51078 [ACK] Seq=289
7	60000	51078	4345	1448	1	60000 → 51078 [ACK] Seq=434
8	60000	51078	5793	1448	1	60000 → 51078 [PSH, ACK] Se
9	60000	51078	7241	1448	1	60000 → 51078 [ACK] Seq=724
10	60000	51078	8689	1312	1	60000 → 51078 [PSH, ACK] Se
11	51078	60000	1	0	1449	51078 → 60000 [ACK] Seq=1 A
12	51078	60000	1	0	2897	51078 → 60000 [ACK] Seq=1 A
13	51078	60000	1	0	4345	51078 → 60000 [ACK] Seq=1 A
14	51078	60000	1	0	5793	51078 → 60000 [ACK] Seq=1 A
15	51078	60000	1	0	7241	51078 → 60000 [ACK] Seq=1 A
16	51078	60000	1	0	8689	51078 → 60000 [ACK] Seq=1 A
17	51078	60000	1	0	10001	51078 → 60000 [ACK] Seq=1 A
18	51078	60000	1	0	10001	51078 → 60000 [FIN, ACK] Se
19	60000	51078	10001	0	2	60000 → 51078 [FIN, ACK] Se
20	51078	60000	2	0	10002	51078 → 60000 [ACK] Seq=2 A

接続開始フェーズ

接続確立フェーズ

接続終了フェーズ

Syn (tcp.flags.syn), 1 バイト　パケット数: 20 · 表示: 20 (100.0%)　プロファイル: Default

図 ● 全体的なパケットのやりとり※9

では、ここからひとつひとつのフェーズを区切って、もう少し詳しく見ていきましょう。

接続開始フェーズ

p.191で説明したとおり、**TCPはSYN → SYN/ACK → ACKの3ウェイハンドシェイクから始まります。**最初の3パケットの「Info」列を見ると、そのようなフラグの流れになっていることがわかります。cl1は、ncコマンドが入力されると、アクティブオープンの処理に入り、SYNパケットを送信します。SYNパケットを受け取ったns1は、パッシブオープンの処理に入り、SYN/ACKパケットを送信します。SYN/ACKパケットを受け取ったcl1は、ACKパケットを送信して、3ウェイハンドシェイクは完了です。お互いにESTABLISHED状態に移行し、アプリケーションデータをやりとりし始めます。

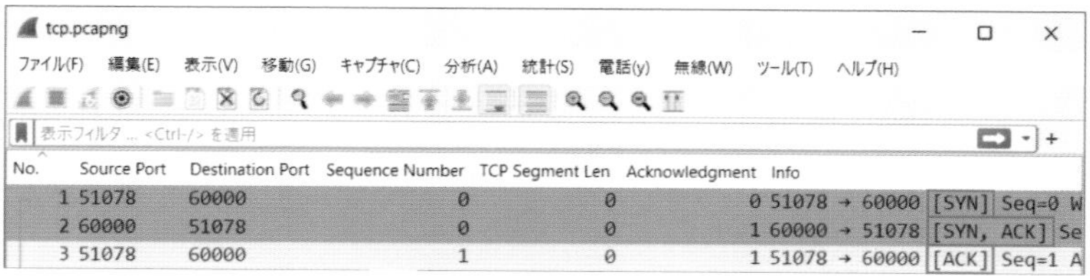

tcp.pcapng

ファイル(F) 編集(E) 表示(V) 移動(G) キャプチャ(C) 分析(A) 統計(S) 電話(y) 無線(W) ツール(T) ヘルプ(H)

表示フィルタ ... <Ctrl-/> を適用

No.	Source Port	Destination Port	Sequence Number	TCP Segment Len	Acknowledgment	Info
1	51078	60000	0	0	0	51078 → 60000 [SYN] Seq=0 W
2	60000	51078	0	0	1	60000 → 51078 [SYN, ACK] Se
3	51078	60000	1	0	1	51078 → 60000 [ACK] Seq=1 A

図 ● 接続開始フェーズ

※9 やりとりの流れがわかりやすくなるようにWiresharkの列の内容をカスタマイズしてあります。

接続確立フェーズ

3ウェイハンドシェイクが終わると、アプリケーションデータのやりとりを行います。上から4番目のパケット（次図では1番上のパケット）を見ると、TCPペイロードの長さを表す「TCP Segment Length」列が大きくなり、ns1から何らかのデータが運ばれていることがわかります。ここでは、ns1が10キロバイトのアプリケーションデータを1448バイト※10ずつ7個に分割して、一気に送信しています。そのあと、cl1がそれぞれのTCPセグメントに対するACKパケットを返しています。

tcp.pcapng

ファイル(F) 編集(E) 表示(V) 移動(G) キャプチャ(C) 分析(A) 統計(S) 電話(y) 無線(W) ツール(T) ヘルプ(H)

表示フィルタ … <Ctrl-/> を適用

No.	Source Port	Destination Port	Sequence Number	TCP Segment Len	Acknowledgment	Info
4	60000	51078	1	1448	1	60000 → 51078 [ACK] Seq=1 A
5	60000	51078	1449	1448	1	60000 → 51078 [ACK] Seq=144
6	60000	51078	2897	1448	1	60000 → 51078 [ACK] Seq=289
7	60000	51078	4345	1448	1	60000 → 51078 [ACK] Seq=434
8	60000	51078	5793	1448	1	60000 → 51078 [PSH, ACK] Se
9	60000	51078	7241	1448	1	60000 → 51078 [ACK] Seq=724
10	60000	51078	8689	1312	1	60000 → 51078 [PSH, ACK] Se
11	51078	60000	1	0	1449	51078 → 60000 [ACK] Seq=1 A
12	51078	60000	1	0	2897	51078 → 60000 [ACK] Seq=1 A
13	51078	60000	1	0	4345	51078 → 60000 [ACK] Seq=1 A
14	51078	60000	1	0	5793	51078 → 60000 [ACK] Seq=1 A
15	51078	60000	1	0	7241	51078 → 60000 [ACK] Seq=1 A
16	51078	60000	1	0	8689	51078 → 60000 [ACK] Seq=1 A
17	51078	60000	1	0	10001	51078 → 60000 [ACK] Seq=1 A

図●接続確立フェーズ

接続終了フェーズ

ncコマンドは、Ctrl＋cを押したら、FIN/ACKパケットを送出して、接続終了フェーズに入ります。

cl1は、Ctrl＋cが入力されると、アクティブクローズの処理に入り、FIN/ACKパケットを送出します（下から3番目のパケット）。FIN/ACKパケットを受け取ったns1は、パッシブクローズの処理に入り、FIN/ACKパケットを送出します（下から2番目のパケット）。FIN/ACKパケットを受け取ったcl1は、それに対するACKパケットを送信し（最後のパケット）、接続終了処理は完了です。ここでは3ウェイハンドシェイクで接続終了処理が行われたことがわかります。

tcp.pcapng

ファイル(F) 編集(E) 表示(V) 移動(G) キャプチャ(C) 分析(A) 統計(S) 電話(y) 無線(W) ツール(T) ヘルプ(H)

表示フィルタ … <Ctrl-/> を適用

No.	Source Port	Destination Port	Sequence Number	TCP Segment Len	Acknowledgment	Info
18	51078	60000	1	0	10001	51078 → 60000 [FIN, ACK] Se
19	60000	51078	10001	0	2	60000 → 51078 [FIN, ACK] Se
20	51078	60000	2	0	10002	51078 → 60000 [ACK] Seq=2 A

図●接続終了フェーズ

※10　1448バイト＝1500バイト（MTU）－20バイト（IPヘッダー）－20バイト（TCPヘッダー）－12バイト（タイムスタンプ）

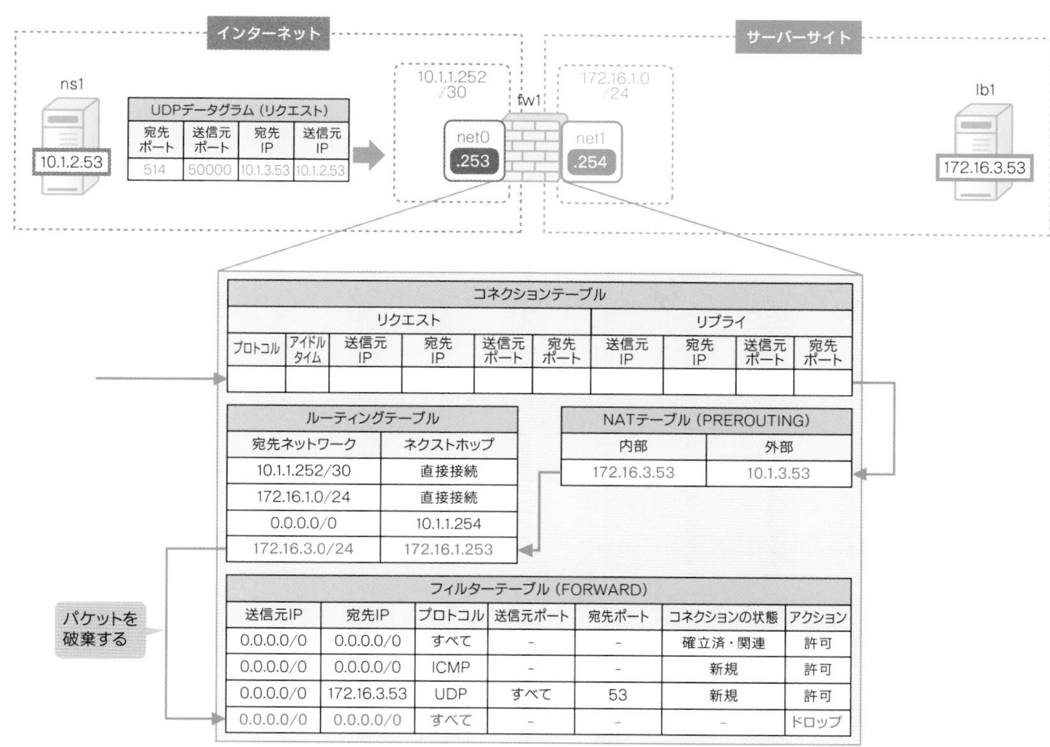

図●ドロップの場合は、パケットを破棄する

3 アクションが許可（ACCEPT）のファイアウォールルールにヒットした場合は、DNSやNTPのように、サーバーからのリプライ（レスポンス、応答）が発生する場合があります。lb1からのリプライパケットは、NAT後のリクエストパケットの送信元IPアドレス・ポート番号と宛先IPアドレス・ポート番号を入れ替えたものです。fw1は、サーバー側のインターフェース（net1）でリプライパケットを受け取ると、コネクションテーブルを見て、対応するコネクションエントリがないかを確認します。すると、リクエストパケットによって作成されたコネクションエントリがあります。そのコネクションエントリのアイドルタイムアウト値（コネクションを削除するまでの時間）※3をリセットします。そのあと、確立済みのコネクションとして、その情報をもとにNAT※4やルーティングの処理を実行し、フィルターテーブルと照合します。確立済みのコネクションは許可されているので、ns1に転送します。

※3 iptablesの場合、UDPのデフォルトのアイドルタイムアウト値は30秒です。
※4 iptablesの場合、新規コネクションのみNATテーブルを参照します。確立済みのコネクションについては、NATテーブルを参照せず、コネクションエントリの情報を使用してNATを行います。

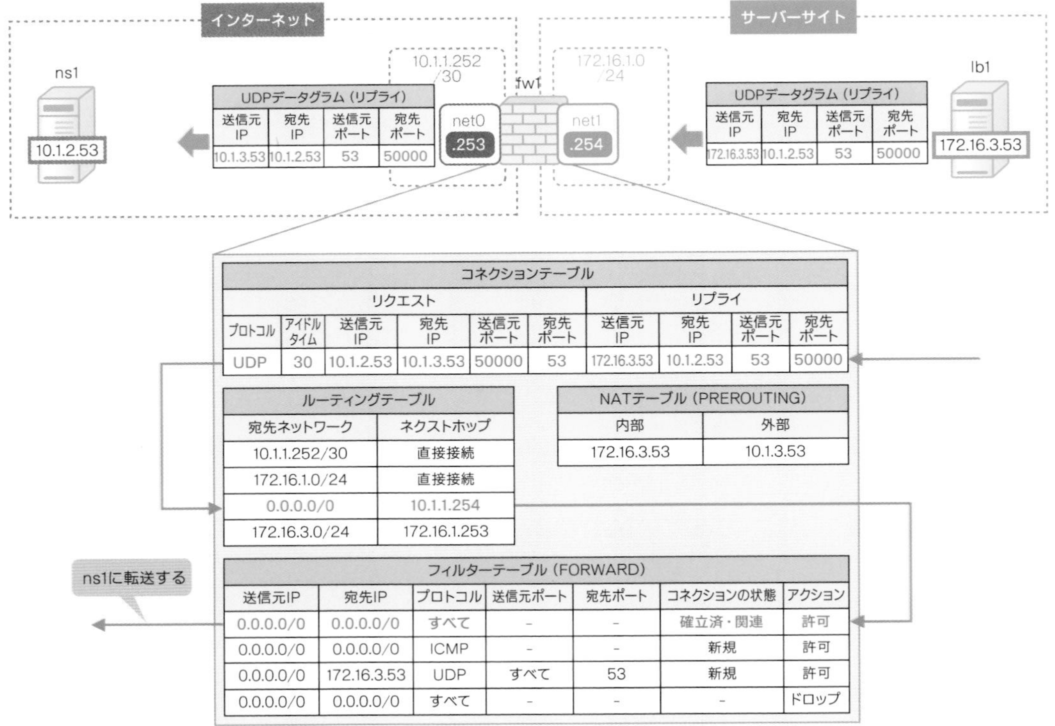

図 ● コネクションエントリを見て、クライアントにリプライを返す

4 fw1は通信が終了したら、コネクションエントリのアイドルタイムアウト値をカウントダウンします。アイドルタイムアウト値が0になったら、コネクションエントリを削除します。iptablesのUDPのアイドルタイムアウトはデフォルトで30秒です。そのコネクションエントリが使用されずに30秒経過したら、コネクションエントリは削除されます。

実践で知ろう

それでは、検証環境を用いて、UDPファイアウォールを設定し、実際の動作を見ていきましょう。ここでは「spec_04.yaml」のfw1を設定して、インターネットからlb1上にあるDNSサーバーを防御します。具体的には、疎通確認のためにICMPのEcho Requestを全体的に許可、DNSサーバーに対する宛先ポート番号が53番のUDPデータグラム（以下、UDP/53）を許可、それ以外をドロップします。

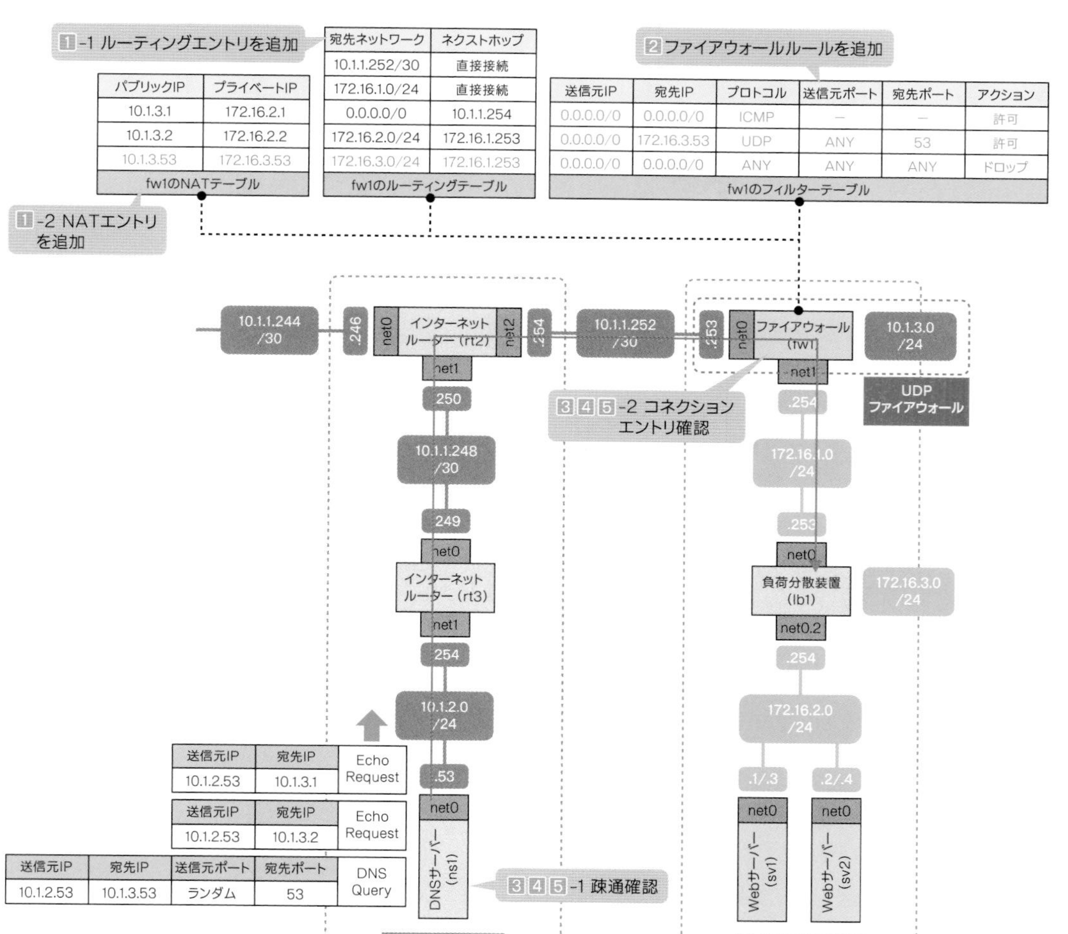

図 ● 実践項で行う作業※5

1 まず、lb1上で動作しているDNSサーバーをインターネットに公開しましょう。ここではDNSサーバーに割り当てるプライベートIPアドレス「172.16.3.53」と公開IPアドレス「10.1.3.53」を静的NATで1:1に紐づけます。

その前に、**負荷分散用IPアドレスやDNSサーバーのIPアドレスとして使用する「172.16.3.0/24」に対するルートを確保します。**「172.16.3.0/24」は、net0やnet1などのインターフェースに割り当てられているわけではなく、lb1が内部的に持ちます。lb1はfw1からルーティングされてきた「172.16.3.0/24」宛てのパケットを受け取ると、いったん自分の中に引き込み、対象となるパケットに対して負荷分散やDNSの処理を行います。機器の内部にIPアドレスを持つという点においては、ちょうどfw1における公開IPネットワーク（10.1.3.0/24）と同じ位置づけと考えてよいでしょう。

※5 図中の負荷分散装置がDNSサーバーの役割を兼ねています。p.232のlb1の説明もあわせて参照してください。

では、fw1にログインして、vtyshコマンドでVTYシェルに入り、show ip routeコマンドでルーティングテーブルを確認します。すると、ルーティングの実践項で設定したデフォルトルート（0.0.0.0/0）と、NATの実践項で設定したsv1/sv2宛てのルート（172.16.2.0/24）しかありません。「172.16.3.0/24」宛てのルートがありません。

```
root@fw1:/# vtysh

Hello, this is FRRouting (version 8.4.1).
Copyright 1996-2005 Kunihiro Ishiguro, et al.

fw1# show ip route
Codes: K - kernel route, C - connected, S - static, R - RIP,
       O - OSPF, I - IS-IS, B - BGP, E - EIGRP, N - NHRP,
       T - Table, v - VNC, V - VNC-Direct, A - Babel, F - PBR,
       f - OpenFabric,
       > - selected route, * - FIB route, q - queued, r - rejected, b - backup
       t - trapped, o - offload failure

S>* 0.0.0.0/0 [1/0] via 10.1.1.254, net0, weight 1, 04:25:50
C>* 10.1.1.252/30 is directly connected, net0, 04:25:50
C>* 172.16.1.0/24 is directly connected, net1, 04:25:50
S>* 172.16.2.0/24 [1/0] via 172.16.1.253, net1, weight 1, 04:25:50
```

図●現状のルーティングテーブル

そこで「172.16.3.0/24」宛ての静的ルートを設定します。configure terminalコマンドでグローバルコンフィギュレーションモードに入り、ip routeコマンドで静的ルートを設定します。そのあと、念のため、exitコマンドでグローバルコンフィギュレーションモードから抜け、show ip routeコマンドでルーティングエントリが追加されていることを確認してください。確認できたら、exitコマンドでVTYシェルから抜けます。

```
fw1# configure terminal
fw1(config)# ip route 172.16.3.0/24 172.16.1.253
fw1(config)# exit
fw1# show ip route
Codes: K - kernel route, C - connected, S - static, R - RIP,
       O - OSPF, I - IS-IS, B - BGP, E - EIGRP, N - NHRP,
       T - Table, v - VNC, V - VNC-Direct, A - Babel, F - PBR,
       f - OpenFabric,
       > - selected route, * - FIB route, q - queued, r - rejected, b - backup
       t - trapped, o - offload failure

S>* 0.0.0.0/0 [1/0] via 10.1.1.254, net0, weight 1, 04:23:16
C>* 10.1.1.252/30 is directly connected, net0, 04:23:16
C>* 172.16.1.0/24 is directly connected, net1, 04:23:16
```

```
S>* 172.16.2.0/24 [1/0] via 172.16.1.253, net1, weight 1, 04:23:16
S>* 172.16.3.0/24 [1/0] via 172.16.1.253, net1, weight 1, 04:23:16

fw1# exit
```

図 ● fw1の設定とルーティングテーブル

これでlb1上のDNSサーバーに対するルートを確保できました。続いて、iptablesコマンドで、静的NATを設定します。VTYシェルから抜け、NATテーブルに対して(-t nat)、宛先IPアドレスが「10.1.3.53」のIPパケットを受信したら(-d 10.1.3.53)、ルーティングする前に(-A PREROUTING)、宛先IPアドレスを「172.16.3.53」に変換(-j DNAT --to 172.16.3.53)するNATエントリを追加します。

```
root@fw1:/# iptables -t nat -A PREROUTING -d 10.1.3.53 -j DNAT --to 172.16.3.53
```

図 ● 静的NATを設定する

念のため、iptablesコマンドでNATテーブルを確認しましょう。DNSサーバーのためのNATエントリが追加されていることがわかります。

```
root@fw1:/# iptables -t nat -nL PREROUTING
Chain PREROUTING (policy ACCEPT)
target     prot opt source               destination
DNAT       all  --  0.0.0.0/0            10.1.3.1             to:172.16.2.1
DNAT       all  --  0.0.0.0/0            10.1.3.2             to:172.16.2.2
DNAT       all  --  0.0.0.0/0            10.1.3.53            to:172.16.3.53
```

図 ● NATテーブルの確認

2 さて、これでlb1上のDNSサーバーをインターネットに公開できました。ただ、現状NATの設定しかしていないので、すべての通信を許可してしまいます。インターネットからは攻撃し放題です。そこで、fw1にファイアウォールの設定をしていきます。先述のとおり、ここでは、疎通確認のためにICMPのEcho Requestを全体的に許可、DNSサーバーに対するUDP/53を許可、それ以外をドロップします。

送信元IPアドレス	宛先IPアドレス	プロトコル	送信元ポート番号	宛先ポート番号	アクション
ANY (0.0.0.0/0)	ANY (0.0.0.0/0)	ICMP (Echo Request)	—	—	許可
ANY (0.0.0.0/0)	DNSサーバー (10.1.3.53)	UDP	ANY	53	許可
ANY (0.0.0.0/0)	ANY (0.0.0.0/0)	ANY	ANY	ANY	ドロップ

表 ● 設定したいファイアウォール要件

ファイアウォールの設定にも、NATと同じく、iptablesコマンドを使用します。**iptablesは、「filterテーブル」という名前のフィルターテーブルと、「conntrackテーブル」[※6]という名前のコネクションテーブルを使用して、ステートフルインスペクションを実現できます。**ステートフルインスペクションを実行できるタイミング(チェイン)は、「ほかの端末に転送するとき(FORWARD)」「ローカルプロセスに入るとき(INPUT)」「ローカルプロセスから出力されるとき(OUTPUT)」の3つで、このうちファイアウォールとして使用する場合は、ほかの端末にパケットを転送する(FORWARD)タイミングで実行します。使用できるオプションについては、p.162を参照してください。

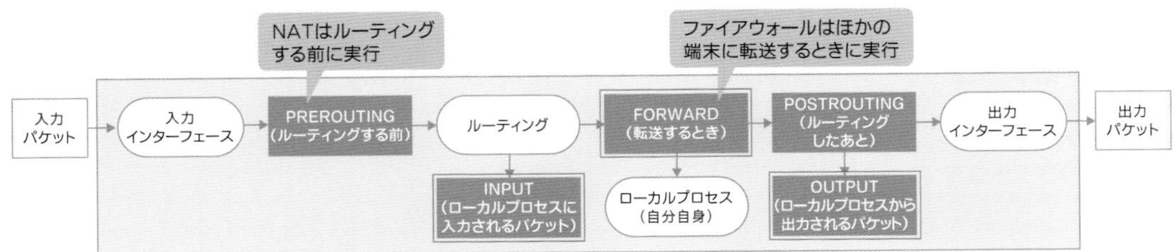

図 ● iptablesでファイアウォールの処理を行うタイミング(チェイン)

では、要件ごとにひとつひとつコマンドを入力していきましょう。

まず、整合性のある通信だけを許可するために、「iptables -t filter -A FORWARD -m conntrack --ctstate ESTABLISHED,RELATED -j ACCEPT」と入力します。このコマンドで、filterテーブルに対して(-t filter)、ほかの端末に転送するとき(-A FORWARD)、すでにコネクションが確立しているコネクションのパケットやそれに関連するパケット(-m conntrack --ctstate ESTABLISHED, RELATED)を許可する(-j ACCEPT)ためのファイアウォールルールを追加しています。このファイアウォールルールは、特にファイアウォール要件として定義されているわけではありませんが、ステートフルインスペクションの機能を実現するために設定する必要があります。

次に、ICMPのEcho Request (タイプ:8)を許可するために、「iptables -t filter -A FORWARD -m conntrack --ctstate NEW -p icmp -m icmp --icmp-type echo-request -j ACCEPT」を入力します。このコマンドで、filterテーブルに対して(-t filter)、ほかの端末に転送するとき(-A FORWARD)、ICMPの(-p icmp -m icmp) Echo Requestの(--icmp-type echo-request) 新規接続を(-m conntrack --state NEW)許可する(-j ACCEPT)ためのファイアウォールルールを追加しています。

続いて、DNSサーバーに対するUDP/53を許可するために、「iptables -t filter -A FORWARD -m conntrack --ctstate NEW -d 172.16.3.53 -p udp -m udp --dport 53 -j ACCEPT」を入力します。このコマンドで、filterテーブルに対して(-t filter)、ほかの端末に転送するとき(-A FORWARD)、宛先IPアドレスが「172.16.3.53[※7]」(-d 172.16.3.53)、宛先ポート番号が「53」で(--dport 53)新規接続の(-m conntrack --ctstate NEW) UDPデータグラムを(-p udp -m udp)許可する(-j ACCEPT)

※6 「conntrack」という拡張モジュールを使用して、conntrackテーブルを管理しています。
※7 ルーティングする前(PREROUTING)に変換(NAT)され、転送されるとき(FORWARD)に通信制御されるので、宛先IPアドレスはNAT後のIPアドレス(172.16.3.53)を指定する必要があります。

ためのファイアウォールルールを追加しています。

最後に、それ以外のパケットをドロップするために「iptables -t filter -P FORWARD DROP」と入力します。このコマンドで、filterテーブルに対して(-t filter)、ほかの端末に転送するときのデフォルトの動作を(-P FORWARD)ドロップする(DROP)ようにしています。実質的に最後に処理が実行されます。

```
root@fw1:/# iptables -t filter -A FORWARD -m conntrack --ctstate ESTABLISHED,RELATED -j
ACCEPT
root@fw1:/# iptables -t filter -A FORWARD -m conntrack --ctstate NEW -p icmp -m icmp
--icmp-type echo-request -j ACCEPT
root@fw1:/# iptables -t filter -A FORWARD -m conntrack --ctstate NEW -d 172.16.3.53 -p udp
-m udp --dport 53 -j ACCEPT
root@fw1:/# iptables -t filter -P FORWARD DROP
```

図● iptablesの設定

念のため、「iptables -t filter -vnL --line-numbers」で、フィルターテーブルを確認します。すると、パケットを転送するときに(FORWARD)、確立済み・関連通信(RELATED、ESTABLISHED)、ICMP(タイプ:8)、UDP/53を許可する3つのファイアウォールルールと、それ以外の通信をドロップするデフォルトのルールがあることがわかります。**まだ設定したばかりなので、ルールにヒットしたパケットの数を表す「pkts列」と、データ量を表す「bytes列」のカウントはすべて「0」です。**

```
root@fw1:/# iptables -t filter -vnL FORWARD --line-numbers
Chain FORWARD (policy DROP 0 packets, 0 bytes)
num pkts bytes target  prot opt in  out  source      destination
1      0     0 ACCEPT  all  --  *   *    0.0.0.0/0   0.0.0.0/0     ctstate RELATED,ESTABLISHED
2      0     0 ACCEPT  icmp --  *   *    0.0.0.0/0   0.0.0.0/0     ctstate NEW icmptype 8
3      0     0 ACCEPT  udp  --  *   *    0.0.0.0/0   172.16.3.53   ctstate NEW udp dpt:53
```

図● フィルターテーブルの確認

3 では、ns1からパケットを流して、ファイアウォールが動作しているか確認しましょう。はじめに、ICMPが間違いなく許可されるか確認します。

まず、公開したサーバーに対して、ICMPが全許可されているかを確認しましょう。ns1にログインし、「10.1.3.1」「10.1.3.2」「10.1.3.53」に対して、2回ずつpingを打ちます。すると、**それぞれ応答があることがわかります。**つまり、ICMPは間違いなく許可されています。

```
root@ns1:/# ping 10.1.3.1 -c 2
PING 10.1.3.1 (10.1.3.1) 56(84) bytes of data.
64 bytes from 10.1.3.1: icmp_seq=1 ttl=60 time=0.477 ms
64 bytes from 10.1.3.1: icmp_seq=2 ttl=60 time=0.859 ms

--- 10.1.3.1 ping statistics ---
2 packets transmitted, 2 received, 0% packet loss, time 1043ms
rtt min/avg/max/mdev = 0.477/0.668/0.859/0.191 ms
```

応答があるということは、ファイアウォールで許可されている

```
root@ns1:/# ping 10.1.3.2 -c 2
PING 10.1.3.2 (10.1.3.2) 56(84) bytes of data.
64 bytes from 10.1.3.2: icmp_seq=1 ttl=60 time=0.366 ms
64 bytes from 10.1.3.2: icmp_seq=2 ttl=60 time=0.692 ms

--- 10.1.3.2 ping statistics ---
2 packets transmitted, 2 received, 0% packet loss, time 1016ms
rtt min/avg/max/mdev = 0.366/0.529/0.692/0.163 ms
root@ns1:/# ping 10.1.3.53 -c 2
PING 10.1.3.53 (10.1.3.53) 56(84) bytes of data.
64 bytes from 10.1.3.53: icmp_seq=1 ttl=61 time=0.208 ms
64 bytes from 10.1.3.53: icmp_seq=2 ttl=61 time=0.536 ms

--- 10.1.3.53 ping statistics ---
2 packets transmitted, 2 received, 0% packet loss, time 1020ms
rtt min/avg/max/mdev = 0.208/0.372/0.536/0.164 ms
```

応答があるということは、ファイアウォールで許可されている

応答があるということは、ファイアウォールで許可されている

図●ICMPが許可されている

念のため、fw1でiptablesコマンドを実行して、意図したファイアウォールルールがカウントアップされているかを確認しておきましょう。すると、**No.1とNo.2のファイアウォールルールのパケット数とバイト数がカウントアップされていることがわかります。**先ほど、各IPアドレスと4個のパケット(Echo Request×2、Echo Reply×2)をやりとりしました。1回目のEcho Requestは、No.2のファイアウォールルールで許可・カウントアップされ、コネクションエントリに記録されます。このあとの通信(1回目のEcho Reply、2回目のEcho Request/Reply)は、コネクションエントリをもとに、No.1のファイアウォールルールで許可・カウントアップされます。つまり、1つの宛先IPアドレスにつき、No.1のファイアウォールルールが3パケット、No.2のファイアウォールルールが1パケットカウントアップされます。

```
root@fw1:/# iptables -t filter -vnL FORWARD --line-numbers
Chain FORWARD (policy DROP 0 packets, 0 bytes)
num pkts bytes target  prot opt in  out  source      destination
1      9   756 ACCEPT  all  --  *   *    0.0.0.0/0   0.0.0.0/0      ctstate RELATED,ESTABLISHED
2      3   252 ACCEPT  icmp --  *   *    0.0.0.0/0   0.0.0.0/0      ctstate NEW icmptype 8
3      0     0 ACCEPT  udp  --  *   *    0.0.0.0/0   172.16.3.53    ctstate NEW udp dpt:53
```

図●ICMPのファイアウォールルールがカウントアップされている

また、コネクションテーブルにコネクションエントリができているかも確認しておきましょう。コネクションエントリは「conntrackコマンド」で確認可能です。**conntrackコマンドは、conntrackモジュールが管理している通信を表示したり、操作したりするコマンドです。**次表のようなオプションがあり、iptablesを使用する環境で一般的に使用します。

オプションカテゴリ	ショートオプション	ロングオプション	意味
コマンドオプション	-C	--count	コネクションエントリの数を表示する
	-D <パラメーター>	--delete <パラメーター>	特定の条件にマッチしたコネクションエントリを削除する
	-E [オプション]	--event [オプション]	リアルタイムでコネクションエントリの状態推移を表示する
	-F	--flush	コネクションエントリをすべて削除する
	-L [オプション]	--dump [オプション]	コネクションテーブルを表示する
IPフィルターパラメーターオプション	-d <IPアドレス[/サブネットマスク]>	--dst <IPアドレス[/サブネットマスク]>	リクエストパケットの宛先IPアドレスを指定する
	-p <プロトコル>	--proto <プロトコル>	L4プロトコル(TCP、UDPなど)を指定する
	-q <IPアドレス[/サブネットマスク]>	--reply-dst <IPアドレス[/サブネットマスク]>	リプライパケットの宛先IPアドレスを指定する
	-r <IPアドレス[/サブネットマスク]>	--reply-src <IPアドレス[/サブネットマスク]>	リプライパケットの送信元IPアドレスを指定する
	-s <IPアドレス[/サブネットマスク]>	--src <IPアドレス[/サブネットマスク]>	リクエストパケットの送信元IPアドレスを指定する
UDPフィルターパラメーターオプション		--dport <ポート番号>	「-p udp」を指定したときに、リクエストパケットの宛先ポート番号を指定する
		--sport <ポート番号>	「-p udp」を指定したときに、リクエストパケットの送信元ポート番号を指定する
		--reply-port-dst <ポート番号>	「-p udp」を指定したときに、リプライパケットの宛先ポート番号を指定する
		--reply-port-src <ポート番号>	「-p udp」を指定したときに、リプライパケットの送信元ポート番号を指定する
TCPフィルターパラメーターオプション		--dport <ポート番号>	「-p tcp」を指定したときに、リクエストパケットの宛先ポート番号を指定する
		--sport <ポート番号>	「-p tcp」を指定したときに、リクエストパケットの送信元ポート番号を指定する
		--reply-port-dst <ポート番号>	「-p tcp」を指定したときに、リプライパケットの宛先ポート番号を指定する
		--reply-port-src <ポート番号>	「-p tcp」を指定したときに、リプライパケットの送信元ポート番号を指定する
		--state <状態>	「-p tcp」を指定したときに、コネクションエントリの状態を指定する

表 ● conntrackコマンドの代表的なオプション

それでは、conntrackコマンドで、コネクションテーブルを見てみましょう。すると、**「10.1.3.1」「10.1.3.2」「10.1.3.53」に対するICMPのコネクションエントリが表示されています**※8。iptablesは、このエントリを使用して、ステートフルインスペクションを実行しています。各エントリの前半がリクエストパケット(Echo Request)、後半がリプライパケット(Echo Reply)を表しています。

※8 表示されない場合は、アイドルタイムアウト(30秒)が経過して、エントリが削除された可能性があります。再度pingを打って確認してください。

```
root@fw1:/# conntrack -L
icmp     1 20 src=10.1.2.53 dst=10.1.3.1 type=8 code=0 id=28 src=172.16.2.1 dst=10.1.2.53
type=0 code=0 id=28 mark=0 use=1
icmp     1 23 src=10.1.2.53 dst=10.1.3.2 type=8 code=0 id=29 src=172.16.2.2 dst=10.1.2.53
type=0 code=0 id=29 mark=0 use=1
icmp     1 26 src=10.1.2.53 dst=10.1.3.53 type=8 code=0 id=30 src=172.16.3.53
dst=10.1.2.53 type=0 code=0 id=30 mark=0 use=1
conntrack v1.4.5 (conntrack-tools): 3 flow entries have been shown.
```

図 ● ICMPのコネクションエントリ

4 続いて、サーバーサイトにあるDNSサーバー(10.1.3.53)に対するUDP/53が許可されているかを確認しましょう。この確認には「digコマンド」を使用します。**digコマンドは、DNSサーバーに名前解決[※9]を行い、その応答結果を表示するコマンドです。** Linux OSにおけるDNSのトラブルシューティングといえば、「これしかない！！」と言いきってしまってよいくらい王道のツールです。

とりあえず名前解決の仕組みやdigコマンドのオプションについては、p.301からのDNSの項で詳しく説明するとして、**digコマンドはデフォルトでUDP/53を使用するので、ここで使用することにします。** digコマンドは、「dig [@<DNSサーバーのIPアドレス>] <ドメイン名> [オプション]」で使用することができます。DNSサーバーには、tinetの設定ファイルであらかじめ「www.example.com」というドメイン名（FQDN）が設定されています。

では、ns1からdigコマンドで名前解決を行い、UDP/53のパケットをやりとりしてみましょう。すると、応答があることがわかります。つまりUDP/53は間違いなく許可されています。

```
root@ns1:/# dig @10.1.3.53 www.example.com

; <<>> DiG 9.16.1-Ubuntu <<>> @10.1.3.53 www.example.com
; (1 server found)
;; global options: +cmd
;; Got answer:
;; ->>HEADER<<- opcode: QUERY, status: NOERROR, id: 48540
;; flags: qr aa rd ra; QUERY: 1, ANSWER: 1, AUTHORITY: 0, ADDITIONAL: 1

;; OPT PSEUDOSECTION:
; EDNS: version: 0, flags:; udp: 4096
;; QUESTION SECTION:
;www.example.com.               IN      A

;; ANSWER SECTION:
www.example.com.        30      IN      A       10.1.3.12

;; Query time: 0 msec
;; SERVER: 10.1.3.53#53(10.1.3.53)
;; WHEN: Tue Jan 03 12:41:59 JST 2023
;; MSG SIZE  rcvd: 60
```

応答があるということはファイアウォールで許可されている

図 ● UDP/53が許可されている

※9 名前解決の仕組みについては、p.303から詳しく説明します。

こちらも念のため、fw1でiptablesコマンドを実行して、意図したファイアウォールルールがカウントアップされているかを確認しておきましょう。すると、**UDP/53を許可するファイアウォールルール(No.3)と、確立済み・関連通信を許可するファイアウォールルール(No.1)のパケット数とバイト数がカウントアップされていることがわかります。**

```
root@fw1:/# iptables -t filter -vnL FORWARD --line-numbers
Chain FORWARD (policy DROP 0 packets, 0 bytes)
num pkts bytes target  prot opt in  out  source     destination
1     10   872 ACCEPT  all  --  *   *    0.0.0.0/0  0.0.0.0/0     ctstate RELATED,ESTABLISHED
2      3   252 ACCEPT  icmp --  *   *    0.0.0.0/0  0.0.0.0/0     ctstate NEW icmptype 8
3      1    84 ACCEPT  udp  --  *   *    0.0.0.0/0  172.16.3.53   ctstate NEW udp dpt:53
```

図●UDP/53のファイアウォールルールがカウントアップされている

5 また、同じように、コネクションテーブルにUDPのコネクションエントリができているかも確認しておきましょう。すると、「10.1.3.53」に対するUDP/53のコネクションエントリが表示されます※10。このエントリを使用して、ステートフルインスペクションを実行しています。

```
root@fw1:/# conntrack -L -p udp
udp      17 25 src=10.1.2.53 dst=10.1.3.53 sport=58278 dport=53 src=172.16.3.53
dst=10.1.2.53 sport=53 dport=58278 mark=0 use=1
conntrack v1.4.5 (conntrack-tools): 1 flow entries have been shown.
```

図●UDP/53のコネクションエントリ

これで許可通信については問題ないでしょう。続いて、デフォルトのルールによってドロップされるべき通信が間違いなくドロップされるか確認します。ドロップされる通信であれば、何でもよいのですが、ここでは先ほどと同じく、digコマンドを使用しましょう。**digコマンドは、デフォルトではUDP/53を使用しますが、「+tcpオプション」でTCP/53を使用します。** では、+tcpオプションを付けて、digコマンドを打ってみましょう。すると、DNSサーバーから応答がなく、「timed out」と表示されます。

```
root@ns1:/# dig @10.1.3.53 www.example.com +tcp
;; Connection to 10.1.3.53#53(10.1.3.53) for www.example.com failed: timed out.
;; Connection to 10.1.3.53#53(10.1.3.53) for www.example.com failed: timed out.

; <<>> DiG 9.16.1-Ubuntu <<>> @10.1.3.53 www.example.com +tcp
; (1 server found)
;; global options: +cmd
;; connection timed out; no servers could be reached

;; Connection to 10.1.3.53#53(10.1.3.53) for www.example.com failed: timed out.
```

応答がないということは、ファイアウォールでドロップされている

図●TCP/53がドロップされている

※10 表示されない場合は、アイドルタイムアウト(30秒)が経過して、コネクションエントリが削除された可能性があります。再度digを打って確認してください。

こちらも念のため、iptablesコマンドで、意図したファイアウォールルールがカウントアップされているかを確認しておきましょう。すると、**デフォルトのファイアウォールルールのパケット数とバイト数がカウントアップされていることがわかります。**

```
root@fw1:/# iptables -t filter -nvL FORWARD --line-numbers
Chain FORWARD (policy DROP 12 packets, 720 bytes)
num pkts bytes target   prot opt in   out   source      destination
1      10   872 ACCEPT  all  --  *    *     0.0.0.0/0   0.0.0.0/0     ctstate RELATED,ESTABLISHED
2       3   252 ACCEPT  icmp --  *    *     0.0.0.0/0   0.0.0.0/0     ctstate NEW icmptype 8
3       1    84 ACCEPT  udp  --  *    *     0.0.0.0/0   172.16.3.53   ctstate NEW udp dpt:53
```

図●デフォルトのルールがカウントアップされている

同じように、TCPのコネクションエントリを確認してみましょう。すると、**TCP/53のエントリは表示されません。**ファイアウォールルールでドロップされるため、エントリも作られません。

```
root@fw1:/# conntrack -L -p tcp
conntrack v1.4.5 (conntrack-tools): 0 flow entries have been shown.
```

図●ドロップされるとコネクションエントリは追加されない

以上で、UDPファイアウォールの設定は完了です。

4-3-2 TCPファイアウォール

p.205で説明したとおり、ファイアウォールは送信元/宛先IPアドレス、レイヤー4プロトコル、送信元/宛先ポート番号(5-tuple、ファイブタプル)でコネクションを識別し、通信制御を行うネットワーク機器です。**通信の許可/拒否が定義された「ファイアウォールルール」によって構成される「フィルターテーブル」と、通信を管理する「コネクションテーブル」を使用して、ステートフルインスペクションを実行します。**

TCPファイアウォールでも、UDPファイアウォールと同様、フィルターテーブルとコネクションテーブルがポイントになるという点では変わりません。ただし、コネクションテーブルにコネクションの状態を示す列が追加され、その情報をもとにコネクションエントリを管理します。

机上で知ろう

では、ファイアウォールはどのようにしてTCPセグメントを制御しているのでしょうか。まずは、机上で流れを理解しましょう。ここでは、検証環境において、インターネットにいるns1（クライアント）がfw1（ファイアウォール）を介して、サーバーサイトにいるlb1（サーバー）とTCPセグメントをやりとりする場合を例に説明しましょう。

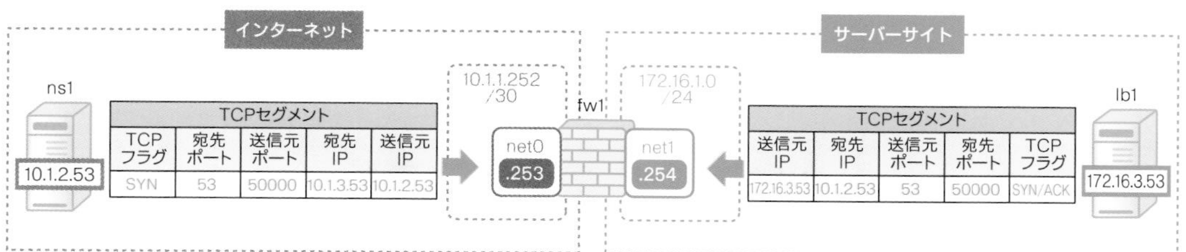

図 ● TCPファイアウォールを理解するためのネットワーク構成

なお、細かな挙動はメーカーや機器、アプリケーションによって微妙に異なります。ここでは、検証環境で使用するiptablesの挙動をベースに説明します。

1 fw1はクライアント側にあるインターフェース（net0）でSYNパケットを受け取ると、コネクションテーブルを見て、対応するコネクションエントリがないかを確認します。当然ながら、最初は対応するコネクションエントリはありません。新規コネクションとして、NATやルーティングの処理を実行し、フィルターテーブルと照合します。

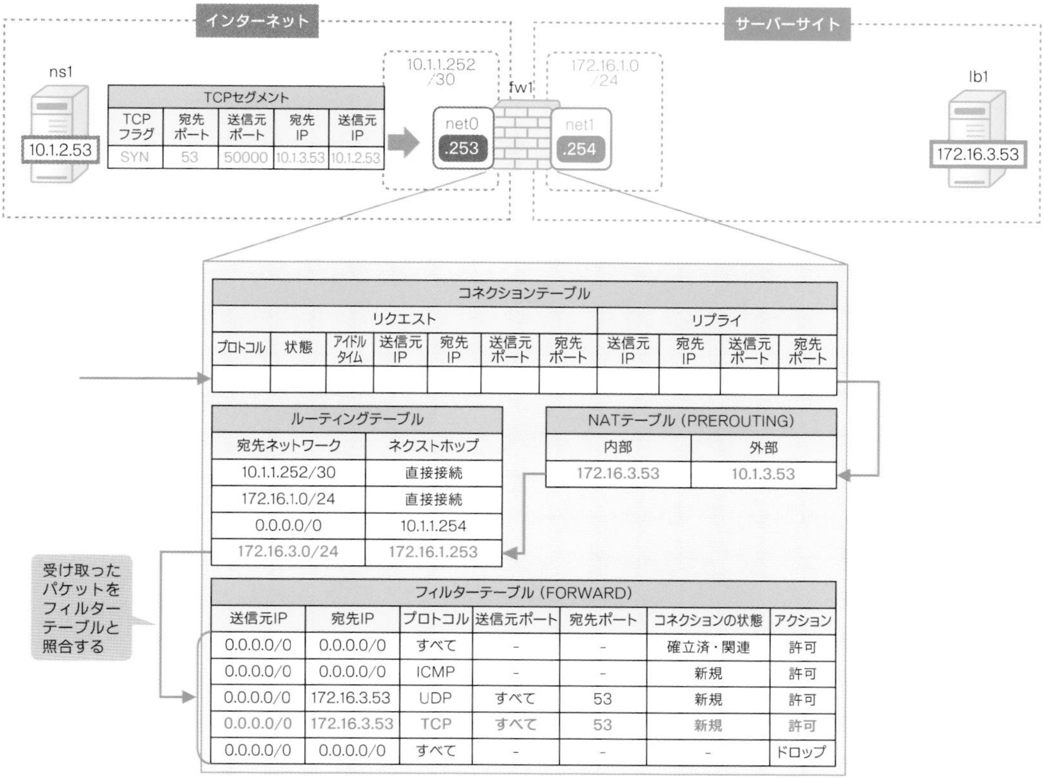

インターネット

サーバーサイト

ns1 10.1.2.53

TCPセグメント				
TCP フラグ	宛先 ポート	送信元 ポート	宛先 IP	送信元 IP
SYN	53	50000	10.1.3.53	10.1.2.53

10.1.1.252 /30　fw1　net0 .253　172.16.1.0 /24　net1 .254

lb1 172.16.3.53

コネクションテーブル										
リクエスト							リプライ			
プロトコル	状態	アイドルタイム	送信元 IP	宛先 IP	送信元 ポート	宛先 ポート	送信元 IP	宛先 IP	送信元 ポート	宛先 ポート

ルーティングテーブル	
宛先ネットワーク	ネクストホップ
10.1.1.252/30	直接接続
172.16.1.0/24	直接接続
0.0.0.0/0	10.1.1.254
172.16.3.0/24	172.16.1.253

NATテーブル（PREROUTING）	
内部	外部
172.16.3.53	10.1.3.53

受け取ったパケットをフィルターテーブルと照合する

フィルターテーブル（FORWARD）						
送信元IP	宛先IP	プロトコル	送信元ポート	宛先ポート	コネクションの状態	アクション
0.0.0.0/0	0.0.0.0/0	すべて	-	-	確立済・関連	許可
0.0.0.0/0	0.0.0.0/0	ICMP	-	-	新規	許可
0.0.0.0/0	172.16.3.53	UDP	すべて	53	新規	許可
0.0.0.0/0	172.16.3.53	TCP	すべて	53	新規	許可
0.0.0.0/0	0.0.0.0/0	すべて	-	-	-	ドロップ

図 ● フィルターテーブルと照合する

2 フィルターテーブルでアクションが「許可（ACCEPT）」のファイアウォールルールにヒットした場合、コネクションテーブルに、受け取ったSYNパケットの情報（IPアドレスやポート番号、プロトコルやコネクションの状態など）と、これから受け取る予定のSYN/ACKパケットの情報を新規のコネクションエントリとして追加し、lb1にSYNパケットを転送します。

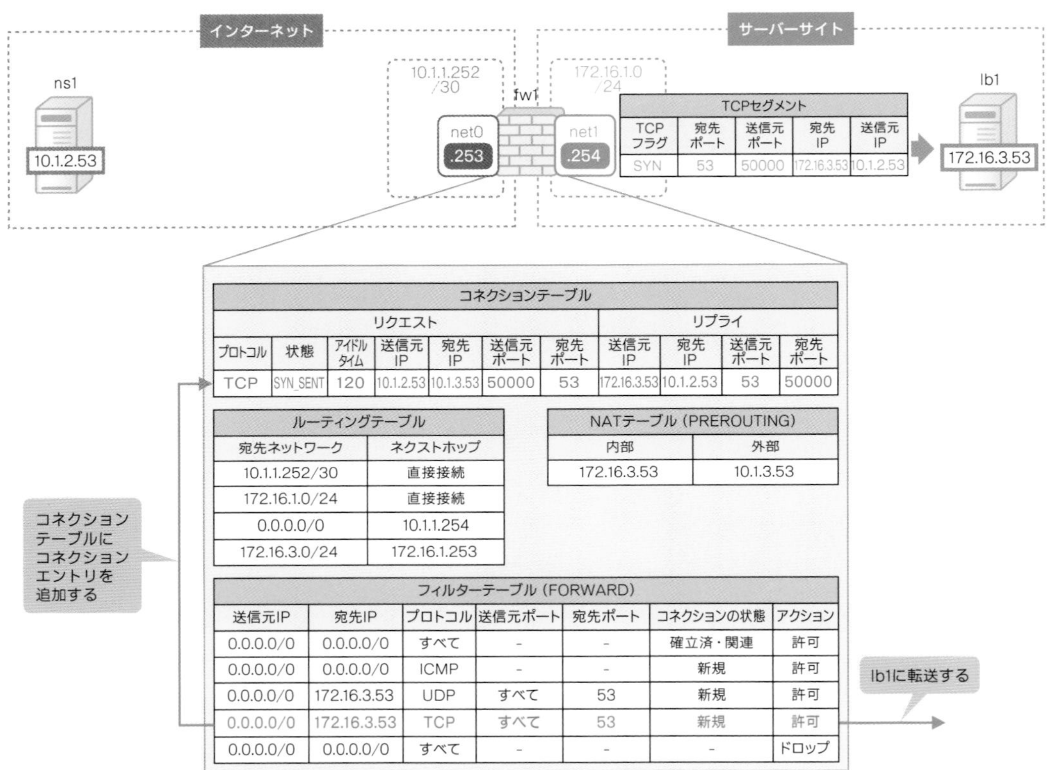

図 ● コネクションテーブルにコネクションエントリを追加する

一方、アクションが「拒否（REJECT）」のファイアウォールルールにヒットした場合は、コネクションテーブルにコネクションエントリを追加せず、ns1に対してRSTパケットを返し、コネクションを強制的に切断します※11。

※11　iptablesのデフォルトのREJECTの動作はICMP（Port Unreachable）を返します。ここでは、一般的なファイアウォールのREJECTの動作にあわせて、ファイアウォールルールに「--reject-with tcp-resetオプション」を付けている前提で説明しています。

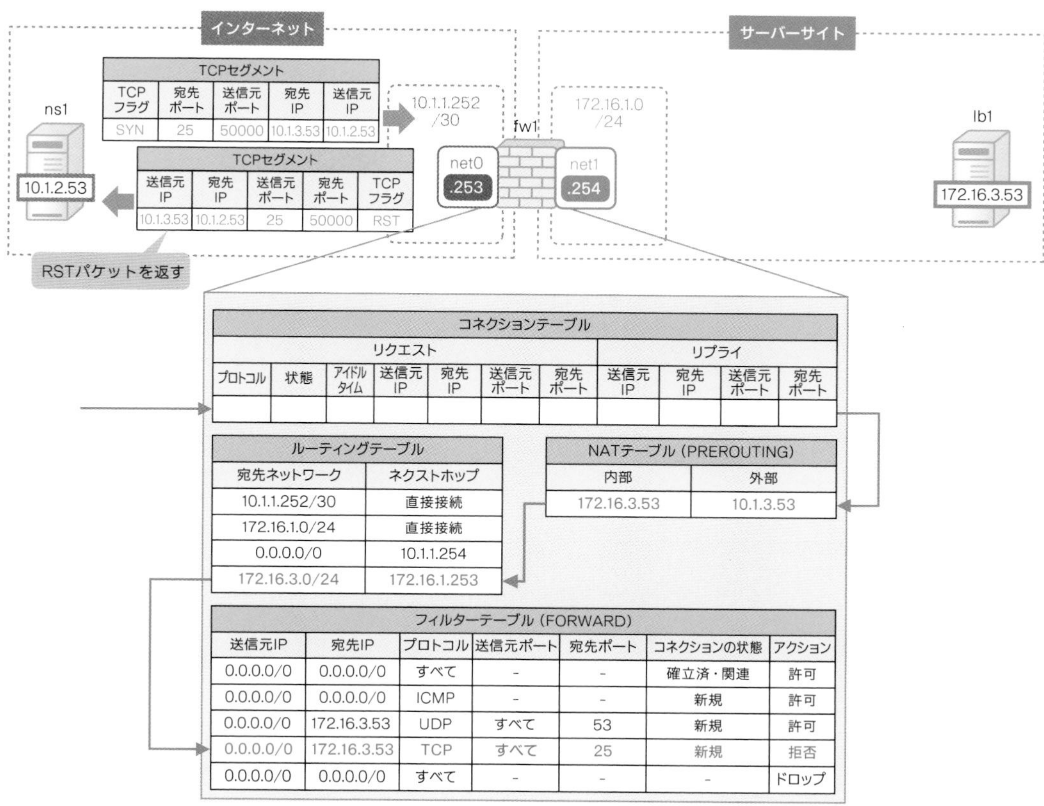

図 ● 拒否の場合は、Destination Unreachableを返す

また、アクションが「ドロップ（DROP）」のファイアウォールルールにヒットした場合は、UDPのときと同じく、コネクションテーブルにコネクションエントリを追加せず、クライアントに対しても何もしません。TCPセグメントをこっそり破棄し、そこに何もないかのように振る舞います。

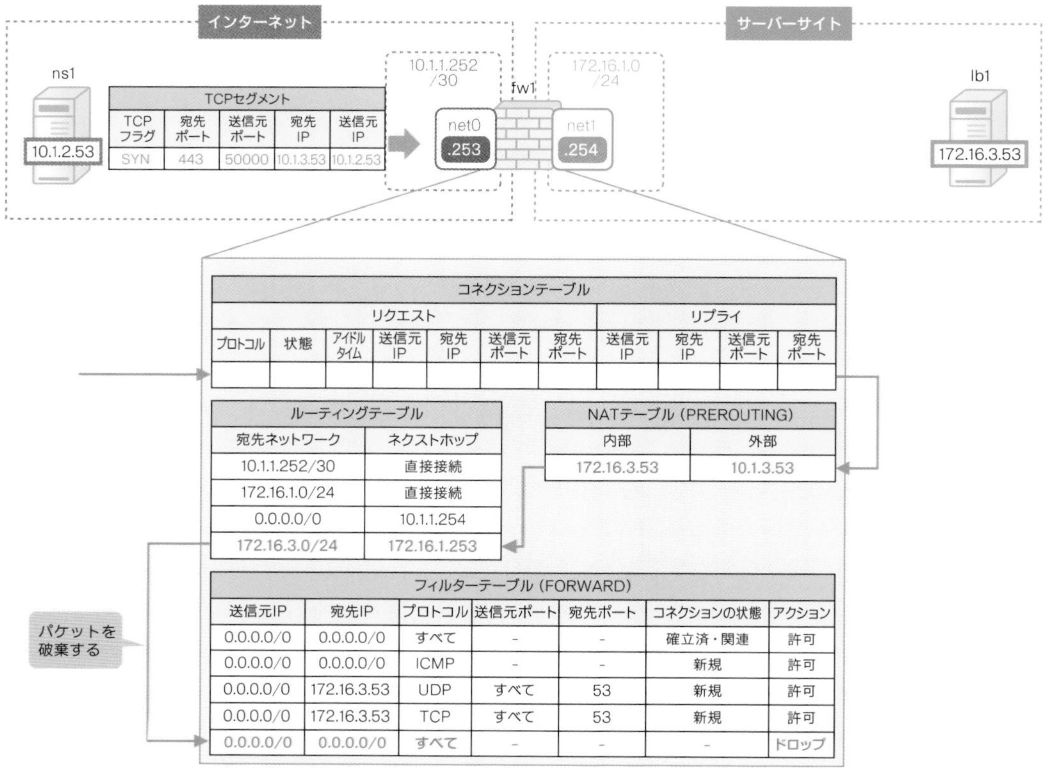

図・ドロップの場合は、パケットを破棄する

3 アクションが許可（ACCEPT）のファイアウォールルールにヒットした場合は、サーバーからSYN/ACKパケットが返ってきます。lb1からのSYN/ACKパケットは、NAT後のSYNパケットの送信元IPアドレス・ポート番号と宛先IPアドレス・ポート番号を入れ替えたものです。fw1は、サーバー側のインターフェース（net1）でSYN/ACKパケットを受け取ると、コネクションテーブルを見て、対応するコネクションエントリがないかを確認します。すると、SYNパケットによって作成されたコネクションエントリがあります。そのコネクションエントリの状態やアイドルタイムアウト値※12を更新します。そのあと、確立済みのコネクションとして、その情報をもとにNATやルーティングの処理を実行し、フィルターテーブルと照合します。確立済みのコネクションは許可されているので、ns1に転送します。

※12 iptablesでは、TCPの状態ごとにアイドルタイムアウト値が定義されています。

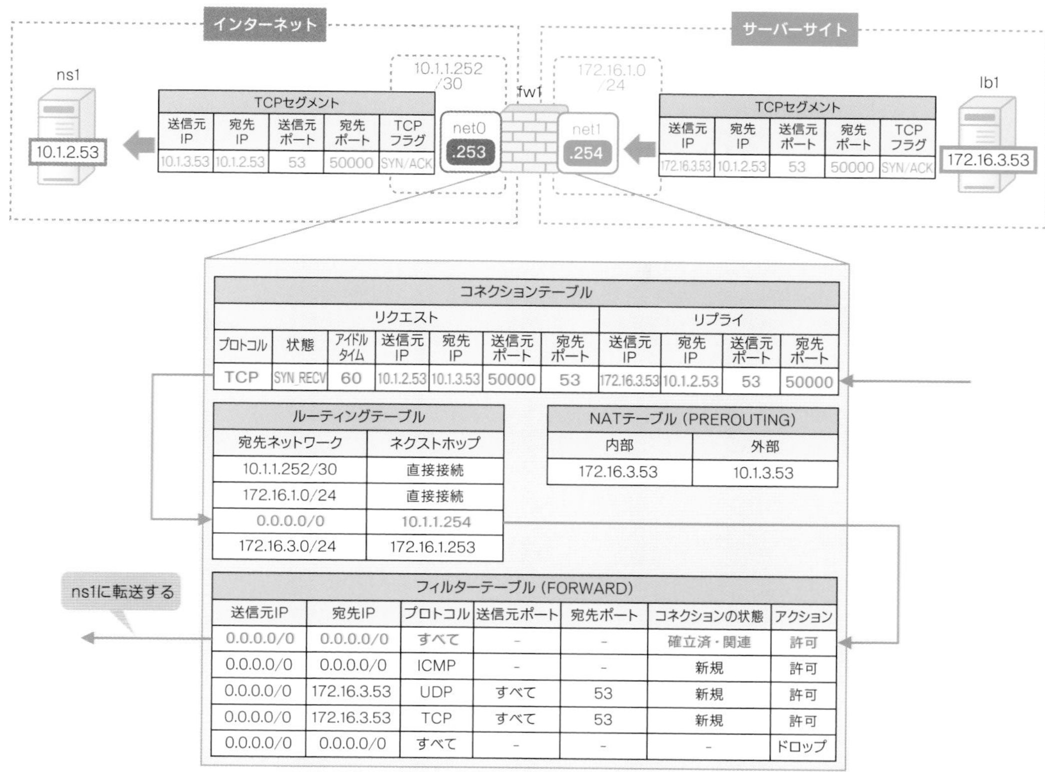

コネクションテーブル										
リクエスト							リプライ			
プロトコル	状態	アイドルタイム	送信元IP	宛先IP	送信元ポート	宛先ポート	送信元IP	宛先IP	送信元ポート	宛先ポート
TCP	SYN_RECV	60	10.1.2.53	10.1.3.53	50000	53	172.16.3.53	10.1.2.53	53	50000

ルーティングテーブル	
宛先ネットワーク	ネクストホップ
10.1.1.252/30	直接接続
172.16.1.0/24	直接接続
0.0.0.0/0	10.1.1.254
172.16.3.0/24	172.16.1.253

NATテーブル（PREROUTING）	
内部	外部
172.16.3.53	10.1.3.53

フィルターテーブル（FORWARD）						
送信元IP	宛先IP	プロトコル	送信元ポート	宛先ポート	コネクションの状態	アクション
0.0.0.0/0	0.0.0.0/0	すべて	-	-	確立済・関連	許可
0.0.0.0/0	0.0.0.0/0	ICMP	-	-	新規	許可
0.0.0.0/0	172.16.3.53	UDP	すべて	53	新規	許可
0.0.0.0/0	172.16.3.53	TCP	すべて	53	新規	許可
0.0.0.0/0	0.0.0.0/0	すべて	-	-	-	ドロップ

図・コネクションエントリを見て、クライアントにSYN/ACKを返す

4 SYN/ACKパケットを受け取ったns1は、3ウェイハンドシェイクを終わらせるために、ACKを送信します。それを受け取ったfw1はコネクションテーブルを見て、対応するコネクションエントリがないかを確認します。すると、SYNパケットによって作成されたコネクションエントリがあるので、そのエントリの状態やアイドルタイムアウト値を更新します。そして、確立済みのコネクションとして、その情報をもとにNAT[※13]やルーティングの処理を実行して、フィルターテーブルと照合します。フィルターテーブルを見ると、確立済みのコネクションは許可されているので、lb1に転送します。

※13 iptablesの場合、新規コネクションのみNATテーブルを参照します。確立済みのコネクションについては、NATテーブルを参照せず、コネクションエントリの情報を使用してNATを行います

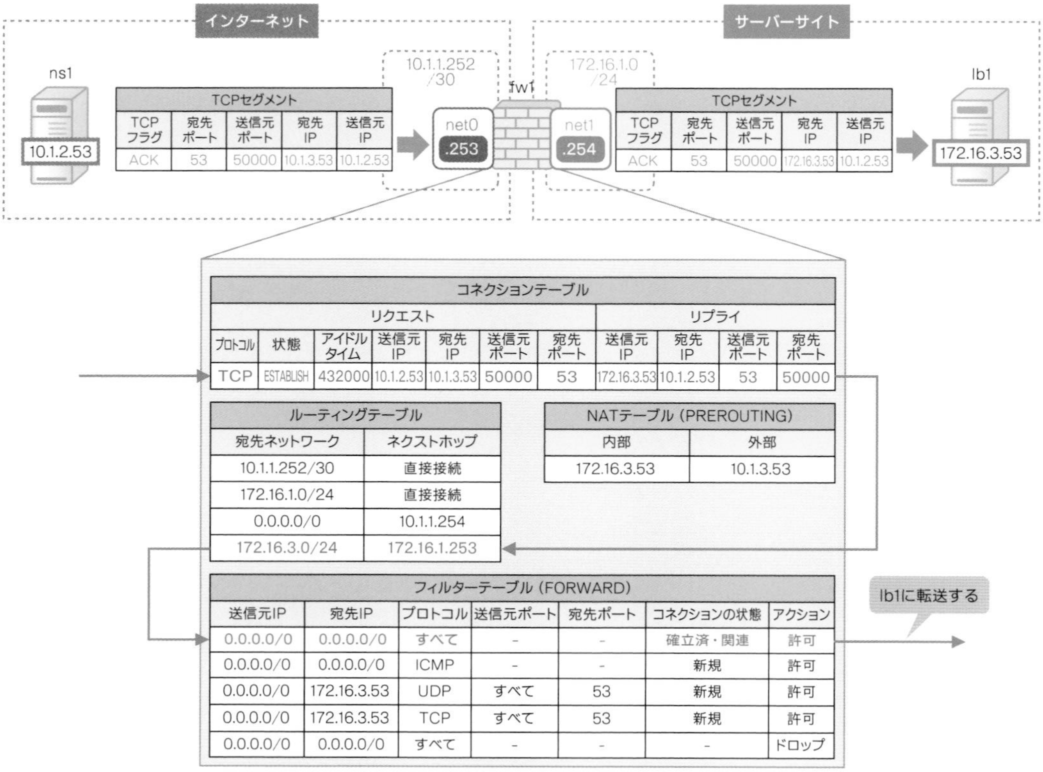

インターネット

ns1

10.1.2.53

TCPセグメント				
TCPフラグ	宛先ポート	送信元ポート	宛先IP	送信元IP
ACK	53	50000	10.1.3.53	10.1.2.53

10.1.1.252/30

net0 .253

fw1

172.16.1.0/24

net1 .254

サーバーサイト

TCPセグメント				
TCPフラグ	宛先ポート	送信元ポート	宛先IP	送信元IP
ACK	53	50000	172.16.3.53	10.1.2.53

lb1

172.16.3.53

コネクションテーブル										
リクエスト							リプライ			
プロトコル	状態	アイドルタイム	送信元IP	宛先IP	送信元ポート	宛先ポート	送信元IP	宛先IP	送信元ポート	宛先ポート
TCP	ESTABLISH	432000	10.1.2.53	10.1.3.53	50000	53	172.16.3.53	10.1.2.53	53	50000

ルーティングテーブル	
宛先ネットワーク	ネクストホップ
10.1.1.252/30	直接接続
172.16.1.0/24	直接接続
0.0.0.0/0	10.1.1.254
172.16.3.0/24	172.16.1.253

NATテーブル（PREROUTING）	
内部	外部
172.16.3.53	10.1.3.53

フィルターテーブル（FORWARD）						
送信元IP	宛先IP	プロトコル	送信元ポート	宛先ポート	コネクションの状態	アクション
0.0.0.0/0	0.0.0.0/0	すべて	-	-	確立済・関連	許可
0.0.0.0/0	0.0.0.0/0	ICMP	-	-	新規	許可
0.0.0.0/0	172.16.3.53	UDP	すべて	53	新規	許可
0.0.0.0/0	172.16.3.53	TCP	すべて	53	新規	許可
0.0.0.0/0	0.0.0.0/0	すべて	-	-	-	ドロップ

lb1に転送する

図●コネクションエントリを見て、サーバーにACKを返す

5 アプリケーションデータを送り終えたら、クライアントとサーバーの間でクローズ処理が実行されます。ファイアウォールはそのやりとりを見て、コネクションエントリの状態やアイドルタイムアウト値を更新し、最終的には削除します。

実践で知ろう

それでは、検証環境を用いて、TCPファイアウォールを設定し、実際の動作を見ていきましょう。ここではfw1を設定して、**インターネットからlb1上にあるDNSサーバーを防御します。**具体的には、UDPファイアウォールの実践項で設定したファイアウォールルールに、DNSサーバーに対する宛先ポート番号が53番のTCPセグメント（以下、TCP/53）を許可するルールを追加します。

なお、本項はUDPファイアウォールの実践項で行うNATやルーティング、ファイアウォールの設定が完了していることが前提となります。完了していない場合は、先にUDPファイアウォールの実践項を完了してください。

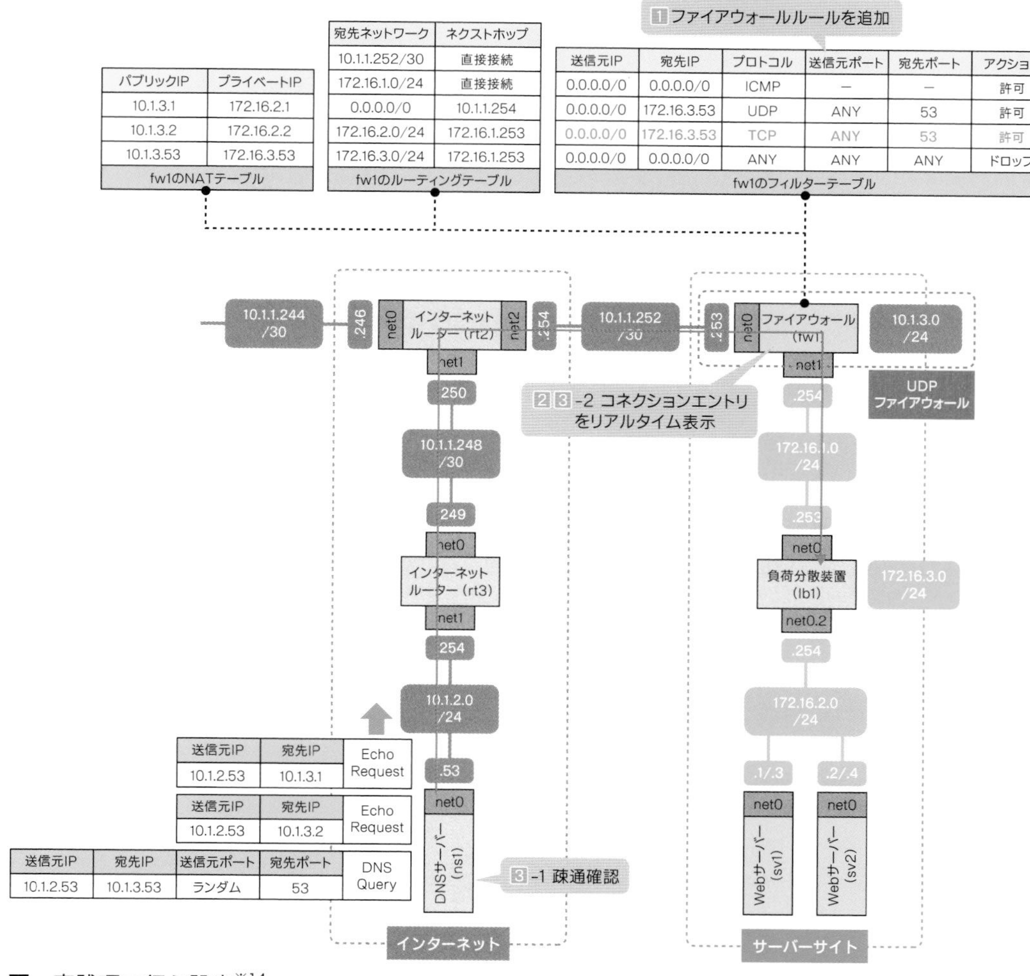

図 ● 実践項で行う設定※14

1 UDPファイアウォールの実践項では、確立済み・関連通信、ICMPのEcho Request、DNSサーバーに対するUDP/53を許可、それ以外の通信をドロップする設定を投入しました。ここでは、これらのファイアウォールルールにDNSサーバーに対するTCP/53を許可するルールを追加します※15。

※14 図中の負荷分散装置がDNSサーバーの役割を兼ねています。
※15 ドロップの設定はデフォルトのルール（最後に処理されるルール）として設定されているので、実際はUDP/53を許可するルールの次にTCP/53を許可するルールを追加する形になります。

送信元IPアドレス	宛先IPアドレス	プロトコル	送信元ポート番号	宛先ポート番号	アクション
ANY (0.0.0.0/0)	ANY (0.0.0.0/0)	ICMP (Echo Request)	—	—	許可
ANY (0.0.0.0/0)	DNSサーバー (10.1.3.53)	UDP	ANY	53	許可
ANY (0.0.0.0/0)	DNSサーバー (10.1.3.53)	TCP	ANY	53	許可
ANY (0.0.0.0/0)	ANY (0.0.0.0/0)	ANY	ANY	ANY	ドロップ

表 ● 設定したいファイアウォール要件

TCPファイアウォールの設定にも、UDPファイアウォールと同じくiptablesコマンドを使用します。要件にあわせて、「iptables -t filter -A FORWARD -m conntrack --ctstate NEW -d 172.16.3.53 -p tcp -m tcp --dport 53 -j ACCEPT」と入力します。このコマンドで、filterテーブルに対して(-t filter)、ほかの端末に転送するとき(-A FORWARD)、宛先IPアドレスが「172.16.3.53※16」(-d 172.16.3.53)、宛先ポート番号が「53」で(--dport 53)新規接続の(-m conntrack --ctstate NEW) TCPセグメントを(-p tcp -m tcp)許可する(-j ACCEPT)ためのファイアウォールルールを追加しています。

```
root@fw1:/# iptables -t filter -A FORWARD -m conntrack --ctstate NEW -d 172.16.3.53 -p tcp
-m tcp --dport 53 -j ACCEPT
```

図 ● iptablesの設定

念のため、「iptables -t filter -vnL --line-numbers」で、フィルターテーブルを確認します。すると、パケットを転送するときに(FORWARD)、TCP/53が許可されるルールが追加されていることがわかります。**まだ設定したばかりなので、ルールにヒットしたパケットの数を表すpkts列と、データ量を表すbytes列のカウントは「0」です。**

```
root@fw1:/# iptables -t filter -vnL FORWARD --line-numbers
Chain FORWARD (policy DROP 0 packets, 0 bytes)
num pkts bytes target  prot opt in  out  source     destination
1     10   872 ACCEPT  all  --  *   *    0.0.0.0/0  0.0.0.0/0    ctstate RELATED,ESTABLISHED
2      3   252 ACCEPT  icmp --  *   *    0.0.0.0/0  0.0.0.0/0    ctstate NEW icmptype 8
3      1    84 ACCEPT  udp  --  *   *    0.0.0.0/0  172.16.3.53  ctstate NEW udp dpt:53
4      0     0 ACCEPT  tcp  --  *   *    0.0.0.0/0  172.16.3.53  ctstate NEW tcp dpt:53
```

図 ● フィルターテーブルを確認する

※16 ルーティングする前(PREROUTING)にNATされ、転送されるとき(FORWARD)にファイアウォールされるので、宛先IPアドレスはNAT後のIPアドレス(172.16.3.53)を指定する必要があります。

2 では、ns1からTCP/53のパケットを流して、TCPファイアウォールが間違いなくTCP/53を許可するかを確認してみましょう。ここでは、fw1のコネクションエントリの状態遷移を確認しながら、パケットをやりとりします。
まず、パケットのやりとりに備えて、fw1でconntrackコマンドの「-Eオプション」でリアルタイムにコネクションエントリのイベントを表示します。**まだ、パケットを流していないので、何も表示されません。**

```
root@fw1:/# conntrack -E
```

図 ● コネクションエントリをリアルタイムに表示する

3 続いて、ns1からTCP/53のパケットを流します。ここでもdigコマンドを使用します。p.218で説明したとおり、digコマンドはデフォルトではUDP/53で名前解決しますが、「+tcpオプション」を使用するとTCP/53で名前解決します。
では、+tcpオプションを付けて、digコマンドを打ってみましょう。すると、**応答があることがわかります。**つまりTCP/53は間違いなく許可されています。

```
root@ns1:/# dig @10.1.3.53 www.example.com +tcp

; <<>> DiG 9.16.1-Ubuntu <<>> @10.1.3.53 www.example.com +tcp
; (1 server found)
;; global options: +cmd
;; Got answer:
;; ->>HEADER<<- opcode: QUERY, status: NOERROR, id: 2895
;; flags: qr aa rd ra; QUERY: 1, ANSWER: 1, AUTHORITY: 0, ADDITIONAL: 1

;; OPT PSEUDOSECTION:
; EDNS: version: 0, flags:; udp: 4096
;; QUESTION SECTION:
;www.example.com.               IN      A

;; ANSWER SECTION:
www.example.com.        30      IN      A       10.1.3.12

;; Query time: 0 msec
;; SERVER: 10.1.3.53#53(10.1.3.53)
;; WHEN: Thu Jan 05 18:21:43 JST 2023
;; MSG SIZE  rcvd: 60
```

応答があるということは、ファイアウォールで許可されている

図 ● TCP/53が許可されている

また、fw1のconntrackコマンドの表示結果を見ると、次図のとおり、**コネクションエントリに記録されるTCPの状態が「SYN_SENT」→「SYN_RECV」→「ESTABLISHED」→「FIN_WAIT」→「LAST_ACK」→「TIME_WAIT」と、どんどんと更新（UPDATE）されていることがわかります。**TCPの状態

が「TIME_WAIT」に遷移してから120秒後に、各行の最初に表記されているイベントが[DESTROY]となり、コネクションエントリから削除されます。

```
root@fw1:/# conntrack -E
    [NEW] tcp      6 120 SYN_SENT src=10.1.2.53 dst=10.1.3.53 sport=60115 dport=53 
[UNREPLIED] src=172.16.3.53 dst=10.1.2.53 sport=53 dport=60115
 [UPDATE] tcp      6 60 SYN_RECV src=10.1.2.53 dst=10.1.3.53 sport=60115 dport=53 
src=172.16.3.53 dst=10.1.2.53 sport=53 dport=60115
 [UPDATE] tcp      6 432000 ESTABLISHED src=10.1.2.53 dst=10.1.3.53 sport=60115 dport=53 
src=172.16.3.53 dst=10.1.2.53 sport=53 dport=60115 [ASSURED]
 [UPDATE] tcp      6 120 FIN_WAIT src=10.1.2.53 dst=10.1.3.53 sport=60115 dport=53 
src=172.16.3.53 dst=10.1.2.53 sport=53 dport=60115 [ASSURED]
 [UPDATE] tcp      6 30 LAST_ACK src=10.1.2.53 dst=10.1.3.53 sport=60115 dport=53 
src=172.16.3.53 dst=10.1.2.53 sport=53 dport=60115 [ASSURED]
 [UPDATE] tcp      6 120 TIME_WAIT src=10.1.2.53 dst=10.1.3.53 sport=60115 dport=53 
src=172.16.3.53 dst=10.1.2.53 sport=53 dport=60115 [ASSURED]
[DESTROY] tcp      6 src=10.1.2.53 dst=10.1.3.53 sport=60115 dport=53 src=172.16.3.53 
dst=10.1.2.53 sport=53 dport=60115 [ASSURED]
```

図 ● コネクションエントリ

こちらも念のため、Ctrl+Cでconntrackコマンドを停止し、iptablesコマンドで、意図したファイアウォールルールがカウントアップされているかを確認しておきましょう。すると、**TCP/53を許可するファイアウォールルール（No.4）と、確立済み・関連通信を許可するファイアウォールルール（No.1）のパケット数とバイト数がカウントアップされていることがわかります。**

```
root@fw1:/# iptables -t filter -vnL FORWARD --line-numbers
Chain FORWARD (policy DROP 0 packets, 0 bytes)
num pkts bytes target  prot opt in  out  source     destination
1    19  1496 ACCEPT  all  --  *   *    0.0.0.0/0  0.0.0.0/0     ctstate RELATED,ESTABLISHED
2     3   252 ACCEPT  icmp --  *   *    0.0.0.0/0  0.0.0.0/0     ctstate NEW icmptype 8
3     1    84 ACCEPT  udp  --  *   *    0.0.0.0/0  172.16.3.53   ctstate NEW udp dpt:53
4     1    60 ACCEPT  tcp  --  *   *    0.0.0.0/0  172.16.3.53   ctstate NEW tcp dpt:53
```

図 ● TCP/53のファイアウォールルールがカウントアップされている

以上で、ファイアウォールの設定は完了です。

　これで、サーバーサイトにいるサーバーは、ファイアウォールによってインターネットから守られ、一定のセキュリティレベルを保てるようになりました。次の章では、いろいろなサーバーにいろいろなアプリケーションプロトコルでアクセスします。

Chapter

5

レイヤー 7プロトコルを知ろう

本章では、主要なレイヤー7プロトコルである「HTTP（Hyper Text Transfer Protocol）」「SSL/TLS（Secure Socket Layer/Transport Layer Security）」「DNS（Domain Name System）」「DHCP（Dynamic Host Configuration Protocol）」と、これらに関連する技術である「サーバー負荷分散」「SSLオフロード」について、机上・実践の両側面から解説します。アプリケーションプロトコルがどのようなアプリケーションデータをアプリケーションに渡しているのか、そして負荷分散装置がどのようにしてシステムの拡張性を担保しているのか、検証環境を通じて理解を深めましょう。

5-1 検証環境を知ろう

はじめに、事前知識として、検証環境の中で本章に関連するネットワーク構成について説明しておきましょう。本章の主役は、説明するプロトコルによって異なります。HTTPとSSLの主役は、サーバーサイトのサービス配信を一手に担っている負荷分散装置です。DNSの主役はDNSサーバー、DHCPの主役はブロードバンドルーターです。本書の検証環境には、lb1という負荷分散装置、ns1というDNSサーバー、rt1というブロードバンドルーターが配置されています。そこで、ここではこの3つにフォーカスを当てて説明します。物理・論理構成図と照らし合わせながら確認してください。

lb1（負荷分散装置）

lb1は、2台のWebサーバー（sv1、sv2）にパケットを振り分ける負荷分散装置です。lb1は、net0で受け取ったパケットを、「サーバー負荷分散機能」でnet0.2からsv1かsv2のどちらかに転送します。その際、SSLで暗号化されたパケットであれば、「SSLオフロード機能」で復号したあと、sv1かsv2のどちらかに転送します。

実際のところ、最近の負荷分散装置は「アプリケーションデリバリーコントローラー（ADC）」とも呼ばれ、アプリケーションレベルの情報を書き換えられたり、通信を最適化できたり、いろいろな機能を持っています。ただ、**本書では、その中でも基礎となるサーバー負荷分散機能とSSLオフロード機能をlb1に持たせています。**また、**lb1には、サーバーサイトのドメイン名を管理するDNSサーバーの役割も持たせています。**実際の現場では、通常はDNSサーバーを別建てで用意しますが、本書では物理構成をシンプルにしたい、またリソースを節約したいという設計意図から、lb1に共存させてあります。

ns1（DNSサーバー）

ns1は、インターネットサービスプロバイダーと契約したときに提示されるDNSサーバーや、GoogleやCloudflareが提供しているパブリックDNSサーバーに見立てて配置しています。もちろんこれらのDNSサーバーも実際はサーバーサイトと同じように、ファイアウォールで守られ、負荷分散装置でパケットを負荷分散されているはずです。ただ、**ここではDNSによる名前解決（ドメイン名とIPアドレスの変換）の流れをシンプルに表現するために、そのあたりの構成を省略してあります。**

rt1（ブロードバンドルーター）

rt1は、家庭内LANをインターネットに接続するブロードバンドルーターです。ブロードバンドルーターは、ITがあまり得意でない人でも簡単にネットワークに接続できるように、至れり尽くせりな機能をたくさん持っています。そのうち、知らぬ間にお世話になっている機能といえば、ネットワークに関する設定を配布する「DHCP機能」と、DNSパケットをDNSサーバーに転送する「DNSフォワーダー機能」です。**本書の検証環境でも、実際の環境にあわせて、rt1にこの2つの機能を持たせてあります。**

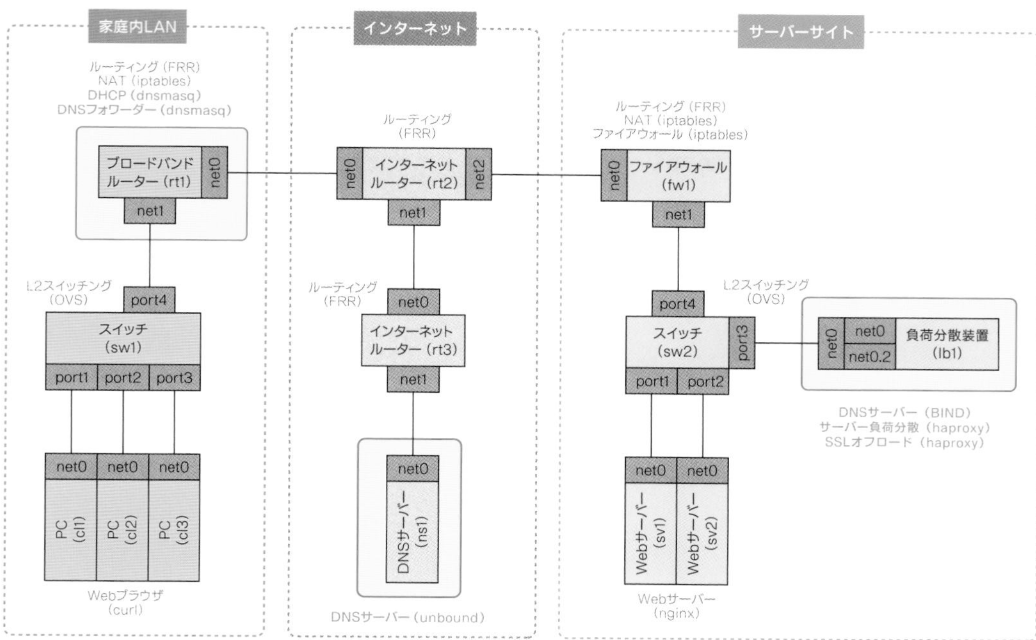

図 ● 本章の対象範囲（物理構成図）

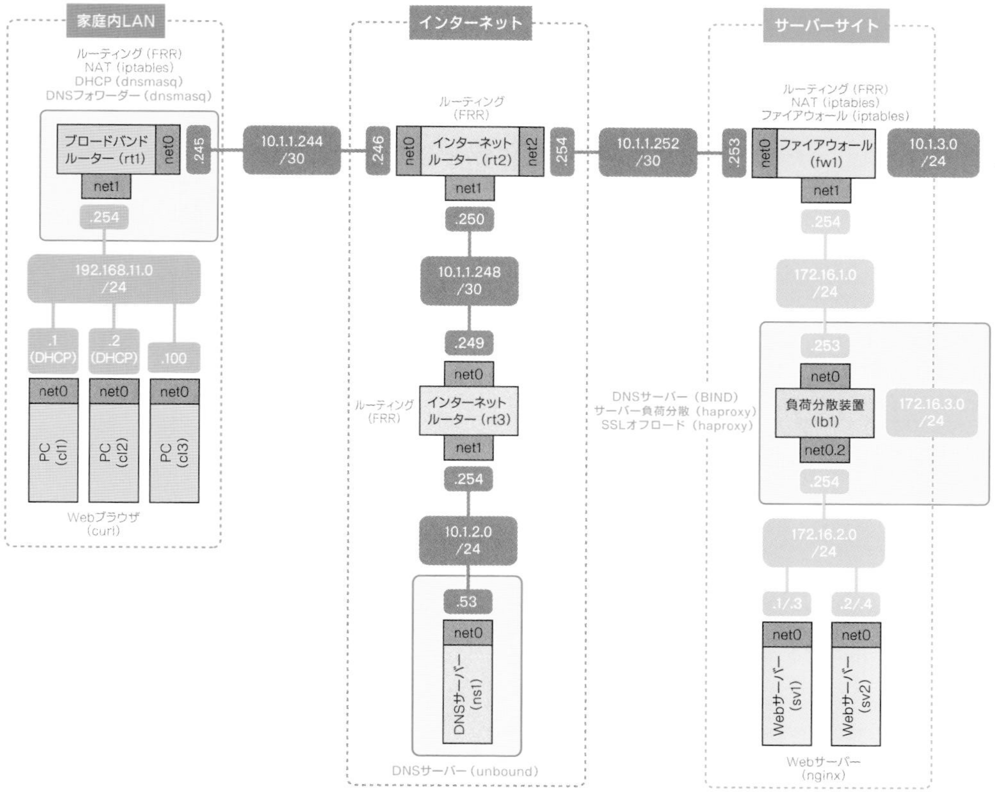

家庭内LAN
ルーティング（FRR）
NAT（iptables）
DHCP（dnsmasq）
DNSフォワーダー（dnsmasq）
ブロードバンドルーター（rt1）
net0
.245
10.1.1.244 /30
net1
.254
192.168.11.0 /24
.1 (DHCP)
.2 (DHCP)
.100
net0
PC（cl1）
PC（cl2）
PC（cl3）
Webブラウザ（curl）

インターネット
ルーティング（FRR）
.246
net0
インターネットルーター（rt2）
net2
.254
net1
.250
10.1.1.248 /30
.249
net0
ルーティング（FRR）
インターネットルーター（rt3）
net1
.254
10.1.2.0 /24
.53
net0
DNSサーバー（ns1）
DNSサーバー（unbound）

サーバーサイト
ルーティング（FRR）
NAT（iptables）
ファイアウォール（iptables）
10.1.1.252 /30
.253
net0
ファイアウォール（fw1）
10.1.3.0 /24
net1
.254
172.16.1.0 /24
.253
net0
DNSサーバー（BIND）
サーバー負荷分散（haproxy）
SSLオフロード（haproxy）
負荷分散装置（lb1）
172.16.3.0 /24
net0.2
.254
172.16.2.0 /24
.1/.3
.2/.4
net0
Webサーバー（sv1）
Webサーバー（sv2）
Webサーバー（nginx）

図 ● 本章の対象範囲（論理構成図）

5-2 ネットワークプロトコルを知ろう

ここからは、レイヤー 7プロトコルについて解説していきます。ただその前に、OSI参照モデルのアプリケーション層(レイヤー 5、L5からレイヤー 7、L7※1)について、さらりとおさらいしておきましょう。

アプリケーション層は、アプリケーションとしての処理を行い、アプリケーションとユーザーをつなぐ階層です。トランスポート層は転送制御を行い、アプリケーションごとにパケットを選別するところ

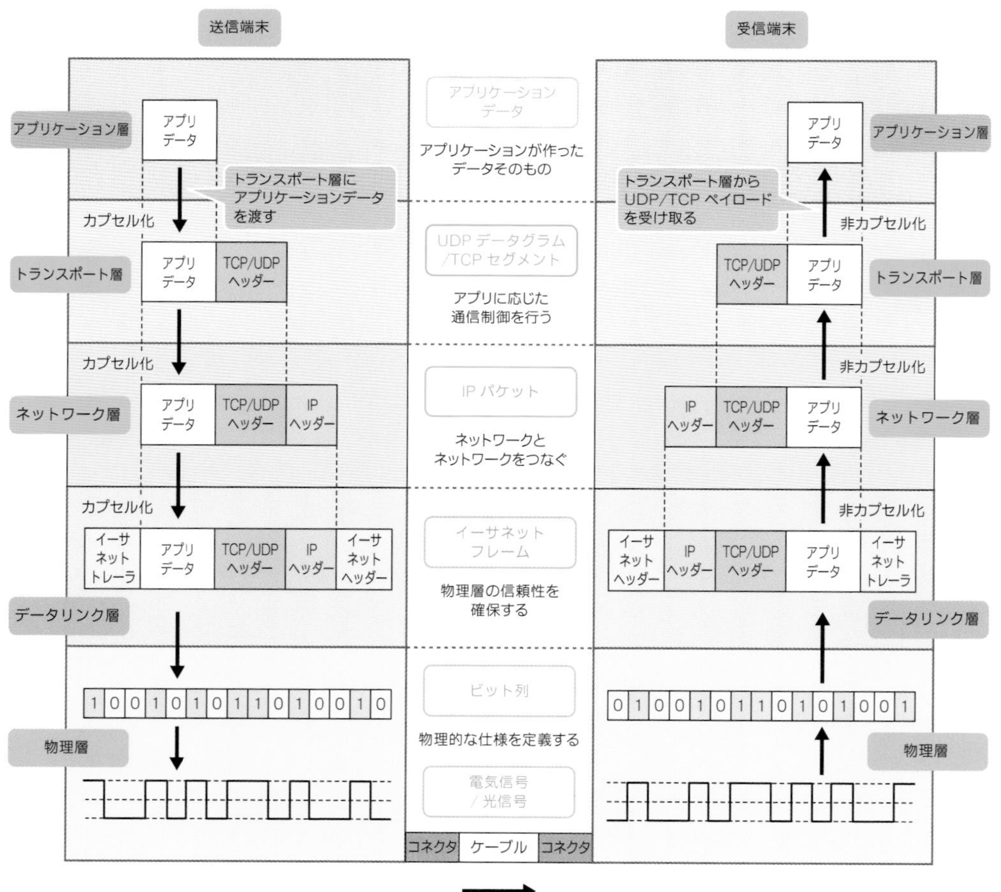

図 ● OSI参照モデルのアプリケーション層

※1 本書では、実際の構築や運用管理の現場で使用する内容に即して、レイヤー 5のセッション層からレイヤー 7のアプリケーション層までをまとめてアプリケーション層として扱います。

までが仕事です。それ以上のことはしてくれません。**パケットを受け取ったアプリケーションは、それぞれのアプリケーションに応じた処理を行います。** たとえば、Webブラウザでを Web（HTTP/HTTPS）サーバーにアクセスした場合、パケットは物理層、データリンク層、ネットワーク層のプロトコルによってWebサーバーにまで転送され、トランスポート層のプロトコルによってWebサーバーアプリケーションに選別され、アプリケーション層のプロトコルでWebサーバーアプリケーションによって処理されます。

ほとんどのアプリケーション層のプロトコルは、セッション層、プレゼンテーション層、アプリケーション層をまとめて、1つのアプリケーションプロトコルとして標準化されています。本書は、数あるアプリケーションプロトコルのうち、ユーザープロトコルの定番である「HTTP」「SSL/TLS」「DNS」「DHCP」について説明します。

Chapter 5 レイヤー7プロトコルを知ろう

5-2-1 HTTP（Hyper Text Transfer Protocol）

アプリケーション層で動作するアプリケーションプロトコルの中で、最もなじみ深く、かつよく話題に上がるものが「HTTP（Hypertext Transfer Protocol）」でしょう。皆さんもWebブラウザで「http://…」とURLを入力した経験がありませんか。Webブラウザは、最初の「http」の部分で「HTTPでアクセスしますよー」とWebサーバーに宣言しつつ、リクエスト（要求）を送信しています。対するWebサーバーは、処理結果をレスポンス（応答）として返します。

HTTPはもともと、テキストファイルをダウンロードするだけの簡素なプロトコルでした。しかし、今はその枠組みを大きく超えて、ファイルの送受信からリアルタイムなメッセージ交換、動画配信からWeb会議システムに至るまで、ありとあらゆる用途で使用されています。インターネットは、HTTPとともに進化を遂げ、HTTPとともに爆発的に普及したといっても過言ではありません。

机上で知ろう

HTTPは、1991年に登場して以来、「HTTP/0.9」→「HTTP/1.0」→「HTTP/1.1」→「HTTP/2」→「HTTP/3」と、4度のバージョンアップが行われています。どのバージョンで接続するかは、Webブラウザと Webサーバーの設定次第です。お互いの設定や対応状況が異なる場合は、やりとりの中で適切なプロトコルバージョンを選択します。

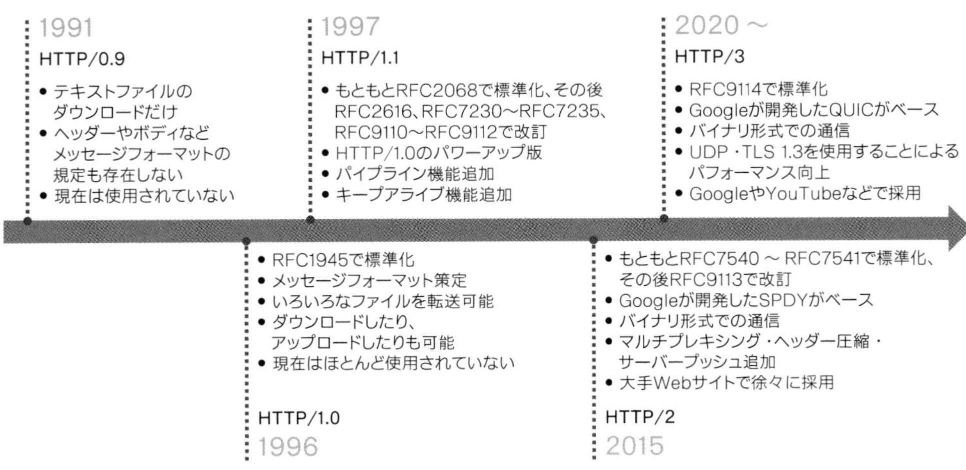
1991
HTTP/0.9
● テキストファイルの
ダウンロードだけ
● ヘッダーやボディなど
メッセージフォーマットの
規定も存在しない
● 現在は使用されていない
1997
HTTP/1.1
● もともとRFC2068で標準化、その後
RFC2616、RFC7230〜RFC7235、
RFC9110〜RFC9112で改訂
● HTTP/1.0のパワーアップ版
● パイプライン機能追加
● キープアライブ機能追加
2020〜
HTTP/3
● RFC9114で標準化
● Googleが開発したQUICがベース
● バイナリ形式での通信
● UDP・TLS 1.3を使用することによる
パフォーマンス向上
● GoogleやYouTubeなどで採用
● RFC1945で標準化
● メッセージフォーマット策定
● いろいろなファイルを転送可能
● ダウンロードしたり、
アップロードしたりも可能
● 現在はほとんど使用されていない
HTTP/1.0
1996
● もともとRFC7540〜RFC7541で標準化、
その後RFC9113で改訂
● Googleが開発したSPDYがベース
● バイナリ形式での通信
● マルチプレキシング・ヘッダー圧縮・
サーバープッシュ追加
● 大手Webサイトで徐々に採用
HTTP/2
2015

図 ● HTTPバージョンの変遷

本書では、2023年現在、広く世の中に普及しているHTTP/1.1とHTTP/2について深掘りしていきます。

HTTPのメッセージフォーマット

HTTPでやりとりする情報のことを「HTTPメッセージ」といいます。HTTPメッセージには、WebブラウザがWebサーバーに対して処理をお願いする「リクエストメッセージ」と、WebサーバーがWebブラウザに対して処理結果を返す「レスポンスメッセージ」の2種類があります。どちらのメッセージも、メッセージの主目的や概要が格納される「制御データ」、メッセージやコンテンツに関する付加情報(メタデータ)が格納される「ヘッダーセクション」※2、アプリケーションデータの本文(HTTPペイロード)が格納される「コンテンツ」で構成されています。

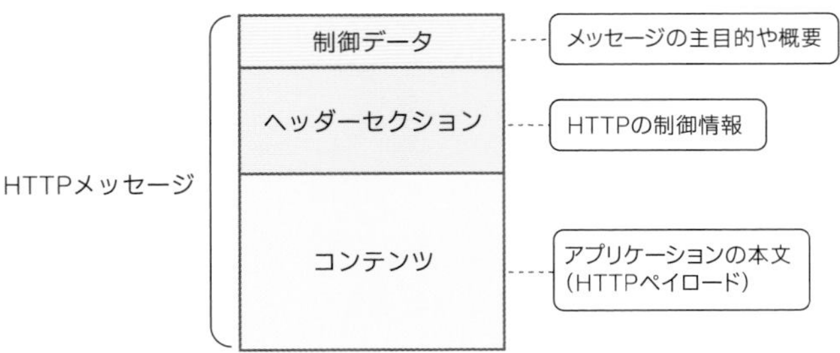
HTTPメッセージ
制御データ
ヘッダーセクション
コンテンツ
メッセージの主目的や概要
HTTPの制御情報
アプリケーションの本文
(HTTPペイロード)

図 ● HTTPメッセージを構成する要素

※2 コンテンツのあとに、ヘッダーセクションと同じく付加情報が格納される「トレーラーセクション」があることもあります。ただ、あまり使用されていないため、本書では割愛します。

では、HTTP/1.1のリクエストメッセージとレスポンスメッセージの具体的な内容について、詳しく見ていきましょう。

HTTP/1.1のメッセージフォーマット

HTTP/1.1は、1996年にRFC2068「Hypertext Transfer Protocol -- HTTP/1.1」で標準化され、その後1997年にRFC2616、2014年にRFC7230～RFC7235、2022年にRFC9110「HTTP Semantics」、RFC9111「HTTP Caching」、RFC9112「HTTP/1.1」で改訂されています。**HTTP/1.1は、同時に複数のTCPコネクションを作って**※3**、テキスト形式のHTTPメッセージを並列にやりとりします。**

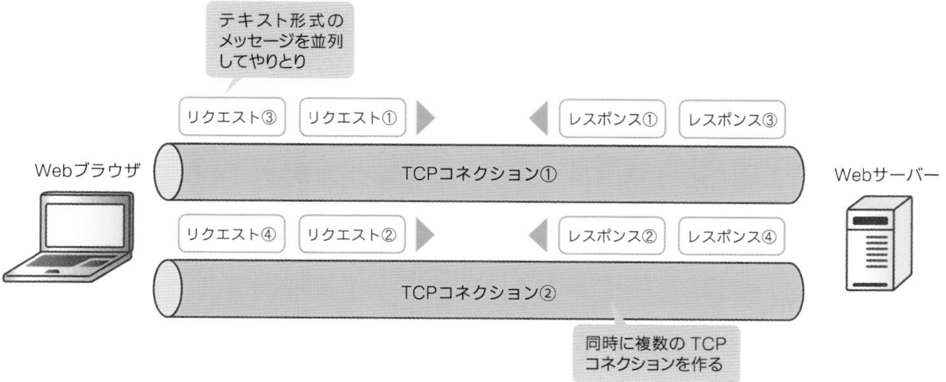

図 ● HTTP/1.1

▶ リクエストメッセージ

HTTP/1.1のリクエストメッセージは、制御データに「リクエストライン」が、ヘッダーセクションに1つ以上の「ヘッダーフィールド（フィールド名＋フィールド値）」が格納されています。リクエストラインとすべてのヘッダーフィールドはひとつひとつ改行コード（¥r¥n）によって区切られており、ヘッダーフィールドが終わると、改行コードで空行を入れてから、コンテンツが始まります。

※3　最近のWebブラウザは、1つのWebサーバーに対して最大6本のTCPコネクションを作ります。

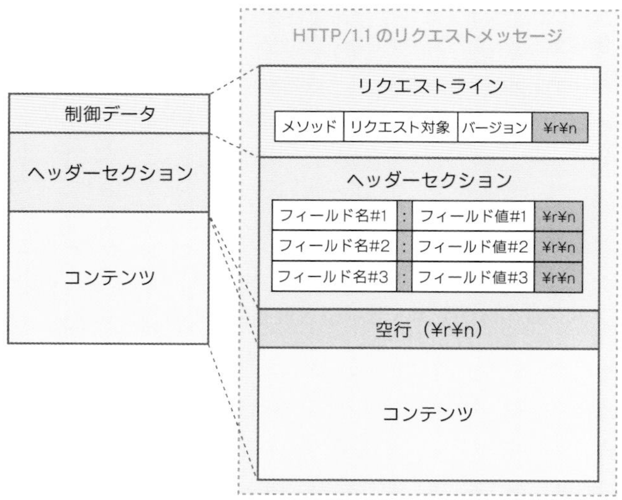

図●リクエストメッセージ

では、ひとつひとつの構成要素について、もう少し深く見ていきましょう。

● リクエストライン

リクエストラインは、その名のとおり、WebブラウザがWebサーバーに「○○してください！」と処理を依頼するための行です。リクエストラインは、リクエストの種類を表す「メソッド」、リクエストの対象を表す「リクエスト対象（リクエストターゲット）」、HTTPバージョンを表す「HTTPバージョン」の3つで構成されていて、半角スペースを挟んで1行につながっています。Webブラウザは、指定されたHTTPバージョンで、指定されたWebサーバー上のリソースに対して、指定されたメソッドの処理を依頼します。

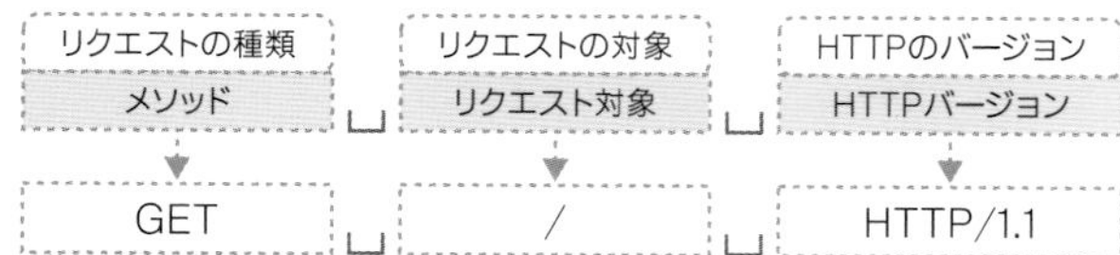

図●リクエストラインの構成要素

メソッドは、WebブラウザがWebサーバーに対してお願いするリクエストの種類を表しています。RFC9110で定義されているのは、次表で示す8種類です。たとえば、Webサイトを閲覧するときは「GET」メソッドを利用して、Webサーバー上のファイルをダウンロードして表示しています。

メソッド	意味
GET	指定されたリソースのデータを取得する
HEAD	指定されたリソースのヘッダーフィールドのみを取得する
POST	指定されたリソースにデータを送信する
PUT	指定されたリソースを更新する
DELETE	指定されたリソースを削除する
CONNECT	プロキシサーバーに、指定されたリソースに対するトンネリングを要求する
OPTIONS	サーバーが対応しているメソッドやオプションを問い合わせる
TRACE	リクエストの内容をそのまま送り返す

表 ● RFC9110で定義されているメソッド

リクエスト対象は、Webブラウザがリクエストを送信するリソースを表しています。 Webサーバーのリソースには「URI（Uniform Resource Identifier)」という名前の識別子がついています。URIは、httpやhttpsなどのプロトコルを表す「スキーム名」、WebサーバーのアドレスやFQDNを表す「オーソリティ」、Webサーバー上のファイルを表す「パス」、追加のパラメーターを渡す任意の「クエリ文字列」で構成されています。たとえば、Webサイトを閲覧するときは、パスだけがリクエスト対象に格納されます。何かを検索したりするときは、パスとクエリ文字列がリクエスト対象に格納されます。

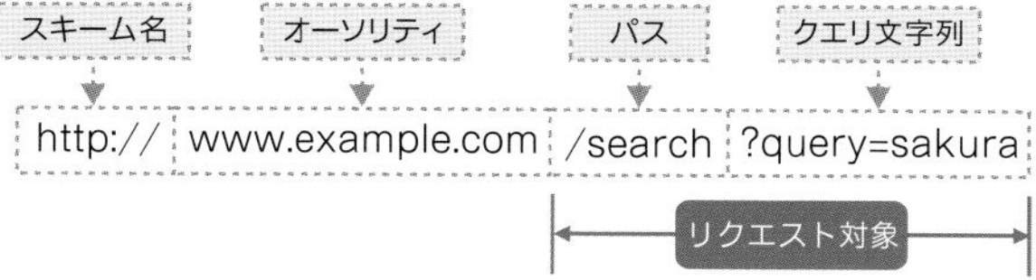

図 ● リクエスト対象

● ヘッダーセクション

ヘッダーセクションは、1つ以上のヘッダーフィールドによって構成されています。 各ヘッダーフィールドは「フィールド名」と「フィールド値」のペアで構成されており、「Host: www.example.com」のように「:」(コロン)と半角スペースで区切られています。

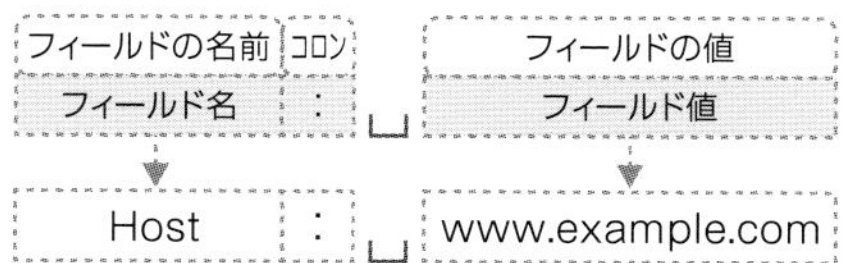

図 ● ヘッダーフィールドの構成要素

ヘッダーセクションがどのようなヘッダーフィールドで構成されるかは、Webブラウザによって異なります。代表的なヘッダーフィールドには次表のようなものがあります。

分類	フィールド名	意味
一般的なヘッダー	Date	HTTPメッセージを生成した日時
	Host	Webブラウザがリクエストする Webサーバーのドメイン名(FQDN。リクエストメッセージにおいて必須のヘッダー)
	Location	リダイレクトするときのリダイレクト先
	Referer	直前にリンクされていたURL
	Server	Webサーバーで使用しているサーバーソフトウェアの名前やバージョン、オプション
	User-Agent	Webブラウザの情報
コンテンツに関するヘッダー	Accept	テキストファイルや画像ファイルなど、Webブラウザが受け入れることができるメディアのタイプ
	Accept-Charset	UnicodeやISOなど、Webブラウザが処理できる文字セット
	Accept-Encoding	gzipやcompressなど、Webブラウザが処理できるメッセージボディの圧縮(コンテンツコーディング)のタイプ
	Accept-Language	日本語や英語など、Webブラウザが処理できる言語セット
	Accept-Ranges	Webサーバーが部分的なダウンロードに対応していることを通知する
	Content-Encoding	サーバーが実行したメッセージボディの圧縮(コンテンツコーディング)のタイプ
	Content-Language	日本語や英語など、メッセージボディで使用されている言語セット
	Content-Length	コンテンツのサイズ。バイト単位で記述
	Content-Range	レンジリクエストに対するレスポンスで使用
	Content-Type	テキストファイルや画像ファイルなど、コンテンツのメディアのタイプ
	Expect	送信するリクエストのコンテンツが大きいとき、サーバーが受けとれるか確認する
	From	ユーザーのメールアドレス。連絡先を伝えるために使用される
	If-Match	条件付きリクエスト。サーバーはリクエストに含まれるETag(エンティティタグ)ヘッダーの値が、サーバー上の特定リソースに紐づくETagの値と一致したら、レスポンスを返す
	If-Modified-Since	条件付きリクエスト。サーバーは、この日付以降に更新されたリソースに対するリクエストだったらレスポンスを返す
	If-None-Match	条件付きリクエスト。サーバーはリクエストに含まれるETagヘッダーの値が、サーバー上の特定リソースに紐づくETagの値と一致しなかったら、レスポンスを返す
	If-Range	条件付きリクエスト。値としてETagが入り、Rangeヘッダーとあわせて使用する。サーバーは、ETagか更新日時が一致したら、Rangeヘッダーを処理する
	If-Unmodified-Since	条件付きリクエスト。サーバーは、この日付以降に更新されていないリソースに対するリクエストだったらレスポンスを返す
	Max-Forwards	TRACE、あるいはOPTIONSメソッドにおいて、転送してよいサーバーの最大数
	Range	リソースの一部を取得するレンジリクエストのときに使用される
	TE	Webブラウザが受け入れることができるメッセージの分割(転送エンコーディング)のタイプ

表 ● 代表的なヘッダーフィールド①

分類	フィールド名	意味
キャッシュに関するヘッダー	Age	オリジンサーバーのリソースがプロキシサーバーにキャッシュされてからの時間。単位は秒
	Cache-Control	Webブラウザに一時的に保存するキャッシュの制御。キャッシュさせない、あるいはキャッシュする時間を設定可能
	ETag	エンティティタグ。ファイルなどのリソースを一意に特定する文字列。リソースが更新されるとETagも更新される
	Expires	リソースの有効期限の日時
	Last-Modified	リソースが最後に更新された日時
	Link	関連情報へのリンク情報
	Vary	オリジンサーバーからプロキシサーバーに対するキャッシュの管理情報。Varyヘッダーで指定したHTTPヘッダーのリクエストにだけキャッシュを使用する
通信に関するヘッダー	Allow	サーバーがクライアントに対して、対応しているメソッドを通知
	Connection	一度確立したTCPコネクションを使い回す「キープアライブ」機能や、接続オプションに関する情報
	Forwarded	「X-Forwarded-For」や「X-Forwarded-Proto」のRFCバージョン
	Keep-Alive	キープアライブに関するパラメーター（タイムアウトやリクエストの最大数など）
	Trailer	メッセージボディに記述するトレーラーフィールドを通知。チャンク転送エンコーディングを使用しているときに使用可能
	Transfer-Encoding	メッセージボディの転送エンコーディングのタイプ
	Upgrade	他のプロトコル、あるいは他のバージョンに切り替える
	Via	経由したプロキシサーバーを追記。ループ回避の目的で使用
	X-Forwarded-For	NAPTされている環境で、変換される前のIPアドレスを格納
	X-Forwarded-Proto	プロトコルオフロードされている環境で、オフロード前のプロトコルを格納
認証・認可に関するヘッダー	Authorization	ユーザーの認証情報。サーバーのWWW-Authenticateヘッダーに応答する形で使用される
	Cookie	WebブラウザがSet-Cookieによって与えられたCookieの情報をサーバーに送信
	Proxy-Authenticate	プロキシサーバーからWebブラウザに対する認証要求を通知
	Proxy-Authorization	プロキシサーバーから認証要求を受け取ったときに、認証に必要な情報をWebブラウザから伝える
	Set-Cookie	サーバーがセッション管理に使用するセッションIDや、ユーザー個別の設定などをWebブラウザに送信
	WWW-Authenticate	Webサーバーからクライアントに対する認証要求、及び認証方式

表 ● 代表的なヘッダーフィールド②

▶ レスポンスメッセージ

HTTP/1.1のレスポンスメッセージは、制御データに「ステータスライン」が、ヘッダーセクションに1つ以上のヘッダーフィールドが格納されています。ステータスラインとすべてのヘッダーフィールドはひとつひとつ改行コード（¥r¥n）によって区切られており、ヘッダーフィールドが終わると、改行コードで空行を入れてから、コンテンツが始まります。

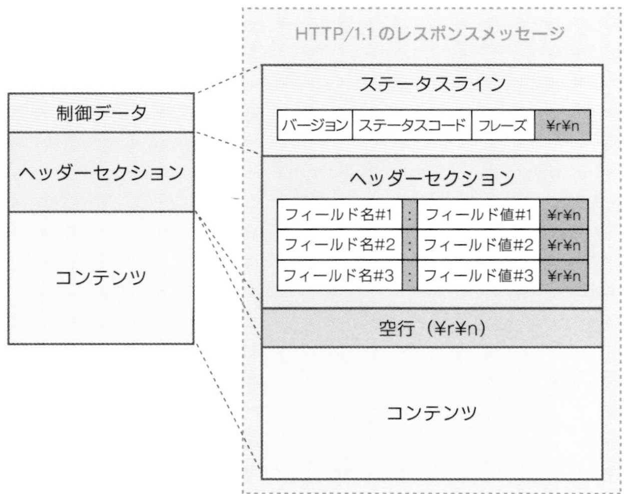

図●レスポンスメッセージ

では、ひとつひとつの構成要素について、もう少し深く見ていきましょう。

●ステータスライン

ステータスラインは、WebサーバーがWebブラウザに対して処理結果の概要を返す行です。HTTPのバージョンを表す「HTTPバージョン」、処理結果の概要を3桁の数字で表す「ステータスコード」、その理由を表す「リーズンフレーズ」で構成されています。

図●ステータスラインの構成要素

ステータスコードとリーズンフレーズは一意に紐づいていて、代表的なものは次表のとおりです。たとえば、普段よくやるようにWebブラウザでWebサイトにHTTP/1.1でアクセスして画面が表示された場合、ステータスラインには「HTTP/1.1 200 OK」がセットされます。

クラス		ステータスコード	リーズンフレーズ	説明
1xx	Informational	100	Continue	クライアントはリクエストを継続できる
		101	Switching Protocols	Upgradeヘッダーを使用して、プロトコル、あるいはバージョンを変更する
2xx	Success	200	OK	正常に処理が完了した
3xx	Redirection	301	Moved Permanently	Locationヘッダーを使用して、別のURIにリダイレクト(転送)する。恒久対応
		302	Found	Locationヘッダーを使用して、別のURIにリダイレクト(転送)する。暫定対応
		304	Not Modified	リソースが更新されていない
4xx	Client Error	400	Bad Request	リクエストの構文に誤りがある
		401	Unauthorized	認証に失敗した
		403	Forbidden	そのリソースに対してアクセスが拒否された
		404	Not Found	そのリソースが存在しない
		406	Not Acceptable	対応している種類のファイルがない
		412	Precondition Failed	前提条件を満たしていない
5xx	Server Error	503	Service Unavailable	Webサーバーアプリケーションに障害発生

図 ● 代表的なステータスコードとリーズンフレーズ

● **ヘッダーセクション**

レスポンスメッセージのヘッダーセクションは、構成されるフィールドは異なるものの、基本的な形式はリクエストメッセージと同じです。「<フィールド名>: <フィールド値>」のペアからなる複数のヘッダーフィールドで構成されていて、どのヘッダーフィールドで構成されるかはWebサーバー(HTTPサーバーアプリケーション)によって異なります。

HTTP/2のメッセージフォーマット

HTTP/2は、2015年にRFC7540「Hypertext Transfer Protocol Version 2 (HTTP/2)」とRFC7541「HPACK: Header Compression for HTTP/2」で標準化され、その後2022年にRFC9113「HTTP/2」で改訂されています[※4]。**HTTP/2は、1本のTCPコネクションの中に「ストリーム」という仮想的な通路を作り、「フレーム」というバイナリ形式のHTTPメッセージを並列にやりとりします。**

※4 HTTP/1.1と共通する用語や仕様については、RFC9110「HTTP Semantics」を参照します。

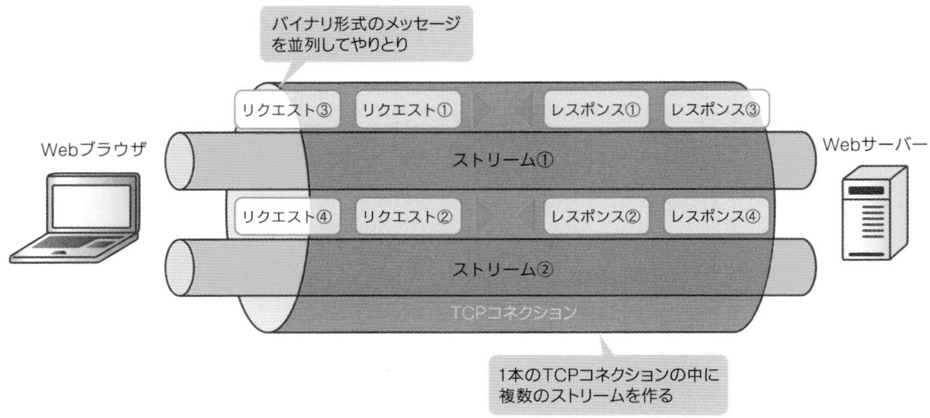

図●HTTP/2

p.237とp.241で説明したとおり、HTTP/1.1は、制御データ、ヘッダーセクション、コンテンツを改行コード（¥r¥n）で区切った、テキスト形式のメッセージ単位でTCPコネクションに流します。テキスト形式は人の目にはわかりやすいですが、コンピューターがそれを解釈するにはバイナリ形式への変換処理が必要になり、ひと手間かかります。それに対して、**HTTP/2は、制御データとヘッダーセクションで構成されるヘッダーを「HEADERSフレーム」に、コンテンツを「DATAフレーム」にそれぞれ分割して格納し、バイナリ形式のフレーム単位でストリームに流します。**また、その際、フレームにストリームを識別する「ストリームID」を付与し、どのストリームにフレームを流すか指定します。バイナリ形式のままなので、変換処理は必要ありません。

番号	タイプ	内容
0	DATA	コンテンツを格納する
1	HEADERS	制御データとヘッダーセクションを格納する
2	PRIORITY	ストリームの優先度を変更する
3	RST_STREAM	ストリームのキャンセルが要求されたり、ストリームにエラーが発生したときに、ストリームをすぐに終了する
4	SETTINGS	同時ストリーム数やサーバープッシュの無効化など、コネクションに関する接続設定を変更する
5	PUSH_PROMISE	サーバーからデータをプッシュするストリームを予約する
6	PING	コネクションを維持したり、往復遅延時間（RTT）を測定したりする
7	GOAWAY	送信するデータがないか、重要なエラーが発生したときに、コネクションを切断する
8	WINDOW_UPDATE	フロー制御のために、ウィンドウサイズを変更する
9	CONTINUATION	ひとつのフレームに収まりきらないHEADERSフレームやPUSH_PROMISEの続きを送信する

表●RFC9113で定義されているフレームの種類

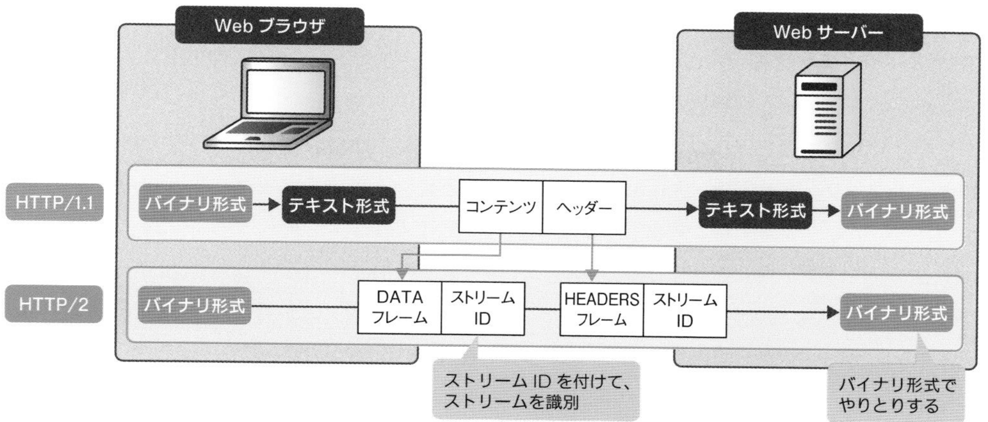

図●HTTP/2はバイナリ形式でやりとりする

バイナリ形式への変更に加えて、制御データやヘッダーセクションにもいくつか変更が加えられています。中でも大きく変更されている点は、リクエストラインとステータスラインです。**HTTP/2では、HTTP/1.1におけるリクエストラインとステータスラインの構成要素を「疑似ヘッダーフィールド」という名前のヘッダーフィールドのひとつとして扱います。**

また、よく使用するヘッダーフィールド名やフィールド値をあらかじめ静的に決められた数字に置き換えたり、一度送信したヘッダーフィールドを動的に割り当てた数字に置き換えたりすることによって、ヘッダーフィールドの転送量の削減を図ります※5。この機能のことを「HPACK」といいます。HPACKはRFC7541「HPACK: Header Compression for HTTP/2」で定義されています。

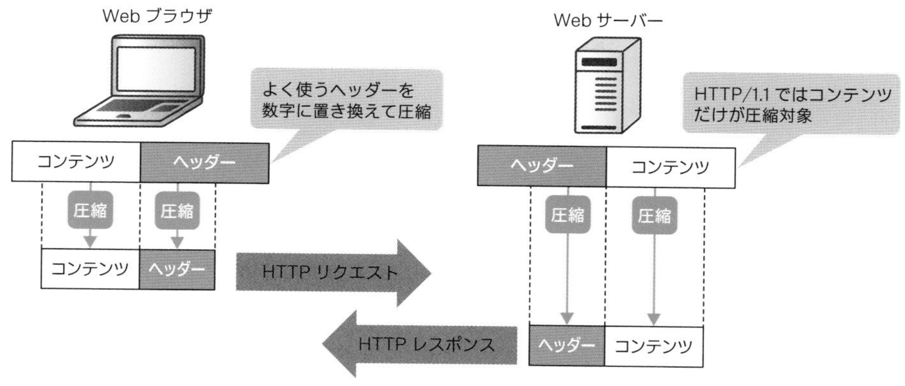

図●HPACK

では、HTTP/2のリクエストメッセージとレスポンスメッセージの具体的な内容について、詳しく見ていきましょう。

※5 HTTP/1.1では、コンテンツは圧縮されますが、ヘッダーは圧縮されません。HTTP/2では、どちらも圧縮されます。

▶ リクエストメッセージ

HTTP/2のリクエストメッセージは、制御データとヘッダーセクションがHEADERSフレームに、コンテンツがDATAフレームに格納されています。

制御データは、リクエストラインと同じ役割を持つ、複数の疑似ヘッダーフィールドで構成されています。疑似ヘッダーフィールドは、「:method: GET」のように、一般的なヘッダーフィールド形式の先頭に「:」(コロン)がくっつきます。制御データには、HTTP/1.1のリクエストラインにあったメソッドが「:methodヘッダーフィールド」として、リクエスト対象が「:pathヘッダーフィールド」として格納されています。また、それ以外にも、リクエストで使用されているプロトコルが「:schemeヘッダーフィールド」として、HTTP/1.1のリクエストメッセージで必須のヘッダーフィールドだった「Hostヘッダーフィールド」が「:authorityヘッダー」として格納されています。

制御データのあとには、HTTP/1.1と同じように、「<フィールド名>: <フィールド値>」のペアからなる複数のヘッダーフィールドが続きます。各フィールドが持つ基本的な役割については、大きな違いはありません。

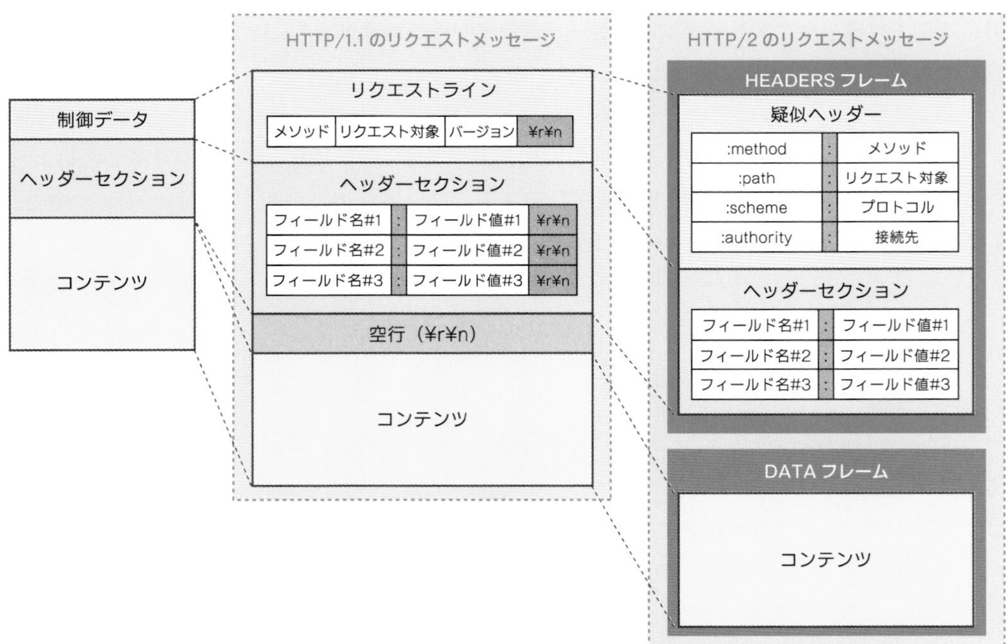

図 ● HTTP/2のリクエストメッセージ

▶ レスポンスメッセージ

HTTP/2のレスポンスメッセージは、制御データとヘッダーセクションがHEADERSフレームに、コンテンツがDATAフレームに格納されています。

制御データは、ステータスラインと同じ役割を持つ、疑似ヘッダーフィールドで構成されています。

HTTP/1.1のステータスラインにあったステータスコードが「:statusフィールド」に格納されています。リーズンフレーズは、ステータスコードから一意に導き出せるということで、廃止されました。

制御データのあとには、HTTP/1.1と同じように、「<フィールド名>: <フィールド値>」のペアからなる複数のヘッダーフィールドが続きます。各フィールドが持つ基本的な役割については、大きな違いはありません。

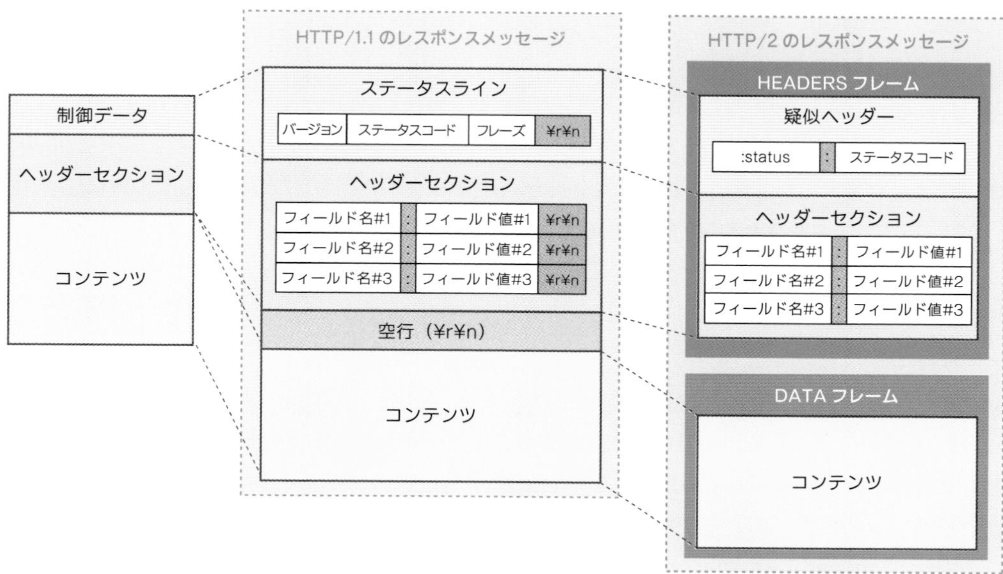

図 • HTTP/2のレスポンスメッセージ

HTTP/2の接続パターン

HTTP/1.1とHTTP/2は、基本的な構成要素やその役割に大きな差はないものの、異なる形式でやりとりされるため互換性はありません。そこで、HTTP/2で接続するためには、接続状況に応じて、いくつかの手順を踏む必要があります。ここでは、接続状況を「SSLハンドシェイクパターン」「ヘッダーフィールドパターン」「ダイレクト接続パターン」の3つに分けて説明します。

SSLハンドシェイクパターン

「SSLハンドシェイク」とは、SSL/TLSで暗号化通信する前に行う事前準備のことです。SSLハンドシェイクの具体的な処理についてはp.274から詳しく説明しますが、ざっくりいうと、セキュリティを確保するために、暗号化方式や認証方式を決めたり、お互いを認証したり、暗号化に使用する共通鍵（暗号化鍵）を交換したり、といったことをします。HTTP/2で接続するときは、SSLハンドシェイクの「ALPN（Application-Layer Protocol Negotiation）」という拡張機能を使用します。**ALPNを使用して、お互いがHTTP/2に対応していることを伝えあい、HTTP/2で接続します。**

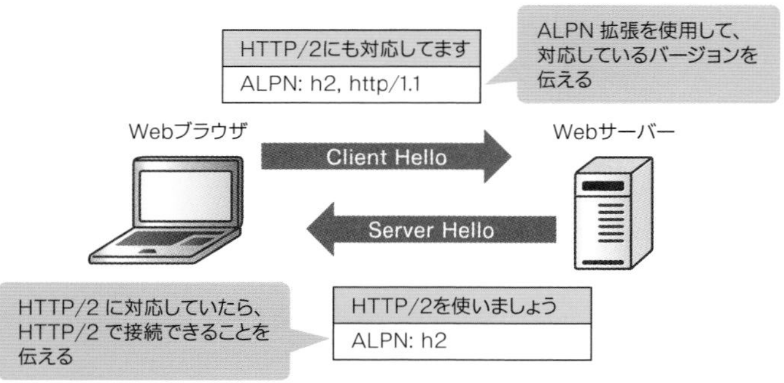

図 ● SSLハンドシェイクパターン

特にRFCで規定されているわけではありませんが、**ChromeやFirefoxなど最近人気のWebブラウザは、SSL/TLSで暗号化されたHTTP/2にしか対応していません。**したがって、実際のHTTP/2接続にはこのパターンが採用されることがほとんどでしょう。本書でも、HTTP/2はSSL/TLSの実践項で取り扱います。

ヘッダーフィールドパターン

SSL/TLSで暗号化通信しない場合は、SSLハンドシェイクのALPNを使用できません。そこで、**その代わりにHTTPのヘッダーフィールドを使用します。**Webブラウザは、最初にHTTP/1.1でWebサイトにアクセスするとき、あわせて「Upgradeフィールド」を付けて、「HTTP/2にも対応していますよ」と伝えます。サーバーがHTTP/2に対応していたら、同じくUpgradeフィールドを付けて、「101 Switching Protocols」のステータスコードを返し、HTTP/2に移行します。もし、サーバーがHTTP/2に対応していなかったら、何事もなかったかのように、そのままHTTP/1.1で接続します。

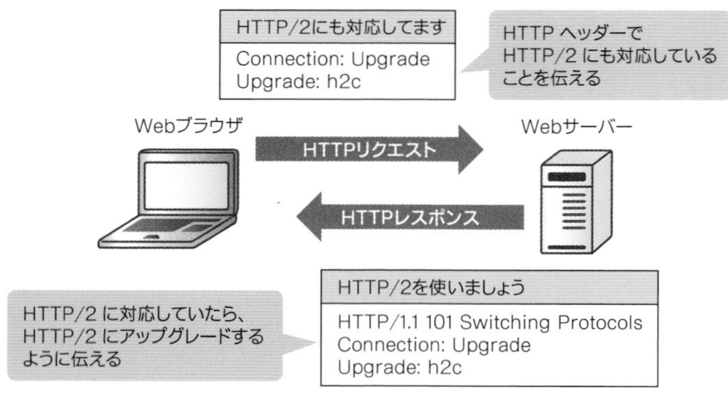

図 ● ヘッダーフィールドパターン

このパターンにはもうひとつ、サーバーからHTTP/2への移行を提案する場合もあります。サーバーはHTTP/1.1のレスポンスにUpgradeヘッダーフィールドを付けて、「HTTP/2にも対応していますよ」と、Webブラウザに通知します。Webブラウザは、この情報を見て、Upgradeフィールドを含む

HTTP/1.1リクエストを送信します。それに対して、サーバーは「101 Switching Protocols」のHTTPレスポンスを返し、HTTP/2に移行します。

ダイレクト接続パターン

あらかじめサーバーがHTTP/2に対応しているとわかっていたら、余計な下準備は必要ありません。 いきなりHTTP/2で接続可能です。このパターンは、あらかじめWebブラウザ/WebサーバーともにHTTP/2で接続できることがわかっている環境でのみ使用します。

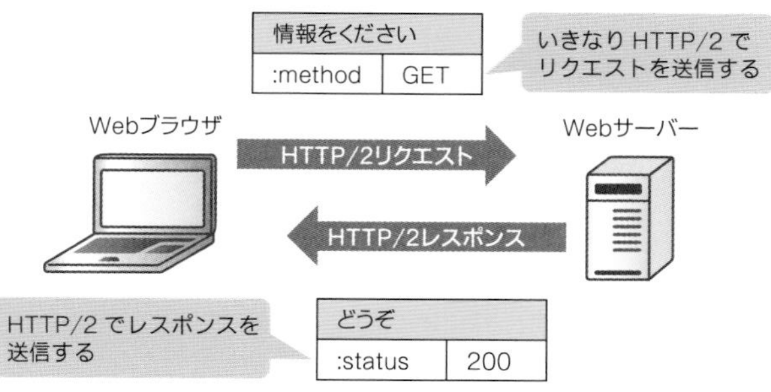

図 ● ダイレクト接続パターン

実践で知ろう

ここまでの知識を踏まえて、実際に検証環境を利用して、HTTPメッセージをキャプチャし、解析してみましょう。ここで使用する設定ファイルは「spec_05.yaml」です。まずは、tinet upコマンドとtinet confコマンドでspec_05.yamlを読み込み、検証環境を構築してください※6。やり方を忘れてしまった方は、第2章（p.48）を参考にしてください。

ここでは、fw1とsv1を使用して、実際に送信されるHTTPメッセージをキャプチャし、中身を解析していきます。なお、この実践項で扱うHTTPメッセージは、HTTP/1.1のHTTPメッセージです。HTTP/2については、p.282から始まるSSL/TLSの実践・解析項にて扱います。

パケットをキャプチャしよう

検証環境が用意できたら、解析に必要なHTTPメッセージをキャプチャしましょう。ここでは、サーバーサイトにいるfw1（172.16.1.254）から※7、同じくサーバーサイトにいるsv1（172.16.2.1）に対してHTTPリクエスト（GET）を送信し、そのパケットをsv1でキャプチャします。

では、具体的な流れについて、順を追って説明します。

※6　すでに別の設定ファイルが読み込まれている場合は、先にtinet downコマンド（p.30）で検証環境を削除してください。
※7　ここではfw1をWebブラウザ（HTTPクライアント）として使用します。

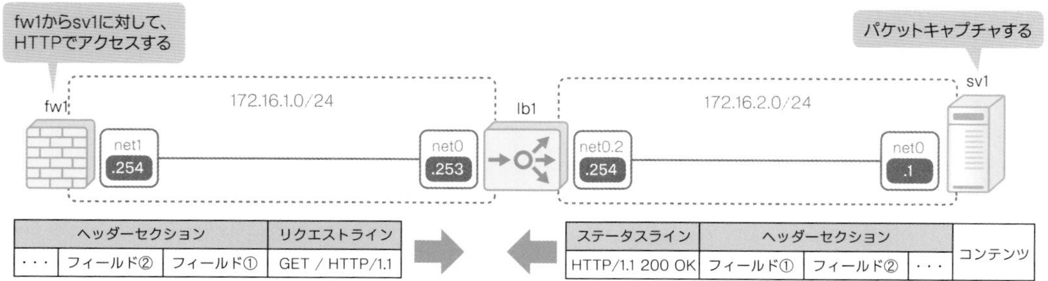

図●fw1でリクエストを送信し、sv1でキャプチャする

1 まず、sv1がHTTPサーバーとして動作しているか確認しておきましょう。sv1のコンテナイメージにはnginxがインストールされており、tinetの設定ファイルで起動されているはずです。sv1にログインし、ssコマンドでnginxのプロセス※8がTCP/80のパケットを受け入れるようになっているか、つまり**LISTEN状態になっているかを確認してください。**

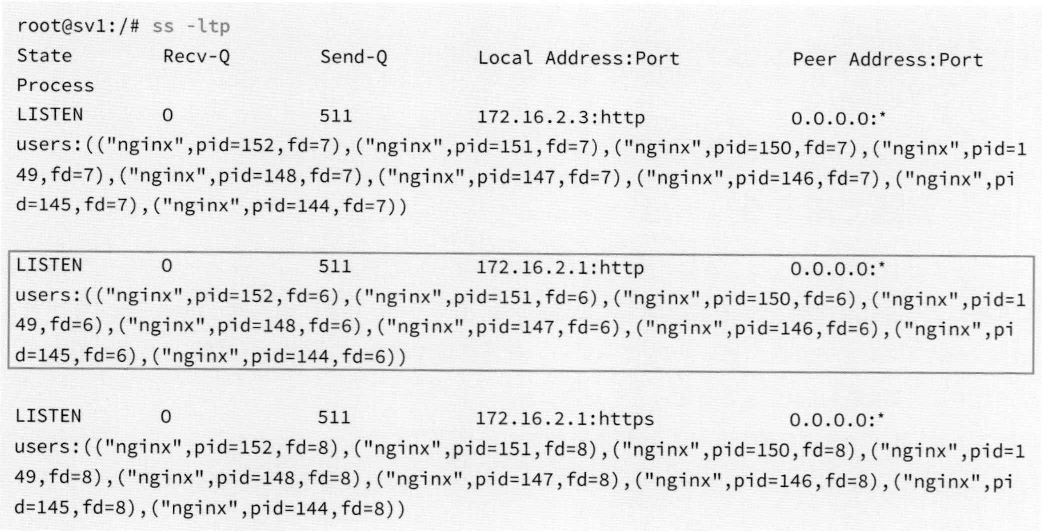

```
root@sv1:/# ss -ltp
State        Recv-Q        Send-Q        Local Address:Port        Peer Address:Port
Process
LISTEN       0             511           172.16.2.3:http           0.0.0.0:*
users:(("nginx",pid=152,fd=7),("nginx",pid=151,fd=7),("nginx",pid=150,fd=7),("nginx",pid=1
49,fd=7),("nginx",pid=148,fd=7),("nginx",pid=147,fd=7),("nginx",pid=146,fd=7),("nginx",pi
d=145,fd=7),("nginx",pid=144,fd=7))

LISTEN       0             511           172.16.2.1:http           0.0.0.0:*
users:(("nginx",pid=152,fd=6),("nginx",pid=151,fd=6),("nginx",pid=150,fd=6),("nginx",pid=1
49,fd=6),("nginx",pid=148,fd=6),("nginx",pid=147,fd=6),("nginx",pid=146,fd=6),("nginx",pi
d=145,fd=6),("nginx",pid=144,fd=6))

LISTEN       0             511           172.16.2.1:https          0.0.0.0:*
users:(("nginx",pid=152,fd=8),("nginx",pid=151,fd=8),("nginx",pid=150,fd=8),("nginx",pid=1
49,fd=8),("nginx",pid=148,fd=8),("nginx",pid=147,fd=8),("nginx",pid=146,fd=8),("nginx",pi
d=145,fd=8),("nginx",pid=144,fd=8))
```

図●ssコマンドの表示結果

2 続いて、sv1でtcpdumpコマンドを実行し、これからやりとりされるパケットに備えます。ここでは、sv1のnet0でやりとりされる送信元IPアドレス、あるいは宛先IPアドレスが「172.16.1.254」、送信元ポート番号、あるいは宛先ポート番号が「80」のTCPセグメントをキャプチャし、コンテナ上にある「/tmp/tinet」というフォルダに「http.pcapng」というファイル名で書き込むようにします。

※8 nginxのプロセスは、nginx自体の管理や制御を司る1つの「マスタープロセス」と、ユーザーからの接続処理を行う複数の「ワーカープロセス」で構成されています。

```
root@sv1:/# tcpdump -i net0 port 80 and host 172.16.1.254 -w /tmp/tinet/http.pcapng
tcpdump: listening on net0, link-type EN10MB (Ethernet), capture size 262144 bytes
```

図 ● tcpdumpコマンドを実行

3 fw1からsv1のコンテンツをGETします。HTTPのアクセスには「curlコマンド」を使用します。**curlコマンドは、HTTPやHTTPS、FTP、SMTPなど、いろいろなプロトコルでファイルを転送できるアプリケーションコマンドです。**コマンドラインインターフェース環境で、いろいろなプロトコルのコマンドを簡単に実行できるだけでなく、役に立つ情報を整理整頓して表示してくれるので、アプリケーションレベルの情報が必要になるトラブルシューティングでとても重宝します。

curlコマンドは、引数にURLを指定して実行すると、そのURLからファイルをダウンロードできたり、逆にそのURLにファイルをアップロードできたりします。また、curlコマンドにはたくさんのオプションが用意されていて、うまくトッピングすると、トラブルシューティングの強い味方になります。次表にHTTPやHTTPSに関する代表的なオプションをまとめたので、参考にしてください。

関連プロトコル	ショートオプション	ロングオプション	説明
HTTP	-0	--http1.0	HTTP/1.0で接続する
HTTP		--http1.1	HTTP/1.1で接続する
HTTP		--http2	HTTP/2で接続する
SSL	-1	--tlsv1, --tlsv1.0	TLSv1.0以上で接続する
SSL	-2	--sslv2	SSLv2で接続する
SSL	-3	--sslv3	SSLv3で接続する
IP	-4	--ipv4	IPv4を使用する
IP	-6	--ipv6	IPv6を使用する
HTTP	-A	--user-agent <エージェント文字列>	User-Agentフィールドの文字列を指定する
HTTP	-b	--cookie<Cookieヘッダーフィールド | ファイル名>	Cookieを送信する
HTTP	-c	--cookie-jar <ファイル名>	Cookieを保存する
SSL		--ciphers <Cipherリスト>	指定したCipher Suiteで接続
HTTP	-H	--header"<ヘッダーフィールド>"	ヘッダーフィールドを指定する
HTTP	-i	--include	レスポンスメッセージをヘッダーセクションを含めて、表示する
HTTP	-I	--head	ヘッダーセクションのみをリクエストし、表示する
SSL	-k	--insecure	デジタル証明書のエラーを無視して接続する
HTTP/HTTPS	-L	--location	リダイレクトされている場合にリダイレクト先にも接続する
	-o	--output <ファイル名>	ダウンロードしたデータを指定のファイル名でファイルに保存する
	-O	--remote-name	ダウンロードしたデータをそのままのファイル名でファイルに保存する

	-s	--silent	進捗情報やエラーを表示しない
SSL		--tls-max <バージョン>	最大TLSバージョンを指定して接続する
SSL		--tlsv1.1	TLS 1.1以上で接続する
SSL		--tlsv1.2	TLS 1.2以上で接続する
		--trace <ファイル名>	やりとりしたデータを16進数とテキストで保存する
		--trace-ascii <ファイル名>	やりとりしたすべてのデータをテキストで保存する
	-u	--user <ユーザー:パスワード>	認証用のユーザーを指定する
	-v	--verbose	HTTPだったら、ヘッダーフィールドを表示したり、HTTPSだったら、SSLハンドシェイクの状態を表示したり、いろいろな診断情報を表示する
	-x	--proxy <プロキシサーバー:ポート番号>	プロキシサーバー経由で接続する
HTTP	-X	--request <コマンド>	HTTPメソッドを指定する

表●curlコマンドの代表的なオプション（curl 7.47.1の「man curl」に準拠）

では、fw1にログインして、「curl -v http://172.16.2.1/」と入力してみましょう。ここでは、やりとりの詳細を確認するために、-vオプションを使用しています。すると、**リクエストラインやヘッダーセクションから構成されるリクエストメッセージが送信されたあと、ステータスラインやヘッダーセクション、コンテンツで構成されるレスポンスメッセージが返ってきていることがわかります。**

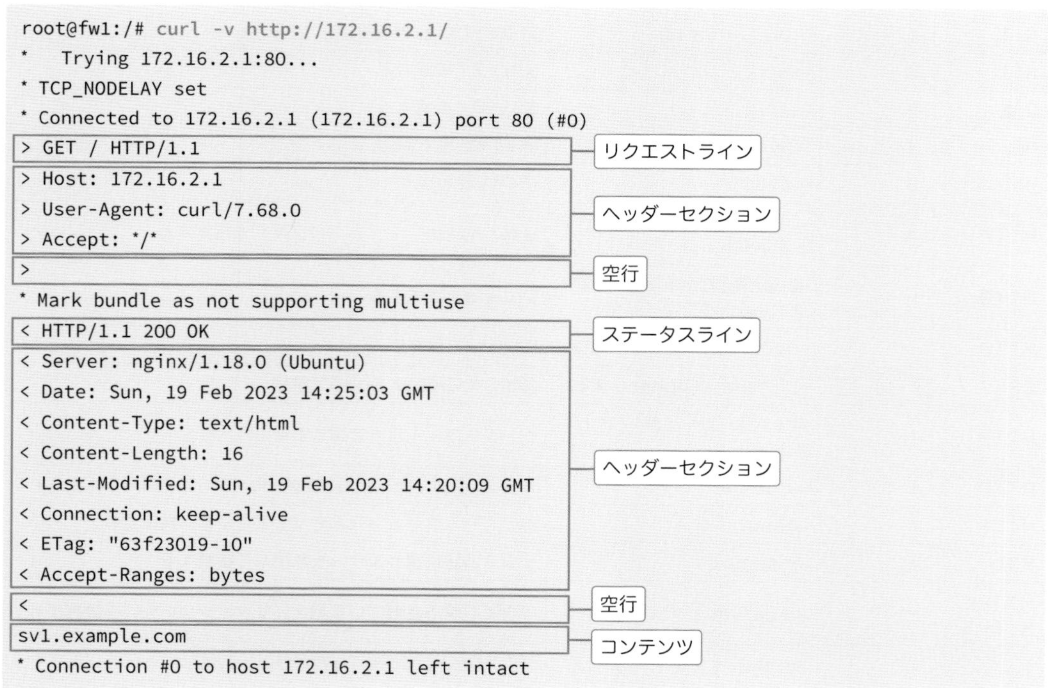

```
root@fw1:/# curl -v http://172.16.2.1/
*   Trying 172.16.2.1:80...
* TCP_NODELAY set
* Connected to 172.16.2.1 (172.16.2.1) port 80 (#0)
> GET / HTTP/1.1
> Host: 172.16.2.1
> User-Agent: curl/7.68.0
> Accept: */*
>
* Mark bundle as not supporting multiuse
< HTTP/1.1 200 OK
< Server: nginx/1.18.0 (Ubuntu)
< Date: Sun, 19 Feb 2023 14:25:03 GMT
< Content-Type: text/html
< Content-Length: 16
< Last-Modified: Sun, 19 Feb 2023 14:20:09 GMT
< Connection: keep-alive
< ETag: "63f23019-10"
< Accept-Ranges: bytes
<
sv1.example.com
* Connection #0 to host 172.16.2.1 left intact
```


図●curlコマンドを実行

4 sv1で Ctrl + c を押して、tcpdumpを終了します。

パケットを解析しよう

続いて、前項でキャプチャしたHTTPメッセージを解析していきます。解析に先立って、役に立ちそうなWiresharkの表示フィルターを紹介しておきます。これらをフィルターツールバーに入力します。複数の表示フィルターを「and」や「or」でつないで、表示するパケットをさらに絞り込むことも可能です。

フィールド名	フィールド名が表す意味	記述例
http	HTTPメッセージすべて	http
http.request	リクエストメッセージすべて	http.request
http.request.method	メソッド	http.request.method == GET
http.response	レスポンスメッセージすべて	http.response
http.response.code	ステータスコード	http.response.code == 200
http.response.line	レスポンスライン	http.response.line contains "text/html"
http.response.phrase	リーズンフレーズ	http.response.phrase == OK
http.accept	Acceptヘッダー	http.accept contains "text/html"
http.accept_encoding	Accept-Encodingヘッダー	http.accept_encoding contains "gzip, deflate"
http.host	Hostヘッダー	http.host == "www.yahoo.co.jp"
http.cache_control	Cache-Controlヘッダー	http.cache_control contains "no-store"
http.referer	Refererヘッダー	http.referer contains "www.google.co.jp"
http.connection	Connectionヘッダー	http.connection == "close"
http.user_agent	User-Agentヘッダー	http.user_agent contains "Safari"
http.location	Locationヘッダー	http.location == "http://www.yahoo.co.jp/"
http.server	Serverヘッダー	http.server == nginx

表●HTTPに関する代表的な表示フィルター

では、Wiresharkで「C:¥tinet」にある「http.pcapng」を開いてみましょう。すると、複数のパケットが見えるはずです。**全体的な流れを見てみると、「TCPの3ウェイハンドシェイク（3WHS）でオープン」→「リクエストメッセージでGET」→「レスポンスメッセージで200 OK」→「TCPの3ウェイハンドシェイク（3WHS）でクローズ」していることがわかります。**

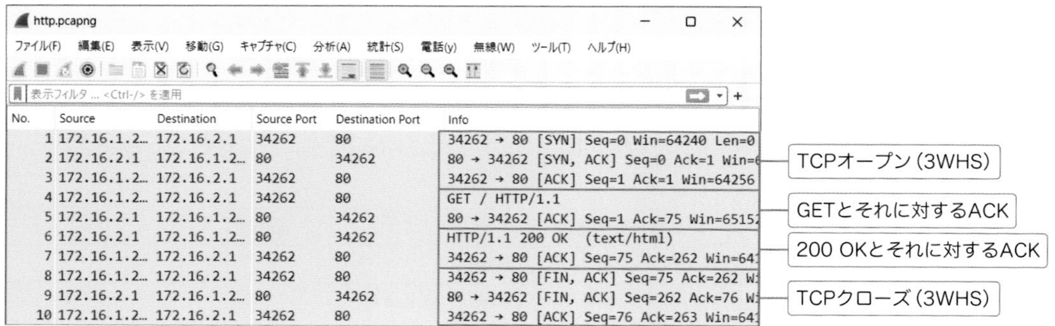

図● HTTPアクセスの流れ

表示フィルターに「http」と入力すると、リクエストメッセージとレスポンスメッセージのみが表示されます。

このうち、1つ目のパケット(リクエストメッセージ)をダブルクリックすると、「リクエストライン」と「ヘッダーセクション」で構成されています。また、ヘッダーセクションを見ると、Hostフィールドや User-Agentフィールドなど、たくさんのヘッダーフィールドで構成されていることがわかります。もちろん、先ほど実施したcurlの表示結果とも一致しています。ちなみに、GETリクエストにコンテンツはありません。

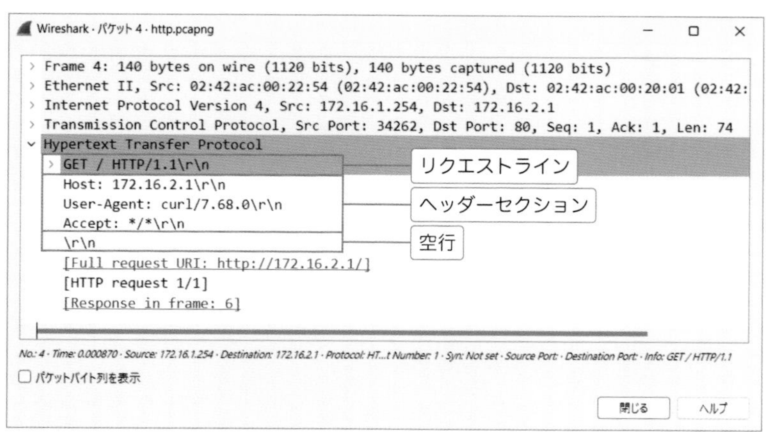

図● リクエストメッセージ

また、2つ目のパケット(レスポンスメッセージ)をダブルクリックすると、「ステータスライン」「ヘッダーセクション」「コンテンツ」で構成されています。また、ヘッダーセクションを見ると、たくさんのヘッダーフィールドで構成されていることがわかります。もちろん、先ほど実施したcurlの表示とも一致しています。コンテンツには「sv1.example.com」という文字列が含まれています。この文字列は、tinetの設定ファイルによってsv1に書き込まれている文字列です。

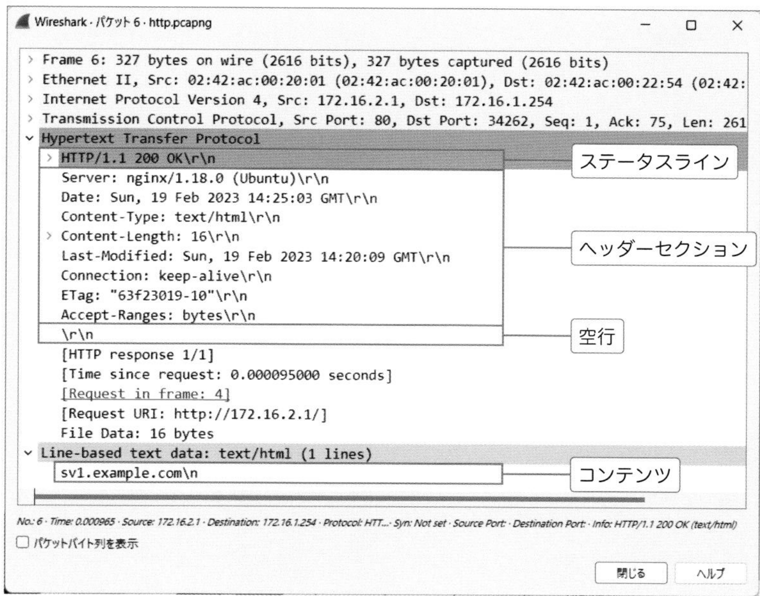

図 ● レスポンスメッセージ

Chapter 5 レイヤー7プロトコルを知ろう

5-2-2 SSL/TLS (Secure Socket Layer/Transport Layer Security)

SSL（Secure Socket Layer）/TLS（Transport Layer Security）は、アプリケーションデータを暗号化するプロトコルです。今や日常生活の一部になったインターネットですが、いつ何時も見えない脅威と隣り合わせにいることを忘れてはいけません。世界中のありとあらゆるヒトたち、モノたちが論理的にひとつにつながっているインターネットでは、いつ誰がデータを覗き見たり、書き換えたりするかわかりません。**SSL/TLS**[※9]**は、データを暗号化したり、通信相手を認証したりすることによって、大切なデータを守ります。**

※9 TLSはSSLをバージョンアップしたものです。ここからは文章の読みやすさのために「SSL/TLS」を表すところを「SSL」と記載しますが、明示的に区別しない限り、同時に「TLS」も含まれていると考えてください。

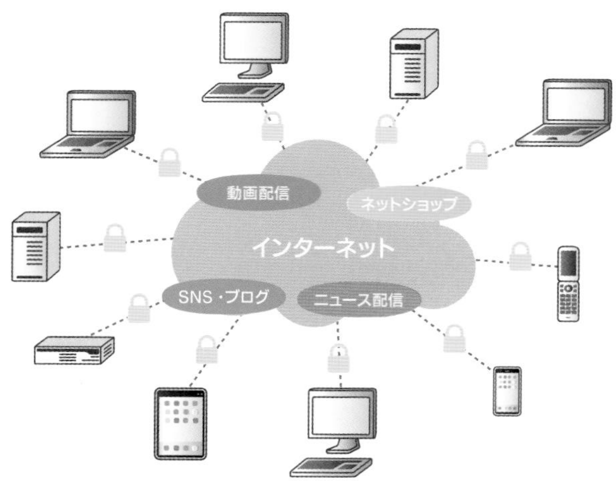

図 ● SSLで情報を守る

机上で知ろう

SSLの歴史は、そのまま脆弱性との戦いの歴史でもあります。致命的な脆弱性が見つかるたびに、「SSL 2.0」→「SSL 3.0」→「TLS 1.0」→「TLS 1.1」→「TLS 1.2」→「TLS 1.3」と5度のバージョンアップを重ね、今現在も脆弱性を探す攻撃者と専門家のイタチごっこが続いています。

どのバージョンで接続するかは、Webブラウザとwebサーバーの対応状況と設定次第です。使用するバージョンは、暗号化通信に先立って行われる「**SSLハンドシェイク**」によって決定されます。

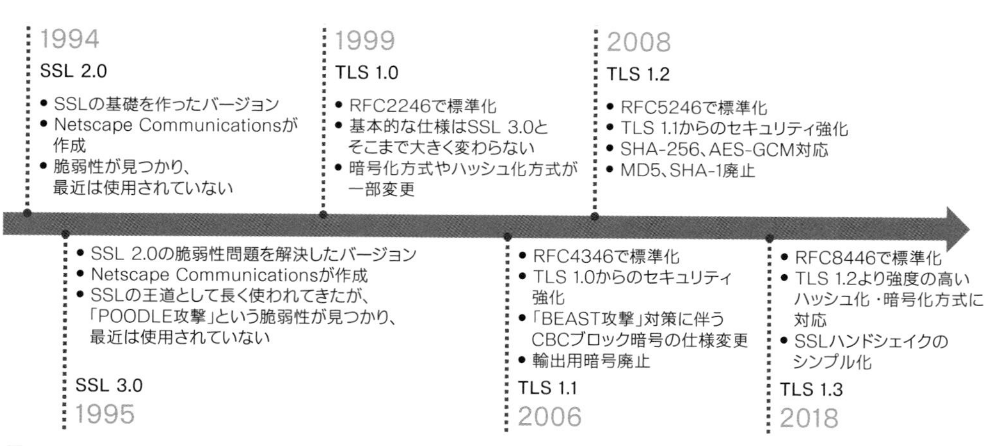

図 ● SSLのバージョン

本書では、2023年現在、広く世の中に普及しているTLS 1.2について深掘りしていきます。

SSLが使用している技術

SSLは、実際にアプリケーションデータを暗号化するまでの処理がポイントで、そこにほぼすべてが詰まっているといっても過言ではありません。しかし、その処理を理解するためには、たくさんの前提知識が必要です。そこで、まずはSSLを使用する目的や、SSLを構成するいろいろな技術から説明します。

SSLで防ぐことができる脅威

SSLは、インターネットに存在する数あるセキュリティ上の脅威のうち、「なりすまし」「改ざん」「盗聴」という3つの脅威に対抗しています。ここでは、それぞれの脅威に対してSSLがどのように対抗しているかをざっくり説明します。

暗号化で盗聴を防ぐ

暗号化は、決められたルール（暗号化アルゴリズム）に基づいてデータを変換する技術です。 暗号化によって、第三者がデータを盗み見る「盗聴」を防止します。重要なデータがそのままの状態で流れていたら、ついつい見たくなってしまうのが人の性でしょう。SSLはデータを暗号化することによって、たとえ盗聴されても内容がわからないようにします。

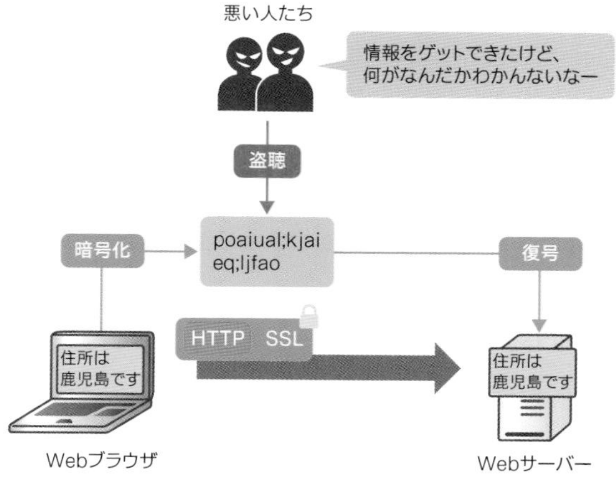

図 ● 暗号化で盗聴を防ぐ

ハッシュ化で改ざんを防ぐ

ハッシュ化は、不定長のデータから、決められた計算（ハッシュアルゴリズム）に基づいて固定長のデータ（ハッシュ値）を生成する技術です。 データが変わると、ハッシュ値も変わります。これを利用して、第三者がデータを書き換える「改ざん」を検知できます。SSLでは、データが改ざんされていないかどうかを確認するために、データとハッシュ値をあわせて送信します。それを受け取った端末は、データから計算して得たハッシュ値と、添付されているハッシュ値を比較します。同じデータに対して同じ計算をするので、ハッシュ値が同じだったらデータが改ざんされていないことになります。

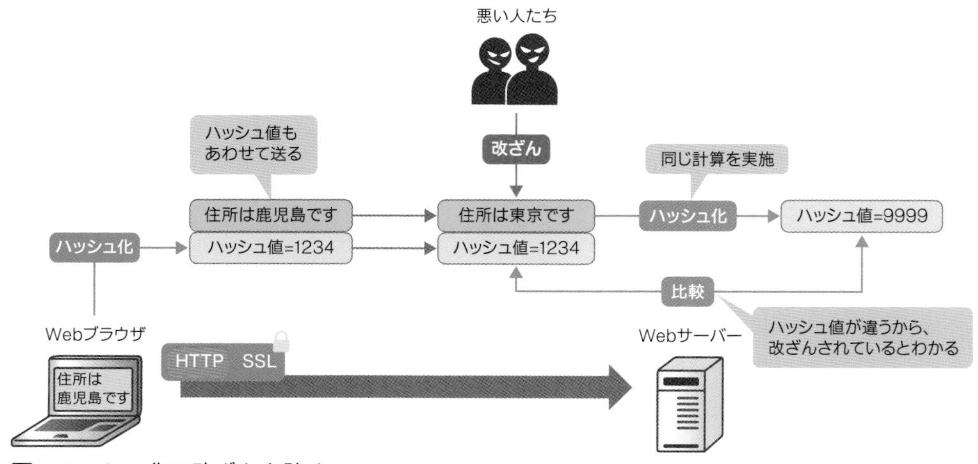

図●ハッシュ化で改ざんを防ぐ

▶デジタル証明書でなりすましを防ぐ

デジタル証明書は、インターネット上にいるほかの端末に対して「私は本物です！」と証明するためのファイルです。デジタル証明書に含まれる情報をもとに、通信相手の身元を確認することができ、「なりすまし」を防止できます。SSLでは、アプリケーションデータを送受信するのに先立って、「あなたの情報をください」とお願いします。受け取ったデジタル証明書をもとに、認証局によって認められた信頼できる相手かを確認します。

デジタル証明書が本物かどうかは、「認証局（CA、Certification Authority)」と呼ばれる信頼できる第三者の「デジタル署名」によって判断します。デジタル署名は、簡単にいうと、デジタル証明書に対するお墨付きのようなものです。デジタル証明書は、デジサート社やセコムトラストシステムズ社などの認証局からデジタル署名というお墨付きをもらって初めて、世の中に本物と認められます。

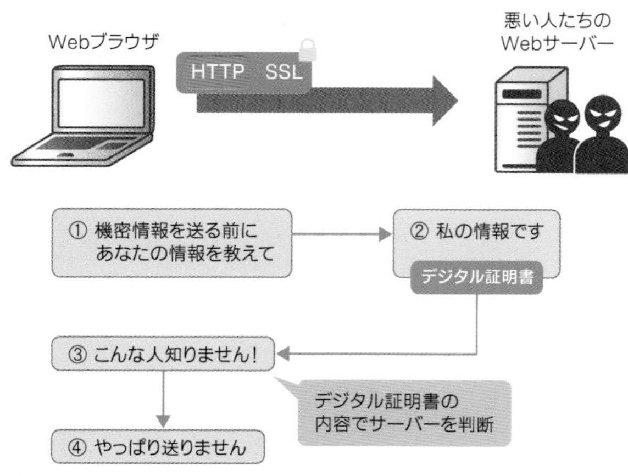

図●デジタル証明書でなりすましを防ぐ

SSLを支える技術

続いて、SSLで使用されている具体的な技術について、もう少し詳しく説明します。SSLは、通信を暗号化する「暗号化アルゴリズム」、暗号化のために必要な鍵を共有する「鍵交換アルゴリズム」、通信相手を認証する「デジタル署名アルゴリズム」、通信データを認証する「メッセージ認証アルゴリズム」という4つの技術を組み合わせて使用することにより、セキュリティの向上を図っています。それぞれ説明しましょう。

暗号化アルゴリズム

SSLの暗号化技術には、データを暗号化するための「暗号化鍵」と、暗号化を解く(復号する)ための「復号鍵」が必要になります。 SSLは、この暗号化鍵と復号鍵に同じ鍵(共通鍵)を使用する「共通鍵暗号方式」を使用して、アプリケーションデータを保護しています。

共通鍵暗号方式には「ストリーム暗号方式」と「ブロック暗号方式」の2種類があります。**ストリーム暗号方式は、1ビットごと、あるいは1バイトごとに暗号化処理を行います。** 代表的なストリーム暗号化アルゴリズムには、「ChaCha20-Poly1305」があります。**ブロック暗号方式は、一定のビット数ごと(ブロック)に区切って、ブロックごとに暗号化処理を行います。** 代表的なブロック暗号化アルゴリズムには、「AES-CBC(Advanced Encryption Standard-Cipher Block Chaining)」や「AES-GCM(Advanced Encryption Standard-Galois/Counter Mode)」、「AES-CCM(Advanced Encryption Standard-Counter with CBC-MAC)」などがあります。

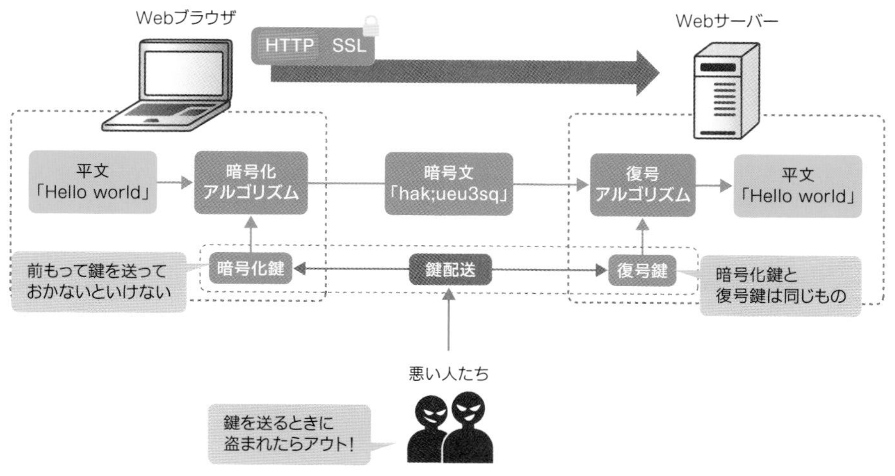

図 ● 共通鍵暗号方式では暗号化と復号に同じ鍵を使用する

共通鍵暗号方式は仕組みが単純明快なので、暗号化処理も復号処理も高速で、大きな処理負荷もかかりません。しかし、暗号化と復号に使用する共通鍵を、何らかの形で共有する必要があるという致命的な弱点を抱えています。また、暗号化鍵と復号鍵が同じものなので、その鍵を誰かに入手されてしまったら、その時点でアウトです。**お互いで共有する鍵をどうやって相手に渡す(配送する)のか。この「鍵配送問題」を別の仕組みでクリアする必要があります。**

▶鍵交換アルゴリズム

前述のとおり、鍵配送問題は、共通鍵暗号方式を使用する限り、避けることができないセキュリティ上の課題です。そこで、**SSLでは共通鍵を共有するために、「DHE（Diffie-Hellman Ephemeral)」や「ECDHE（Elliptic Curve Diffie-Hellman Ephemeral)」といった鍵交換アルゴリズムを使用します。** これらの鍵交換アルゴリズムを支えているのが「公開鍵」と「秘密鍵」です。公開鍵は、その名のとおり、みんなに公開してよい鍵で、秘密鍵はみんなには秘密にしておかなくてはいけない鍵です。この2つの鍵は「鍵ペア」と呼ばれ、ペアで存在しています。鍵ペアは数学的な関係で成り立っていて、公開鍵から秘密鍵を導き出すことはできません。

では、DHEを例に、AさんとBさんがどのように共通鍵を共有するのか説明しましょう。数式がたくさん絡んできますので、数学アレルギーの方は、「秘密鍵と公開鍵で安全に共通鍵を共有するんだなー」ということだけ頭に入れて、読み飛ばしてしまって大丈夫です。

1 AさんはBさんに（あるいはBさんはAさんに)、DHパラメーター(大きな素数pと生成元g[※10]) を送信し、共有します。DHパラメーターは、秘密にする必要はありませんし、盗聴されても問題ありません。

2 Aさんは秘密鍵aを生成します。この秘密鍵aは、「1 ～ p-2」の範囲にある整数です。相手に伝える必要はありませんし、Aさんの中で秘密にしておく必要があります。

3 Bさんは秘密鍵bを生成します。この秘密鍵bは、同じく「1 ～ p-2」の範囲にある整数です。相手に伝える必要はありませんし、Bさんの中で秘密にしておく必要があります。

4 Aさんは秘密鍵aとDHパラメーターを使用して公開鍵xを生成し、Bさんに送信します。具体的に言うと、Aさんはg^a mod pの計算で公開鍵xを生成し、Bさんに送信します。この公開鍵xは、秘密にする必要はありませんし、盗聴されても問題ありません。また、公開鍵xから秘密鍵aを導き出すことはできません。

5 Bさんは秘密鍵bとDHパラメーターを使用して公開鍵yを生成し、Aさんに送信します。具体的に言うと、Bさんはg^b mod pの計算で公開鍵yを生成し、Aさんに送信します。同じくこの公開鍵yは、秘密にする必要はありませんし、盗聴されても問題ありません。また、公開鍵yから秘密鍵bを導き出すことはできません。

6 Aさんは、受け取った公開鍵y、自分の秘密鍵a、DHパラメーターを使用して、共通鍵を計算します。具体的には、公開鍵y（= g^b mod p）をa乗して、mod pを取ります。この式を簡単にすると、$g^{b \times a}$ mod pになります。

※10　素数pと生成元gは数学的な関係で成り立っています。

7 Bさんは、受け取った公開鍵x、自分の秘密鍵b、DHパラメーターを使用して、共通鍵を計算します。具体的には、公開鍵x（= g^a mod p）をb乗して、mod pを取ります。この式を簡単にすると、$g^{a \times b}$ mod pになります。つまり**6**で計算した値と同じです。これでお互いに共通鍵を導き出すことができました。

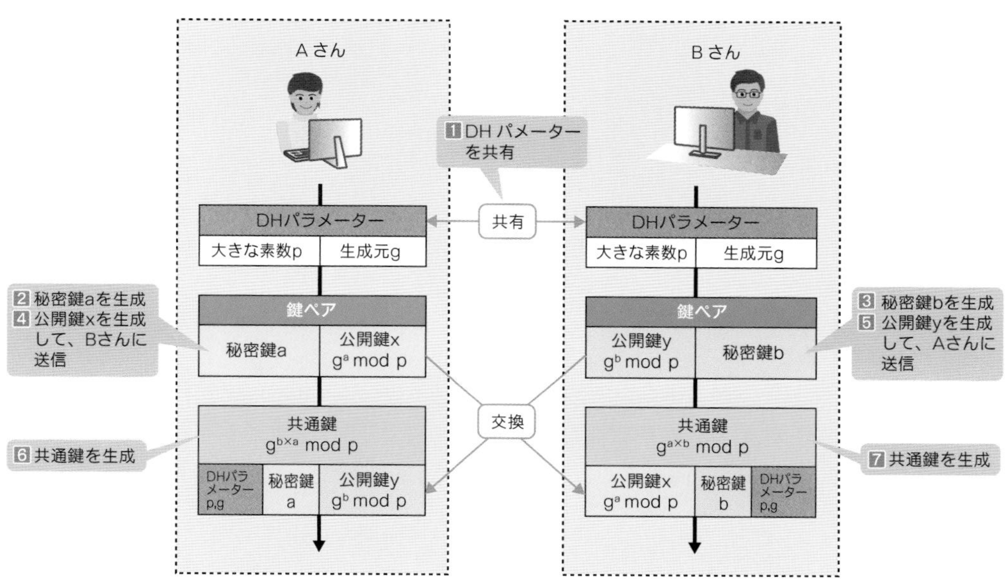

図 ● DHEによる共通鍵の共有

pやgの文字を使用するとイメージが湧きづらいと思いますので、数字を代入して、どのように共通鍵を計算するのか見てみましょう。たとえば、大きな素数p＝13、生成元g＝2、Aさんが生成する秘密鍵a＝9、Bさんが生成する秘密鍵b＝7の場合、共通鍵「8」を共有することができます※11。

DHEは、このようなやりとりをSSLセッション（p.279）ごとに行い、SSLセッションごとに共通鍵を共有することによって、セキュリティレベルの向上を図っています。

※11 実際にはもっと大きな値が用いられます。ここではわかりやすくするために小さな値にしてあります。

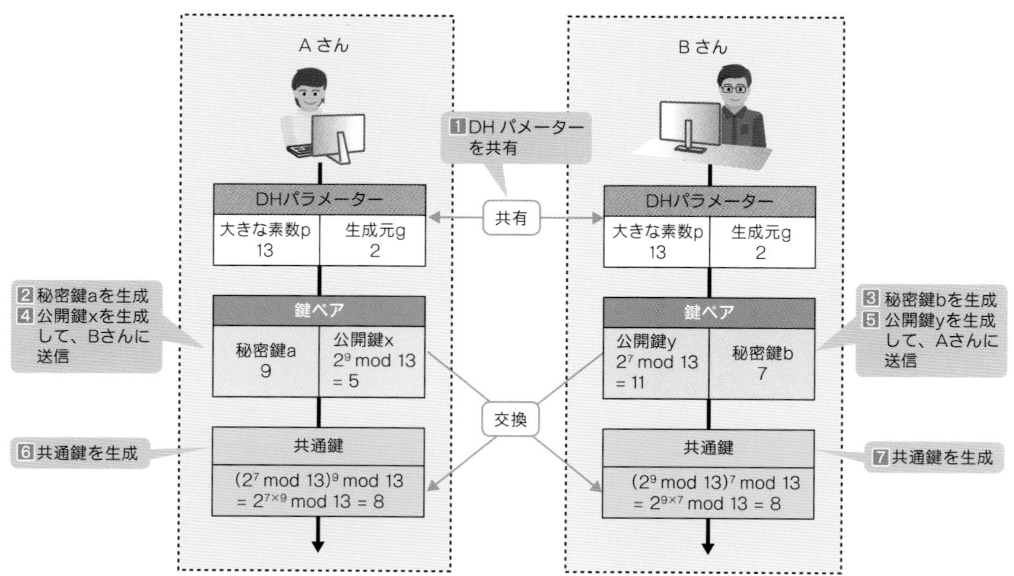

図 ● 数値を代入してみると…

さて、DHEやECDHEなどの鍵交換アルゴリズムは、あくまで共通鍵を共有するためのものであって、通信相手を認証したり、改ざんを検知したりするものではありません。通信相手が悪意のある第三者になりすましされていたり、途中で改ざんされていたりしたら、その時点でアウトです。通信相手が本物か。この認証問題を別の仕組みでクリアする必要があります。

▶ デジタル署名アルゴリズム

p.258で述べたとおり、**SSLでは、通信相手が第三者的に信頼できる相手かどうかを、デジタル証明書に含まれるデジタル署名によって判断しています。**このデジタル署名は「RSA署名」というデジタル署名アルゴリズムによって生成されています※12。RSA署名は、「ハッシュ化」と「公開鍵暗号方式」を組み合わせた技術です。それぞれどのような技術なのか説明しましょう。

● ハッシュ化

まず、ハッシュ化についてです。**ハッシュ化は「ハッシュアルゴリズム」を利用して、不定長のデータを細切れにして、固定長の「ハッシュ値」にギュッとまとめる技術です。**代表的なハッシュアルゴリズムに「SHA-256」や「SHA-384」などがあります。ハッシュアルゴリズムは、同じデータを与えると、必ず同じハッシュ値を生成します。逆に、1ビットでも違うデータを与えると、まったく異なるハッシュ値を生成します。つまりデータそのものを比較しなくても、ハッシュ値を比較さえすれば、データが改ざんされていないかをチェックできます。また、ハッシュ値から元のデータを逆算すること

※12　そのほかにも「DSA署名」や「ECDSA署名」などがありますが、あまり使用されていないため、本書ではRSA署名のみを説明します。

はできないため、たとえハッシュ値を盗聴されたとしても、元のデータは守られます。これらの性質をデジタル署名に利用します※13。

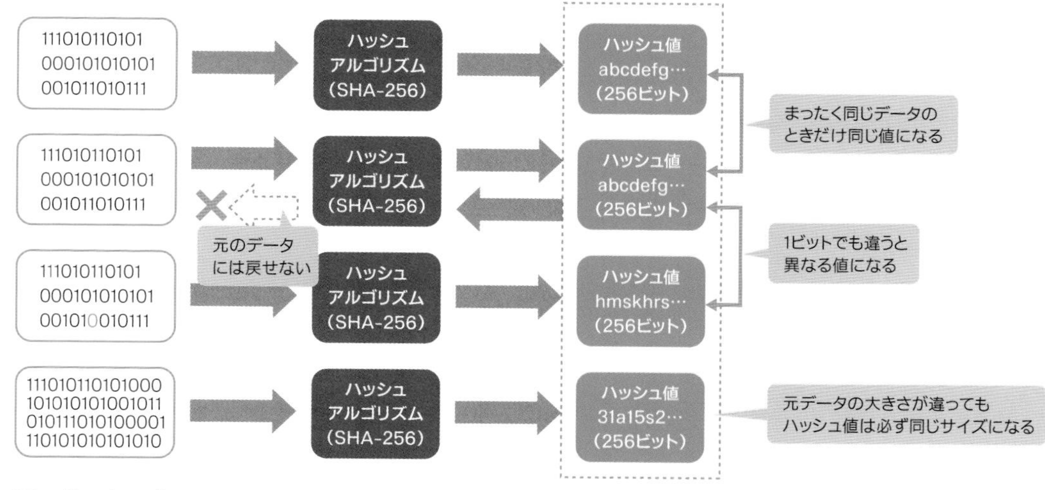

図● ハッシュ化

● **公開鍵暗号方式**

続いて、公開鍵暗号方式についてです。**公開鍵暗号方式は、暗号化鍵と復号鍵に異なる鍵を使用する暗号方式です。**代表的な公開鍵暗号方式に「RSA暗号」や「ElGamal暗号」などがあります。ここでは、RSA署名に関連するRSA暗号について説明します。データの受信者は、あらかじめみんなに秘密にしておかないといけない「**RSA秘密鍵**」と、みんなに公開していい「**RSA公開鍵**」の鍵ペアを作り、RSA公開鍵だけを世の中に公開しておきます。送信者はそのRSA公開鍵を暗号化鍵にして、データを暗号化し、送信します。それを受け取った受信者は、RSA秘密鍵を復号鍵にして復号し、元データを取り出します。**RSA公開鍵で暗号化されたデータは、ペアとなるRSA秘密鍵でしか復号できません。**

さて、ここまでがRSA暗号の説明です。RSA暗号に使用されるRSAアルゴリズムは、RSA秘密鍵で暗号化したデータをRSA公開鍵で復号できる、つまり秘密鍵と公開鍵を逆にしても成立するという、数学的に特異な性質を持っています。RSA署名はこの性質を利用します。送信者はRSA秘密鍵を「**署名鍵**」にして、データの署名を生成し、送信します。「署名を生成」というと、少し不思議な感じがするかもしれませんが、実際には暗号化と同様の処理を行っています。それを受け取った受信者はRSA公開鍵を「**検証鍵**」として、署名を検証します。「署名を検証」というと、これまた少し不思議な感じがするかもしれませんが、実際には復号と同様の処理を行っています。**署名鍵で署名されたデータは、ペアとなる検証鍵でしか検証できません。**この性質をデジタル署名に利用します。

※13 そのほかにも後述する「PRF（Pseudo Random Function、擬似乱数関数）」でもハッシュアルゴリズムを使用します。

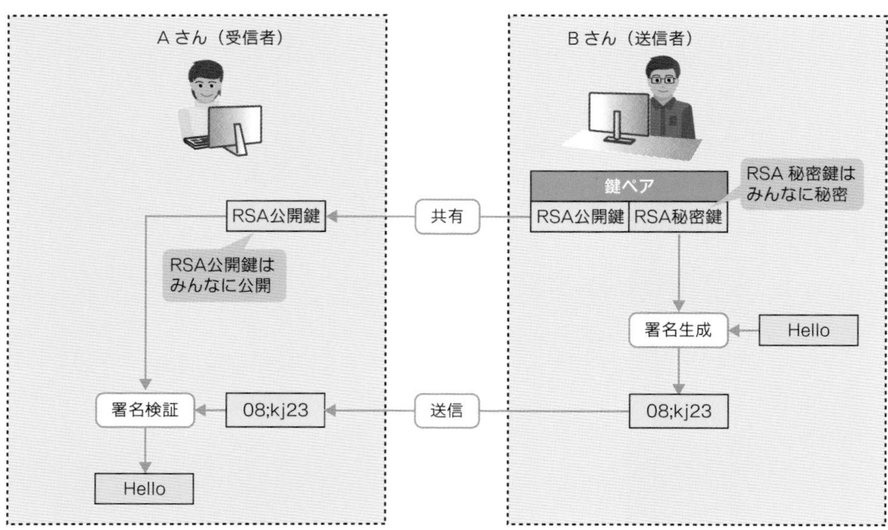

図 ● 署名の生成と検証

では、RSA署名がどのようにデジタル署名を生成し、どのように通信相手を認証するのか、順を追って説明します。

1 送信者（次図のBさん）は、ハッシュアルゴリズムを利用して、データのハッシュ値を計算します。

2 送信者は、**1**で計算したハッシュ値やRSA秘密鍵（署名鍵）を使用して、デジタル署名を生成し、データとともに送信します。

3 受信者（次図のAさん）は、デジタル署名をRSA公開鍵（検証鍵）で検証して、ハッシュ値を取り出します。RSA公開鍵で検証できるデータは、RSA秘密鍵で署名されたデータだけです。つまり、RSA公開鍵で検証できたら、そのデータがRSA秘密鍵の持ち主によって送信されたものであることがわかります。

4 受信者は、ハッシュアルゴリズムを利用してデータのハッシュ値を計算し、**3**で取り出したハッシュ値と比較します。ハッシュ値が同じだったら、データが途中で改ざんされていないことがわかります。

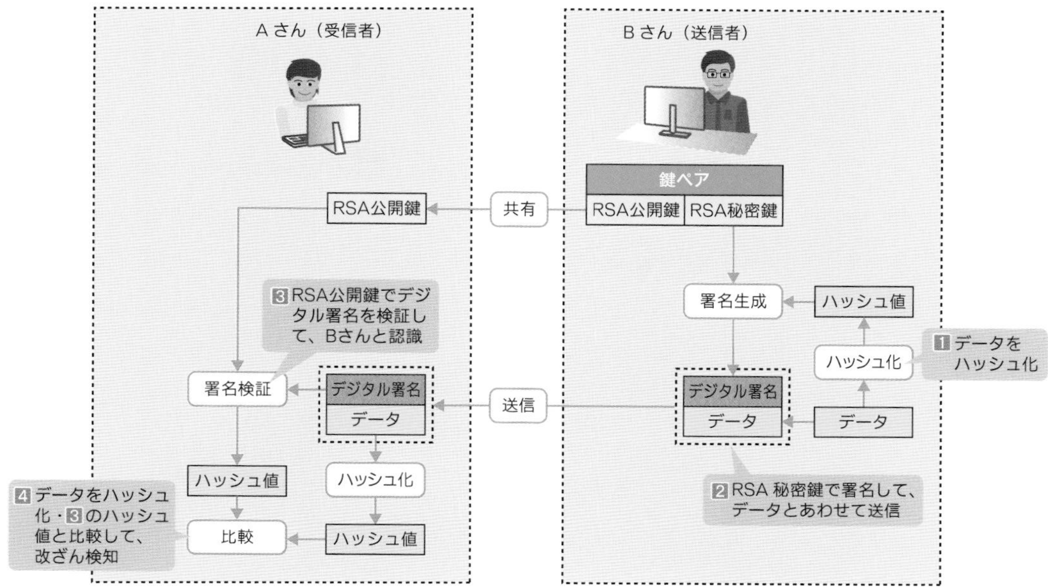

図 ● RSA署名

▶ メッセージ認証アルゴリズム

SSLにおいて、前述のデジタル署名アルゴリズムは、あくまで通信相手を認証するものであって、その後やりとりされるアプリケーションデータ（メッセージ）を認証するものではありません。そこで、メッセージ認証アルゴリズムを利用して、「MAC値（メッセージ認証コード）」を生成し、やりとりされるアプリケーションデータが改ざんされていないデータであることを確認します。メッセージ認証アルゴリズムは、アプリケーションデータと共通鍵（MAC鍵）※14をごちゃ混ぜにして、ハッシュ化することによって、MAC値を計算します。

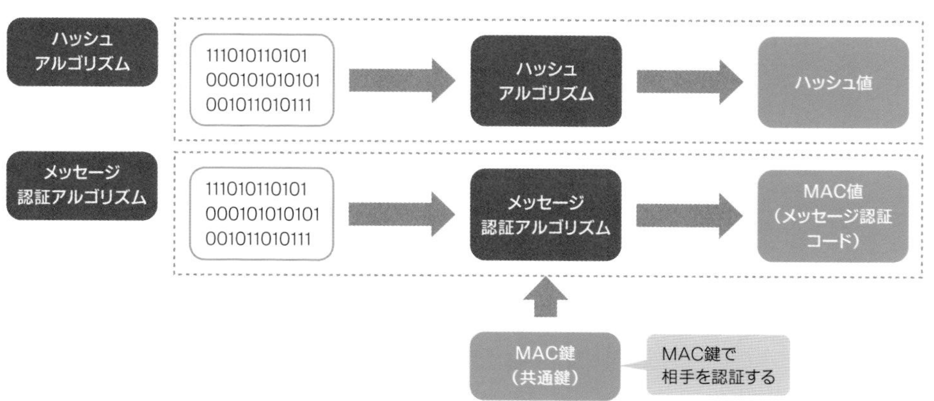

図 ● ハッシュアルゴリズムとメッセージ認証アルゴリズムの違い

※14 共通鍵を使用するということは、同時に鍵配送問題が存在することを忘れてはいけません。SSLでは、ここでの鍵配送問題も共通鍵暗号方式と同じく鍵交換アルゴリズムによって解決しています。

送信者（次図のAさん）は、データと共通鍵を使用してMAC値を計算し、データとともに送信します。受信者（次図のBさん）は、受け取ったデータと共通鍵を使用してMAC値を計算し、受け取ったMAC値と比較します。同じだったら、そのデータが途中で改ざんされていないことがわかります。つまりメッセージ認証完了です。

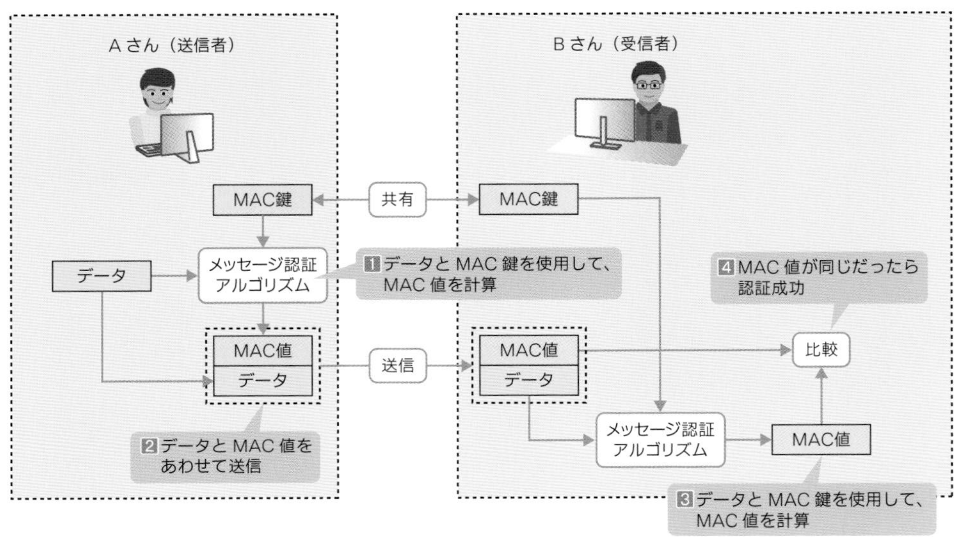

図 ● メッセージ認証アルゴリズム

さて、ここまで説明してきたメッセージ認証アルゴリズムですが、そのためだけに共通鍵（MAC鍵）を作って共有しないといけなかったり、メッセージごとにMAC値を計算しないといけなかったり、いろいろ非効率な部分がある感は否めません。そこで、最近は、**メッセージ認証の機能自体が共通鍵暗号方式の一機能として統合されています。**メッセージ認証の機能を持つ暗号方式のことを「**AEAD**（Authenticated Encryption with Associated Data、認証付き暗号）」といいます。p.259で説明したストリーム暗号のChaCha20-Poly1305や、ブロック暗号の中でも「AES-GCM」や「AES-CCM」は、AEADにあたり、暗号化とメッセージ認証をまとめて行います。

送信者（次図のAさん）は、平文データ（暗号化されていないデータ）やナンス（一意な乱数）、関連データ（暗号化は必要ないけれど改ざんされてはいけないデータ。ヘッダーなど）を共通鍵で認証付き暗号化し、暗号化データとメッセージ認証に使用する「**認証タグ**」を生成します。そして、暗号化データ、認証タグ、ナンス、関連データをまとめて送信します。受信者（次図のBさん）は、受け取った暗号化データ、ナンス、関連データ、そして共通鍵で認証タグを生成し、受け取った認証タグと比較します。認証タグが同じだったら、そのデータが途中で改ざんされていないことがわかります。つまりメッセージ認証完了です。メッセージ認証に成功したら、共通鍵で平文データに復号します。

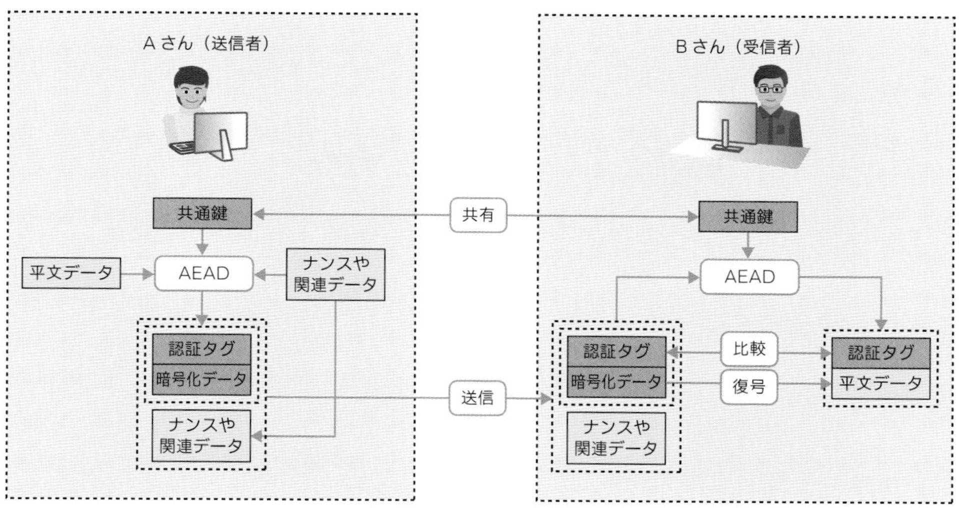

図 • AEAD

SSLのレコードフォーマット

ここまで、SSLがどのような技術を使用しているかを断片的に見てきました。ここからは、実際にどのようなパケットをやりとりして、これらの技術を実現させているのか、パケットレベルに落とし込んで見ていきます。

SSLによって運ばれるメッセージのことを、「SSLレコード」といいます。SSLレコードは、SSLの制御情報を格納する「SSLヘッダー」と、そのあとに続く「SSLペイロード」で構成されています。また、SSLヘッダーは「コンテンツタイプ」「プロトコルバージョン」「SSLペイロード長」という3つのフィールドで構成されています。それぞれについて説明しましょう。

<table>
<tr><th></th><th>0ビット</th><th>8ビット</th><th>16ビット</th><th>24ビット</th></tr>
<tr><td>0バイト</td><td>コンテンツタイプ</td><td colspan="2">プロトコルバージョン</td><td>SSLペイロード長</td></tr>
<tr><td rowspan="2">可変</td><td>SSLペイロード長</td><td colspan="3" rowspan="2">SSLペイロード</td></tr>
<tr><td></td></tr>
</table>

図 • SSLレコードフォーマット

コンテンツタイプ

コンテンツタイプは、SSLレコードの種類を表す1バイト（8ビット）のフィールドです。 SSLは、レコードを「ハンドシェイクレコード」「暗号使用変更レコード」「アラートレコード」「アプリケーションデータレコード」の4つに分類し、それぞれ次表のようにタイプコードを割り当てています。

コンテンツタイプ	タイプコード	意味
ハンドシェイクレコード	22	暗号化通信に先立って行われる「SSLハンドシェイク」で使用するレコード
暗号仕様変更レコード	20	暗号化やハッシュ化に関する仕様を確定したり、変更したりするために使用するレコード
アラートレコード	21	相手に対してエラーを通知するために使用するレコード
アプリケーションデータレコード	23	アプリケーションデータを表すレコード

表● コンテンツタイプ

以下に、各コンテンツタイプについて説明します。

▶ハンドシェイクレコード

ハンドシェイクレコードは、アプリケーションデータの暗号化通信に先立って行われる「SSLハンドシェイク」で使用するレコードです。ハンドシェイクレコードでは、さらに次表に示す10種類のハンドシェイクタイプが定義されています。

ハンドシェイクタイプ	タイプコード	意味
Hello Request	0	Client Helloを要求するレコード。これを受け取ったクライアントはClient Helloを送信する
Client Hello	1	クライアントが対応している暗号化アルゴリズムや鍵交換アルゴリズム、拡張機能などをサーバーに通知するレコード
Server Hello	2	サーバーが対応していて、確定した暗号化アルゴリズムや鍵交換アルゴリズム、拡張機能などをクライアントに通知するレコード
Certificate	11	デジタル証明書を送信するレコード
Server Key Exchange	12	サーバーが鍵交換に必要な情報を送信するレコード
Certificate Request	13	クライアント認証において、クライアント証明書を要求するレコード
Server Hello Done	14	サーバーからクライアントに対して、すべての情報を送りきったことを表すレコード
Certificate Verify	15	クライアント認証において、ここまでやりとりしたSSLハンドシェイクの情報をハッシュ化して送信するレコード
Client Key Exchange	16	クライアントが鍵交換に必要な情報を送信するレコード
Finished	20	SSLハンドシェイクが完了したことを表すレコード

表● ハンドシェイクタイプ

▶暗号仕様変更レコード

暗号仕様変更レコードは、SSLハンドシェイクによって決まったいろいろな仕様（暗号化アルゴリズムや鍵交換アルゴリズムなど）を確定したり、変更したりするために使用します。このレコード以降の通信は、すべて暗号化されます。

アラートレコード

アラートレコードは、通信相手に対して、SSLに関係するエラーがあったことを伝えるレコードです。 このレコードを見ることによって、エラーの概要を知ることができます。アラートレコードは、アラートの深刻度を表す「Alert Level」と、その内容を表す「Alert Description」の2つのフィールドで構成されています。Alert Levelには「Fatal（致命的）」と「Warning（警告）」の2種類があり、Fatalだと直ちにコネクションが切断されます。Alert Descriptionの中にはAlert Levelが定義されていないものもあり、定義されていないものに関しては送信者の裁量でAlert Levelを決めることができます。

Alert Description	コード	Alert Level	意味
close_notify	0	Warning	SSLセッションを閉じるときに使用するレコード
unexpected_message	10	Fatal	予期できない不適当なレコードを受信したことを表すレコード
bad_record_mac	20	Fatal	正しくないMAC（Message Authentication Code）値を受信したことを表すレコード
decryption_failed	21	Fatal	復号に失敗したことを表すレコード
record_overflow	22	Fatal	SSLレコードのサイズの上限を超えたレコードを受信したことを表すレコード
decompression_failure	30	Fatal	解凍処理に失敗したことを表すレコード
handshake_failure	40	Fatal	一致する暗号化方式などがなく、SSLハンドシェイクに失敗したことを表すレコード
no_certificate	41	どちらも可	クライアント認証において、クライアント証明書がないことを表すレコード
bad_certificate	42	どちらも可	デジタル証明書が壊れていたり、検証できないデジタル署名が含まれていることを表すレコード
unsupported_certificate	43	どちらも可	デジタル証明書がサポートされていないことを表すレコード
certificate_revoked	44	どちらも可	デジタル証明書が管理者によって失効処理されていることを表すレコード
certificate_expired	45	どちらも可	デジタル証明書が期限切れになっていることを表すレコード
certificate_unknown	46	どちらも可	デジタル証明書がなんらかの問題によって受け入れられなかったことを表すレコード
illegal_parameter	47	Fatal	SSLハンドシェイク中のパラメータが範囲外、または他フィールドと矛盾していて、不正であることを表すレコード
unknown_ca	48	どちらも可	有効なCA証明書がなかったり、一致するCA証明書がないことを表すレコード
access_denied	49	どちらも可	有効なデジタル証明書を受け取ったが、アクセスコントロールによって、ハンドシェイクが中止されたことを表すレコード
decode_error	50	どちらも可	フィールドの値が範囲外だったり、メッセージの長さに異常があって、メッセージをデコードできないことを表すレコード
decrypt_error	51	どちらも可	SSLハンドシェイクの暗号化処理に失敗したことを表すレコード

export_restriction	60	Fatal	法令上の輸出制限に従っていないネゴシエーション
protocol_version	70	Fatal	SSLハンドシェイクにおいて、対応するプロトコルバージョンがなかったことを表すレコード
insufficient_security	71	Fatal	クライアントが要求した暗号化方式が、サーバーが認める暗号化強度レベルに達していないことを表すレコード
internal_error	80	Fatal	SSLハンドシェイクに関係ない内部的なエラーによって、SSLハンドシェイクが失敗したことを表すレコード
user_canceled	90	どちらも可	ユーザーによってSSLハンドシェイクがキャンセルされたことを表すレコード
no_renegotiation	100	Warning	再ネゴシエーションにおいて、セキュリティに関するパラメータが変更できなかったことを表すレコード
unsupported_extention	110	Fatal	サポートしていない拡張機能（Extention）を受け取ったことを表すレコード

表 ● Alert Description

▶ アプリケーションデータレコード

アプリケーションデータレコードは、その名のとおり、実際のアプリケーションデータ（メッセージ）が含まれるレコードです。 SSLハンドシェイクによって確定した共通鍵を使用して、暗号化されます。

プロトコルバージョン

プロトコルバージョンは、SSLレコードのバージョンを表す2バイト（16ビット）のフィールドです。 上位1バイト（8ビット）がメジャーバージョン、下位1バイト（8ビット）がマイナーバージョンを表していて、それぞれ次表のように定義されています。ちなみに、バージョンフィールドにおいて、TLSはSSL 3.0のマイナーバージョンアップ的な扱いになっています。

プロトコルバージョン	メジャーバージョン（上位1バイト）	マイナーバージョン（下位1バイト）
SSL 2.0	2（00000010）	0（00000000）
SSL 3.0	3（00000011）	0（00000000）
TLS 1.0	3（00000011）	1（00000001）
TLS 1.1	3（00000011）	2（00000010）
TLS 1.2	3（00000011）	3（00000011）
TLS 1.3	3（00000011）	3（00000011）※15

表 ● プロトコルバージョン

SSLペイロード長

SSLペイロード長は、SSLペイロードの長さをバイト単位で定義する2バイト（16ビット）のフィー

※15　TLS 1.3は、下位互換性を考慮してTLS 1.2と同じプロトコルバージョンを使用します。TLS 1.3の識別には、Client HelloとServer Helloに含まれる「supported_versions」を使用します。

ルドです。理論上、最大で2^{16}-1（65535）バイトのレコードを扱えますが、TLS 1.2を定義しているRFC5246「The Transport Layer Security (TLS) Protocol Version 1.2」では、2^{14}（16384）バイト以下になるよう定義されています。ちなみに、アプリケーション層から受けとったデータが16384バイトを超える場合は、2^{14}（16384）バイトに分割（フラグメント）されて暗号化されます。

SSLの接続から切断までの流れ

ここまで、SSLがどんな技術を駆使し、どんなフォーマットのレコードをやりとりするかを見てきました。ひとつひとつの技術が濃く、いろいろなSSLレコードもあって、すでにお腹一杯かもしれません。逆に言うと、これほど多くのことをしないと、いろいろなヒト、モノが1つにつながるインターネットでセキュリティを保てないとも言えるでしょう。

では、長かったSSL机上項の締めくくりとして、これらの技術を組み合わせるために、どのようなパケットをやりとりするのか、接続から切断まで、全体的な流れを見ていきましょう。

ここでは、Webブラウザが、インターネットに公開されているWebサーバーに対してHTTPSでアクセスしたときの流れを、「事前準備フェーズ」「SSLハンドシェイクフェーズ」「メッセージ認証・暗号化フェーズ」「クローズフェーズ」に分けて説明します。ちなみに、流れの中で、認証局のRSA鍵や、WebサーバーのRSA鍵、DH鍵など、いろいろな種類の鍵が登場します。読んでいる途中で、頭がとっ散らかる可能性があるため、誰がどのフェーズでどの鍵をどのようにしているか、ひとつひとつ整理しながら読み進めましょう。

事前準備フェーズ

HTTPSのWebサーバーをインターネットに公開するとなったとき、Webサーバーを起動して、「はい、公開！！」というわけにはいきません。RSA秘密鍵を作ったり、認証局からデジタル証明書を発行してもらったり、いろいろな事前準備が必要です。

1 サーバー管理者はWebサーバーでRSA秘密鍵と、それに対応するRSA公開鍵を含む「CSR (Certificate Signing Request)」というファイルを作成します。RSA秘密鍵は、「-----BEGIN RSA PRIVATE KEY-----」で始まり、「-----END RSA PRIVATE KEY-----」で終わるテキストファイルです。これまで何度も説明してきたとおり、RSA秘密鍵は機密情報なので、大切に保管しなくてはなりません。


```
-----BEGIN RSA PRIVATE KEY-----
MIIEpAIBAAKCAQEA0TTHJRzkqYhalCHeBrqdoCTyxbRpG4Hq4zKoITovqoOCRF5z
MhHSYyKp13eJsh/HjWOUn0SH6oSugLUBWIZhFc6IUoiGck+aSEkJqAu1nzhd7bdO
Jk76zGpUI//LuilcHXvAfgKfMRbXi8NPHq+U6ZRAhUvRayLQrBb/qNyxKkOAe0fB
t0nioSM0UG3le0gLe92nBwf3ZEZym3YVjbRYLrB6Mf7y5hXtOloACBRUL1w4j8y1

euzr4fA9zNwaVS0EvxgdhQilULZZ+AcqeYvSI4UPmyfgq9A4ZrhD+r5qJazSfBUj
PyQsYKMCgYBJsONrPTk6Aejop9zyql7QQKW4NVBdVctB0PMD9PIm/49F5+3Yfmbq
htGMDFqgoPVdiPHnD5Papa4Bfht6qsGcFGwKi2J9kQjtTFQ6q1Cq5JOAV1AQe9ab
MmZ1ckuF2e4TtONZ7o9P59o/05a5rtTuyJDHUjIbKzFRIEvN52S02Q==
-----END RSA PRIVATE KEY-----
```


図 ● RSA秘密鍵

CSRは、認証局にデジタル署名をお願いするための申請書のようなものです。CSRを作成するときには、「ディスティングイッシュネーム」と呼ばれるWebサーバーの管理情報もあわせて入力します。ディスティングイッシュネームには、次表のような項目があります。

項目	情報	例
コモンネーム/SANs	WebサイトのURL（FQDN）	www.example.com
組織名（Organization）	Webサイトを運営する組織名	Example G.K.
部門名（Organizational Unit）	Webサイトを運営する部門・部署名	IT
市区町村郡名（Locality）	Webサイトを運営する組織の市区町村所在地	Kirishima-shi
都道府県名（State or Province）	Webサイトを運営する組織の都道府県所在地	Kagoshima
国名（Country）	Webサイトを運営する組織の国コード	JP

表●ディスティングイッシュネーム

CSRは「-----BEGIN CERTIFICATE REQUEST-----」で始まり、「-----END CERTIFICATE REQUEST-----」で終わるテキストファイルです。CSRができたら、そのテキストをコピーして、認証局の申請フォームの指定された部分にペーストして、申請します。


```
-----BEGIN CERTIFICATE REQUEST-----
MIICtjCCAZ4CAQAwcTELMAkGA1UEBhMCSlAxETAPBgNVBAgMCFRva3lvLXRvMRIw
EAYDVQQHDAlNaW5hdG8ta3UxITAfBgNVBAoMGEludGVybmV0IFdpZGdpdHMgUHR5
IEx0ZDEYMBYGA1UEAwwPd3d3LndlYjAxLmxvY2FsMIIBIjANBgkqhkiG9w0BAQEF
AAOCAQ8AMIIBCgKCAQEA0TTHJRzkqYhalCHeBrqdoCTyxbRpG4Hq4zKolTovqoOC

N7tP8jUbBcY59CdfSoCh4q1GErvC14aXA3u8jddH/r9b1KoA7L1v4q2xnffe7mKm
BWGYbBS/S1estKUW7PKMlJQlgQjSVpKwNVmXMB7LTH2NKLYYNGf4YPzdvdaFYILb
P93UAX9S3BHqMUiVo9uyNA2fsWX/VM4aRMCJUmIS3+d0Ng4X16nZHmMx5WN7bAMq
wIj7zeVeu1RAwDLpATJoYIBK7nLinHPu7HA=
-----END CERTIFICATE REQUEST-----
```


図●CSR（Certificate Signing Request）

2 **認証局が申請元の身元を審査します。**確認する内容は、申請する認証局やデジタル証明書の種類※16にもよりますが、具体的には、ドメインの管理者にメールしてドメイン名の使用状況を確認したり、直接管理者に電話をして実在性を確認したりします。いくつかの確認ステップを経ると、晴れてデジタル署名が付与されたデジタル証明書が「サーバー証明書」として発行されます。
サーバー証明書は「-----BEGIN CERTIFICATE-----」で始まり、「-----END CERTIFICATE-----」で終わるテキストファイルです。

※16　サーバー証明書には、ドメイン認証を行う「DV証明書」、ドメイン認証＋企業認証を行う「OV証明書」、ドメイン認証＋企業認証に加えて、さらに踏み込んだ認証を行う「EV証明書」があります。

```
-----BEGIN CERTIFICATE-----
MIIFKjCCBBKgAwIBAgIQZe7XJ1acMbhu6KtWUZreaTANBgkqhkiG9w0BAQsFADCBvDELMAkGA1UE
BhMCSlAxHTAbBgNVBAoTFFN5bWFudGVjIEphcGFuLCBJbmMuMS8wLQYDVQQLEyZGb3IgVGVzdCBQ
dXJwb3NlcyBPbmx5LiBObyBhc3N1cmFuY2VzLjE7MDkGA1UECxMyVGVybXMgb2YgdXNlIGF0IGh0
dHBzOi8vd3d3LnN5bWF1dGguY29tL2Nwcy90ZXN0Y2ExIDAeBgNVBAMTF1RyaWFsIFNTTCBKYXBh

M0Qk7HS+Pcg5kFq992971F7vjYT0IDqxSL1Ar3YbepYoTMO6alfa7jBf3VkiLLKGcRPSJUCRzISu
/vf8E4GsCR2kWozN5ApOmD26gu6Qd5hSwcDvc5D2cMF7z6SB/r7zX1ujAavNo7QlhoeBXPyqyapt
4Xeq0IrWSEZ4e8rP5fq68g3mCwjjGrFQYvrHg82rM31TYCJTU75O3ZAzKbWUQxszkQnWEraz11Sx
IKFeV+4nfZdeUut2wMac9v/LCDrhHSekuyXSweKOjIS9/3xHMof0BmVUUjWDYsFsLT9d7L44+CPi
w4U3Po2NTSSuMN0jH9ts
-----END CERTIFICATE--------
```


図 ● サーバー証明書

3 **1で作成したRSA秘密鍵と、2で発行されたサーバー証明書をWebサーバーにインストールします。**また、あわせて、「中間証明書（中間CA証明書、チェーン証明書）」という、サーバー証明書を発行した認証局の証明書をインストールします。ここで、中間証明書についても軽く触れておきましょう。

認証局はたくさんのデジタル証明書を管理するために、「ルート認証局」と「中間認証局」という2種類の認証局で構成された階層構造になっています。

ルート認証局は、階層構造の最上位に位置する認証局で、「ルート証明書（ルートCA証明書）」を発行している認証局です。ルート証明書は、OSやWebブラウザにバンドルされていて、たとえば、Windows 11の場合、証明書マネージャーツール（certmgr.msc）の「信頼されたルート証明機関」-「証明書」をクリックすると確認できます。ルート証明書は、ルート認証局自身の秘密鍵でデジタル署名されています。つまり自分で自分を認証しています。

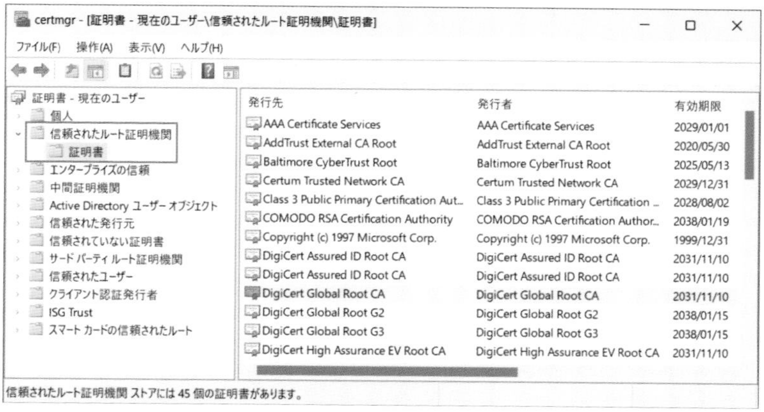

certmgr - [証明書 - 現在のユーザー\信頼されたルート証明機関\証明書]

ファイル(F) 操作(A) 表示(V) ヘルプ(H)

証明書 - 現在のユーザー
- 個人
- 信頼されたルート証明機関
  - 証明書
- エンタープライズの信頼
- 中間証明機関
- Active Directory ユーザー オブジェクト
- 信頼された発行元
- 信頼されていない証明書
- サードパーティ ルート証明機関
- 信頼されたユーザー
- クライアント認証発行者
- ISG Trust
- スマート カードの信頼されたルート

発行先	発行者	有効期限
AAA Certificate Services	AAA Certificate Services	2029/01/01
AddTrust External CA Root	AddTrust External CA Root	2020/05/30
Baltimore CyberTrust Root	Baltimore CyberTrust Root	2025/05/13
Certum Trusted Network CA	Certum Trusted Network CA	2029/12/31
Class 3 Public Primary Certification Aut...	Class 3 Public Primary Certification ...	2028/08/02
COMODO RSA Certification Authority	COMODO RSA Certification Author...	2038/01/19
Copyright (c) 1997 Microsoft Corp.	Copyright (c) 1997 Microsoft Corp.	1999/12/31
DigiCert Assured ID Root CA	DigiCert Assured ID Root CA	2031/11/10
DigiCert Assured ID Root CA	DigiCert Assured ID Root CA	2031/11/10
DigiCert Global Root CA	DigiCert Global Root CA	2031/11/10
DigiCert Global Root G2	DigiCert Global Root G2	2038/01/15
DigiCert Global Root G3	DigiCert Global Root G3	2038/01/15
DigiCert High Assurance EV Root CA	DigiCert High Assurance EV Root CA	2031/11/10

信頼されたルート証明機関 ストアには 45 個の証明書があります。

図 ● Windows 11にバンドルされているルート証明書

中間認証局は、ルート認証局の下位に位置する認証局で、サーバーにインストールするサーバー証明書を発行する認証局です。つまり、これまで説明してきた認証局は、この中間認証局を意味します。中間認証局は、ルート認証局と違って、上位のルート認証局から認証を受ける必要があります。中間認証局が上位認証局の秘密鍵でデジタル署名を受け、発行してもらったデジタル証明書が中間証明書です。

Webサーバーにサーバー証明書と中間証明書をインストールすることによって、ルート証明書とサーバー証明書の信頼の連鎖をつなぐことができ、Webブラウザはそれをもとに証明書の階層を正しく辿ることができます。

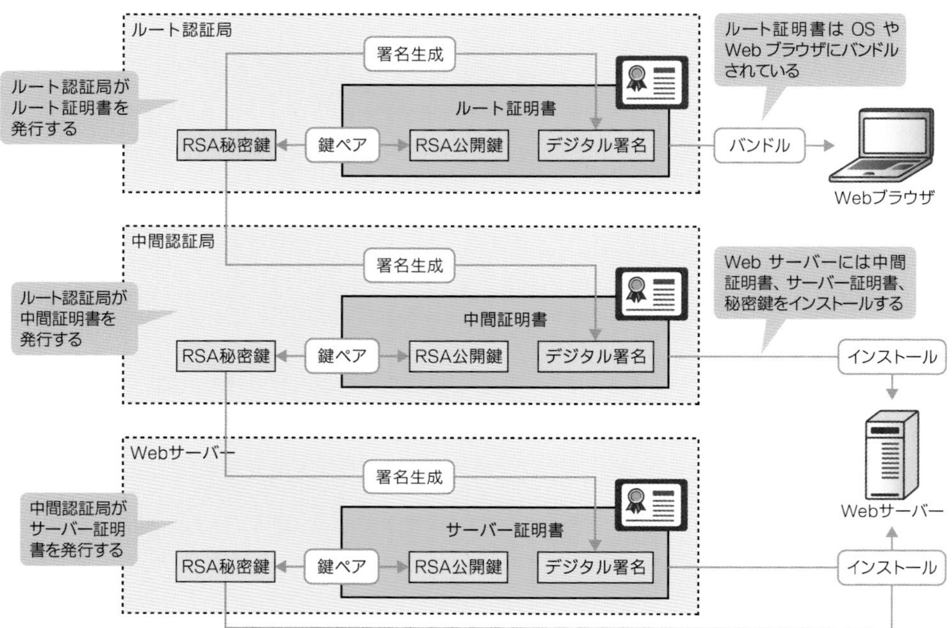

図 ● 認証局とデジタル証明書の階層構造

たとえば、みんな大好きX（旧Twitter）のサーバー証明書は、Google Chromeの証明書ビューアで見ると、次図のような階層構造になっていることがわかります。

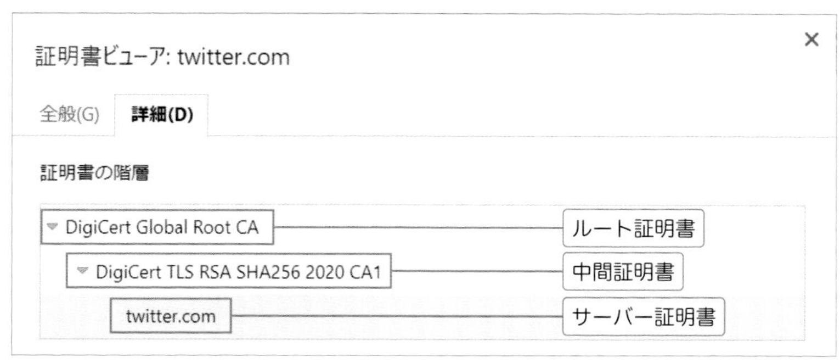

図 ● X（旧Twitter）のサーバー証明書階層

SSLハンドシェイクフェーズ（サーバー認証フェーズ、鍵交換フェーズ）

RSA秘密鍵とデジタル証明書（サーバー証明書、中間証明書）のインストールが終わったら、いよいよWebブラウザからSSL接続を受け付けることができます。SSLは、いきなりアプリケーションデータ

(メッセージ)を暗号化して送りつけるわけではありません。**SSLには、アプリケーションデータを暗号化する前に、サーバーを認証したり、鍵交換したりする「SSLハンドシェイク」という処理があります。**

ハンドシェイクといえば、TCPにも接続に使用する3ウェイハンドシェイク(SYN→SYN/ACK→ACK)と、切断に使用する4ウェイハンドシェイク(FIN/ACK→ACK→FIN/ACK→ACK)、3ウェイハンドシェイク(FIN/ACK→FIN/ACK→ACK)がありましたが、それとはまったく別物です。SSLは、TCPの3ウェイハンドシェイクでTCPコネクションをオープンしたあと、ハンドシェイクレコードを利用してSSLハンドシェイクを行い、そこで決めた情報をもとにメッセージを暗号化します。

では、SSLハンドシェイクでやりとりされるパケットを見ていきましょう。やりとりされるパケットは、使用されるアルゴリズムによって若干異なります。そこで、ここからは、暗号化アルゴリズムに「AES-GCM」、鍵交換アルゴリズムに「DHE」、デジタル署名アルゴリズムに「RSA署名」、メッセージ認証は「AEAD (AES-GCM)」が使用される場合を例に説明します。

1 Webブラウザは、3ウェイハンドシェイクでTCPコネクションを確立したあと、自分が対応している機能やそれに関する仕様を「Client Hello」に格納して、送信します。

一言で「認証する」「暗号化する」といっても、いろいろな種類のアルゴリズムがあります。そこで、**Webブラウザは自分が対応している暗号化アルゴリズム、鍵交換アルゴリズム、デジタル署名アルゴリズム、メッセージ認証アルゴリズムの組み合わせ(暗号スイート)をリストとして提示します。**また、ほかにも「client random」と呼ばれるランダムな文字列や、対応しているSSLやHTTPのバージョンなど、Webサーバーと合わせておかないといけない設定や拡張機能(次表参照)を伝えます。

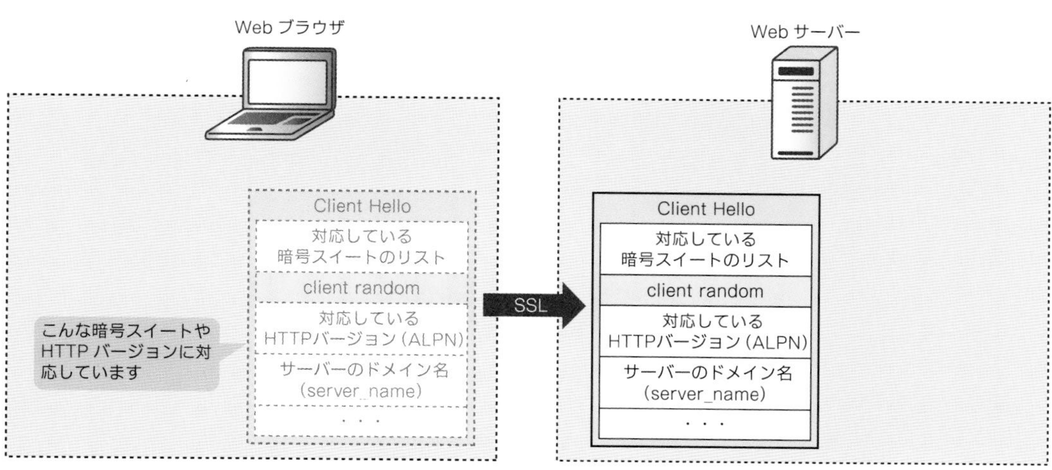

図 ● Client Hello

タイプコード	拡張機能	意味
0	server_name	サーバーのドメイン名(FQDN)を格納する。1つのIPアドレスで、複数のHTTPSサーバーを運用するときに、この値を見て、処理すべきHTTPSサーバーを識別する
16	application_layer_protocol_negotiation	対応しているアプリケーション層プロトコルの一覧を格納する。p.247で説明したHTTP/2接続のSSLハンドシェイクパターンで使用する
23	extended_master_secret	拡張マスターシークレット(RFC7627)に対応していることを示す
43	supported_versions	TLS 1.3において、対応しているTLSバージョンの一覧を格納する

表 ● 代表的な拡張機能フィールド

2 Webサーバーは、Client Helloに含まれる情報と自身の設定を突き合わせ、確定した(使うことになった)情報を「Server Hello」に格納して送信します。

Webブラウザがどんなにいろいろな暗号スイートに対応していたとしても、使用できるのは1つだけです。WebサーバーはClient Helloに含まれている暗号スイートのリストと自身に設定されている暗号スイートのリストを突き合わせ、マッチした暗号スイートの中で最も優先度が高い(リストの最上位にある)暗号スイートを選択します。また、SSLやHTTPのバージョンについても同じように、自身の設定と突き合わせ、適切なバージョンを選択します。そして、それら選択結果を「server random」と呼ばれるランダムな文字列や、そのほかのWebブラウザと合わせておかないといけない拡張機能とともに伝えて、以降に使用する機能や仕様を確定させます。

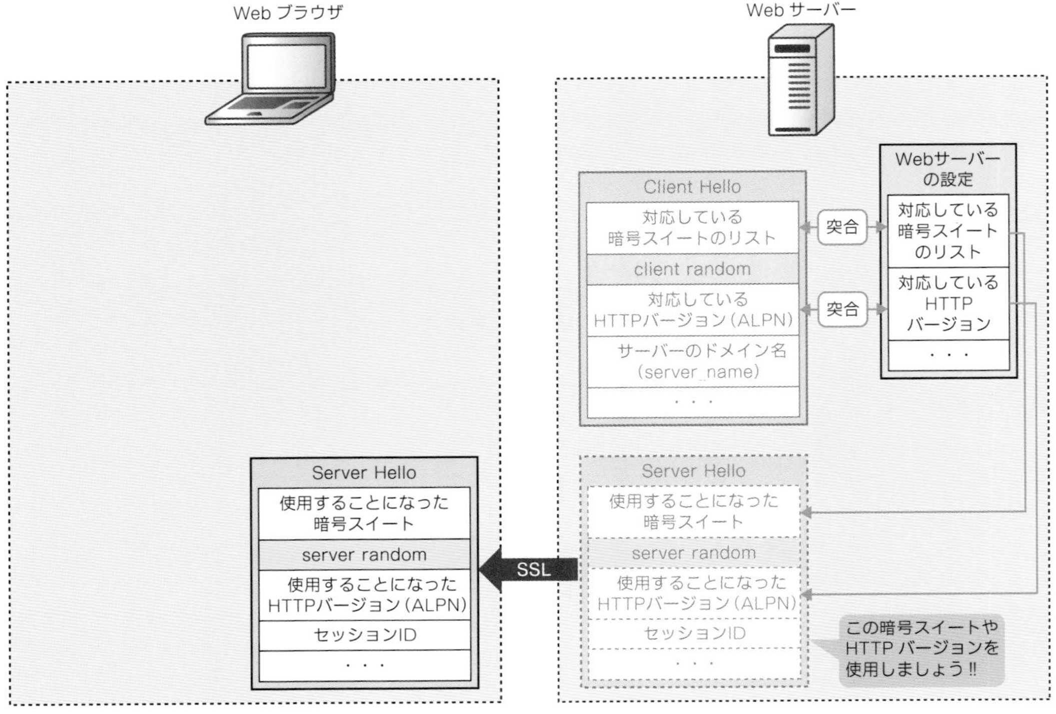

図 ● Server Hello

3 Webサーバーは、インストールされているサーバー証明書と中間証明書を「Certificate」に格納して送信します。

Webブラウザは、サーバー証明書のデジタル署名を中間証明書に含まれるRSA公開鍵で、中間証明書のデジタル署名をルート証明書に含まれるRSA公開鍵で検証することによって、デジタル証明書の階層構造を辿り、「サーバー証明書と中間証明書が途中で改ざんされていないこと」や、「Webサーバーが認証局によって信頼されたサーバーであること」を確認します。また、アクセス先のドメイン名がサーバー証明書に含まれるドメイン名と一致していることを確認します。

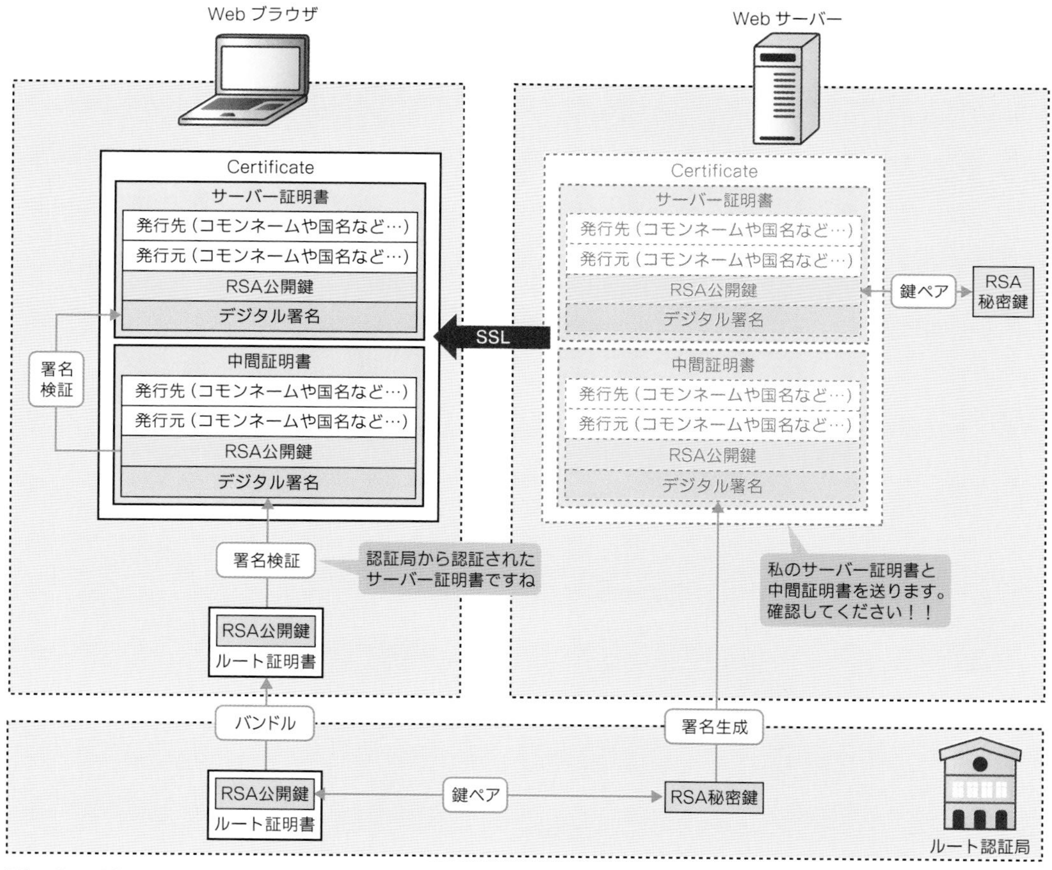

図 • Certificate

4 Webサーバーは、DHEで使用する素数や生成元、DH公開鍵、そしてWebサーバーのRSA秘密鍵によって署名されたDH公開鍵のデジタル署名を「Server Key Exchange」に格納して送信します。

5 Webサーバーは「Server Hello Done」で自分の情報を送り終わったことを伝えます。

6 Server Key Exchangeを受け取ったWebブラウザは、Certificateに含まれていたRSA公開鍵でデジタル署名を検証し、「DH公開鍵が改ざんされていないこと」や「ペアとなるRSA秘密鍵を持っている相手であること」を確認します。また、Server Key Exchangeに含まれていた素数、生成元、WebサーバーのDH公開鍵、自分のDH秘密鍵から「**プリマスターシークレット**」という名前の共通鍵を作ります。

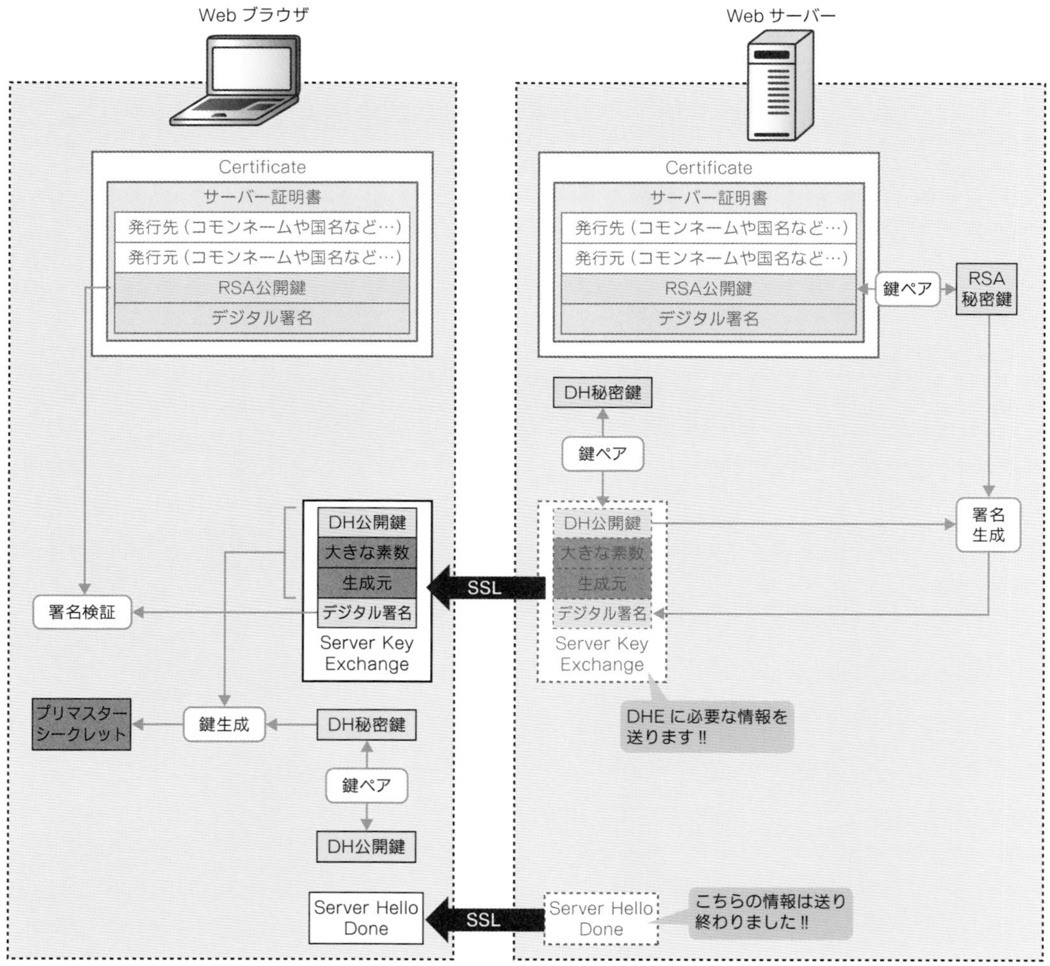

図 ● Server Key Exchange ～ Server Hello Done

7 Webブラウザは、自分のDH公開鍵を「**Client Key Exchange**」に格納して送信します。

8 Client Key Exchangeを受け取ったWebサーバーは、素数、生成元、WebブラウザのDH公開鍵、自分の秘密鍵から同じくプリマスターシークレットを作ります。これで同じプリマスターシークレットを共有することができました。ただ、SSLではこのプリマスターシークレットをそのまま使用するわけではありません。
まず、これまでやりとりしたSSLハンドシェイクメッセージのハッシュ値(セッションハッシュ)とあわせて、「PRF(Pseudo Random Function、擬似乱数関数)」というハッシュアルゴリズムをベースにした特殊な計算を施すことによって「マスターシークレット」を作ります[※17]。そして、そこからさらにClient Helloに含まれているclient randomやServer Helloに含まれているserver randomとあわせて、PRFで計算し、アプリケーションデータの暗号化・復号に使用する複数の共通鍵(セッションキー)を作ります[※18]。

9 最後に、お互いに「Change Cipher Spec」と「Finished」を交換しあって、SSLハンドシェイクを終了します。
Change Cipher Specは、ここまでのSSLハンドシェイクで決めた内容を確定するメッセージです。「よし、じゃあ、これでいきましょう!!」的な感じです。この次のメッセージから、つまりFinishedから暗号化通信が始まります。
Finishedは、SSLハンドシェイクの終わりを表すメッセージです。これまでやりとりしたメッセージをハッシュ化し、「verified_data」に格納します。このやりとりが終了すると「SSLセッション」ができあがり、アプリケーションデータの暗号化通信のための下地づくりができます。

※17 拡張マスターシークレットが有効な場合を例に説明しています。
※18 使用する暗号化アルゴリズムがAEADではない場合は、MAC鍵もあわせて作ります。

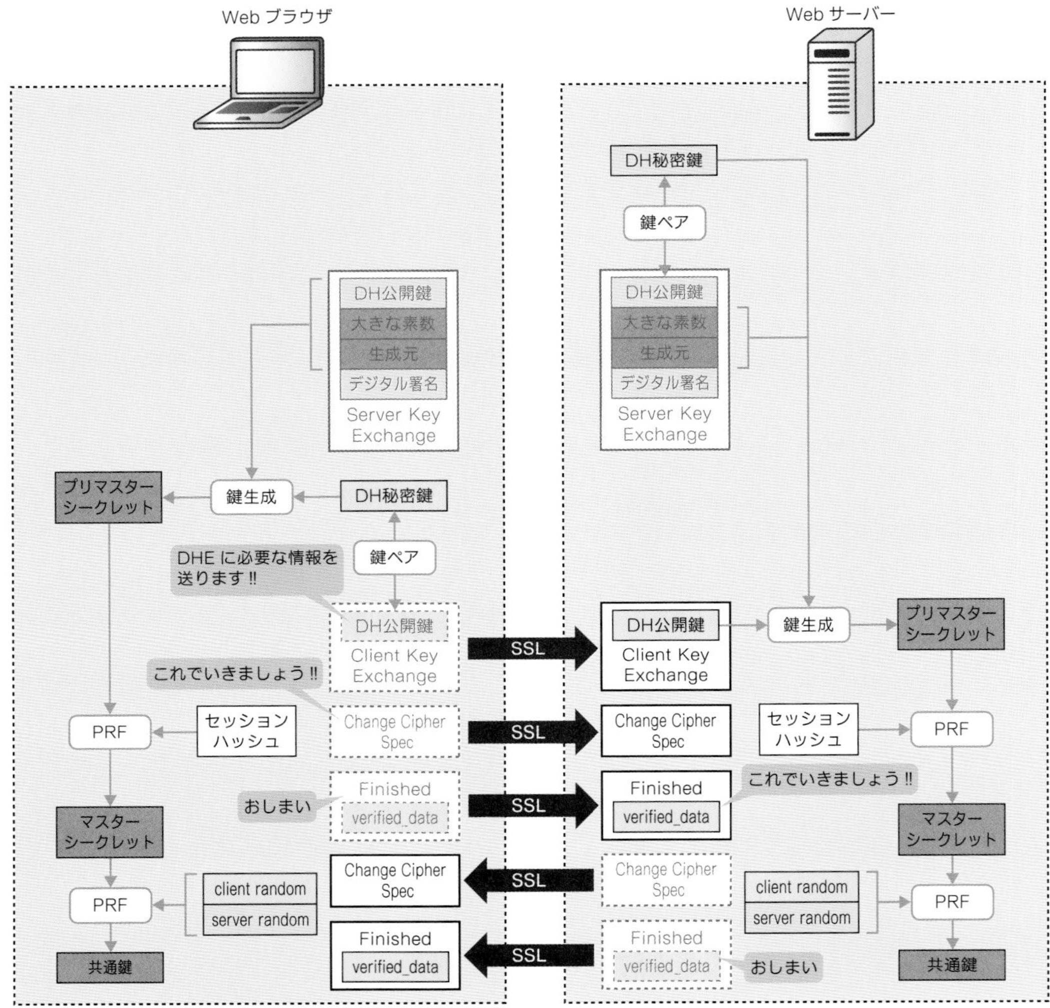

図 ● Client Key Exchange ～ Finished

メッセージ認証・交換フェーズ

SSLハンドシェイクが終わったら、いよいよアプリケーションデータの暗号化通信の始まりです。AES-GCMはAEADなので、そのときメッセージ認証もあわせて行います。

1 Webブラウザは、平文データ（暗号化されていないデータ）やナンス（一意な乱数）、関連データ（暗号化は必要ないけれど改ざんされてはいけないデータ。ヘッダーなど）を、SSLハンドシェイクで作った共通鍵で認証付き暗号化し、暗号化データとメッセージ認証に使用する認証タグを生成します。そして、暗号化データ、認証タグ、ナンス、関連データをまとめて送信します。

2 Webサーバーは、受け取った暗号化データ、ナンス、関連データ、そして共通鍵で認証タグを生成し、受け取った認証タグと比較します。認証タグが同じだったら、そのデータが途中で改ざんされていないことがわかります。つまりメッセージ認証完了です。メッセージ認証に成功したら、SSLハンドシェイクで作った共通鍵で平文データに復号します。

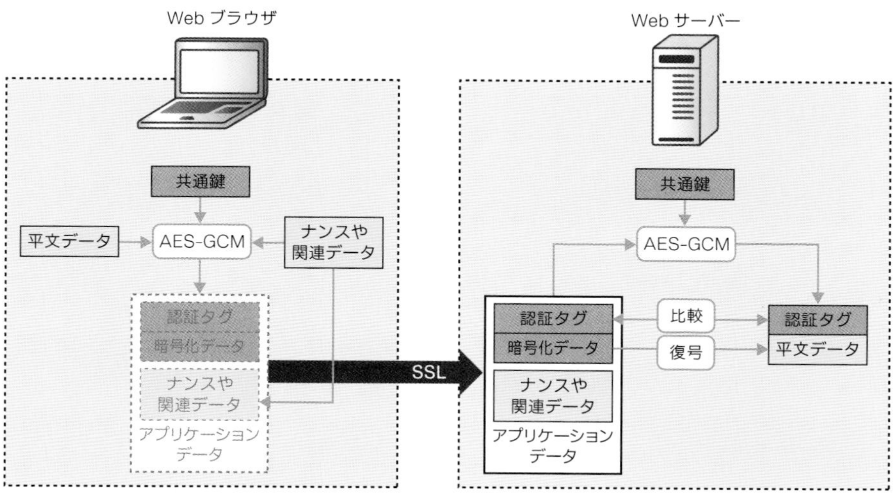

図 ● メッセージ認証・交換フェーズ

クローズフェーズ

アプリケーションデータをやりとりし終わったら、オープンしたSSLセッションをクローズします。クローズするときは、Webブラウザかサーバーかを問わず、クローズしたい側が「close_notify」を送出します※19。そのあと、TCPコネクションをクローズします。

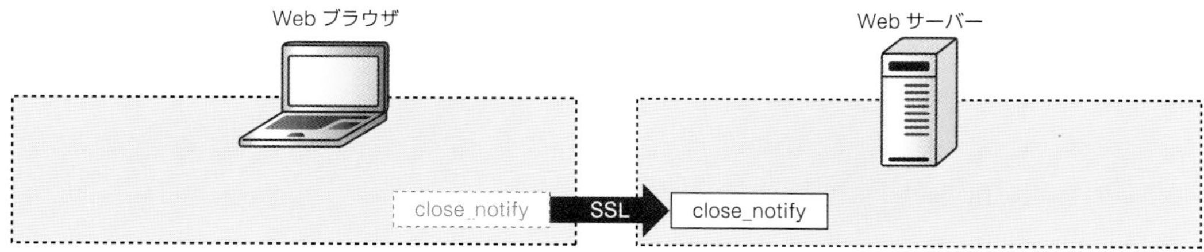

図 ● SSLセッションのクローズ

※19 RFC5246では、安全性を確保するためにclose_notifyを送り合わなければならないとなっていますが、実際の環境では必ずしもそうなっていないことも多々あります。本書では、取得したパケットに沿った形で説明しています。

実践で知ろう

では、実際に検証環境を利用して、SSLで暗号化したHTTPメッセージ、いわゆるHTTPS（HTTP Secure）メッセージをキャプチャし、解析してみましょう。設定ファイルは、そのまま「spec_05.yaml」を使用します。ここでは、実際にやりとりされるHTTPSメッセージをキャプチャし、中身を解析していきます。

パケットをキャプチャしよう

まず、検証環境でHTTPSメッセージをキャプチャしましょう。ここでは、サーバーサイトにいるfw1（172.16.1.254）から、同じくサーバーサイトにいるsv1（172.16.2.1）に対してSSLで暗号化したHTTPリクエスト（GET）を送信し、そのパケットをsv1でキャプチャします。なお、SSL通信に必要なサーバー証明書は、tinetの設定ファイルで作成し、sv1に適用済みです。

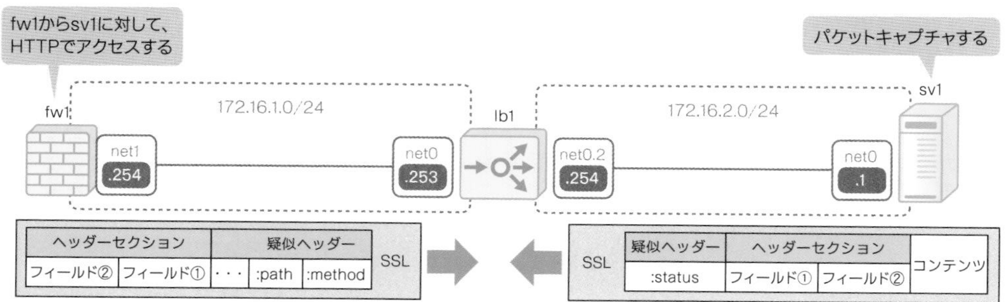

図●fw1でリクエストを送信し、sv1でキャプチャする

では、具体的な流れについて、順を追って説明します。

1 まず、sv1がSSLサーバーとして動作しているか確認しておきましょう。sv1のコンテナイメージにはnginxがインストールされており、tinetの設定ファイルで起動されているはずです。sv1にログインし、ssコマンドでnginxのプロセスがTCP/443のパケットを受け入れるようになっているか、つまり**LISTEN状態になっているかを確認してください。**

```
root@sv1:/# ss -lntp
State         Recv-Q          Send-Q          Local Address:Port              Peer Address:Port
Process
LISTEN        0               511             172.16.2.3:80                   0.0.0.0:*
users:(("nginx",pid=152,fd=7),("nginx",pid=151,fd=7),("nginx",pid=150,fd=7),("nginx",pid=1
49,fd=7),("nginx",pid=148,fd=7),("nginx",pid=147,fd=7),("nginx",pid=146,fd=7),("nginx",pi
d=145,fd=7),("nginx",pid=144,fd=7))

LISTEN        0               511             172.16.2.1:80                   0.0.0.0:*
```

```
users:(("nginx",pid=152,fd=6),("nginx",pid=151,fd=6),("nginx",pid=150,fd=6),("nginx",pid=1
49,fd=6),("nginx",pid=148,fd=6),("nginx",pid=147,fd=6),("nginx",pid=146,fd=6),("nginx",pi
d=145,fd=6),("nginx",pid=144,fd=6))

LISTEN       0            511            172.16.2.1:443              0.0.0.0:*
users:(("nginx",pid=152,fd=8),("nginx",pid=151,fd=8),("nginx",pid=150,fd=8),("nginx",pid=1
49,fd=8),("nginx",pid=148,fd=8),("nginx",pid=147,fd=8),("nginx",pid=146,fd=8),("nginx",pi
d=145,fd=8),("nginx",pid=144,fd=8))
```

図 ● ssコマンドの結果

机上項と実践項をつなげるために、sv1のSSL周りの設定についても確認しておきましょう※20。sv1には、tinetの設定ファイル経由で、「/etc/nginx/sites-available/default」に次図のような設定が投入されています。設定を見ると、サーバー証明書やRSA秘密鍵が設定されていて、これまで机上項で学習してきたことが設定されていることがなんとなくわかると思います。

```
server {
  listen 172.16.2.1:80;
  listen 172.16.2.1:443 ssl http2;
  listen 172.16.2.3:80;
  server_name sv1.example.com;
  ssl_certificate /etc/ssl/private/server.crt;
  ssl_certificate_key /etc/ssl/private/server.key;
  ssl_protocols TLSv1.2;
  ssl_dhparam /etc/ssl/dhparam.pem;
  ssl_ciphers ECDHE-ECDSA-AES128-GCM-SHA256:ECDHE-RSA-AES128-GCM-SHA256:ECDHE-ECDSA-
AES256-GCM-SHA384:ECDHE-RSA-AES256-GCM-SHA384:ECDHE-ECDSA-CHACHA20-POLY1305:ECDHE-RSA-
CHACHA20-POLY1305:DHE-RSA-AES128-GCM-SHA256:DHE-RSA-AES256-GCM-SHA384:DHE-RSA-CHACHA20-
POLY1305;
  root /var/www/html/;
}
```


図 ● sv1の設定

openssl ciphersコマンドを-vオプション付きで使用すると、sv1で設定している暗号スイートがどのようなアルゴリズムで構成されているかを深く見ることができます。**各行に含まれる「Kx」が鍵交換アルゴリズム、「Au」がデジタル署名アルゴリズム、「Enc」が暗号化アルゴリズム、「Mac」がメッセージ認証アルゴリズムを表しています。**nginxの設定のssl_protocolで、SSLバージョンをTLS 1.2に指定しているので、このうちTLS 1.2の暗号スイートだけが選択対象となり、優先度の高いものから順に突合していきます。ちなみに、今回の検証では、curlコマンドの--cipherオプションで暗号スイートを決め打ちします。

※20 sv2にも同様の設定が投入されています。

```
root@sv1:~# openssl ciphers -v "ECDHE-ECDSA-AES128-GCM-SHA256:ECDHE-RSA-AES128-GCM-SHA256:ECDHE-ECDSA-AES256-GCM-SHA384:ECDHE-RSA-AES256-GCM-SHA384:ECDHE-ECDSA-CHACHA20-POLY1305:ECDHE-RSA-CHACHA20-POLY1305:DHE-RSA-AES128-GCM-SHA256:DHE-RSA-AES256-GCM-SHA384:DHE-RSA-CHACHA20-POLY1305"

TLS_AES_256_GCM_SHA384          TLSv1.3 Kx=any      Au=any   Enc=AESGCM(256)            Mac=AEAD
TLS_CHACHA20_POLY1305_SHA256    TLSv1.3 Kx=any      Au=any   Enc=CHACHA20/POLY1305(256) Mac=AEAD
TLS_AES_128_GCM_SHA256          TLSv1.3 Kx=any      Au=any   Enc=AESGCM(128)            Mac=AEAD
ECDHE-ECDSA-AES128-GCM-SHA256 TLSv1.2 Kx=ECDH     Au=ECDSA Enc=AESGCM(128)            Mac=AEAD
ECDHE-RSA-AES128-GCM-SHA256   TLSv1.2 Kx=ECDH     Au=RSA   Enc=AESGCM(128)            Mac=AEAD
ECDHE-ECDSA-AES256-GCM-SHA384 TLSv1.2 Kx=ECDH     Au=ECDSA Enc=AESGCM(256)            Mac=AEAD
ECDHE-RSA-AES256-GCM-SHA384   TLSv1.2 Kx=ECDH     Au=RSA   Enc=AESGCM(256)            Mac=AEAD
ECDHE-ECDSA-CHACHA20-POLY1305 TLSv1.2 Kx=ECDH     Au=ECDSA Enc=CHACHA20/POLY1305(256) Mac=AEAD
ECDHE-RSA-CHACHA20-POLY1305   TLSv1.2 Kx=ECDH     Au=RSA   Enc=CHACHA20/POLY1305(256) Mac=AEAD
DHE-RSA-AES128-GCM-SHA256     TLSv1.2 Kx=DH       Au=RSA   Enc=AESGCM(128)            Mac=AEAD
DHE-RSA-AES256-GCM-SHA384     TLSv1.2 Kx=DH       Au=RSA   Enc=AESGCM(256)            Mac=AEAD
DHE-RSA-CHACHA20-POLY1305     TLSv1.2 Kx=DH       Au=RSA   Enc=CHACHA20/POLY1305(256) Mac=AEAD
```

図 ● openssl cipherコマンド

また、openssl x509コマンド[※21]を使用すると、sv1で設定しているサーバー証明書の内容を見やすい形で確認できます。中身を見ると、机上項で学習したとおり、サーバー証明書の発行元や発行先、RSA公開鍵やデジタル署名が含まれていることがわかります。今回の検証では、**自分が認証局になって、自分自身のRSA秘密鍵で署名する、第三者の認証局から認証されていない証明書「自己署名証明書(オレオレ証明書)」を使用します。**したがって、サーバー証明書の発行先も発行元も自分自身、つまりsv1.example.comになります。「オレだよ、オレ！」と自分が自分を認証することに違和感があるかもしれませんが、サーバー証明書による認証が必要なく、SSLの動きだけ確認したいような検証環境[※22]などで、ごく一般的に使用します。

```
root@sv1:~# openssl x509 -text -noout -in /etc/ssl/private/server.crt
Certificate:
    Data:
        Version: 3 (0x2)
        Serial Number:
            26:5d:ab:20:19:ed:54:7b:c3:ee:0b:2e:2c:04:55:b2:fa:a3:b8:a9
        Signature Algorithm: sha256WithRSAEncryption
        Issuer: CN = sv1.example.com, C = JP          ―― 発行元
        Validity
            Not Before: May 26 06:02:43 2023 GMT
            Not After : May  2 06:02:43 2123 GMT
        Subject: CN = sv1.example.com, C = JP         ―― 発行先
```

※21　x509はデジタル証明書の標準フォーマット(X.509)のことです。
※22　検証するときは、サーバー証明書に関するエラーを無視してSSL接続するようにします。

```
Subject Public Key Info:
    Public Key Algorithm: rsaEncryption
        RSA Public-Key: (2048 bit)
        Modulus:
            00:af:8d:ad:02:c8:68:92:d5:32:3d:d9:d1:59:07:
            71:f6:cd:71:f8:ba:a7:6d:4a:48:ca:68:fb:11:97:
            dd:51:d7:d5:42:59:f6:09:c1:fa:84:9a:0b:82:7b:
            cb:22:b2:ec:33:7b:d0:f9:6a:d4:32:11:f4:2d:d2:
            f8:97:ed:63:56:be:7d:cb:05:66:75:5c:ab:4b:a5:
            22:77:ce:22:e2:05:7c:d2:d1:2c:c8:ba:27:4a:ce:
            60:fc:53:cd:96:89:ec:89:b8:fe:bc:10:06:4d:04:
            c7:42:c6:ee:7b:23:f4:d4:5d:d1:2b:07:d3:69:be:
            03:58:97:1f:83:d0:b5:5d:3d:53:17:0d:af:f1:0e:
            86:22:6e:4e:3f:9a:fd:d9:9d:83:0c:1f:05:c5:de:
            00:8d:eb:cd:19:92:1c:ea:64:de:ca:f1:e5:79:50:
            21:1d:2b:54:b3:b1:e7:60:84:53:3c:02:de:e8:17:
            24:b1:0d:22:09:4d:e2:a2:2c:47:c3:0b:5a:98:09:
            96:3d:d7:b4:99:60:26:1c:aa:a4:94:0b:f6:32:b0:
            11:f6:4c:63:13:e8:cc:b2:f7:74:50:82:3f:8d:b4:
            9b:0d:e7:b6:5f:bc:e7:d5:a2:c5:3e:dc:44:fa:bd:
            38:f4:b3:e0:c2:d1:c7:15:9a:6a:70:04:5d:f1:7f:
            c1:fd
        Exponent: 65537 (0x10001)
X509v3 extensions:
    X509v3 Subject Key Identifier:
        7F:BD:E0:7E:5B:C7:55:F3:EF:E2:F1:EE:01:1B:2C:1A:DC:9B:AD:8D
    X509v3 Authority Key Identifier:
        keyid:7F:BD:E0:7E:5B:C7:55:F3:EF:E2:F1:EE:01:1B:2C:1A:DC:9B:AD:8D

    X509v3 Basic Constraints: critical
        CA:TRUE
Signature Algorithm: sha256WithRSAEncryption
     1f:14:61:58:03:3d:d2:2c:43:f6:3d:1d:b0:3a:00:60:0c:4b:
     f6:1e:63:c0:b8:ce:22:b9:00:23:8b:a1:bb:7f:0c:63:14:2e:
     c5:d1:90:10:4a:36:4a:fd:f0:9a:30:17:d0:66:05:ac:7d:2f:
     e6:8c:7c:11:e5:6a:33:14:1a:50:a1:d6:58:e7:b2:1b:5d:0b:
     5c:a1:42:2e:19:3b:6d:bc:74:a6:0e:5a:10:e9:86:2c:c7:19:
     69:03:0f:bd:97:f6:02:4b:3d:dc:60:6a:bc:aa:0b:b0:ea:f8:
     8c:9d:db:3b:df:7a:0f:aa:42:65:c6:aa:7e:8d:a1:61:a1:6f:
     a8:1e:52:69:0f:f8:19:6b:06:73:7a:53:c3:03:91:79:32:7f:
     95:e8:dd:d8:af:0f:6d:68:02:7e:9c:15:b9:90:37:a7:73:9e:
     a1:72:fa:c0:f9:44:ea:21:e6:75:ba:84:ea:d1:84:b8:d2:66:
     dd:0a:98:ff:8b:0c:22:c3:09:61:a4:08:4d:8c:7f:d7:9a:e7:
     bc:09:d1:07:c5:b5:37:c7:6d:e1:8f:6a:ec:39:69:26:09:38:
     9e:61:ef:88:06:2b:6c:a4:2c:a0:4b:d9:f7:4e:e1:a7:47:8a:
     41:d8:57:c7:7d:cb:1a:a6:54:aa:a3:e8:7a:d7:45:42:a6:b9:
     e9:33:ee:3c
```


図 ● サーバー証明書の内容

2 sv1でtcpdumpコマンドを実行し、これからやりとりされるパケットに備えます。ここでは、sv1のnet0でやりとりされる送信元IPアドレス、あるいは宛先IPアドレスが「172.16.1.254」、送信元ポート番号、あるいは宛先ポート番号が「443」のTCPセグメントをキャプチャし、コンテナ上にある「/tmp/tinet」というフォルダに「https.pcapng」というファイル名で書き込むようにします。

```
root@sv1:/# tcpdump -i net0 port 443 and host 172.16.1.254 -w /tmp/tinet/https.pcapng
tcpdump: listening on net0, link-type EN10MB (Ethernet), capture size 262144 bytes
```

図 ● tcpdumpコマンドを実行

3 fw1からsv1のコンテンツをGETします。HTTPSのアクセスには、HTTPと同じくcurlコマンドを使用します。また、HTTPの解析項で後回しにしていたHTTP/2のリクエストメッセージを投げ、HTTP/2もあわせて、次項の解析項で解析します。
ここでは、次表のコマンドやオプションを使用します。

オプション	意味と狙い
SSLKEYLOGFILE=/tmp/tinet/key.log	SSLハンドシェイクによって生成された鍵情報を記録する「SSLKEYLOGFILE」という環境変数を「/tmp/tinet/key.log」に書き出す
-v	やりとりの詳細を表示する
-k	デジタル証明書に関するエラーを無視する。ここでは、サーバー証明書に自己署名証明書を使用するので、このオプションを指定する
--tls-max 1.2	TLSバージョンの上限を指定する。このオプションを指定しないと、本書の範囲外であるTLSバージョン「TLS1.3」で接続する。本書の範囲にあわせるために、あえてバージョンの上限を指定する
--http2	HTTP/2で優先的に接続を試みる
--ciphers DHE-RSA-AES256-GCM-SHA384	暗号スイートを指定する。ここでは、机上項とあわせた暗号スイートで接続するために使用する

表 ● 本項で使用するコマンドやオプション

では、fw1にログインし、「https://sv1.example.com」に対して※23curlコマンドを実行してみましょう。すると、SSLハンドシェイクで、暗号スイートに「DHE-RSA-AES256-GCM-SHA384」が選択され、ALPNによってHTTP/2が選択されたことがわかります。そして、そのあとHTTP/2でGETリクエスト、レスポンスされていることがわかります。

```
root@fw1:/# SSLKEYLOGFILE=/tmp/tinet/key.log curl -vk https://sv1.example.com/ --tls-max 
1.2 --http2 --ciphers DHE-RSA-AES256-GCM-SHA384
*   Trying 172.16.2.1:443...
* TCP_NODELAY set
```

※23 「sv1.example.com」はsv1を表すドメイン名（FQDN）です。この検証のために、tinetの設定ファイルを通じて、fw1のhostsファイル（/etc/hosts）に定義してあります。hostsファイルについてはp.304で後述します。

```
* Connected to sv1.example.com (172.16.2.1) port 443 (#0)
* ALPN, offering h2
* ALPN, offering http/1.1
* Cipher selection: DHE-RSA-AES256-GCM-SHA384
* successfully set certificate verify locations:
*   CAfile: /etc/ssl/certs/ca-certificates.crt
  CApath: /etc/ssl/certs
* TLSv1.2 (OUT), TLS handshake, Client hello (1):
* TLSv1.2 (IN), TLS handshake, Server hello (2):
* TLSv1.2 (IN), TLS handshake, Certificate (11):
* TLSv1.2 (IN), TLS handshake, Server key exchange (12):
* TLSv1.2 (IN), TLS handshake, Server finished (14):
* TLSv1.2 (OUT), TLS handshake, Client key exchange (16):
* TLSv1.2 (OUT), TLS change cipher, Change cipher spec (1):
* TLSv1.2 (OUT), TLS handshake, Finished (20):
* TLSv1.2 (IN), TLS handshake, Finished (20):
* SSL connection using TLSv1.2 / DHE-RSA-AES256-GCM-SHA384
* ALPN, server accepted to use h2
* Server certificate:
*  subject: CN=sv1.example.com; C=JP
*  start date: May 26 07:11:45 2023 GMT
*  expire date: May  2 07:11:45 2123 GMT
*  issuer: CN=sv1.example.com; C=JP
*  SSL certificate verify result: self signed certificate (18), continuing anyway.
* Using HTTP2, server supports multi-use
* Connection state changed (HTTP/2 confirmed)
* Copying HTTP/2 data in stream buffer to connection buffer after upgrade: len=0
* Using Stream ID: 1 (easy handle 0x55f7ba2e02f0)
> GET / HTTP/2
> Host: sv1.example.com
> user-agent: curl/7.68.0
> accept: */*
>
* Connection state changed (MAX_CONCURRENT_STREAMS == 128)!
< HTTP/2 200
< server: nginx/1.18.0 (Ubuntu)
< date: Fri, 26 May 2023 08:34:23 GMT
< content-type: text/html
< content-length: 16
< last-modified: Fri, 26 May 2023 07:12:42 GMT
< etag: "64705bea-10"
< accept-ranges: bytes
<
sv1.example.com
* Connection #0 to host sv1.example.com left intact
```


図 ● curlコマンドを実行する

5 sv1でCtrl+cを押して、tcpdumpを終了します。

パケットを解析しよう①（SSL/TLS）

続いて、前項でキャプチャしたSSLレコードを解析していきます。解析に先立って、役に立ちそうなWiresharkの表示フィルターを紹介しておきます。これらをフィルターツールバーに入力します。複数の表示フィルターを「and」や「or」でつないで、表示するパケットをさらに絞り込むことも可能です。

表示フィルター	表示フィルターが表す意味	書式例
tls	TLSメッセージ	tls
tls.alert_message	アラートレコード	tls.alert_message
tls.alert_message.desc	特定タイプのアラートレコード	tls.alert_message.desc == 0
tls.alert_message.level	特定レベルのアラートレコード	tls.alert_message.level == 1
tls.app_data	アプリケーションデータレコード	tls.app_data
tls.app_data.proto	特定アプリケーションデータのプロトコル	tls.app_data_proto == "HyperText Transfer Protocol 2"
tls.change_cipher_spec	暗号仕様変更レコード	tls.change_cipher_spec
tls.handshake	ハンドシェイクレコード	tls.handshake
tls.handshake.type	特定タイプのハンドシェイクレコード	tls.handshake.type == 1

表●SSL/TLSに関する代表的な表示フィルター

では、Wiresharkで「C:¥tinet」にある「https.pcapng」を開いてみましょう。すると、複数のパケットが見えるはずです。全体的な流れを見てみると、「3ウェイハンドシェイク（3WHS）によるTCPオープン」→「SSLハンドシェイク」→「暗号化通信」→「SSLクローズ」→「3ウェイハンドシェイク（3WHS）によるTCPクローズ」の順に処理が進んでいることがわかります。

https.pcapng

ファイル(F) 編集(E) 表示(V) 移動(G) キャプチャ(C) 分析(A) 統計(S) 電話(y) 無線(W) ツール(T) ヘルプ(H)

表示フィルタ … <Ctrl-/> を適用

No.	Source IP Address	Destination IP Address	Source Port	Destination Port	Info
1	172.16.1.254	172.16.2.1	57796	443	57796 → 443 [SYN] Seq=0 Win=642
2	172.16.2.1	172.16.1.254	443	57796	443 → 57796 [SYN, ACK] Seq=0 Ac
3	172.16.1.254	172.16.2.1	57796	443	57796 → 443 [ACK] Seq=1 Ack=1 W
4	172.16.1.254	172.16.2.1	57796	443	Client Hello
5	172.16.2.1	172.16.1.254	443	57796	443 → 57796 [ACK] Seq=1 Ack=155
6	172.16.2.1	172.16.1.254	443	57796	Server Hello, Certificate
7	172.16.2.1	172.16.1.254	443	57796	Server Key Exchange, Server Hel
8	172.16.1.254	172.16.2.1	57796	443	57796 → 443 [ACK] Seq=155 Ack=1
9	172.16.1.254	172.16.2.1	57796	443	57796 → 443 [ACK] Seq=155 Ack=1
10	172.16.1.254	172.16.2.1	57796	443	Client Key Exchange, Change Cip
11	172.16.2.1	172.16.1.254	443	57796	Change Cipher Spec, Encrypted H
12	172.16.2.1	172.16.1.254	443	57796	Application Data
13	172.16.1.254	172.16.2.1	57796	443	Application Data
14	172.16.1.254	172.16.2.1	57796	443	Application Data
15	172.16.1.254	172.16.2.1	57796	443	Application Data
16	172.16.2.1	172.16.1.254	443	57796	443 → 57796 [ACK] Seq=1857 Ack=
17	172.16.2.1	172.16.1.254	443	57796	Application Data
18	172.16.1.254	172.16.2.1	57796	443	Application Data
19	172.16.1.254	172.16.2.1	57796	443	Application Data
20	172.16.2.1	172.16.1.254	443	57796	443 → 57796 [ACK] Seq=1895 Ack=
21	172.16.2.1	172.16.1.254	443	57796	Application Data
22	172.16.1.254	172.16.2.1	57796	443	57796 → 443 [ACK] Seq=731 Ack=2
23	172.16.1.254	172.16.2.1	57796	443	Encrypted Alert
24	172.16.2.1	172.16.1.254	443	57796	443 → 57796 [FIN, ACK] Seq=2072
25	172.16.1.254	172.16.2.1	57796	443	57796 → 443 [FIN, ACK] Seq=762
26	172.16.2.1	172.16.1.254	443	57796	443 → 57796 [ACK] Seq=2073 Ack=

https.pcapng　パケット数: 26・表示: 26 (100.0%)　プロファイル: Default

TCPオープン(3WHS)

SSLハンドシェイク

暗号化通信

SSLクローズ

TCPクローズ(3WHS)

図 ● SSL接続の流れ※24

表示フィルターに「tls」と入力すると、SSLパケットのみが表示されます。ひとつひとつ見ていきましょう。

Client Hello

まず、1つ目のパケットはfw1からsv1に対する「Client Hello」です。この中に、client randomやcurlで指定した暗号スイート(TLS_DHE_RSA_WITH_AES_256_GCM_SHA384)、接続するWebサーバーのドメイン名、対応しているHTTPのバージョン(HTTP/2、HTTP/1.1)※25、などが格納されています。

暗号スイートの表記フォーマットは、TLS1.2の場合、基本的に「TLS_(鍵交換アルゴリズム)_(デジタル署名アルゴリズム)_WITH_(暗号化アルゴリズム)_(ハッシュアルゴリズム)」となります。たとえば、今回curlで指定した暗号スイート(DHE-RSA-AES256-GCM-SHA384)の場合、「TLS_DHE_RSA_WITH_AES_256_SHA384」となります。

※24 パケットの個数やそれを構成する内容は、PCの状態によって多少変化します。ここでは筆者の検証環境で取得したパケットをベースに説明します。

※25 「h2」がHTTP/2を表しています。

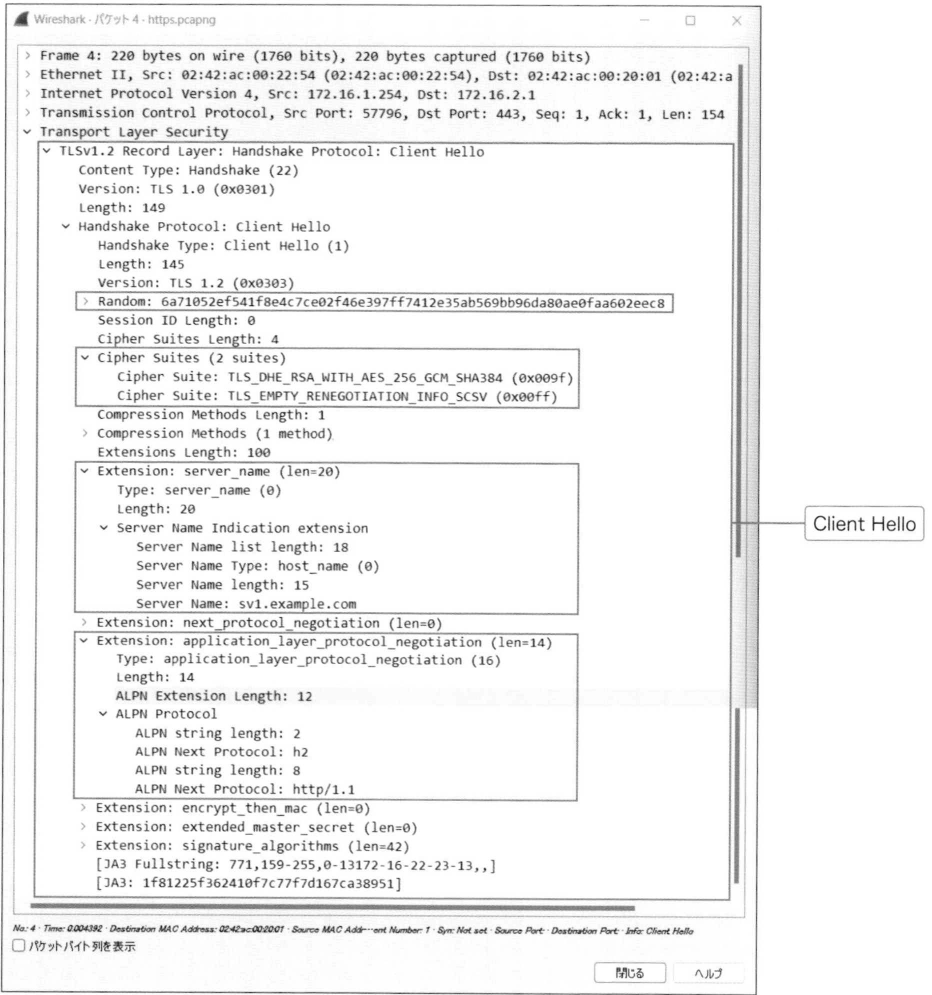

図● Client Hello

Server Hello ～ Certificate

2つ目のパケットには、sv1からfw1に対する「Server Hello」と「Certificate」がまとめて1つのパケットに格納されています。

Server Helloには、server randomや暗号スイートリストの突合によって使うことが確定した暗号スイート（TLS_DHE_RSA_WITH_AES_256_GCM_SHA384）、HTTPのバージョン（HTTP/2）などが格納されています。

Certificateには、サーバー証明書が格納されています。p.284で説明したとおり、このサーバー証明書はtinetの設定ファイルで作成した自己署名証明書です。具体的には「sv1.example.com」というコモンネームが付いた、有効期間が100年間のサーバー証明書です。

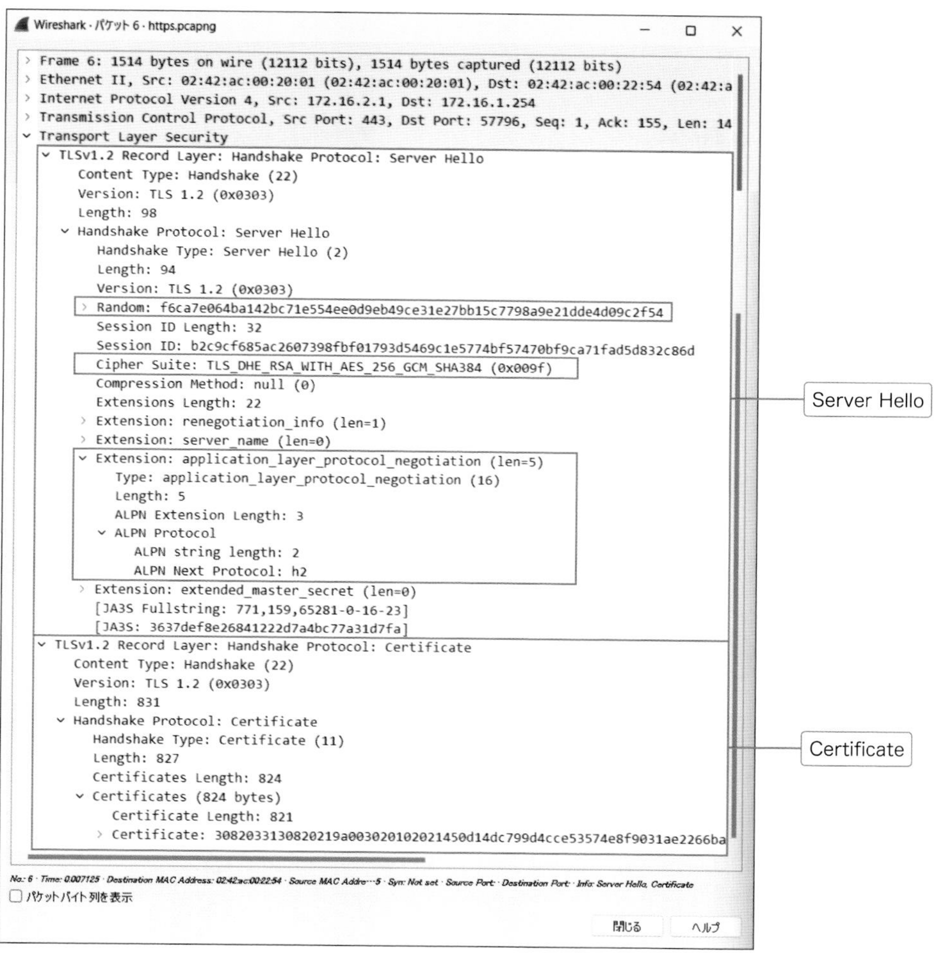

図 ● Server Hello ～ Certificate

Server Key Exchange ～ Server Hello Done

3つ目のパケットには、sv1からfw1に対する「Server Key Exchange」と「Server Hello Done」がまとめて格納されています。

Server Key Exchangeには、鍵交換に必要な情報が格納されています。ここでは鍵交換に「DHE」を使用することになったので、DHEで使用する素数p、生成元g、sv1のDH公開鍵、sv1のRSA秘密鍵で生成したDH公開鍵のデジタル署名が格納されています。

Server Hello Doneには、情報を送り終わったことを示す情報が格納されています。

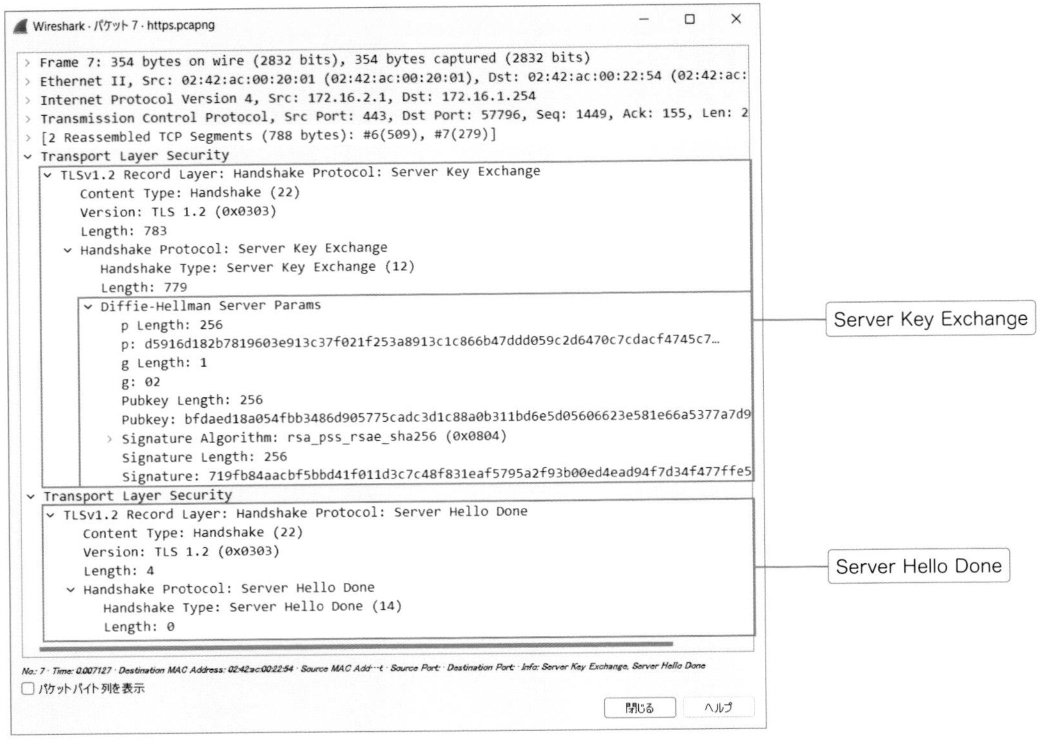

図●Server Key Exchange ～ Server Hello Done

Client Key Exchange ～ Finished

4つ目のパケットには、fw1からsv1に対する「Client Key Exchange」「Change Cipher Spec」「Finished」がまとめて含まれています。

Client Key Exchangeには、鍵交換に必要な情報が格納されています。ここでは、鍵交換に「DHE」を使用することになったので、fw1のDH公開鍵を格納しています。

Change Cipher Specは、必要な情報を手に入れたことを表しています。特に情報は格納されていません。ここから先、いよいよ暗号化通信が始まります。

最後のFinishedは、ここまででやりとりした内容から生成した共通鍵で暗号化され「Encrypted Handshake Message」と表示されます。暗号化されていますが、この中にはこれまでのやりとりをハッシュ化した「verified_data」が格納されています。

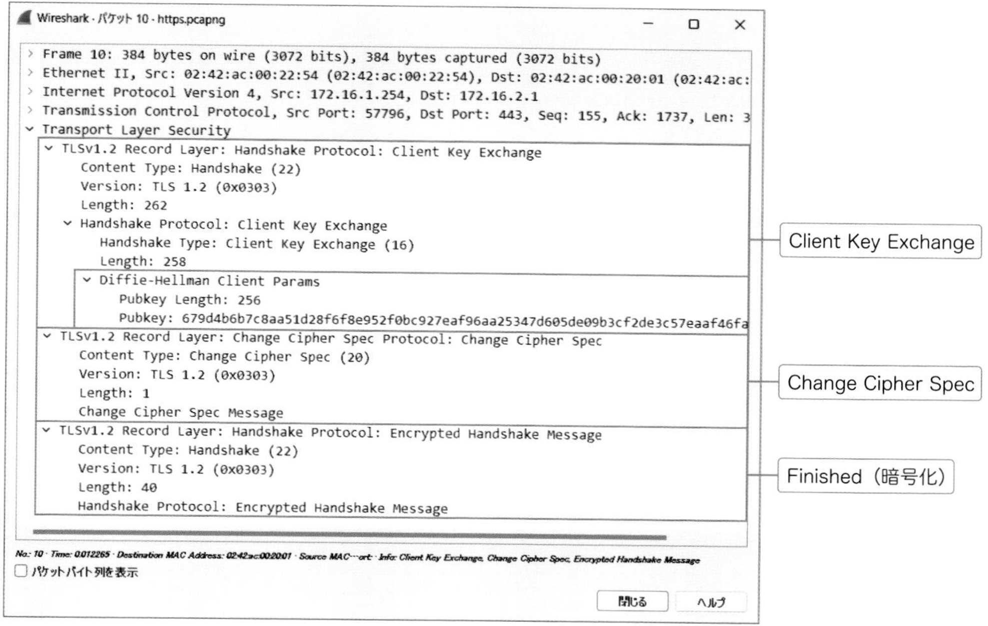
Wireshark · パケット 10 · https.pcapng
> Frame 10: 384 bytes on wire (3072 bits), 384 bytes captured (3072 bits)
> Ethernet II, Src: 02:42:ac:00:22:54 (02:42:ac:00:22:54), Dst: 02:42:ac:00:20:01 (02:42:ac:
> Internet Protocol Version 4, Src: 172.16.1.254, Dst: 172.16.2.1
> Transmission Control Protocol, Src Port: 57796, Dst Port: 443, Seq: 155, Ack: 1737, Len: 3
Transport Layer Security
TLSv1.2 Record Layer: Handshake Protocol: Client Key Exchange
Content Type: Handshake (22)
Version: TLS 1.2 (0x0303)
Length: 262
Handshake Protocol: Client Key Exchange
Handshake Type: Client Key Exchange (16)
Length: 258
Diffie-Hellman Client Params
Pubkey Length: 256
Pubkey: 679d4b6b7c8aa51d28f6f8e952f0bc927eaf96aa25347d605de09b3cf2de3c57eaaf46fa
TLSv1.2 Record Layer: Change Cipher Spec Protocol: Change Cipher Spec
Content Type: Change Cipher Spec (20)
Version: TLS 1.2 (0x0303)
Length: 1
Change Cipher Spec Message
TLSv1.2 Record Layer: Handshake Protocol: Encrypted Handshake Message
Content Type: Handshake (22)
Version: TLS 1.2 (0x0303)
Length: 40
Handshake Protocol: Encrypted Handshake Message
パケットバイト列を表示
閉じる
ヘルプ
Client Key Exchange
Change Cipher Spec
Finished（暗号化）

図 ● Client Key Exchange ～ Finished

Change Cipher Spec ～ Finished

5つ目のパケットには、sv1からfw1に対する「Change Cipher Spec」と「Finished」がまとめて含まれています。基本的な役割は前述した内容と変わりありません。Change Cipher Specで必要な情報を手に入れたことを通知し、Finishedでこれまでのやりとりを検証します。4つ目のパケットと同じように、Finishedは暗号化されているため、Encrypt Handshake Messageと表示されます。これでSSLハンドシェイクは終了です。

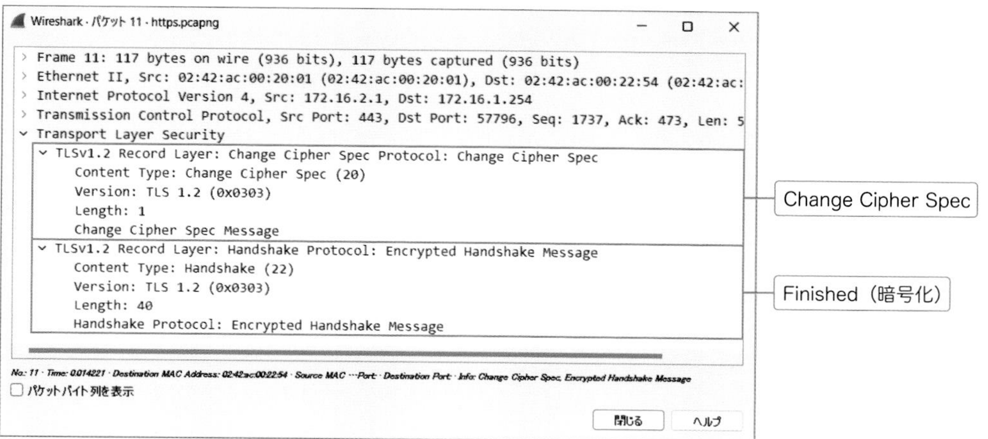
Wireshark · パケット 11 · https.pcapng
> Frame 11: 117 bytes on wire (936 bits), 117 bytes captured (936 bits)
> Ethernet II, Src: 02:42:ac:00:20:01 (02:42:ac:00:20:01), Dst: 02:42:ac:00:22:54 (02:42:ac:
> Internet Protocol Version 4, Src: 172.16.2.1, Dst: 172.16.1.254
> Transmission Control Protocol, Src Port: 443, Dst Port: 57796, Seq: 1737, Ack: 473, Len: 5
Transport Layer Security
TLSv1.2 Record Layer: Change Cipher Spec Protocol: Change Cipher Spec
Content Type: Change Cipher Spec (20)
Version: TLS 1.2 (0x0303)
Length: 1
Change Cipher Spec Message
TLSv1.2 Record Layer: Handshake Protocol: Encrypted Handshake Message
Content Type: Handshake (22)
Version: TLS 1.2 (0x0303)
Length: 40
Handshake Protocol: Encrypted Handshake Message
パケットバイト列を表示
閉じる
ヘルプ
Change Cipher Spec
Finished（暗号化）

図 ● Change Cipher Spec ～ Finished

Application Data

SSLハンドシェイクが終わると、HTTP/2のHTTPメッセージをTLS 1.2で暗号化した通信が始まります。SSLハンドシェイクで共有した共通鍵で暗号化されているため、パケットの中身を見ても何が何だかわかりません。ただ、**ALPNの情報を通じて、暗号化されたHTTP/2のアプリケーションデータであるということだけはわかります。**

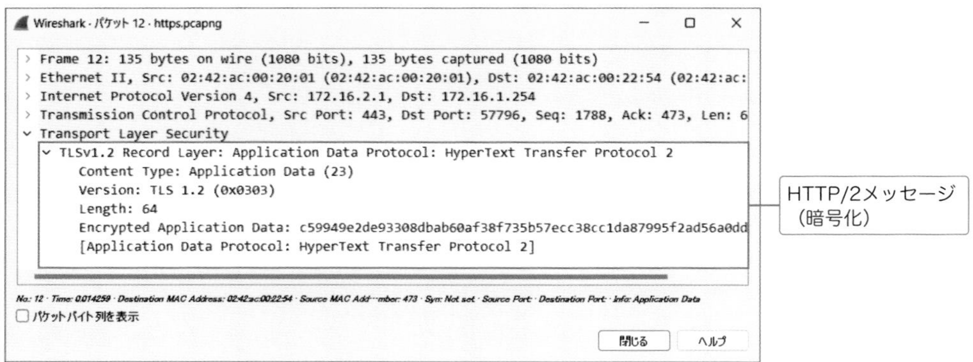

Wireshark · パケット 12 · https.pcapng
Frame 12: 135 bytes on wire (1080 bits), 135 bytes captured (1080 bits)
Ethernet II, Src: 02:42:ac:00:20:01 (02:42:ac:00:20:01), Dst: 02:42:ac:00:22:54 (02:42:ac:
Internet Protocol Version 4, Src: 172.16.2.1, Dst: 172.16.1.254
Transmission Control Protocol, Src Port: 443, Dst Port: 57796, Seq: 1788, Ack: 473, Len: 6
Transport Layer Security
TLSv1.2 Record Layer: Application Data Protocol: HyperText Transfer Protocol 2
Content Type: Application Data (23)
Version: TLS 1.2 (0x0303)
Length: 64
Encrypted Application Data: c59949e2de93308dbab60af38f735b57ecc38cc1da87995f2ad56a0dd
[Application Data Protocol: HyperText Transfer Protocol 2]
パケットバイト列を表示
閉じる
ヘルプ
HTTP/2メッセージ
（暗号化）

図 ● Application Data

Alert

HTTP/2のレスポンスメッセージのダウンロードが終わると、close_notifyを送信し、SSLクローズの処理が行われます。close_notifyも暗号化されているため、パケットの中身はよくわかりません。ただ、アラートレコードであるということだけはわかります。

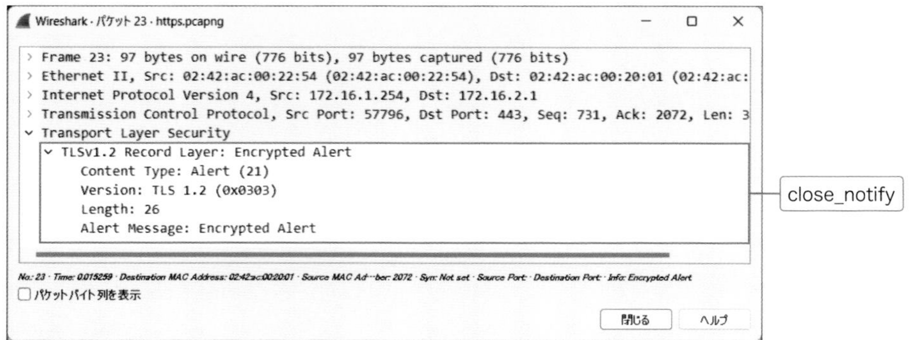

Wireshark · パケット 23 · https.pcapng
Frame 23: 97 bytes on wire (776 bits), 97 bytes captured (776 bits)
Ethernet II, Src: 02:42:ac:00:22:54 (02:42:ac:00:22:54), Dst: 02:42:ac:00:20:01 (02:42:ac:
Internet Protocol Version 4, Src: 172.16.1.254, Dst: 172.16.2.1
Transmission Control Protocol, Src Port: 57796, Dst Port: 443, Seq: 731, Ack: 2072, Len: 3
Transport Layer Security
TLSv1.2 Record Layer: Encrypted Alert
Content Type: Alert (21)
Version: TLS 1.2 (0x0303)
Length: 26
Alert Message: Encrypted Alert
パケットバイト列を表示
閉じる
ヘルプ
close_notify

図 ● close_notify

パケットを解析しよう②（HTTP/2）

続いて、HTTPの実践項と解析項で後回しにしていたHTTP/2のHTTPメッセージを解析していきます。解析に先立って、役に立ちそうなWiresharkの表示フィルターを紹介しておきます。これらをフィルターツールバーに入力します。複数の表示フィルターを「and」や「or」でつないで、表示するパケットをさらに絞り込むことも可能です。

表示フィルター	表示フィルターが表す意味	書式例
http2	すべてのHTTP2メッセージ	http2
http2.header.name	ヘッダー名	http2.header.name == "X-Forwarded-Proto"
http2.headers	HEADERSフレーム	http2.headers
http2.headers.authority	:authorityヘッダーフィールド	http2.headers.authority == "www.example.com"
http2.headers.method	:methodヘッダーフィールド	http2.headers.method == GET
http2.headers.path	:pathヘッダーフィールド	http2.headers.path == "/"
http2.headers.scheme	:schemeヘッダーフィールド	http2.headers.scheme == https
http2.headers.status	:statusヘッダーフィールド	http2.headers.status == 200
http2.streamid	ストリーム番号	http2.streamid == 1
http2.type	フレームタイプ	http2.type == DATA

表●HTTP/2に関する代表的な表示フィルター

では、Wiresharkで「C:¥tinet」にある「https.pcapng」を開いてみましょう。前項で解析したとおり、そのままではSSLで暗号化されています。そこで、これを先ほどcurlコマンドで取得した鍵情報（SSLKEYLOGFILE）を使用して復号します。Wiresharkのメニューバーから「編集」-「設定」を選択して設定ダイアログを開き、「Protocols」-「TLS」を選択して、「(Pre)-Master-Secret log filename」で「C:¥tinet¥key.log」を指定して「OK」をクリックしてください。

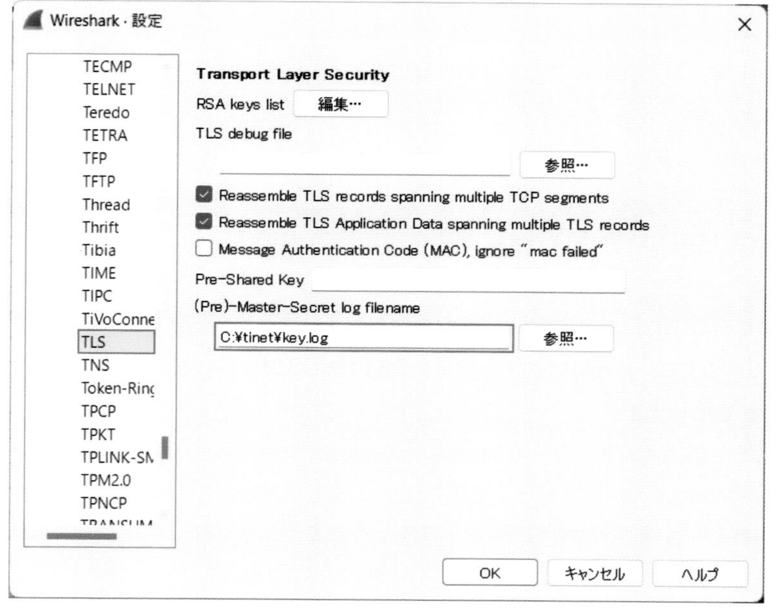

図●鍵情報を指定する

すると、これまでSSLで暗号化されていたパケットが復号されて、中身が見えるようになっているはずです。

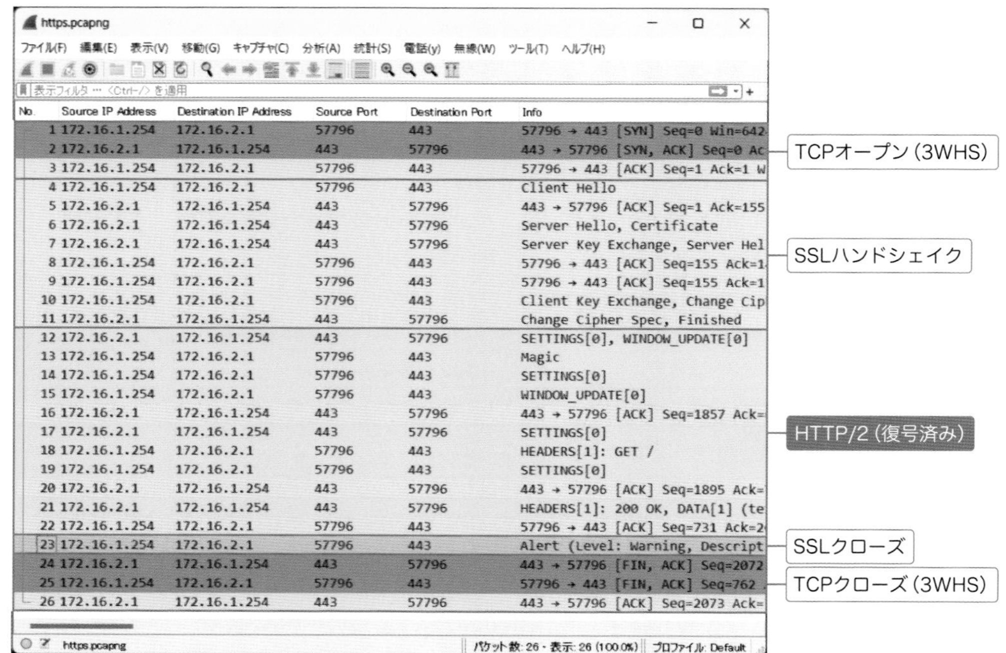

No.	Source IP Address	Destination IP Address	Source Port	Destination Port	Info
1	172.16.1.254	172.16.2.1	57796	443	57796 → 443 [SYN] Seq=0 Win=642
2	172.16.2.1	172.16.1.254	443	57796	443 → 57796 [SYN, ACK] Seq=0 Ac
3	172.16.1.254	172.16.2.1	57796	443	57796 → 443 [ACK] Seq=1 Ack=1 W
4	172.16.1.254	172.16.2.1	57796	443	Client Hello
5	172.16.2.1	172.16.1.254	443	57796	443 → 57796 [ACK] Seq=1 Ack=155
6	172.16.2.1	172.16.1.254	443	57796	Server Hello, Certificate
7	172.16.2.1	172.16.1.254	443	57796	Server Key Exchange, Server Hel
8	172.16.1.254	172.16.2.1	57796	443	57796 → 443 [ACK] Seq=155 Ack=1
9	172.16.1.254	172.16.2.1	57796	443	57796 → 443 [ACK] Seq=155 Ack=1
10	172.16.1.254	172.16.2.1	57796	443	Client Key Exchange, Change Cip
11	172.16.2.1	172.16.1.254	443	57796	Change Cipher Spec, Finished
12	172.16.2.1	172.16.1.254	443	57796	SETTINGS[0], WINDOW_UPDATE[0]
13	172.16.1.254	172.16.2.1	57796	443	Magic
14	172.16.1.254	172.16.2.1	57796	443	SETTINGS[0]
15	172.16.1.254	172.16.2.1	57796	443	WINDOW_UPDATE[0]
16	172.16.2.1	172.16.1.254	443	57796	443 → 57796 [ACK] Seq=1857 Ack=
17	172.16.2.1	172.16.1.254	443	57796	SETTINGS[0]
18	172.16.1.254	172.16.2.1	57796	443	HEADERS[1]: GET /
19	172.16.1.254	172.16.2.1	57796	443	SETTINGS[0]
20	172.16.2.1	172.16.1.254	443	57796	443 → 57796 [ACK] Seq=1895 Ack=
21	172.16.2.1	172.16.1.254	443	57796	HEADERS[1]: 200 OK, DATA[1] (te
22	172.16.1.254	172.16.2.1	57796	443	57796 → 443 [ACK] Seq=731 Ack=2
23	172.16.1.254	172.16.2.1	57796	443	Alert (Level: Warning, Descript
24	172.16.2.1	172.16.1.254	443	57796	443 → 57796 [FIN, ACK] Seq=2072
25	172.16.1.254	172.16.2.1	57796	443	57796 → 443 [FIN, ACK] Seq=762
26	172.16.2.1	172.16.1.254	443	57796	443 → 57796 [ACK] Seq=2073 Ack=

図 ● 復号されて中身が見えるようになる

表示フィルターに「http2」と入力すると、HTTP/2のメッセージのみが表示されます。

p.243で説明したとおり、HTTP/2はバイナリ形式のフレームをやりとりしていたり、ヘッダーをHPACKで圧縮していたり、HTTP/1.1と比較して、人の目には優しくない感じになっています。ただ、Wiresharkはそのあたりをうまく補完して、見やすくしてくれます。それをありがたく利用させていただいて、1行目から順に解析していきましょう[※26]。

SETTINGS、WINDOW_UPDATE（1行目）

HTTP/2は、TCPの3ウェイハンドシェイクとSSLのSSLハンドシェイクが終わったあと、いきなりリクエストメッセージを送信するわけではありません。**TCPコネクション全体を制御するストリーム0（ストリームIDが「0」のストリーム）で、お互いの設定を含めたSETTINGSフレームをやりとりしたあとに、リクエストメッセージを送信します。**

1行目は、sv1がfw1に対して、最大同時ストリーム数（Max concurrent streams）やストリームの初期ウィンドウサイズ（Initial window size）[※27]など、接続に関する設定を通知しています。また、あわせて、WINDOW_UPDATEフレームでウィンドウサイズを更新しています。

※26　パケットの順序やそれを構成するフレームの種類は、PCの状態によって多少変化します。ここでは、筆者の検証環境で取得したパケットをベースに説明します。

※27　HTTP/2はTCPのフロー制御とは別に、ストリームごとにフロー制御を行います。

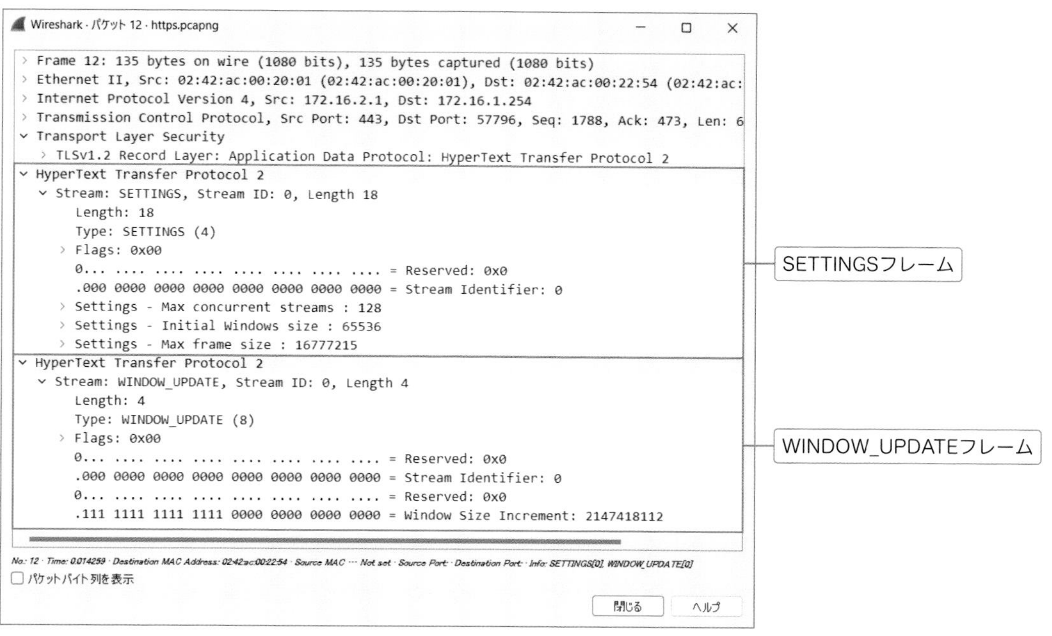
Wireshark · パケット 12 · https.pcapng
Frame 12: 135 bytes on wire (1080 bits), 135 bytes captured (1080 bits)
Ethernet II, Src: 02:42:ac:00:20:01 (02:42:ac:00:20:01), Dst: 02:42:ac:00:22:54 (02:42:ac:
Internet Protocol Version 4, Src: 172.16.2.1, Dst: 172.16.1.254
Transmission Control Protocol, Src Port: 443, Dst Port: 57796, Seq: 1788, Ack: 473, Len: 6
Transport Layer Security
TLSv1.2 Record Layer: Application Data Protocol: HyperText Transfer Protocol 2
HyperText Transfer Protocol 2
Stream: SETTINGS, Stream ID: 0, Length 18
Length: 18
Type: SETTINGS (4)
Flags: 0x00
0... .... = Reserved: 0x0
.000 0000 0000 0000 0000 0000 0000 0000 = Stream Identifier: 0
Settings - Max concurrent streams : 128
Settings - Initial Windows size : 65536
Settings - Max frame size : 16777215
HyperText Transfer Protocol 2
Stream: WINDOW_UPDATE, Stream ID: 0, Length 4
Length: 4
Type: WINDOW_UPDATE (8)
Flags: 0x00
0... .... = Reserved: 0x0
.000 0000 0000 0000 0000 0000 0000 0000 = Stream Identifier: 0
0... .... = Reserved: 0x0
.111 1111 1111 1111 0000 0000 0000 0000 = Window Size Increment: 2147418112
No.: 12 · Time: 0.014259 · Destination MAC Address: 02:42:ac:00:22:54 · Source MAC ··· Not set · Source Port: · Destination Port: · Info: SETTINGS[0], WINDOW_UPDATE[0]
パケットバイト列を表示
閉じる
ヘルプ
SETTINGSフレーム
WINDOW_UPDATEフレーム

図 ● sv1からfw1に対するSETTINGSフレーム、WINDOW_UPDATEフレーム

Magic（2行目）

2行目は、fw1からsv1に対して送信される「コネクションプリフェイス」という固定の文字列（PRI * HTTP/2.0¥r¥n¥r¥nSM¥r¥n¥r¥n）です。この文字列を使用して、サーバーがHTTP/2に対応しているかどうかを確認しています。対応していなかったら、メッセージが拒否されます。

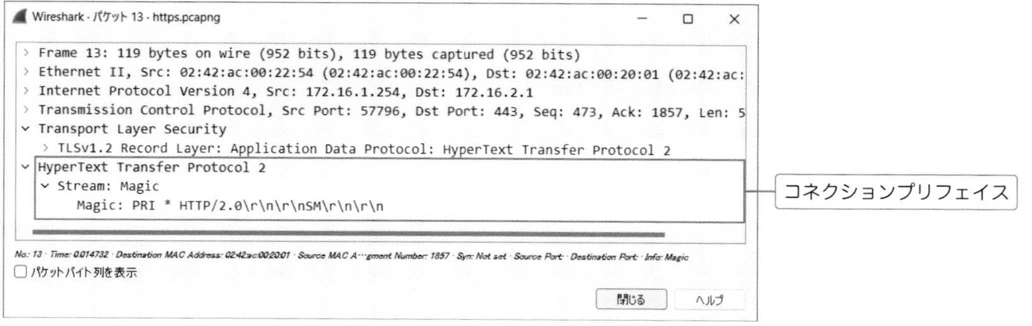
Wireshark · パケット 13 · https.pcapng
Frame 13: 119 bytes on wire (952 bits), 119 bytes captured (952 bits)
Ethernet II, Src: 02:42:ac:00:22:54 (02:42:ac:00:22:54), Dst: 02:42:ac:00:20:01 (02:42:ac:
Internet Protocol Version 4, Src: 172.16.1.254, Dst: 172.16.2.1
Transmission Control Protocol, Src Port: 57796, Dst Port: 443, Seq: 473, Ack: 1857, Len: 5
Transport Layer Security
TLSv1.2 Record Layer: Application Data Protocol: HyperText Transfer Protocol 2
HyperText Transfer Protocol 2
Stream: Magic
Magic: PRI * HTTP/2.0\r\n\r\nSM\r\n\r\n
No.: 13 · Time: 0.014732 · Destination MAC Address: 02:42:ac:00:20:01 · Source MAC A···gment Number: 1857 · Syn: Not set · Source Port: · Destination Port: · Info: Magic
パケットバイト列を表示
閉じる
ヘルプ
コネクションプリフェイス

図 ● fw1からsv1に対するコネクションプリフェイス

SETTINGS、WINDOW_UPDATE（3～4行目）

3行目は、今度はfw1がsv1に対して、接続に関する設定を通知しています。また、続けて、4行目でストリームのウィンドウサイズを更新しています。

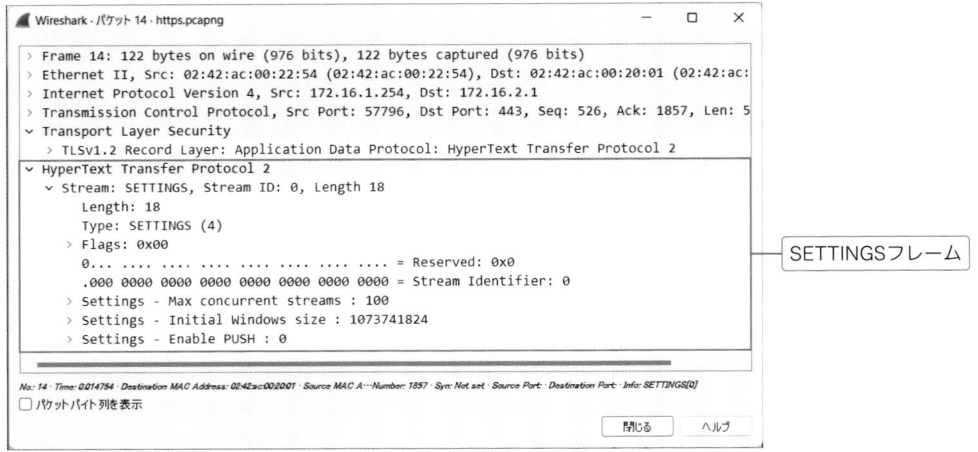
Wireshark · パケット 14 · https.pcapng
> Frame 14: 122 bytes on wire (976 bits), 122 bytes captured (976 bits)
> Ethernet II, Src: 02:42:ac:00:22:54 (02:42:ac:00:22:54), Dst: 02:42:ac:00:20:01 (02:42:ac:
> Internet Protocol Version 4, Src: 172.16.1.254, Dst: 172.16.2.1
> Transmission Control Protocol, Src Port: 57796, Dst Port: 443, Seq: 526, Ack: 1857, Len: 5
v Transport Layer Security
> TLSv1.2 Record Layer: Application Data Protocol: HyperText Transfer Protocol 2
v HyperText Transfer Protocol 2
v Stream: SETTINGS, Stream ID: 0, Length 18
Length: 18
Type: SETTINGS (4)
> Flags: 0x00
0... .... = Reserved: 0x0
.000 0000 0000 0000 0000 0000 0000 0000 = Stream Identifier: 0
> Settings - Max concurrent streams : 100
> Settings - Initial Windows size : 1073741824
> Settings - Enable PUSH : 0
パケットバイト列を表示
閉じる
ヘルプ
SETTINGSフレーム

図●fw1からsv1に対するSETTINGSフレーム

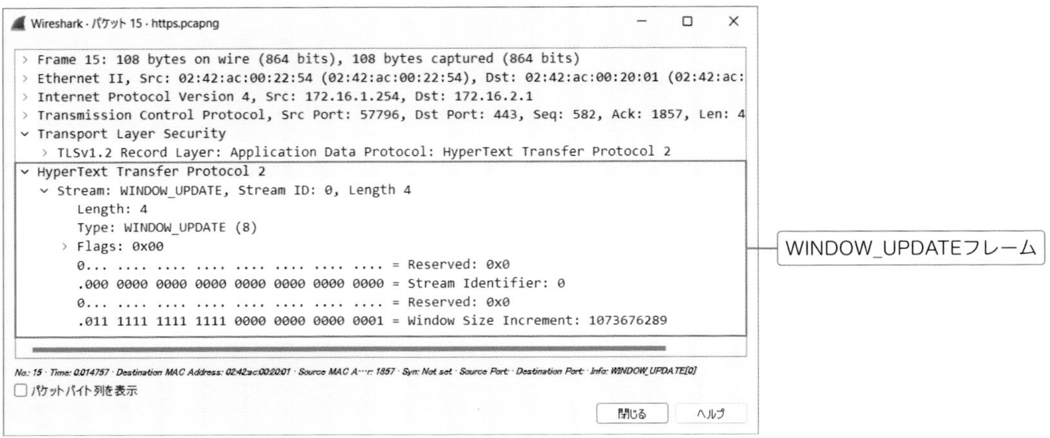
Wireshark · パケット 15 · https.pcapng
> Frame 15: 108 bytes on wire (864 bits), 108 bytes captured (864 bits)
> Ethernet II, Src: 02:42:ac:00:22:54 (02:42:ac:00:22:54), Dst: 02:42:ac:00:20:01 (02:42:ac:
> Internet Protocol Version 4, Src: 172.16.1.254, Dst: 172.16.2.1
> Transmission Control Protocol, Src Port: 57796, Dst Port: 443, Seq: 582, Ack: 1857, Len: 4
v Transport Layer Security
> TLSv1.2 Record Layer: Application Data Protocol: HyperText Transfer Protocol 2
v HyperText Transfer Protocol 2
v Stream: WINDOW_UPDATE, Stream ID: 0, Length 4
Length: 4
Type: WINDOW_UPDATE (8)
> Flags: 0x00
0... .... = Reserved: 0x0
.000 0000 0000 0000 0000 0000 0000 0000 = Stream Identifier: 0
0... .... = Reserved: 0x0
.011 1111 1111 1111 0000 0000 0000 0001 = Window Size Increment: 1073676289
パケットバイト列を表示
閉じる
ヘルプ
WINDOW_UPDATEフレーム

図●fw1からsv1に対するWINDOW_UPDATEフレーム

SETTINGS（5行目）

5行目は、3～4行目で通知された設定を確定するためのACK（確認応答）です。sv1はfw1に対して「その設定でいいよ！」と応答しています。

```
Wireshark · パケット 17 · https.pcapng
> Frame 17: 104 bytes on wire (832 bits), 104 bytes captured (832 bits)
> Ethernet II, Src: 02:42:ac:00:20:01 (02:42:ac:00:20:01), Dst: 02:42:ac:00:22:54 (02:42:ac:
> Internet Protocol Version 4, Src: 172.16.2.1, Dst: 172.16.1.254
> Transmission Control Protocol, Src Port: 443, Dst Port: 57796, Seq: 1857, Ack: 624, Len: 3
v Transport Layer Security
  > TLSv1.2 Record Layer: Application Data Protocol: HyperText Transfer Protocol 2
v HyperText Transfer Protocol 2
  v Stream: SETTINGS, Stream ID: 0, Length 0
      Length: 0
      Type: SETTINGS (4)
    > Flags: 0x01, ACK
      0... .... .... .... .... .... .... .... = Reserved: 0x0
      .000 0000 0000 0000 0000 0000 0000 0000 = Stream Identifier: 0
No.: 17 · Time: 0.014804 · Destination MAC Address: 02:42:ac:00:22:54 · Source MAC A··· Number: 624 · Syn: Not set · Source Port: · Destination Port: · Info: SETTINGS[0]
☐ パケットバイト列を表示
```

SETTINGSフレーム

図 ● sv1からfw1に対するSETTINGSフレーム

HEADERS（6行目）

6行目でやっとfw1からsv1に対するリクエストメッセージです。リクエストメッセージはストリーム1で送信されています。p.246で説明したとおり、**リクエストメッセージは複数の疑似ヘッダーフィールドやその他のヘッダーフィールドによって構成されており、HEADERSフレームに格納されています。**もちろんp.286で実施したcurlコマンドの表示結果と一致します。

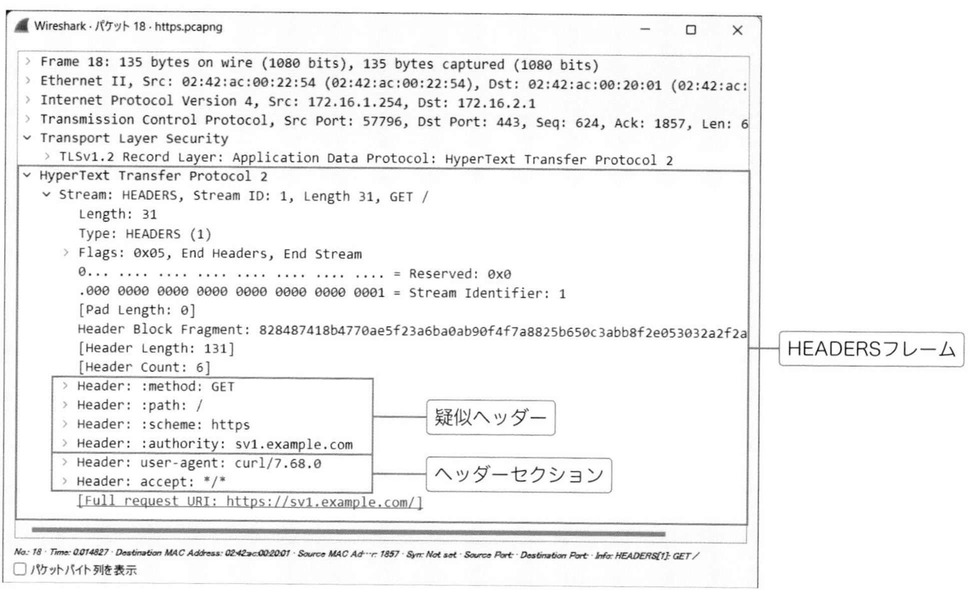
Wireshark · パケット 18 · https.pcapng
> Frame 18: 135 bytes on wire (1080 bits), 135 bytes captured (1080 bits)
> Ethernet II, Src: 02:42:ac:00:22:54 (02:42:ac:00:22:54), Dst: 02:42:ac:00:20:01 (02:42:ac:
> Internet Protocol Version 4, Src: 172.16.1.254, Dst: 172.16.2.1
> Transmission Control Protocol, Src Port: 57796, Dst Port: 443, Seq: 624, Ack: 1857, Len: 6
v Transport Layer Security
> TLSv1.2 Record Layer: Application Data Protocol: HyperText Transfer Protocol 2
v HyperText Transfer Protocol 2
v Stream: HEADERS, Stream ID: 1, Length 31, GET /
Length: 31
Type: HEADERS (1)
> Flags: 0x05, End Headers, End Stream
0... .... = Reserved: 0x0
.000 0000 0000 0000 0000 0000 0000 0001 = Stream Identifier: 1
[Pad Length: 0]
Header Block Fragment: 828487418b4770ae5f23a6ba0ab90f4f7a8825b650c3abb8f2e053032a2f2a
[Header Length: 131]
[Header Count: 6]
> Header: :method: GET
> Header: :path: /
> Header: :scheme: https
> Header: :authority: sv1.example.com
> Header: user-agent: curl/7.68.0
> Header: accept: */*
[Full request URI: https://sv1.example.com/]
HEADERSフレーム
疑似ヘッダー
ヘッダーセクション
☐ パケットバイト列を表示

図 ● fw1からsv1に対するリクエストメッセージ（HEADERSフレーム）

SETTINGS（7行目）

7行目は、1行目のSETTINGSフレームで送信された設定を確定させるためのACK（確認応答）です。fw1もsv1に対して「その設定でいいよ！」と応答しています。

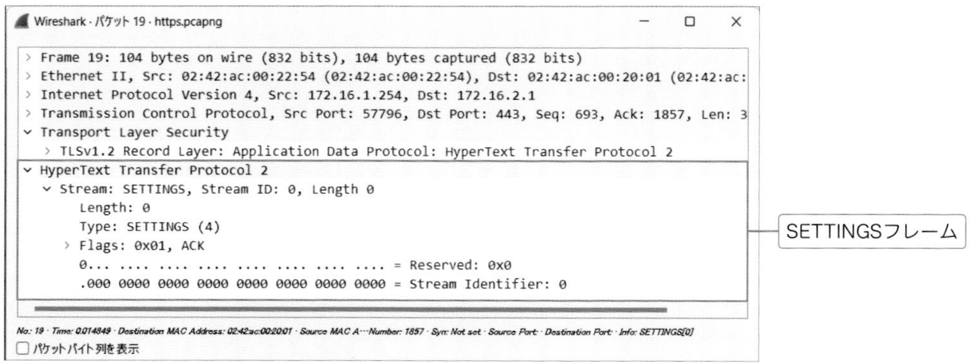
Wireshark · パケット 19 · https.pcapng
> Frame 19: 104 bytes on wire (832 bits), 104 bytes captured (832 bits)
> Ethernet II, Src: 02:42:ac:00:22:54 (02:42:ac:00:22:54), Dst: 02:42:ac:00:20:01 (02:42:ac:
> Internet Protocol Version 4, Src: 172.16.1.254, Dst: 172.16.2.1
> Transmission Control Protocol, Src Port: 57796, Dst Port: 443, Seq: 693, Ack: 1857, Len: 3
v Transport Layer Security
> TLSv1.2 Record Layer: Application Data Protocol: HyperText Transfer Protocol 2
v HyperText Transfer Protocol 2
v Stream: SETTINGS, Stream ID: 0, Length 0
Length: 0
Type: SETTINGS (4)
> Flags: 0x01, ACK
0... .... = Reserved: 0x0
.000 0000 0000 0000 0000 0000 0000 0000 = Stream Identifier: 0
SETTINGSフレーム
パケットバイト列を表示

図●fw1からsv1に対するSETTINGSフレーム

DATA（8行目）

最後の8行目は、sv1からfw1に対するレスポンスメッセージです。レスポンスメッセージもストリーム1で送信されています。p.246で説明したとおり、**レスポンスメッセージは疑似ヘッダーフィールドやその他のヘッダーフィールドによって構成されており、HEADERSフレームに格納されています。**また、コンテンツがDATAフレームに格納されています。もちろんp.286で実施したcurlコマンドの表示結果とも一致しています。

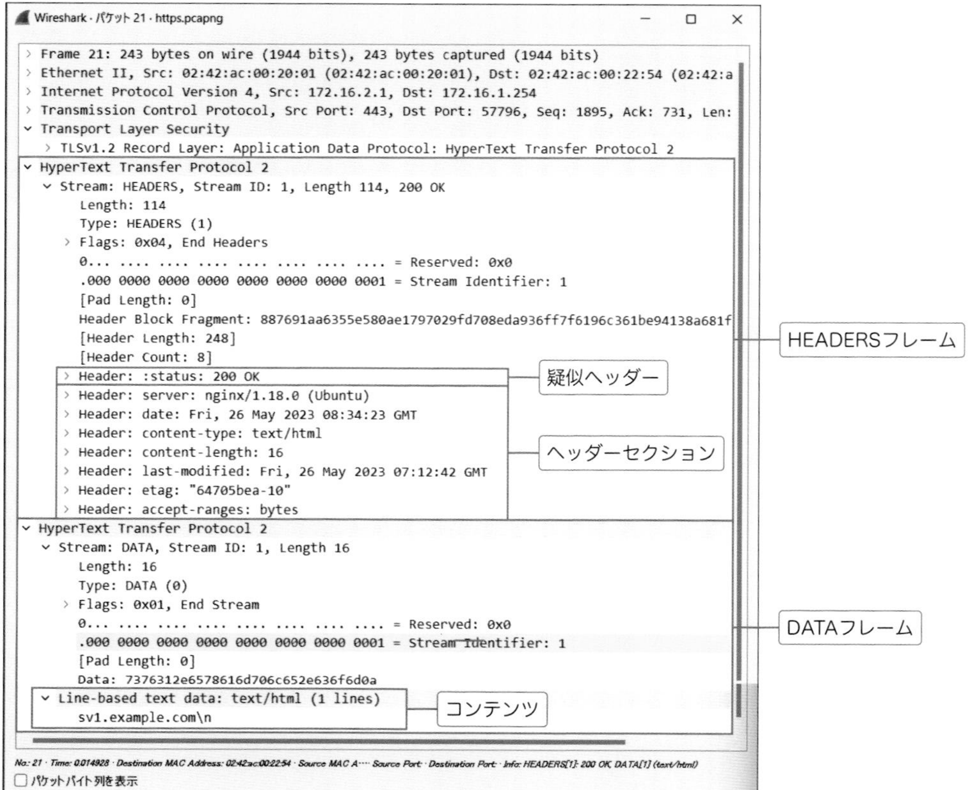
Wireshark · パケット 21 · https.pcapng
> Frame 21: 243 bytes on wire (1944 bits), 243 bytes captured (1944 bits)
> Ethernet II, Src: 02:42:ac:00:20:01 (02:42:ac:00:20:01), Dst: 02:42:ac:00:22:54 (02:42:a
> Internet Protocol Version 4, Src: 172.16.2.1, Dst: 172.16.1.254
> Transmission Control Protocol, Src Port: 443, Dst Port: 57796, Seq: 1895, Ack: 731, Len:
v Transport Layer Security
> TLSv1.2 Record Layer: Application Data Protocol: HyperText Transfer Protocol 2
v HyperText Transfer Protocol 2
v Stream: HEADERS, Stream ID: 1, Length 114, 200 OK
Length: 114
Type: HEADERS (1)
> Flags: 0x04, End Headers
0... .... = Reserved: 0x0
.000 0000 0000 0000 0000 0000 0000 0001 = Stream Identifier: 1
[Pad Length: 0]
Header Block Fragment: 887691aa6355e580ae1797029fd708eda936ff7f6196c361be94138a681f
[Header Length: 248]
[Header Count: 8]
> Header: :status: 200 OK
> Header: server: nginx/1.18.0 (Ubuntu)
> Header: date: Fri, 26 May 2023 08:34:23 GMT
> Header: content-type: text/html
> Header: content-length: 16
> Header: last-modified: Fri, 26 May 2023 07:12:42 GMT
> Header: etag: "64705bea-10"
> Header: accept-ranges: bytes
v HyperText Transfer Protocol 2
v Stream: DATA, Stream ID: 1, Length 16
Length: 16
Type: DATA (0)
> Flags: 0x01, End Stream
0... .... = Reserved: 0x0
.000 0000 0000 0000 0000 0000 0000 0001 = Stream Identifier: 1
[Pad Length: 0]
Data: 7376312e6578616d706c652e636f6d0a
v Line-based text data: text/html (1 lines)
sv1.example.com\n
HEADERSフレーム
疑似ヘッダー
ヘッダーセクション
DATAフレーム
コンテンツ
パケットバイト列を表示

図●sv1からfw1に対するレスポンスメッセージ（HEADERS/DATAフレーム）

```
fe00::0 ip6-localnet
ff00::0 ip6-mcastprefix
ff02::1 ip6-allnodes
ff02::2 ip6-allrouters
172.16.2.1 sv1.example.com
172.16.2.2 sv2.example.com

root@fw1:~# ping localhost -c 2
PING localhost (127.0.0.1) 56(84) bytes of data.
64 bytes from localhost (127.0.0.1): icmp_seq=1 ttl=64 time=0.009 ms
64 bytes from localhost (127.0.0.1): icmp_seq=2 ttl=64 time=0.029 ms

--- localhost ping statistics ---
2 packets transmitted, 2 received, 0% packet loss, time 1012ms
rtt min/avg/max/mdev = 0.009/0.019/0.029/0.010 ms
```


図 ● fw1のhostsファイル（/etc/hosts）

DNSを使用した名前解決

続いて、DNSを使用した名前解決についてです。もともと名前解決には、hostsファイルを使用した方法しかありませんでした。しかし、この方法は、インターネットに接続する端末が増えたり減ったりするたびにhostsファイルを更新する必要があったため、インターネットの発展とともに限界を迎えました。そこで、新たに生まれた仕組みがDNSによる名前解決です。DNSを使用した名前解決は、「DNSクライアント」「キャッシュサーバー」「権威サーバー」が相互に連携しあうことによって成り立っています。

DNSクライアント（別名：スタブリゾルバー）

DNSクライアントは、DNSサーバーに名前解決を要求するクライアント端末・ソフトウェアのことです。Webブラウザやメールソフト、Windows OSの「nslookupコマンド」、Linux OSの「digコマンド」などのような名前解決コマンドがこれに当たります。

DNSクライアントは、キャッシュサーバーに対して名前解決の要求（再帰クエリ）を送信します。また、キャッシュサーバーから受け取った応答（DNSリプライ）の結果を一定時間キャッシュ（一時保存）しておき、同じ問い合わせがあったときに再利用することによって、DNSトラフィックの抑制を図ります[※31]。

ちなみに検証環境では、家庭内LANにいるcl1、cl2、cl3がDNSクライアントの役割を担っています。

キャッシュサーバー（別名：フルサービスリゾルバー、参照サーバー）

キャッシュサーバーは、DNSクライアントからの再帰クエリを受け付け、インターネット上にある権威サーバーに名前解決の要求（反復クエリ）を送信するDNSサーバーです。DNSクライアントがインターネット上に公開されているサーバーにアクセスするときに使用します。

※31　OSによっては、キャッシュを持ちません。

キャッシュサーバーもDNSクライアントと同じように、権威サーバーから受け取った応答（DNSリプライ）の結果を一定時間キャッシュしておき、同じ問い合わせがあったときに再利用することによって、DNSトラフィックの抑制を図ります。

ちなみに検証環境では、インターネットにいるns1の「Unbound」というDNSサーバーアプリケーションがキャッシュサーバーの役割を担っています。

▶ 権威サーバー（別名：コンテンツサーバー、ゾーンサーバー）

権威サーバーは、自分が管理するドメインに関して、キャッシュサーバーからの反復クエリを受け付けるDNSサーバーです。 自分が管理するドメインの範囲（ゾーン）に関する各種情報（ドメイン名やIPアドレス、制御情報など）を「ゾーンファイル」というデータベースに、「リソースレコード」という形で保持しています。

インターネット上の権威サーバーは、「ルートサーバー」と呼ばれる親分サーバーを頂点としたツリー状の階層構造になっています。ルートサーバーは、トップレベルドメインのゾーンの管理を、トップレベルドメインの権威サーバーに委任します。また、トップレベルドメインの権威サーバーは、第2レベルドメインのゾーンの管理を、第2レベルドメインの権威サーバーに委任します。以降、第3レベルドメイン、第4レベルドメイン…と委任関係は続きます。

DNSクライアントから再帰クエリを受け付けたキャッシュサーバーは、受け取ったドメイン名を右のラベルから順に検索していき、そのゾーンを管理する権威サーバーにどんどん反復クエリを実行していきます。最後までたどり着いたら、その権威サーバーにドメイン名に対応するIPアドレスを教えてもらいます。

ちなみに検証環境では、サーバーサイトにいるlb1の「BIND」というDNSサーバーアプリケーションが権威サーバーの役割を担っています。

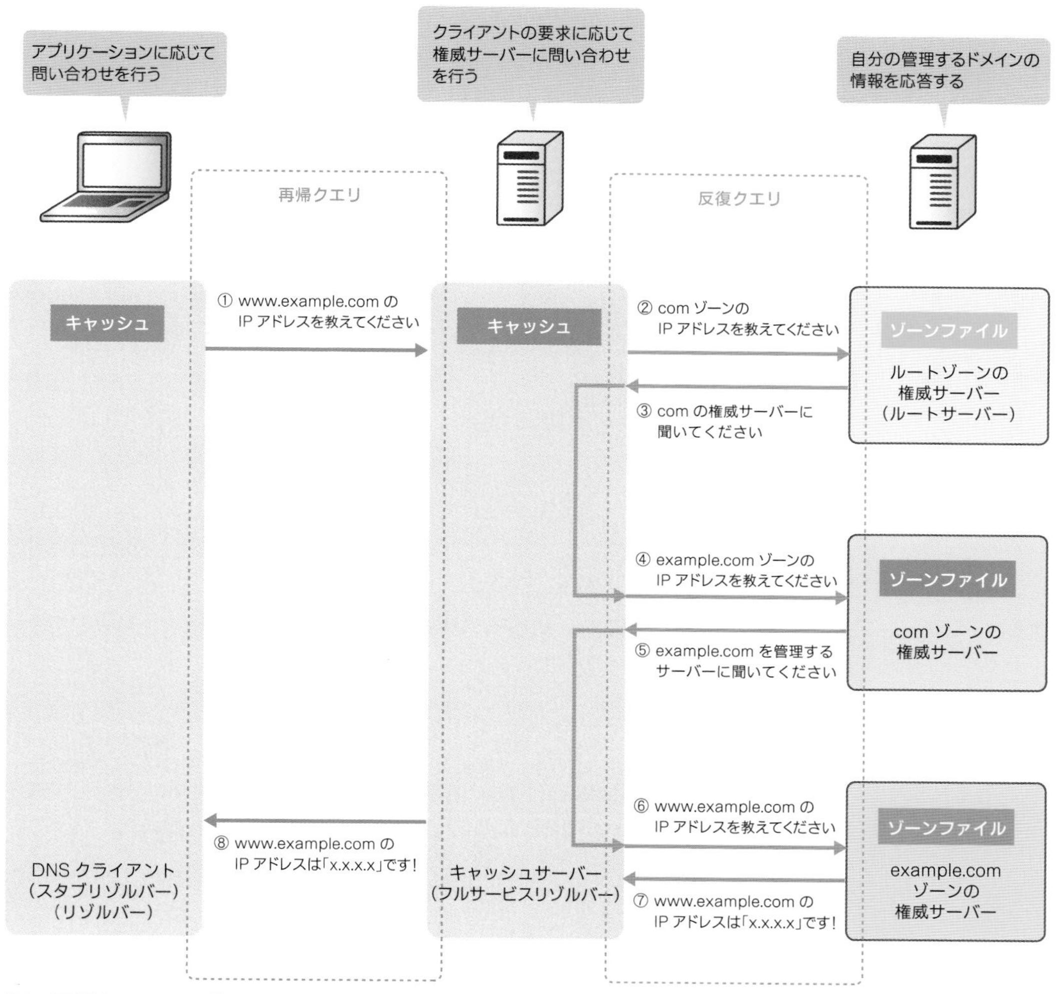

図 ● 再帰クエリと反復クエリ

ゾーンファイルとリソースレコード

権威サーバーは、自分が管理するドメイン名の範囲（ゾーン）に関する情報を「ゾーンファイル」という名前のデータベース（ファイル）で管理しています。ゾーンファイルには、管理的な情報を表すSOAレコードや、ドメイン名とIPアドレスを関連づけるAレコードなど、数タイプのリソースレコードが格納されていて、権威サーバーはその情報をもとに応答します。

各リソースレコードは対象となるドメイン名を表す「ドメイン名」、レコードの生存時間（キャッシュされる時間）を表す「TTL（Time To Live）」、ネットワークの種類を表す「クラス」、リソースレコードの種類を表す「タイプ」、リソースレコードのデータが格納される「データ」で構成されています。
たとえば、検証環境の権威サーバーであるlb1は、「example.com.」というゾーンを「db.ex.example.com」というゾーンファイル※32で管理しています。このファイルの中身をcatコマンドで確認すると、

「www.example.com」や「sv1.example.com」[※33]のAレコードが設定されています。lb1（権威サーバー）は、ns1（キャッシュサーバー）から「www.example.com」のAレコードに対する反復クエリを受け取ると、wwwのレコード（行）の情報を返します。ns1はその情報を300秒間（＝TTLで指定されている値）だけキャッシュ（一時保存）します。

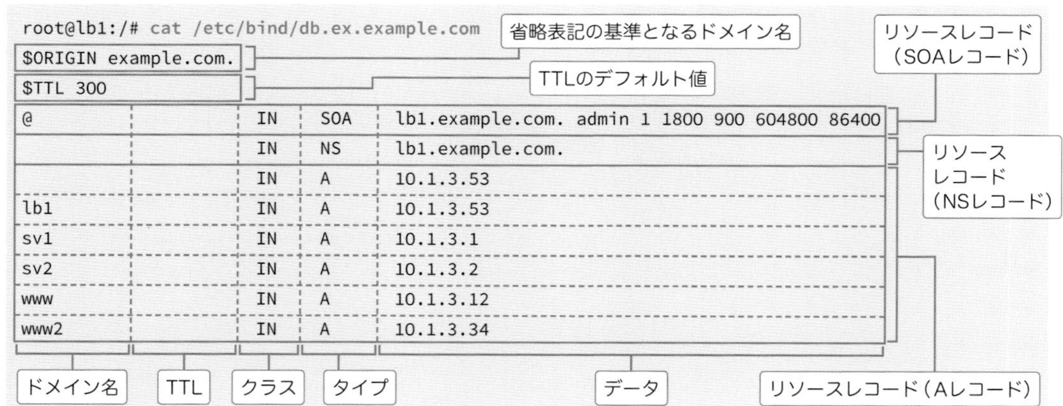

図 ● lb1のゾーンファイル（/etc/bind/db.ex.example.com）

構成要素	例	説明
ドメイン名	www	対象となるドメイン名。「.」で終わっていない場合は、「$ORIGIN」で指定されたドメイン名によって補完される。「@」の場合は、「$ORIGIN」そのもの（通常はゾーンの名前）を表す。省略されている場合は、直前の行のドメイン名を引き継ぐ
TTL		リソースレコードの生存時間（キャッシュされる時間）。省略されている場合は、「$TTL」で指定された値が適用される
クラス	IN	ネットワークの種類。インターネットを表す「IN」が格納される
タイプ	A	リソースレコードの種類。次表参照
データ	10.1.3.12	リソースレコードのデータ。格納される情報はタイプによって異なる。

表 ● リソースレコードの構成要素

リソースレコード	内容
SOAレコード	ゾーンの管理的な情報が記述されたタイプ。ゾーンファイルの最初に記述される
Aレコード	ドメイン名に対応するIPv4アドレスが記述されたリソースレコード
AAAAレコード	ドメイン名に対応するIPv6アドレスが記述されたリソースレコード
NSレコード	ドメインを管理しているDNSサーバー、あるいは管理を委任しているDNSサーバーが記述されたリソースレコード
PTRレコード	IPv4/IPv6アドレスに対応するドメイン名が記述されたリソースレコード
MXレコード	メールの届け先となるメールサーバーが記述されたリソースレコード

※32　実際には、ns1に上位権威サーバーの役割を持たせるため、ルートとcomのゾーンファイルも持っています。ここでは、本文の読みやすさを考慮して、割愛しています。

※33　lb1のゾーンファイルでは省略表記されているため、「www」や「sv1」となります。

CNAMEレコード	ホスト名の別名が記述されたリソースレコード
DSレコード	そのゾーンで使用される公開鍵のダイジェスト値が記述されたレコード。DNSSECで使用
NSEC3レコード	リソースレコードを整列するために使用するレコード。DNSSECで使用
RRSIGレコード	リソースレコードに対する署名が記述されたレコード。DNSSECで使用
TXTレコード	コメントが記述されたリソースレコード
HTTPSレコード	HTTPSで通信するときに必要な情報が記述されたレコード

表● 代表的なリソースレコード

DNSのメッセージフォーマット

DNSによる名前解決は、Webアクセスやメール送信など、アプリケーション通信に先立って行われます。この処理で時間がかかると、その後のアプリケーション通信もずるずる遅れてしまいます。そこで、**名前解決は基本的にUDP（ポート番号：53番）を使用して**[※34]**、処理速度を優先します。**

DNSのメッセージは、「Headerセクション」「Questionセクション」「Answerセクション」「Authorityセクション」「Additionalセクション」という最大5つのセクションで構成されています。このうち、Answerセクション、Authorityセクション、Additionalセクションは、メッセージの内容によって、あったりなかったりします。

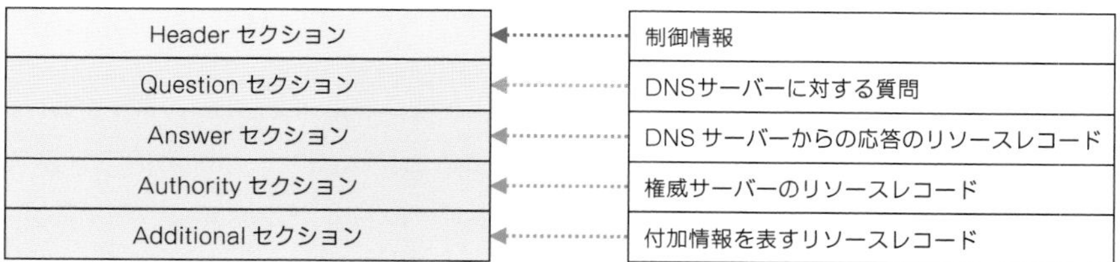

図● DNSのメッセージフォーマット

実践で知ろう

では、実際に検証環境を利用して、DNSメッセージを見てみましょう。設定ファイルは、そのまま「spec_05.yaml」を使用します。ここでは、実際にやりとりされるDNSメッセージをキャプチャし、中身を解析していきます。

パケットをキャプチャしよう

まず、検証環境でDNSメッセージをキャプチャしましょう。ここでは、家庭内LANにいるcl1（DNSクライアント）で「www.example.com」のAレコードに対する名前解決を実行し、そのパケットをns1（キャッシュサーバー）でキャプチャします。

※34 名前解決でも、メッセージサイズが大きいときにはTCPを使用します。本書は入門書ということで、最も一般的な使われ方について説明しています。

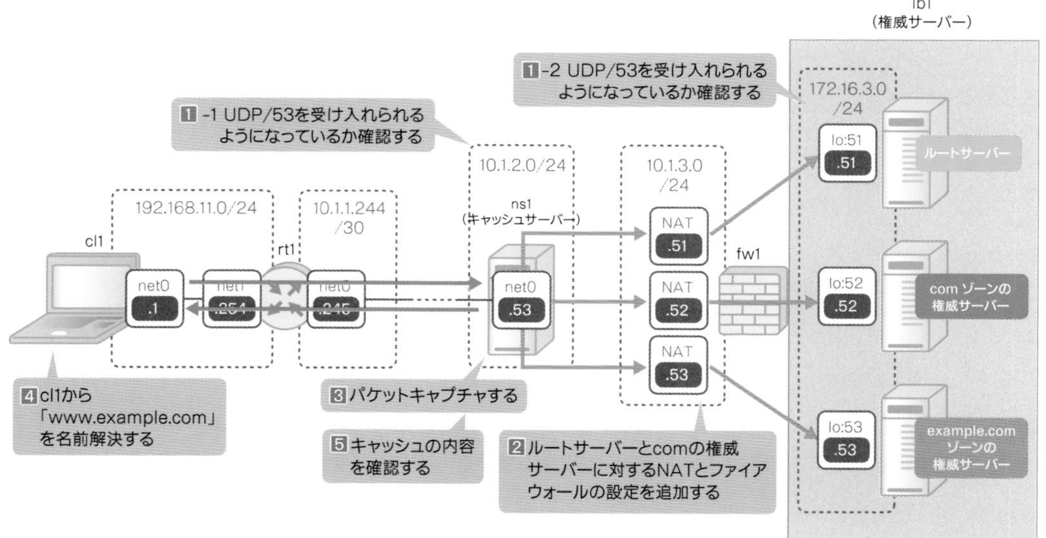

図●DNSメッセージのパケットキャプチャ

今回の構成は、やや難しいと思いますので、DNSの設定周りを整理しておきましょう。

cl1

cl1はDNSクライアントです。DNSクライアントの設定は、rt1からDHCPで通知されます。DNSサーバーのIPアドレスが設定される「/etc/resolv.conf」を確認すると、DNSサーバーのIPアドレスは「192.168.11.254」、つまりrt1です。実際の家庭内LAN環境でもブロードバンドルーターがDNSサーバーとして設定されていることが多いでしょう。それにあわせて設計してあります。

```
root@cl1:/# more /etc/resolv.conf
nameserver 192.168.11.254
```

図●cl1の/etc/resolv.conf

rt1

rt1にインストールされている「dnsmasq」というアプリケーションは、DHCPサーバーだけでなく、「DNSフォワーダー(DNSプロキシ)」という機能を持っています。**DNSフォワーダーは、受け取った再帰クエリをキャッシュサーバーに転送する機能です。**rt1はcl1から再帰クエリを受け取ると、自身のDNSサーバーとして設定されているns1(キャッシュサーバー)に転送します。

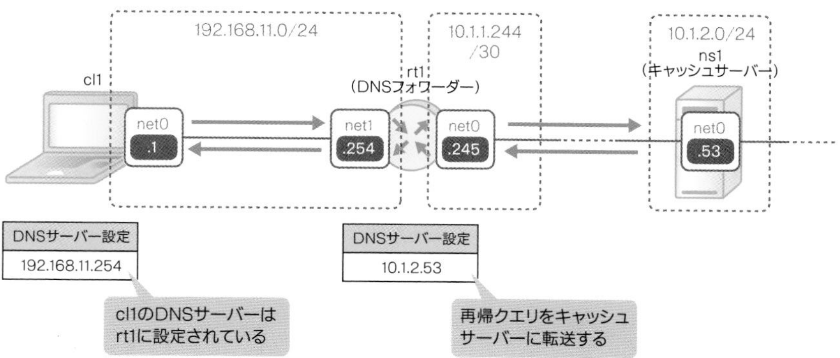

図 ● DNSフォワーダー(DNSプロキシ)

ns1

ns1は、UnboundというDNSサーバーアプリケーションで動作しているキャッシュサーバーです。キャッシュサーバーはp.305で説明したとおり、再帰クエリを受け取ると、ルートサーバーから順に反復クエリを行います。最初に問い合わせを行うルートサーバーのIPアドレスは、UbuntuのUnboundの場合、デフォルトで「/usr/share/dns/root.hints」に定義されています。このファイルのことを「ルートヒントファイル」といいます。デフォルトのルートヒントファイルには、A.ROOT-SERVERS.NET.からM.ROOT-SERVERS.NET.まで、世界各地に点在しているルートサーバーのIPアドレスが定義されています。ちなみに、M.ROOT-SERVERS.NET.は日本のWIDEプロジェクトとJPRS（日本レジストリサービス）によって管理されています。

ルートヒントファイルは、その名のとおり、最新のルートサーバーの情報を取得するための「ヒント」です。**キャッシュサーバーは、ここに記載された情報を頼りに、まずはルートサーバーのNSレコードやAレコードを問い合わせ、最新のルートサーバーの情報を取得します。**この動作のことを「プライミング」といいます。

```
root@ns1:/# cat /usr/share/dns/root.hints
;       This file holds the information on root name servers needed to
;       initialize cache of Internet domain name servers
;       (e.g. reference this file in the "cache  .  <file>"
;       configuration file of BIND domain name servers).
;
;       This file is made available by InterNIC
;       under anonymous FTP as
;           file                /domain/named.cache
;           on server           FTP.INTERNIC.NET
;       -OR-                    RS.INTERNIC.NET
;
;       last update:     May 28, 2019
;       related version of root zone:     2019052802
;
```

```
; FORMERLY NS.INTERNIC.NET
;
.                        3600000      NS    A.ROOT-SERVERS.NET.
A.ROOT-SERVERS.NET.      3600000      A     198.41.0.4
A.ROOT-SERVERS.NET.      3600000      AAAA  2001:503:ba3e::2:30
;
; FORMERLY NS1.ISI.EDU
;
.                        3600000      NS    B.ROOT-SERVERS.NET.
B.ROOT-SERVERS.NET.      3600000      A     199.9.14.201
B.ROOT-SERVERS.NET.      3600000      AAAA  2001:500:200::b
;
;
(中略)
;
; OPERATED BY ICANN
;
.                        3600000      NS    L.ROOT-SERVERS.NET.
L.ROOT-SERVERS.NET.      3600000      A     199.7.83.42
L.ROOT-SERVERS.NET.      3600000      AAAA  2001:500:9f::42
;
; OPERATED BY WIDE
;
.                        3600000      NS    M.ROOT-SERVERS.NET.
M.ROOT-SERVERS.NET.      3600000      A     202.12.27.33
M.ROOT-SERVERS.NET.      3600000      AAAA  2001:dc3::35
```

図 ● デフォルトのルートヒントファイル

ただ、検証環境のキャッシュサーバーは、インターネットに接続されておらず、デフォルトのroot.hintsは使えません。そこで、検証環境のルートサーバー（ns.root-servers.net）のIPアドレスを「10.1.3.51」に指定したお手製のルートヒントファイルをtinetの設定ファイル経由で「/etc/unbound/root.hints」に作成し、Unboundの設定ファイル（/etc/unbound/unbound.conf）で次図のように指定してあります。

```
root@ns1:/# cat /etc/unbound/root.hints
.                        3600000    NS    ns.root-servers.net.
ns.root-servers.net.     3600000    A     10.1.3.51
```

図 ● お手製のルートヒントファイル

```
root@ns1:~# cat /etc/unbound/unbound.conf
# Unbound configuration file for Debian.
#
# See the unbound.conf(5) man page.
#
# See /usr/share/doc/unbound/examples/unbound.conf for a commented
```

```
# reference config file.
#
# The following line includes additional configuration files from the
# /etc/unbound/unbound.conf.d directory.
include: "/etc/unbound/unbound.conf.d/*.conf"
server:
  interface: 0.0.0.0
  access-control: 0.0.0.0/0 allow
  do-ip6: no
  root-hints: /etc/unbound/root.hints
remote-control:
  control-enable: yes
```

図●Unboundの設定ファイル（/etc/unbound/unbound.conf）

ns1はrt1から再帰クエリを受け取ると、ルートヒントファイルを検索し、最初に検証環境内にあるルートサーバー（10.1.3.51）に対して、反復クエリを行います。また、そのあと応答に応じて、下位権威サーバーに対して反復クエリを行います。

lb1

lb1は、「BIND」というDNSサーバーアプリケーションで動作している権威サーバーです。lb1自体はひとつのコンテナですが、インターネットに接続されていない検証環境の中で反復クエリの流れを見てとれるように、example.comゾーンだけでなく、ルートゾーンやcomゾーンの権威サーバーにもなるように設定されています。

具体的には、**「view」という機能を利用して、反復クエリの宛先IPアドレスに応じて、使用するゾーンファイルを切り替えています。** lb1は権威サーバー用に「172.16.3.51（NAT前は10.1.3.51）」「172.16.3.52（NAT前は10.1.3.52）」「172.16.3.53（NAT前は10.1.3.53）」という3つのIPアドレスをループバックインターフェース（lo:51、lo:52、lo:53）に持っています。「172.16.3.51」で反復クエリを受け取ったら、ルート用のゾーンファイル（/etc/bind/db.root）を参照します。「172.16.3.52」で反復クエリを受け取ったら、com用のゾーンファイル（/etc/bind/db.com）を参照します。「172.16.3.53」で反復クエリを受け取ったら、example.com用のゾーンファイル（/etc/bind/db.ex.example.com）を参照します。

viewについては、少し難しいところでもあるので、無理に理解しようとしなくても構いません。ns1が名前解決したら、lb1が良きに計らって、反復クエリに応答してくれるようになっています。ここでは、とりあえず「lb1の中でIPアドレスが違う3つの権威サーバーが動いているんだなー」くらいに、頭の片隅に置いておきましょう。

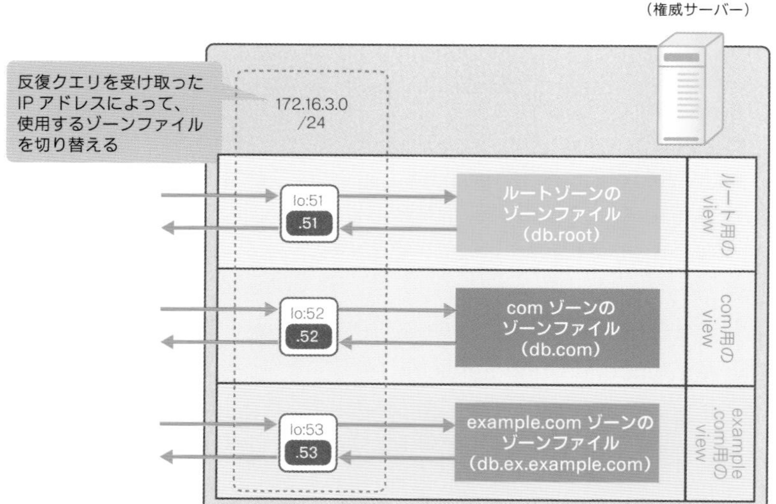

図 ● viewで論理的にDNSサーバーを分ける

では、DNSの予備知識を蓄えたところで、DNSメッセージをキャプチャしましょう。

1 まず、ns1とlb1にそれぞれログインし、DNSサーバーとして動作しているか確認しておきましょう。ns1にはUnbound、lb1にはBINDがインストールされており、tinetの設定ファイルで起動されているはずです。**ssコマンドでそれぞれunboundとnamed（BINDの常駐プログラム名）のプロセスがUDP/53のパケットを受け入れるようになっているかを確認してください。**

```
root@ns1:/# ss -lnup
State  Recv-Q Send-Q  Local Address:Port   Peer Address:Port Process
UNCONN 0      0            0.0.0.0:53          0.0.0.0:*     users:(("unbound",pid=115,fd=3))
```

図 ● ns1の状態

```
root@lb1:/# ss -lnup
State  Recv-Q Send-Q  Local Address:Port   Peer Address:Port Process
UNCONN 0      0         172.16.3.53:53         0.0.0.0:*     users:(("named",pid=660,fd=26))
UNCONN 0      0         172.16.3.52:53         0.0.0.0:*     users:(("named",pid=660,fd=23))
UNCONN 0      0         172.16.3.51:53         0.0.0.0:*     users:(("named",pid=660,fd=19))
UNCONN 0      0           127.0.0.1:53         0.0.0.0:*     users:(("named",pid=660,fd=15))
```

図 ● lb1の状態

2 続いて、fw1にログインし、NATとファイアウォールの設定を確認します。fw1には、すでにNATやファイアウォールの実践項で設定した内容が投入されているはずです。

```
root@fw1:/# iptables -t nat -nL --line-numbers
```

```
Chain PREROUTING (policy ACCEPT)
num  target     prot opt source               destination
1    DNAT       all  --  0.0.0.0/0            10.1.3.1             to:172.16.2.1
2    DNAT       all  --  0.0.0.0/0            10.1.3.2             to:172.16.2.2
3    DNAT       all  --  0.0.0.0/0            10.1.3.53            to:172.16.3.53

Chain INPUT (policy ACCEPT)
num  target     prot opt source               destination

Chain OUTPUT (policy ACCEPT)
num  target     prot opt source               destination

Chain POSTROUTING (policy ACCEPT)
num  target     prot opt source               destination
```

図 ● NATの設定

```
root@fw1:/# iptables -t filter -nL --line-numbers
Chain INPUT (policy ACCEPT)
num  target     prot opt source               destination

Chain FORWARD (policy DROP)
num  target     prot opt source               destination
1    ACCEPT     all  --  0.0.0.0/0            0.0.0.0/0            ctstate RELATED,ESTABLISHED
2    ACCEPT     icmp --  0.0.0.0/0            0.0.0.0/0            ctstate NEW icmptype 8
3    ACCEPT     udp  --  0.0.0.0/0            172.16.3.53          ctstate NEW udp dpt:53
4    ACCEPT     tcp  --  0.0.0.0/0            172.16.3.53          ctstate NEW tcp dpt:53

Chain OUTPUT (policy ACCEPT)
num  target     prot opt source               destination
```

図 ● ファイアウォールの設定

「example.com」の権威サーバーに対する反復クエリだけであれば、これで問題ありませんが、先述のとおり、lb1はルートサーバー(ルートゾーンの権威サーバー)でもあり、comゾーンの権威サーバーでもあります。そこで、それらのためのNATとファイアウォールの設定を追加します[※35]。

```
root@fw1:/# iptables -t nat -A PREROUTING -d 10.1.3.51 -j DNAT --to 172.16.3.51
root@fw1:/# iptables -t nat -A PREROUTING -d 10.1.3.52 -j DNAT --to 172.16.3.52

root@fw1:/# iptables -t filter -A FORWARD -m conntrack --ctstate NEW -d 172.16.3.51 -p udp
-m udp --dport 53 -j ACCEPT
root@fw1:/# iptables -t filter -A FORWARD -m conntrack --ctstate NEW -d 172.16.3.51 -p tcp
-m tcp --dport 53 -j ACCEPT
root@fw1:/# iptables -t filter -A FORWARD -m conntrack --ctstate NEW -d 172.16.3.52 -p udp
-m udp --dport 53 -j ACCEPT
```

※35 検証環境上ではUDPしか使用しませんが、DNSの仕様に準じて、TCPも許可しています。

```
root@fw1:/# iptables -t filter -A FORWARD -m conntrack --ctstate NEW -d 172.16.3.52 -p tcp
-m tcp --dport 53 -j ACCEPT
```

図 ● NATとファイアウォールの設定追加

念のため、「iptables -t nat -nL PREROUTING --line-numbers」と「iptables -t filter -nL FORWARD --line-numbers」で、NATテーブルとフィルターテーブルを確認します。すると、それぞれ新たにエントリが追加されていることがわかります。

```
root@fw1:/# iptables -t nat -nL PREROUTING --line-numbers
Chain PREROUTING (policy ACCEPT)
num  target     prot opt source               destination
1    DNAT       all  --  0.0.0.0/0            10.1.3.1             to:172.16.2.1
2    DNAT       all  --  0.0.0.0/0            10.1.3.2             to:172.16.2.2
3    DNAT       all  --  0.0.0.0/0            10.1.3.53            to:172.16.3.53
4    DNAT       all  --  0.0.0.0/0            10.1.3.51            to:172.16.3.51
5    DNAT       all  --  0.0.0.0/0            10.1.3.52            to:172.16.3.52
```

図 ● NATテーブルの確認

```
root@fw1:/# iptables -t filter -nL FORWARD --line-numbers
Chain FORWARD (policy DROP)
num  target     prot opt source               destination
1    ACCEPT     all  --  0.0.0.0/0            0.0.0.0/0            ctstate RELATED,ESTABLISHED
2    ACCEPT     icmp --  0.0.0.0/0            0.0.0.0/0            ctstate NEW icmptype 8
3    ACCEPT     udp  --  0.0.0.0/0            172.16.3.53          ctstate NEW udp dpt:53
4    ACCEPT     tcp  --  0.0.0.0/0            172.16.3.53          ctstate NEW tcp dpt:53
5    ACCEPT     udp  --  0.0.0.0/0            172.16.3.51          ctstate NEW udp dpt:53
6    ACCEPT     tcp  --  0.0.0.0/0            172.16.3.51          ctstate NEW tcp dpt:53
7    ACCEPT     udp  --  0.0.0.0/0            172.16.3.52          ctstate NEW udp dpt:53
8    ACCEPT     tcp  --  0.0.0.0/0            172.16.3.52          ctstate NEW tcp dpt:53
```

図 ● フィルターテーブルの確認

3 ns1でtcpdumpコマンドを実行し、これからやりとりされるパケットに備えます。ここでは、ns1のnet0でやりとりされる送信元ポート番号、あるいは宛先ポート番号が「53」のパケットをキャプチャし、コンテナ上にある「/tmp/tinet」というフォルダに「dns.pcapng」というファイル名で書き込むようにします。

```
root@ns1:/# tcpdump -i net0 port 53 -w /tmp/tinet/dns.pcapng
tcpdump: listening on net0, link-type EN10MB (Ethernet), capture size 262144 bytes
```

図 ● tcpdumpコマンドを実行

4 cl1で名前解決を実行します。**名前解決には、ファイアウォールの実践項でも使用したdigコマン**

ドを使用します。 digコマンドは、DNSサーバーに対して名前解決を実行し、その応答結果を表示するコマンドです。コマンドラインインターフェース環境で、DNSに関するあらゆる情報を見やすく表示してくれるので、DNSに関係するトラブルシューティングでとても重宝します。DNSに関するコマンドとしては、Windows OSに標準で付属している「nslookup」もあるにはあるのですが、表示される情報量が圧倒的に違います。そのため、現場ではdigコマンドを使うことが多いでしょう。

digコマンドは、「dig [@<DNSサーバーのIPアドレス>]※36 <ドメイン名> [リソースレコードのタイプ]※37 [オプション]」で使用できます。 たくさんのオプションが用意されていて、うまくトッピングすると、DNSのトラブルシューティングの強い味方になります。次表に代表的なオプションをまとめました。参考にしてください。

オプション	オプションが表す意味	
	noが付いていない場合	noが付いている場合
-4	IPv4のDNSクエリを送信する	——
-6	IPv6のDNSクエリを送信する	——
+[no]answer	名前解決の統計情報を表示する（デフォルト）	名前解決の統計情報を表示しない
+[no]rec	再帰クエリを送信する（デフォルト）	反復クエリを送信する
+[no]short	最小限の情報のみを表示する	すべての情報を表示する（デフォルト）
+[no]tcp	TCPでDNSクエリを送信する	UDPでDNSクエリを送信する（デフォルト）
+[no]trace	ルートサーバーから順に名前解決を実行する	対象のFQDNの名前解決のみ行う（デフォルト）

表 ● digコマンドの代表的なオプション

では、cl1にログインし、digコマンドを実行してみましょう。ここでは、特にDNSサーバーやリソースレコードタイプを指定しないで、「www.example.com」の名前解決を行います。digコマンドは、DNSサーバーを指定しないと、OSで設定されているDNSサーバーの設定（192.168.11.254）に問い合わせを行います。また、リソースレコードタイプを指定しないと、Aレコードの問い合わせを行います。

digコマンドの結果には、DNSメッセージを構成するセクションや、トラブルシューティングのときに役立つ診断情報（DNSサーバーのIPアドレスや応答時間、メッセージサイズなど）が含まれています。Answerセクションの部分を見てみると、「www.example.com」のAレコードの情報が入っており、「www.example.com」のIPアドレスが「10.1.3.12」であることがわかります。また、診断情報を見てみると、「192.168.11.254」（rt1）から、60バイトのDNSメッセージが10ミリ秒で返ってきたことがわかります。

```
root@cl1:/# dig www.example.com
```

※36　DNSサーバーのIPアドレスを指定しない場合は、OSで設定されているDNSサーバーのIPアドレスを使用します。
※37　リソースレコードのタイプを指定しない場合は、デフォルトでAレコードが指定されます。

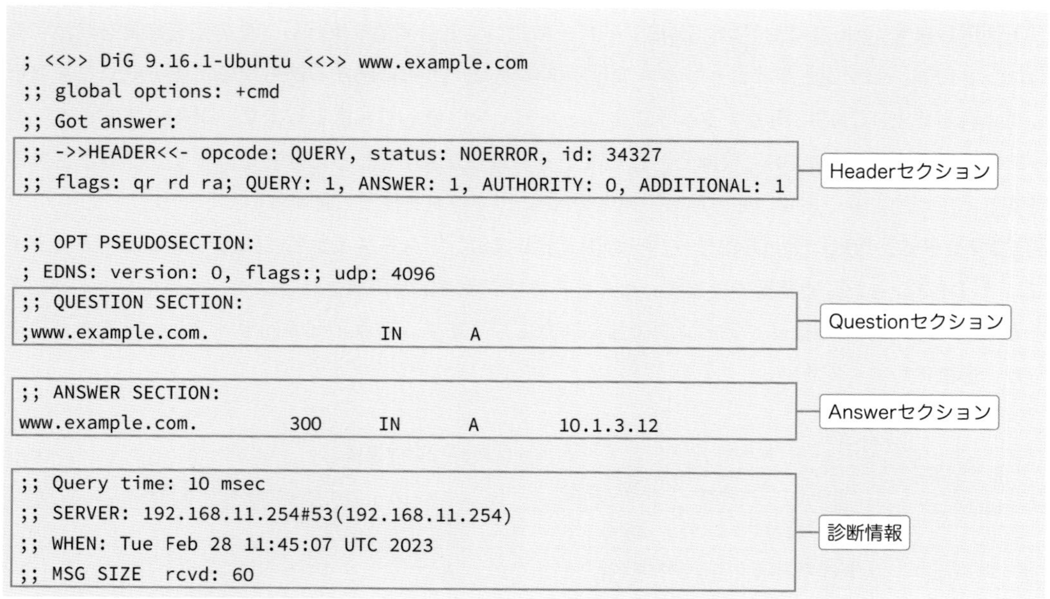

```
; <<>> DiG 9.16.1-Ubuntu <<>> www.example.com
;; global options: +cmd
;; Got answer:
;; ->>HEADER<<- opcode: QUERY, status: NOERROR, id: 34327
;; flags: qr rd ra; QUERY: 1, ANSWER: 1, AUTHORITY: 0, ADDITIONAL: 1

;; OPT PSEUDOSECTION:
; EDNS: version: 0, flags:; udp: 4096
;; QUESTION SECTION:
;www.example.com.                IN      A

;; ANSWER SECTION:
www.example.com.        300     IN      A       10.1.3.12

;; Query time: 10 msec
;; SERVER: 192.168.11.254#53(192.168.11.254)
;; WHEN: Tue Feb 28 11:45:07 UTC 2023
;; MSG SIZE  rcvd: 60
```


図 ● digコマンドの結果

5 ns1にもう1つログインして、「unbound-control dump_cache」というコマンドを実行し、キャッシュされた情報を確認しておきましょう。Unboundは、DNSメッセージそのものをキャッシュする「メッセージキャッシュ（MSG CACHE）」と、DNSメッセージを構成するリソースレコードをキャッシュする「リソースレコードキャッシュ（RRSET CACHE）」という、2段構えのキャッシュ構成になっています。

中身を見ると、これまでやりとりされたDNSの情報がキャッシュされていることがわかります。今後はキャッシュから応答できるものがあれば、キャッシュから応答します。なければ、適切な権威サーバーに問い合わせます。また、キャッシュされた情報は、各レコードに含まれるTTL時間が経過したら、削除されます。検証環境では、lb1から応答されるすべてのレコードのTTLを300秒に設定してあります。したがって、キャッシュされて300秒間経過したら削除されます。

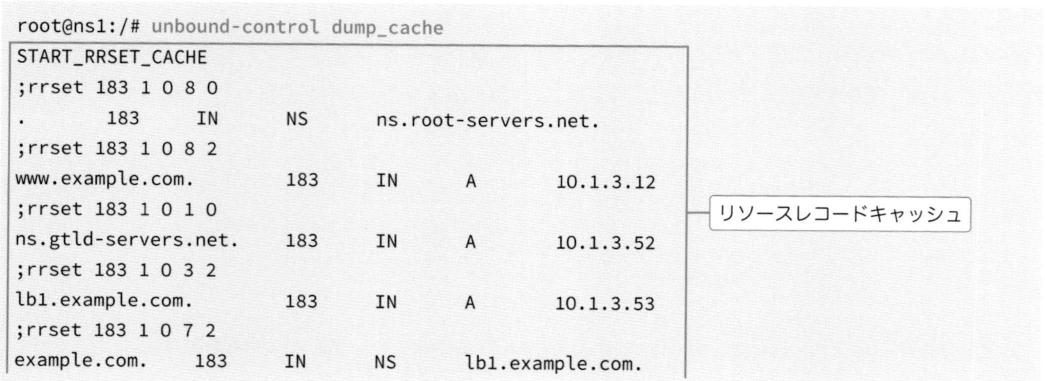

```
root@ns1:/# unbound-control dump_cache
START_RRSET_CACHE
;rrset 183 1 0 8 0
.       183     IN      NS      ns.root-servers.net.
;rrset 183 1 0 8 2
www.example.com.        183     IN      A       10.1.3.12
;rrset 183 1 0 1 0
ns.gtld-servers.net.    183     IN      A       10.1.3.52
;rrset 183 1 0 3 2
lb1.example.com.        183     IN      A       10.1.3.53
;rrset 183 1 0 7 2
example.com.    183     IN      NS      lb1.example.com.
```

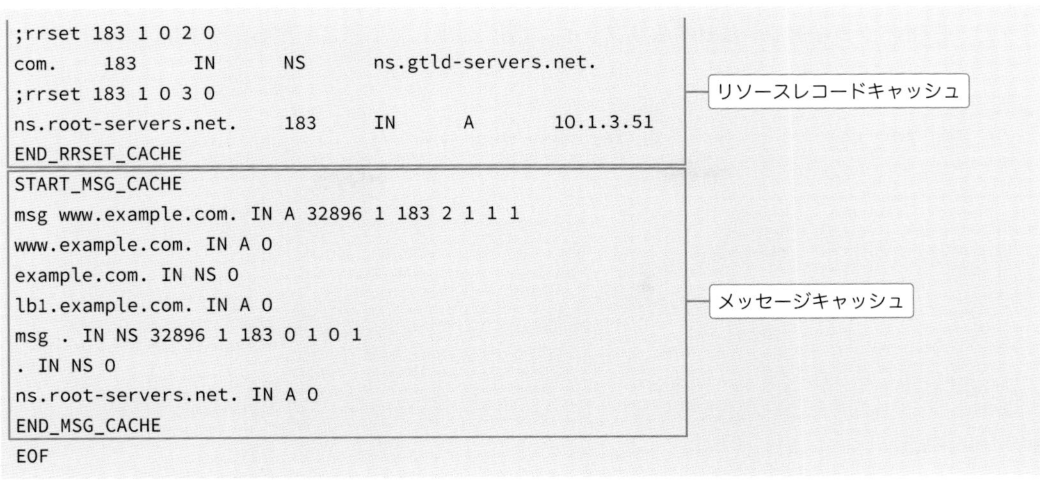

```
;rrset 183 1 0 2 0
com.    183     IN      NS      ns.gtld-servers.net.
;rrset 183 1 0 3 0
ns.root-servers.net.    183     IN      A       10.1.3.51
END_RRSET_CACHE
START_MSG_CACHE
msg www.example.com. IN A 32896 1 183 2 1 1 1
www.example.com. IN A 0
example.com. IN NS 0
lb1.example.com. IN A 0
msg . IN NS 32896 1 183 0 1 0 1
. IN NS 0
ns.root-servers.net. IN A 0
END_MSG_CACHE
EOF
```


図 ● キャッシュされた情報

6 ns1でCtrl+Cを押して、tcpdumpを終了します。

パケットを解析しよう

続いて、前項でキャプチャしたDNSメッセージを解析していきます。解析に先立って、役に立ちそうなWiresharkの表示フィルターを紹介しておきます。これらをフィルターツールバーに入力します。複数の表示フィルターを「and」や「or」でつないで、表示するパケットをさらに絞り込むことも可能です。

フィールド名	フィールド名が表す意味	記述例
dns	DNSメッセージすべて	dns
dns.a	Aレコードが含まれるDNSメッセージ	dns.a
dns.aaaa	AAAAレコードが含まれるDNSメッセージ	dns.aaaa
dns.qry.name	QNAME	dns.qry.name == www.google.com
dns.qry.type	QTYPE	dns.qry.type == 1
dns.qry.class	QCLASS	dns.qry.class == 1
dns.flags.recdesired	RDビット	dns.flags.recdesired == 1
dns.resp.type	TYPE	dns.resp.type == 2
dns.resp.class	CLASS	dns.resp.class == 1

表 ● DNSに関する代表的な表示フィルター

では、Wiresharkで「C:¥tinet」にある「dns.pcapng」を開いてみましょう。すると、10個のパケットが見えるはずです。全体的な流れを見てみると、**「DNSクライアント（DNSフォワーダー）からの再帰クエリ」→「ルートサーバーに対する反復クエリ（とそのリプライ）」→「comの権威サーバーに対する反復クエリ（とそのリプライ）」→「example.comの権威サーバーに対する反復クエリ（とそのリプ**

ライ)」→「DNSクライアントに対するリプライ」の順に処理していることがわかります。

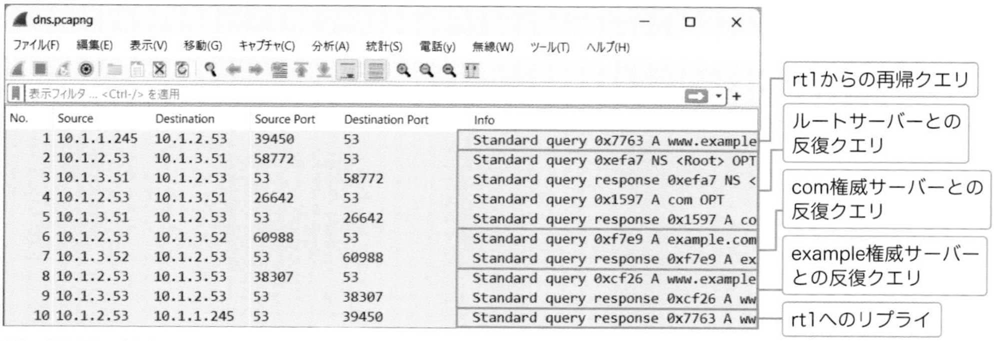

dns.pcapng

ファイル(F) 編集(E) 表示(V) 移動(G) キャプチャ(C) 分析(A) 統計(S) 電話(y) 無線(W) ツール(T) ヘルプ(H)

表示フィルタ ... <Ctrl-/> を適用

No.	Source	Destination	Source Port	Destination Port	Info
1	10.1.1.245	10.1.2.53	39450	53	Standard query 0x7763 A www.example
2	10.1.2.53	10.1.3.51	58772	53	Standard query 0xefa7 NS <Root> OPT
3	10.1.3.51	10.1.2.53	53	58772	Standard query response 0xefa7 NS <
4	10.1.2.53	10.1.3.51	26642	53	Standard query 0x1597 A com OPT
5	10.1.3.51	10.1.2.53	53	26642	Standard query response 0x1597 A co
6	10.1.2.53	10.1.3.52	60988	53	Standard query 0xf7e9 A example.com
7	10.1.3.52	10.1.2.53	53	60988	Standard query response 0xf7e9 A ex
8	10.1.2.53	10.1.3.53	38307	53	Standard query 0xcf26 A www.example
9	10.1.3.53	10.1.2.53	53	38307	Standard query response 0xcf26 A ww
10	10.1.2.53	10.1.1.245	53	39450	Standard query response 0x7763 A ww

rt1からの再帰クエリ
ルートサーバーとの反復クエリ
com権威サーバーとの反復クエリ
example権威サーバーとの反復クエリ
rt1へのリプライ

図●DNSの流れ

では、ひとつひとつパケットを見ていきましょう。

rt1（cl1）からの再帰クエリ

まず、ns1はrt1から再帰クエリを受け取ります。これは、cl1が送信した再帰クエリが、DNSフォワーダーであるrt1によって転送されたものです。再帰クエリは、再帰クエリであることを表す「RD（Recursion Desired）フラグ」が「1」になっています。また、Wiresharkでは「Queries」と表示されるQuestionセクションには、名前解決するFQDN（www.example.com）やリソースレコードタイプ（Aレコード）が格納されています。

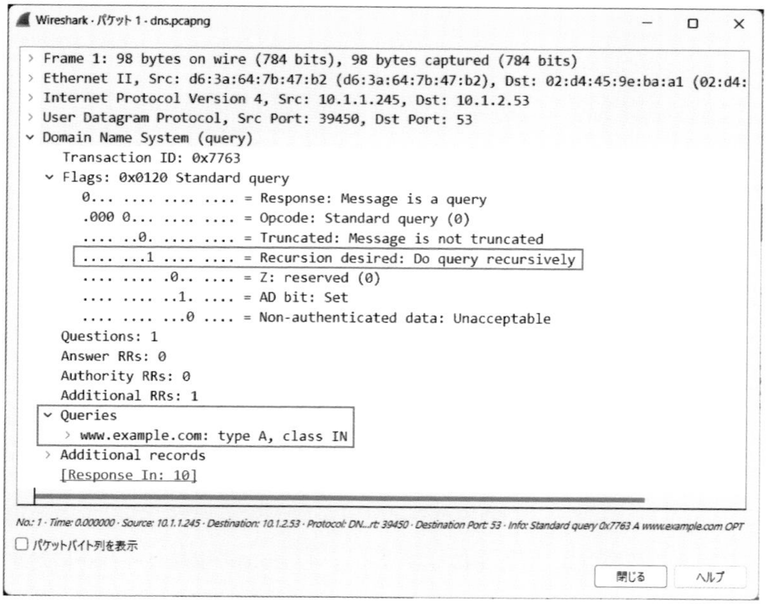

Wireshark · パケット 1 · dns.pcapng

```
> Frame 1: 98 bytes on wire (784 bits), 98 bytes captured (784 bits)
> Ethernet II, Src: d6:3a:64:7b:47:b2 (d6:3a:64:7b:47:b2), Dst: 02:d4:45:9e:ba:a1 (02:d4:
> Internet Protocol Version 4, Src: 10.1.1.245, Dst: 10.1.2.53
> User Datagram Protocol, Src Port: 39450, Dst Port: 53
v Domain Name System (query)
    Transaction ID: 0x7763
  v Flags: 0x0120 Standard query
      0... .... .... .... = Response: Message is a query
      .000 0... .... .... = Opcode: Standard query (0)
      .... ..0. .... .... = Truncated: Message is not truncated
      .... ...1 .... .... = Recursion desired: Do query recursively
      .... .... .0.. .... = Z: reserved (0)
      .... .... ..1. .... = AD bit: Set
      .... .... ...0 .... = Non-authenticated data: Unacceptable
    Questions: 1
    Answer RRs: 0
    Authority RRs: 0
    Additional RRs: 1
  v Queries
    > www.example.com: type A, class IN
  > Additional records
    [Response In: 10]
```

No.: 1 · Time: 0.000000 · Source: 10.1.1.245 · Destination: 10.1.2.53 · Protocol: DN...rt: 39450 · Destination Port: 53 · Info: Standard query 0x7763 A www.example.com OPT

パケットバイト列を表示

閉じる　ヘルプ

図●rt1（cl1）からの再帰クエリ

ルートサーバーに対する反復クエリ

ns1はrt1から再帰クエリを受け取ると、まずキャッシュを検索します。当然ながら、最初の時点ではキャッシュは空っぽです。そこで、**ルートヒントファイルに記述されているIPアドレス(10.1.3.51)を頼りに、まずはルートゾーンのNSレコードを問い合わせ、最新のルートサーバーの情報を手に入れます。** いわゆるプライミング(p.311)の動作です。ちなみに、ここからは反復クエリになるので、RDフラグは「0」になります。

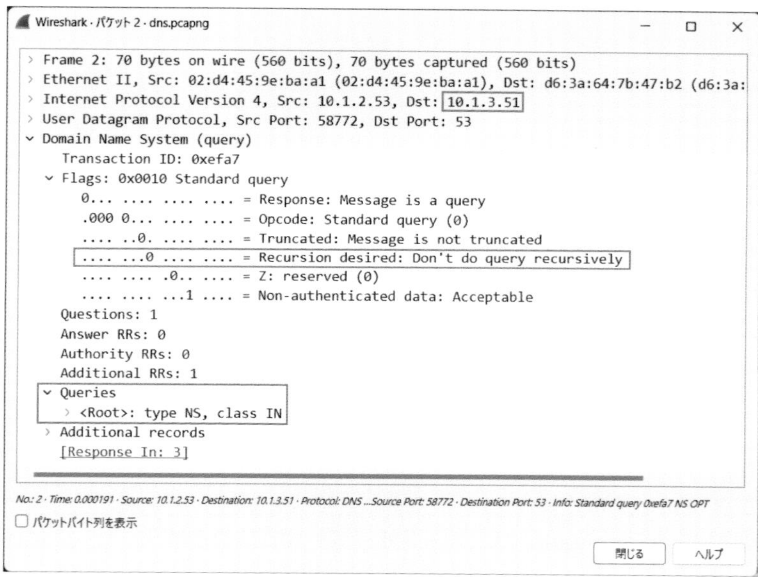

図 ● ルートサーバーに対する反復クエリ(プライミング)

lb1は「10.1.3.51」で反復クエリを受け取ると、ルートゾーン用のゾーンファイル(/etc/bind/db.root)を検索し、NSレコードと、それに対応するAレコードの情報を回答します。**この回答によって、「ns.root-servers.net」がルートサーバー、そのIPアドレスが「10.1.3.51」であることがわかりました。**

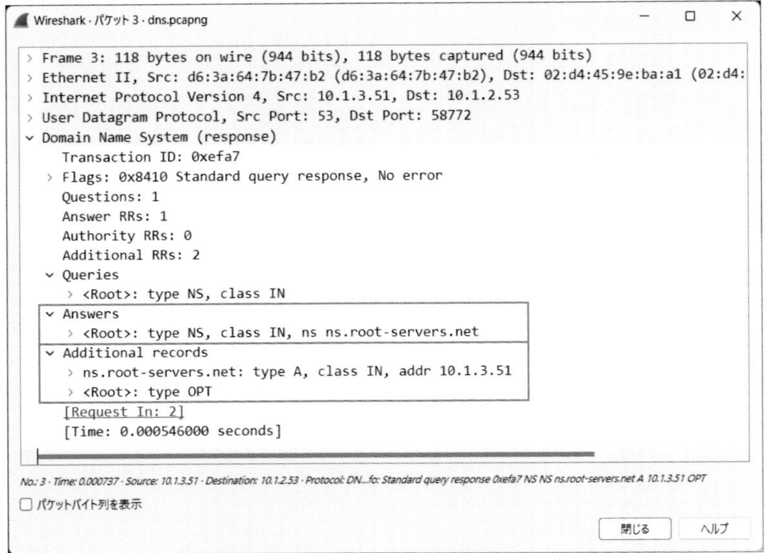

図●ルートサーバーからの回答（プライミング）

これで、最新のルートサーバーの情報を取得できました。続いて、このルートサーバー（ns.root-servers.net、10.1.3.51）に「com」のAレコードを問い合わせます。「comのIPアドレスを教えてくださーい」的なイメージです。

なお、ここでの問い合わせ内容は、キャッシュサーバーの「QNAME minimisation」という機能の設定によって異なります。**QNAME minimisationは、ルートサーバーやTLDの権威サーバーに対して必要最低限の情報のみを問い合わせるようにする機能です。**今回使用しているUnbound（バージョン1.9.4）はデフォルトでこの機能が有効になっているため[※38]、「com」のAレコードのみ問い合わせます。この設定を無効にすると、「www.example.com」のAレコードを問い合わせるようになります。

※38　Unboundはバージョン1.7.3からデフォルトでQNAME minimisationが有効になっています。

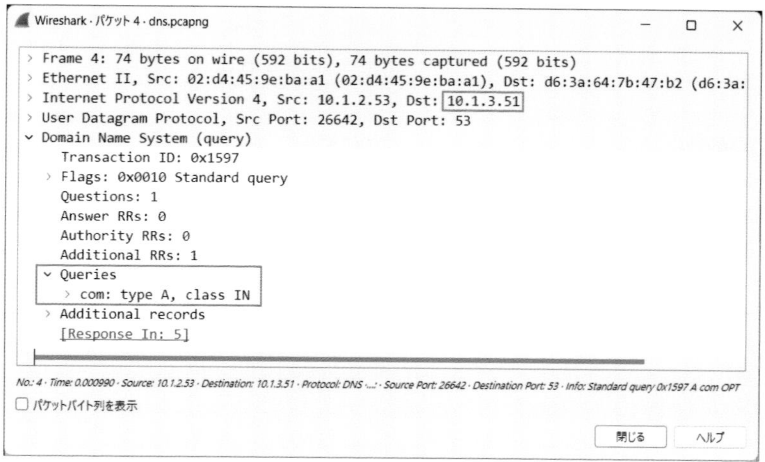

図●ルートサーバーにcomのAレコードを問い合わせる

lb1は同じく「10.1.3.51」で反復クエリを受け取ると、ルートゾーン用のゾーンファイル(/etc/bind/db.root)を検索し、NSレコードと、それに対応するAレコードの情報を回答します。「comのことはcomの権威サーバーに聞いてください」的な感じです。**この回答によって、「ns.gtld-servers.net」がcomの権威サーバー、そして、そのIPアドレスが「10.1.3.52」であることがわかりました。**

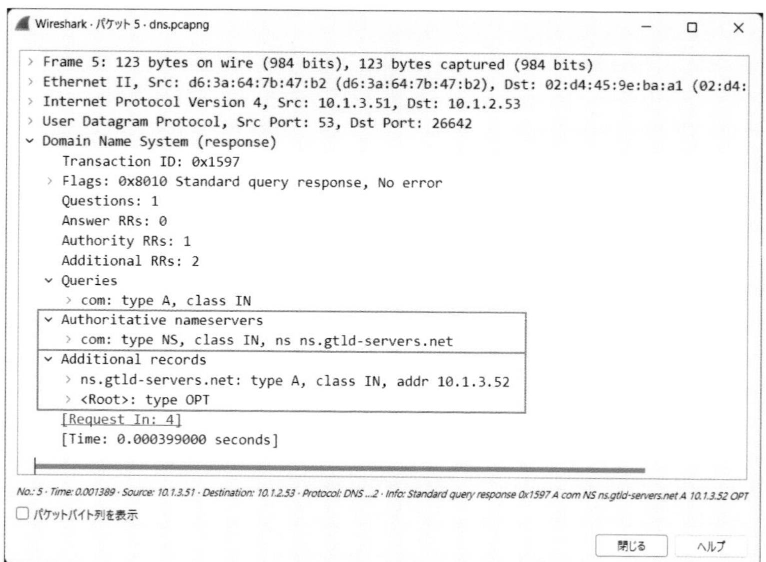

図●ルートサーバーからcomのAレコードを受け取る

comの権威サーバーに対する反復クエリ

ルートサーバーに対する反復クエリによって、comの権威サーバーの名前(ns.gtld-servers.net)とIPアドレス(10.1.3.52)がわかりました。そこで、今度はこのIPアドレスに対して「example.com」の

Aレコードを問い合わせます※39。

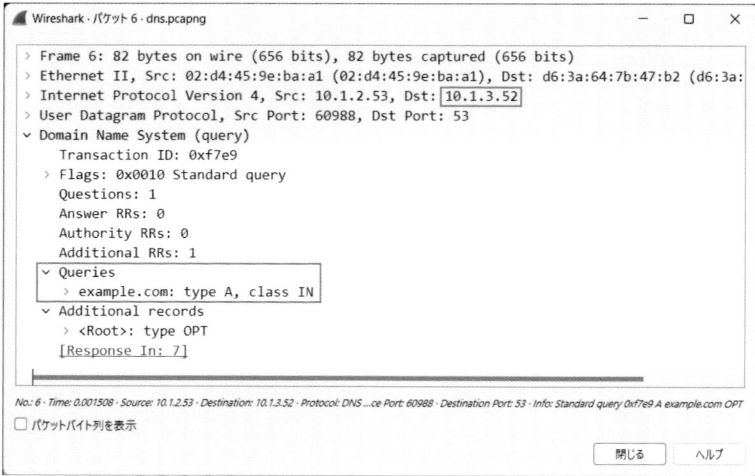

図 ● comの権威サーバーにexample.comのAレコードを問い合わせる

lb1は「10.1.3.52」で反復クエリを受け取ると、comゾーン用のゾーンファイル(/etc/bind/db.com)を検索し、NSレコードと、それに対応するAレコードの情報を回答します。**この回答によって、「lb1.example.com」がexample.comの権威サーバー、そのIPアドレスが「10.1.3.53」であることがわかりました。**

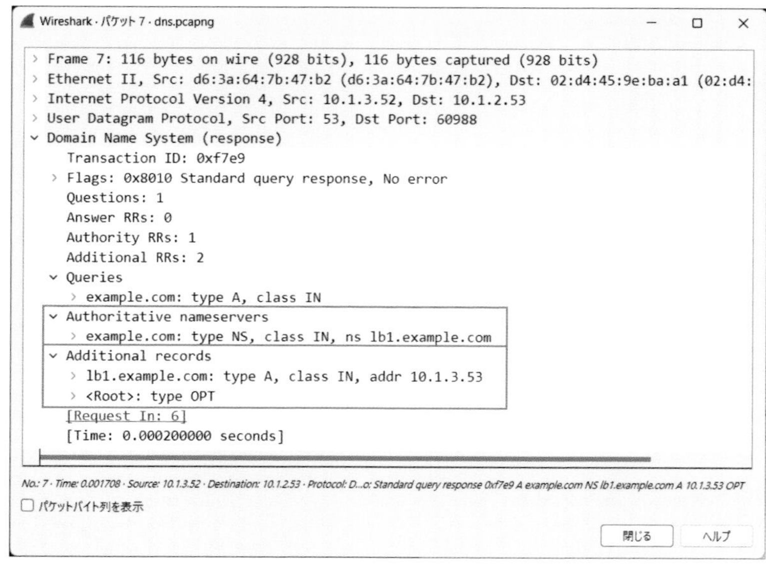

図 ● comの権威サーバーからexample.comのAレコードを受け取る

※39 QNAME minimisationが無効な場合は「www.example.com」のAレコードを問い合わせます。

example.comの権威サーバーに対する反復クエリ

comの権威サーバーとの反復クエリによって、example.comの権威サーバーの名前（lb1.example.com）とIPアドレス（10.1.3.53）がわかりました。そこで、今度はこのIPアドレスに対して「www.example.com」のAレコードを問い合わせます。

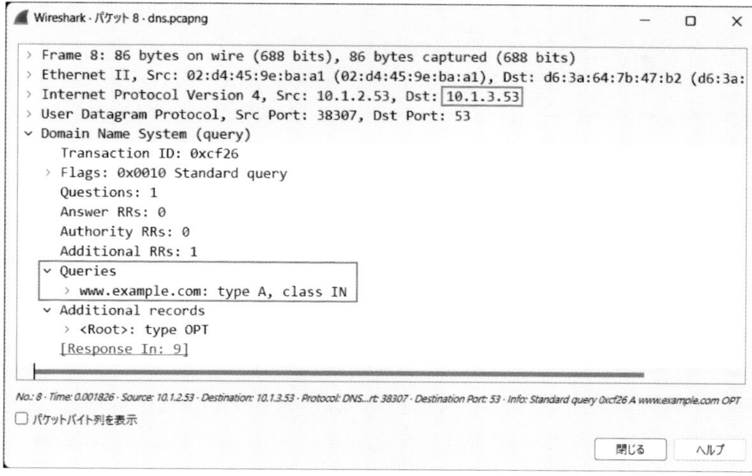

図 ● example.comの権威サーバーにwww.example.comのAレコードを問い合わせる

lb1は「10.1.3.53」で反復クエリを受け取ると、example.comゾーン用のゾーンファイル（/etc/bind/db.ex.example.com）を検索し、Aレコードの情報を回答します。**この回答によって、「www.example.com」のIPアドレスが「10.1.3.12」であることがわかりました。**

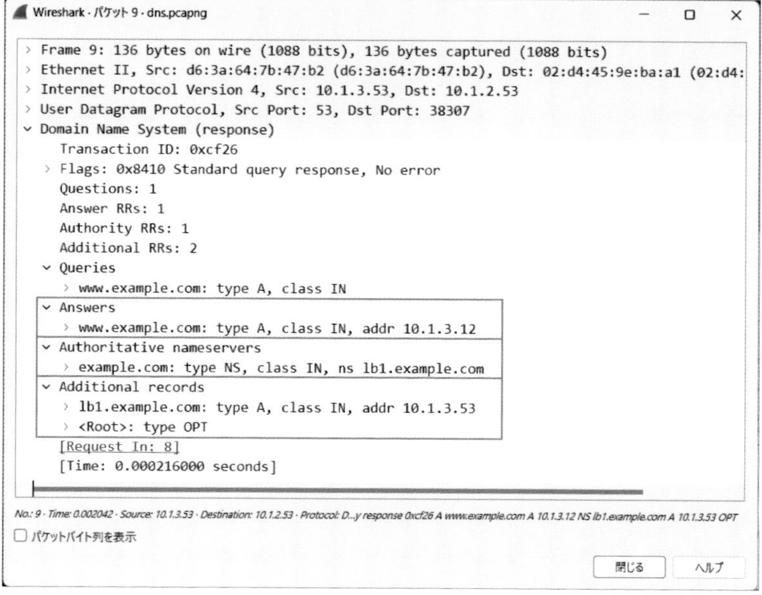

図 ● example.comの権威サーバーからwww.example.comのAレコードを受け取る

rt1（cl1）に対する応答

反復クエリのやりとりで、ns1は「www.example.com」のIPアドレスが「10.1.3.12」であることがわかりました。これを送信元であるrt1に対して回答します。**DNSフォワーダーであるrt1は、その情報をcl1に送信します。**ちなみに、再帰クエリに対する応答になるので、RDフラグは「1」になります。

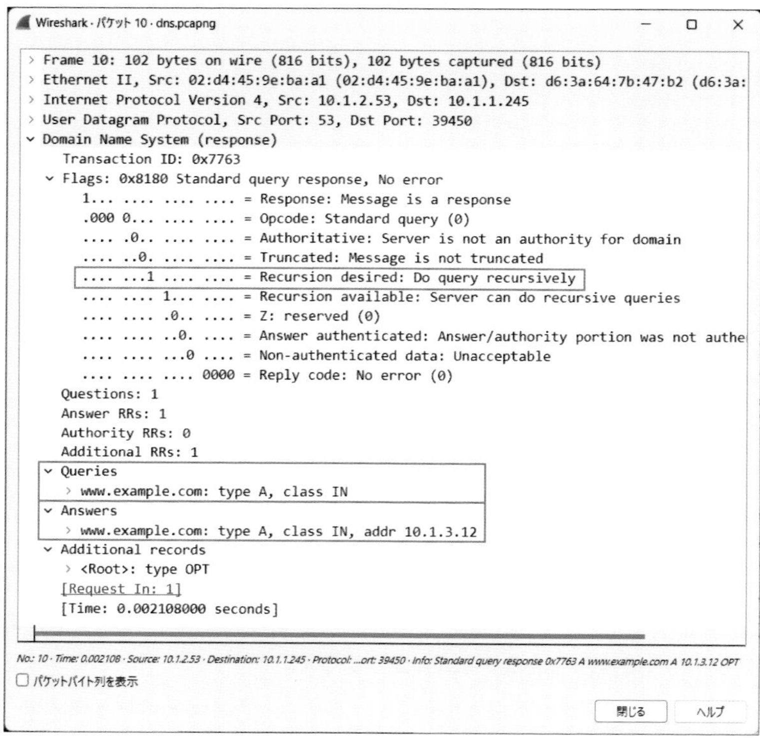

図●rt1（cl1）に対する応答

DNSについては以上です。DNSは単純なようでいて奥深く、知れば知るほど味が出る趣深いプロトコルです。本書は入門書ということで基本的な部分の説明に留めましたが、実際にインターネットを流れるDNSパケットを見てみたり、現場で名前解決に関するトラブルシューティングをしたりすると、その奥深さ、趣深さを体験できるでしょう。

Chapter 5 レイヤー7プロトコルを知ろう

5-2-4 DHCP（Dynamic Host Configuration Protocol）

「DHCP（Dynamic Host Configuration Protocol）」は、IPアドレスやサブネットマスク、デフォルトゲートウェイやDNSサーバーのIPアドレスなど、ネットワークに接続するために必要な設定を配布するプロトコルです。家庭内のLAN環境で、LANケーブルを挿したり、Wi-Fiの設定をしたりしただけで、いつの間にかインターネットに接続できるようになっていた経験はありませんか。これは、DHCPが縁の下の力持ち的にがんばってくれているからです。

机上で知ろう

DHCPは、RFC2131「Dynamic Host Configuration Protocol」で標準化されています。RFC2131には、DHCPの役割やメッセージフォーマット、フォーマットを構成するフィールドの意味や処理の流れなど、いろいろなことが細かく定義されています。

静的割り当てと動的割り当て

DHCPの詳細に入る前に、まずはIPアドレスを端末（のNIC）に割り当てる方法について説明します。IPアドレスの割り当て方法には、大きく「静的割り当て」と「動的割り当て」の2種類があります。

静的割り当て

静的割り当ては、端末に対してひとつひとつ手動でIPアドレスを設定する方法です。ネットワークに接続する端末のユーザーは、システム管理者にお願いして空いているIPアドレスを払い出してもらい、それを設定します。サーバーやネットワーク機器は、IPアドレスがころころ変わると通信に影響が出てしまうので、ほとんどの場合、この割り当て方式を採用します。また、数十人程度の小規模なオフィスのネットワーク環境で、システム管理者がどの端末にどのIPアドレスを設定したかを完全に把握しておきたいようなときも、この割り当て方式を採用します。

静的割り当ては、端末とIPアドレスが一意に紐づくため、IPアドレスを管理しやすいというメリットがあります。たとえば、「このIPアドレスを持つサーバーに対する通信が急増している」や、「このIPアドレスからインターネット上の特定サーバーに対して、変な通信が発生している」のように、なんらかの異変があっても、どの端末であるかを即座に判別できます。その半面、端末の数が多くなればなるほど、どの端末にどのIPアドレスを割り当てたかわからなくなり、管理が煩雑になりやすい傾向にあります。たとえば、何万台もの端末があるLAN環境で、ひとつひとつIPアドレスを管理することは現実的ではないでしょう。そこで、大規模なLAN環境では、通常、次項の動的割り当てを使用します。

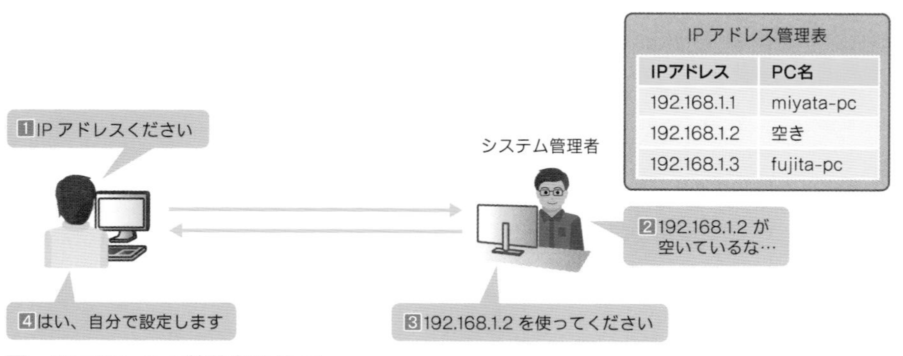

図 ● IPアドレスの静的割り当て

動的割り当て

動的割り当ては、DHCPを使用して、端末に自動でIPアドレスを設定する方法です。 静的割り当てでは、ユーザーがシステム管理者にお願いして、空いているIPアドレスを払い出してもらい、ユーザー自身が手動で設定する必要がありました。動的割り当てでは、これらの処理をすべてDHCPが自動で行います。

動的割り当ては、端末の数が多い大規模なLAN環境であっても、一元的にIPアドレスを管理でき、煩雑になりがちなIPアドレス管理の手間を省くことができます。また、家庭内LANのように小規模なLANで、ITに不慣れな人でも特に意識することなく、LANケーブルを挿したり、Wi-Fiの設定をしたりするだけで、インターネットに接続できるようになります。

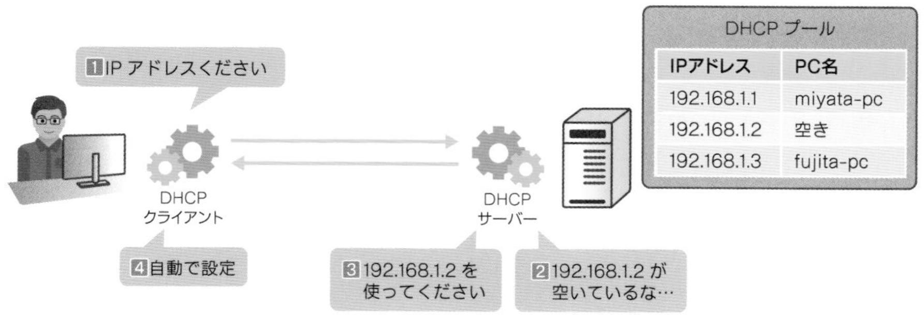

図 ● IPアドレスの動的割り当て

DHCPのメッセージフォーマット

では、DHCPについて深掘りしていきましょう。**DHCPは、UDP/67※40でカプセル化したDHCPメッセージ部分に設定情報を詰め込みます。** DHCPメッセージのフォーマットはいろいろなフィールドで構成されていて少々複雑です。この中で特に重要なフィールドは「割り当てクライアントIPアドレス」「クライアントMACアドレス」「オプション」の3つです。

※40　宛先ポート番号はUDP/67で、送信元ポート番号はUDP/68です。

	0ビット	8ビット	16ビット	24ビット
0バイト	オペレーションコード	ハードウェアアドレスタイプ	ハードウェアアドレス長	ホップ
4バイト	トランザクションID			
8バイト	経過時間		フラグ	
12バイト	現在のクライアントIPアドレス			
16バイト	割り当てクライアントIPアドレス			
20バイト	DHCPサーバーIPアドレス			
24バイト	リレーエージェントIPアドレス			
28バイト 32バイト 36バイト 40バイト	クライアントMACアドレス			
44バイト 〜104バイト	サーバーホスト名			
105バイト 〜223バイト	起動ファイル名			
可変	オプション			

図 ● DHCPのメッセージフォーマット

「割り当てクライアントIPアドレス」には、実際にDHCPサーバーから端末に配布され、設定されるIPアドレスが格納されます。「クライアントMACアドレス」には、その名のとおり、端末のMACアドレスが格納されます。「オプション」には、メッセージのタイプ(Discover/Offer/Request/Ack)やサブネットマスク、デフォルトゲートウェイやDNSサーバーのIPアドレスなど、ネットワークの設定に関するいろいろな情報が格納されます。オプションは、オプションコードによって識別されます。代表的なコードには次表のようなものがあります。

オプションコード	意味	Wiresharkでの表記
1	サブネットマスク	Subnet Mask
3	デフォルトゲートウェイ	Router
6	DNSサーバーのIPアドレス	Domain Name Server
12	ホスト名	Host Name
42	NTPサーバーのIPアドレス	Network Time Protocol Servers
51	IPアドレスのリース時間	IP address Lease Time
53	DHCPメッセージのタイプ	DHCP Message Type
54	DHCPサーバーのID	DHCP Server Identifier

表 ● 代表的なオプションコード※41

※41 そのほかのオプションコードは、以下のURLで確認できます。
https://www.iana.org/assignments/bootp-dhcp-parameters/bootp-dhcp-parameters.xhtml

DHCPの処理の流れ

DHCPサーバーとDHCPクライアントはどのようにDHCPメッセージをやりとりしているのでしょうか。全体的な流れを机上で理解しましょう。

DHCPの動きはいたってシンプルで、とてもわかりやすいです。「IPアドレスをくださーい」と大声（ブロードキャスト）でみんなに聞いて、DHCPサーバーが「このIPアドレスをどうぞー」と返すようなイメージを想像してください。DHCPはIPアドレスが設定されていない状態で、ブロードキャストを駆使しながら情報をやりとりします。

1 DHCPクライアントは、DHCPサーバーを探す「DHCP Discover」をブロードキャストで送信します。

2 DHCP Discoverを受け取ったDHCPサーバーは、あらかじめ設定されているIPアドレスの範囲（DHCPプール、DHCPレンジ）の中から、IPアドレスを選び出し、「DHCP Offer」をユニキャスト※42※43で返します。DHCP Offerはあくまで提案です。この時点では、まだ配布するIPアドレスは確定していません。
ちなみに、検証環境の場合、家庭内LANのDHCPサーバーであるrt1がDHCPプールを持ち、その範囲は「192.168.11.1」から「192.168.11.253」までに設定されています。また、そのうちcl3に静的に設定されているIPアドレス「192.168.1.100」だけが除外されています。

3 DHCP Offerを受け取ったDHCPクライアントは「DHCP Request」をブロードキャストで返して、「そのIPアドレスでお願いします」と伝えます。複数のDHCPサーバーから複数のDHCP Offerを受け取った場合は、最も早く受け取ったDHCP Offerに対して、DHCP Requestを返します。

4 DHCP Requestを受け取ったDHCPサーバーは「DHCP ACK」をユニキャストで返して、そのIPアドレスを渡します。

5 DHCP ACKを受け取ったDHCPクライアントは、DHCP Offerで渡されたIPアドレスを自分のIPアドレスとして設定し、そのIPアドレスで通信を始めます。なお、受け取ったIPアドレスにはリース時間が設定されています。リース時間が経過したら、「DHCP Release」を送信して、そのIPアドレスを解放し、DHCPサーバーに返却します。

※42 DHCPメッセージに含まれるブロードキャストフラグの値によっては、ブロードキャストになります。
※43 DHCPサーバーの仕様や設定によっては、配布予定のIPアドレスが使用されていないかを確認するために、DHCP Offerの前にARPやICMPを送信したりします。この機能のことを「重複検知機能」といいます。

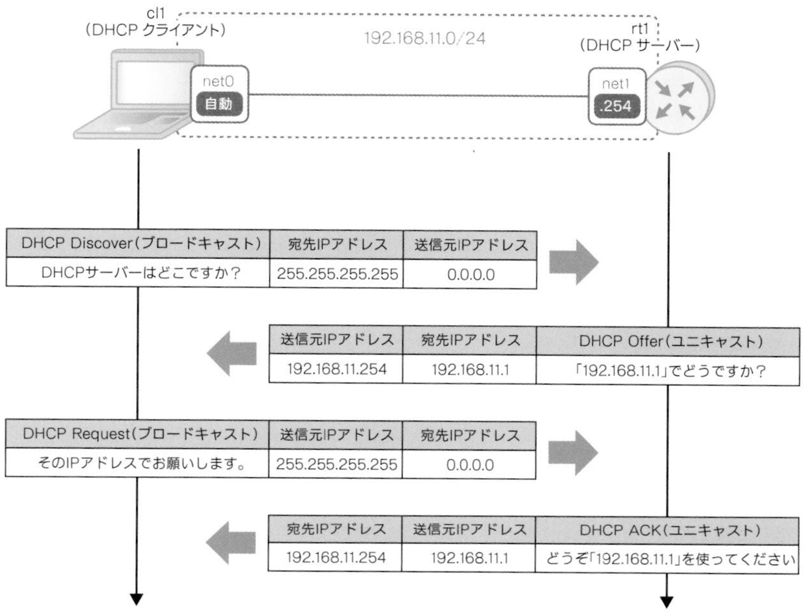

図 ● DHCPの流れ

実践で知ろう

では、実際に検証環境を利用して、DHCPメッセージを見てみましょう。設定ファイルは、そのまま「spec_05.yaml」を使用します。ここでは、実際にやりとりされるDHCPメッセージをキャプチャし、中身を解析していきます。

パケットをキャプチャしよう

まず、検証環境でDHCPメッセージをキャプチャしましょう。ここではDHCPで、家庭内LANにいるrt1（DHCPサーバー）からcl1（DHCPクライアント）に対して、IPアドレスをはじめとするネットワークの設定を配布します。

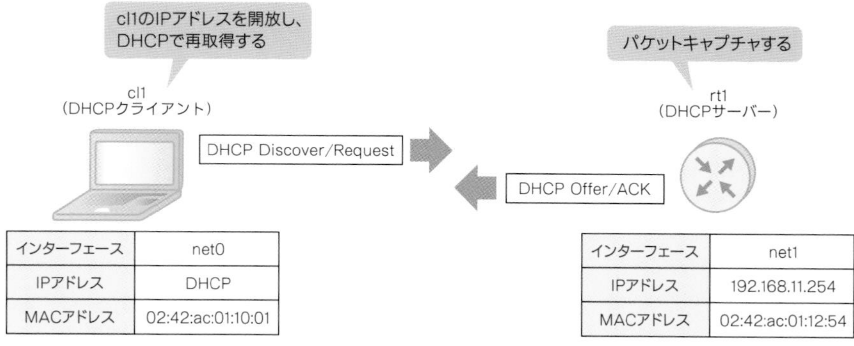

図 ● DHCPメッセージのキャプチャ

1 cl1にログインして、cl1に配布されているIPアドレスを確認し、それを解放（リリース）します。DHCP周りの処理には「dhclientコマンド」を使用します。dhclientコマンドは、DHCPクライアントアプリケーションのひとつで、cl1とcl2のDockerイメージにインストールされています。dhclientコマンドには、次表のようなオプションがありますが、本書で使用するオプションはIPアドレスを解放する「-rオプション」と、詳細な情報を表示する「-vオプション」だけです。

オプション	意味
-4	DHCPv4を使用する
-6	DHCPv6を使用する
-h	ヘルプを表示する
-s <サーバーアドレス>	DHCPサーバーのIPアドレスを指定する
-r	IPアドレスを解放する
-p <ポート番号>	任意のポート番号を使用する
-v	詳細な情報を表示する

表 ● dhclientコマンドのオプション

では、cl1のIPアドレスを確認しましょう。ここでは、DHCPで配布されたIPアドレスかどうかを判別できるように、iproute2に含まれる「ip addr showコマンド」を使用します。すると、cl1のIPアドレスは「192.168.11.1/24」であることがわかります。また、あわせて「dynamic」という表示があり、このIPアドレスがDHCPで配布されたものであることがわかります※44。なお、このIPアドレスは、第2章と第3章の実践項の絡みもあって、必ず同じになるようになっています。

```
root@cl1:/# ip addr show net0
2: net0@if3: <BROADCAST,MULTICAST,DYNAMIC,UP,LOWER_UP> mtu 1500 qdisc noqueue state UP
group default qlen 1000
    link/ether 02:42:ac:01:10:01 brd ff:ff:ff:ff:ff:ff link-netnsid 0
    inet 192.168.11.1/24 brd 192.168.11.255 scope global dynamic net0
       valid_lft 3066sec preferred_lft 3066sec
```

図 ● IPアドレスの確認

IPアドレスを確認できたら、「dhclient -r -v」で、IPアドレスを解放し、その詳細を表示します。表示結果を見ると、net0に割り当てられていた「192.168.11.1」を解放していることがわかります。

```
root@cl1:/# dhclient -r -v
Killed old client process
Internet Systems Consortium DHCP Client 4.4.1
Copyright 2004-2018 Internet Systems Consortium.
```

※44　具体的には、cl1のMACアドレス（02:42:ac:01:10:01）からDHCP Discoverを受け取ると「192.168.11.1」を、cl2のMACアドレス（02:42:ac:01:10:02）からDHCP Discoverを受け取ると「192.168.11.2」を配布するように、rt1を設定してあります。

```
All rights reserved.
For info, please visit https://www.isc.org/software/dhcp/

Corrupt lease file - possible data loss!
Corrupt lease file - possible data loss!
Listening on LPF/net0/02:42:ac:01:10:01
Sending on   LPF/net0/02:42:ac:01:10:01
Sending on   Socket/fallback
DHCPRELEASE of 192.168.11.1 on net0 to 192.168.11.254 port 67 (xid=0x24e8b580)
```

図 ● IPアドレスの解放

念のため、ip addr showコマンドでnet0のIPアドレスが解放されたかを確認します。すると、先ほどまで表示されていたIPアドレスの行が無くなっていることがわかります。

```
root@cl1:/# ip addr show net0
2: net0@if3: <BROADCAST,MULTICAST,DYNAMIC,UP,LOWER_UP> mtu 1500 qdisc noqueue state UP
group default qlen 1000
    link/ether 02:42:ac:01:10:01 brd ff:ff:ff:ff:ff:ff link-netnsid 0
```

図 ● IPアドレスの確認（IPアドレス解放後）

2 rt1でtcpdumpコマンドを実行し、これからやりとりされるパケットに備えます。ここでは、rt1のnet1でやりとりされるパケットをキャプチャし、コンテナ上にある「/tmp/tinet」というフォルダに「dhcp.pcapng」というファイル名で書き込むようにしています。

```
root@rt1:/# tcpdump -i net1 -w /tmp/tinet/dhcp.pcapng
tcpdump: listening on net1, link-type EN10MB (Ethernet), capture size 262144 bytes
```

図 ● tcpdumpコマンドを実行

3 cl1でdhclientコマンドを実行し、DHCPの処理を開始します。ここでも処理の詳細がわかるように、「-vオプション」を使用します。表示結果を見ると、「DHCP Discover（表示上はDHCPDISCOVER）」→「DHCP Offer（表示上はDHCPOFFER）」→「DHCP Request（表示上はDHCPREQUEST）」→「DHCP ACK（表示上はDHCPACK）」の順にやりとりされ、「192.168.11.254（rt1）」から「192.168.11.1」が割り当てられたことがわかります。

```
root@cl1:/# dhclient -v
Internet Systems Consortium DHCP Client 4.4.1
Copyright 2004-2018 Internet Systems Consortium.
All rights reserved.
For info, please visit https://www.isc.org/software/dhcp/

Listening on LPF/net0/02:42:ac:01:10:01
```

```
Sending on   LPF/net0/02:42:ac:01:10:01
Sending on   Socket/fallback
DHCPDISCOVER on net0 to 255.255.255.255 port 67 interval 3 (xid=0x89cbc825)
DHCPOFFER of 192.168.11.1 from 192.168.11.254
DHCPREQUEST for 192.168.11.1 on net0 to 255.255.255.255 port 67 (xid=0x25c8cb89)
DHCPACK of 192.168.11.1 from 192.168.11.254 (xid=0x89cbc825)
bound to 192.168.11.1 -- renewal in 1755 seconds.
```

図●IPアドレスの取得

念のため、ip addr showコマンドでIPアドレスを確認します。すると、またDHCPでIPアドレスが設定されたことがわかります。

```
root@cl1:/# ip addr show net0
2: net0@if3: <BROADCAST,MULTICAST,DYNAMIC,UP,LOWER_UP> mtu 1500 qdisc noqueue state UP
group default qlen 1000
    link/ether 02:42:ac:01:10:01 brd ff:ff:ff:ff:ff:ff link-netnsid 0
    inet 192.168.11.1/24 brd 192.168.11.255 scope global dynamic net0
       valid_lft 3307sec preferred_lft 3307sec
```

図●IPアドレスの確認（IPアドレス取得後）

4 せっかくなので、もう1つウィンドウ、あるいはタブを開いてrt1にログインし、どのIPアドレスが配布されているかも確認しておきましょう。配布状況は「/var/lib/misc/dnsmasq.leases」というテキストファイルに記載されています。それをcatコマンドで確認します。すると、cl1のMACアドレス（02:42:ac:01:10:01）には「192.168.11.1」、cl2のMACアドレス（02:42:ac:01:10:02）には「192.168.11.2」が配布されたことがわかります。

```
root@rt1:/# cat /var/lib/misc/dnsmasq.leases
1682579634 02:42:ac:01:10:02 192.168.11.2 cl2 *
1682579448 02:42:ac:01:10:01 192.168.11.1 cl1 *
```

図●IPアドレスの配布状況

5 rt1でCtrl+cを押して、tcpdumpを終了します。

パケットを解析しよう

続いて、前項でキャプチャしたDHCPメッセージを解析していきます。解析に先立って、役に立ちそうなWiresharkの表示フィルターを紹介しておきます。これらをフィルターツールバーに入力します。複数の表示フィルターを「and」や「or」でつないで、表示するパケットをさらに絞り込むことも可能です。

フィールド名	フィールド名が表す意味	書式例
dhcp	すべてのDHCPメッセージ	dhcp
dhcp.ip.your	割り当てクライアントIPアドレス	dhcp.ip.your == 192.168.11.1
dhcp.option.type	オプションタイプ	dhcp.option.type == 53
dhcp.option.dhcp	DHCPメッセージタイプ	dhcp.option.dhcp == 2
dhcp.option.subnet_mask	サブネットマスク	dhcp.option.subnet_mask == 255.255.255.0
dhcp.option.domain_name_server	DNSサーバーのIPアドレス	dhcp.option.domain_name_server == 192.168.11.254
dhcp.option.router	デフォルトゲートウェイ	dhcp.option.router == 192.168.11.254

表 ● DHCPに関する代表的な表示フィルター

では、Wiresharkで「C:¥tinet」にある「dhcp.pcapng」を開き、表示フィルターに「dhcp」を入力してみましょう。すると、4個のパケットが見えるはずです。流れを見てみると、「cl1によるDHCP Discover」→「rt1によるDHCP Offer」→「cl1によるDHCP Request」→「rt1によるDHCP ACK」の順に処理していることがわかります。

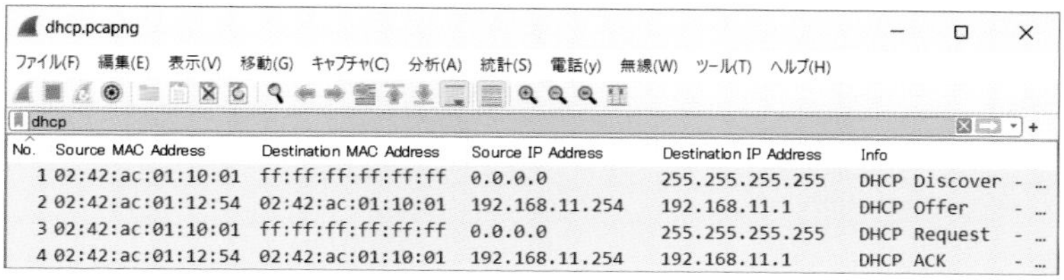

dhcp.pcapng

ファイル(F) 編集(E) 表示(V) 移動(G) キャプチャ(C) 分析(A) 統計(S) 電話(y) 無線(W) ツール(T) ヘルプ(H)

dhcp

No.	Source MAC Address	Destination MAC Address	Source IP Address	Destination IP Address	Info
1	02:42:ac:01:10:01	ff:ff:ff:ff:ff:ff	0.0.0.0	255.255.255.255	DHCP Discover - …
2	02:42:ac:01:12:54	02:42:ac:01:10:01	192.168.11.254	192.168.11.1	DHCP Offer - …
3	02:42:ac:01:10:01	ff:ff:ff:ff:ff:ff	0.0.0.0	255.255.255.255	DHCP Request - …
4	02:42:ac:01:12:54	02:42:ac:01:10:01	192.168.11.254	192.168.11.1	DHCP ACK - …

図 ● DHCPの全体的な流れ

では、ひとつひとつパケットを見ていきましょう。

cl1によるDHCP Discover

まず、cl1はdhclientコマンドとともにDHCP Discoverを送信します。DHCP Discoverの送信元MACアドレスは自分自身のMACアドレスである「02:42:ac:01:10:01」、宛先MACアドレスはまだDHCPサーバーの在りかがわからない状態なのでブロードキャストの「ff:ff:ff:ff:ff:ff」です。また、送信元IPアドレスは、まだIPアドレスが設定されていない状態なのでダミーアドレスの「0.0.0.0」、宛先IPアドレスはブロードキャストの「255.255.255.255」です。ちなみに、dhclientは一度「-rオプション」でIPアドレスをリリースすると、次のDHCP Discoverでも同じIPアドレスを使用しようと、Requested IP Addressオプションフィールドに「192.168.11.1」を格納します。

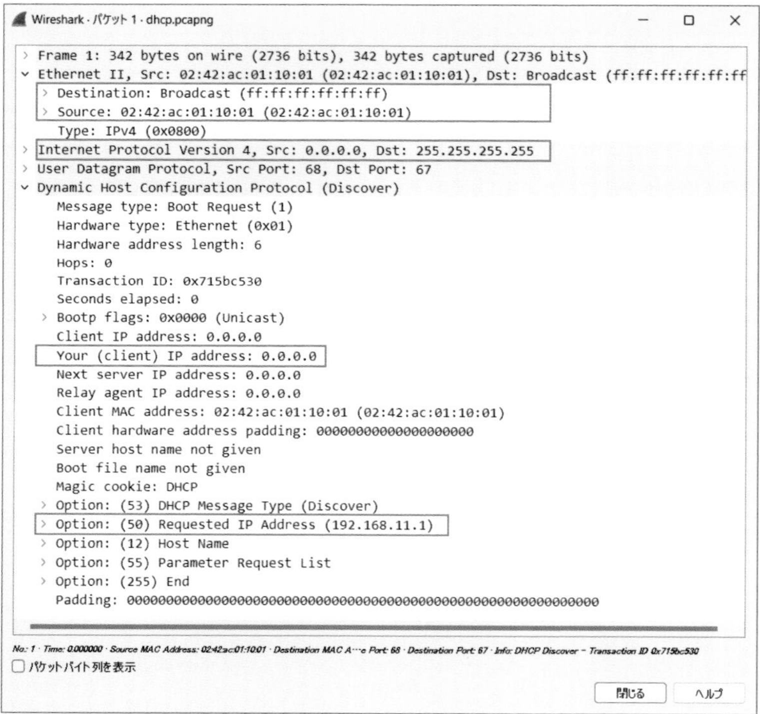

図 ● DHCP Discover

rt1によるDHCP Offer

DHCP Discoverを受け取ったrt1は、DHCPプールから「192.168.11.1」を選び出し※45、割り当てクライアントIPアドレスフィールド（Your IP address）に「192.168.11.1」を格納します。また、あわせて、オプションフィールドに、リース時間（1時間）やサブネットマスク（255.255.255.0）、DNSサーバーのIPアドレス（192.168.11.254）やデフォルトゲートウェイ（192.168.11.254）など、いろいろな情報を格納して、ユニキャストのDHCP Offerを送信します。ちなみに、オプションフィールドで提示される、これらの値はtinetの設定ファイルを通じて「/etc/dnsmasq.conf」に設定されています。

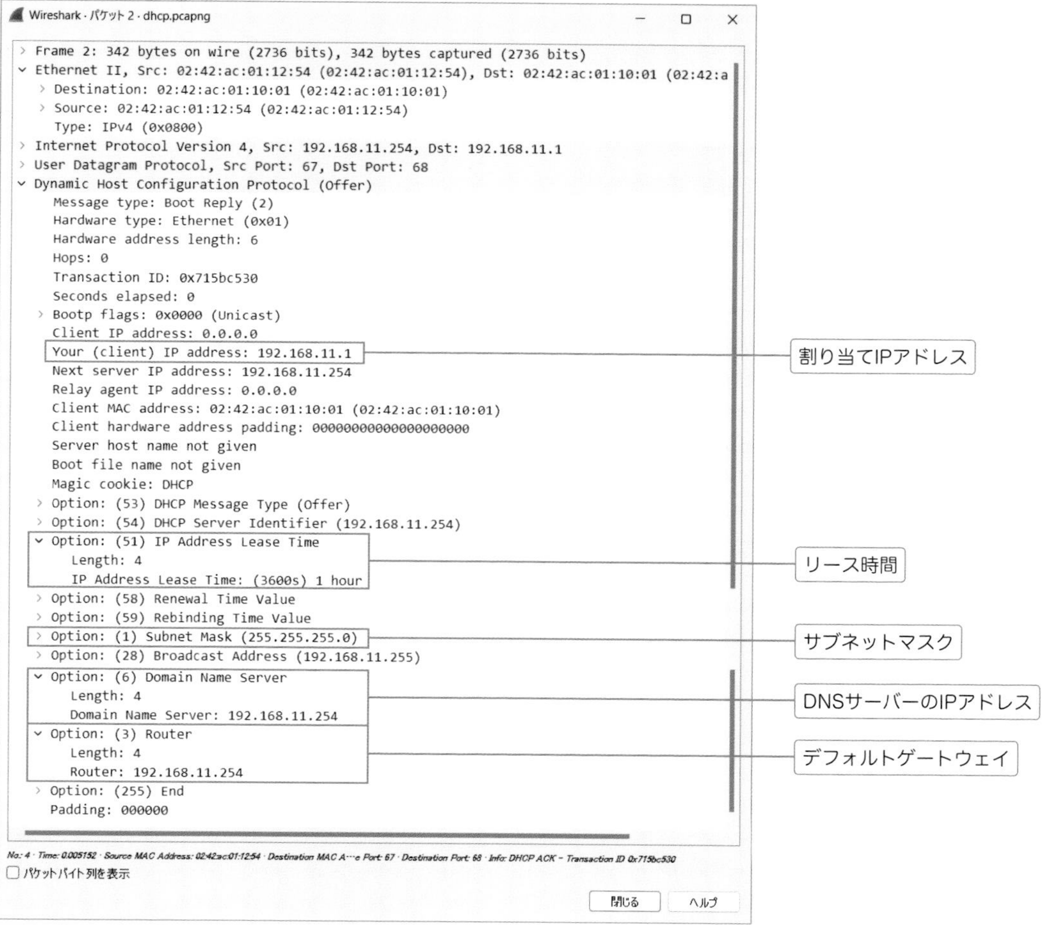

図 ● DHCP Offer

※45 解説の整合性の兼ね合いで、rt1は受け取ったDHCP Discoverの送信元MACアドレスが「02:42:ac:01:10:01（cl1のMACアドレス）」だったら、「192.168.11.1」を割り当てるように設定されています。

cl1によるDHCP Request

DHCP Offerを受け取ったcl1は、ブロードキャストのDHCP Requestを送信し、rt1にその設定をお願いします。パケットの内容は、DHCP Discoverとそこまで大きくは変わりません。

図 ● DHCP Request

rt1によるDHCP ACK

DHCP Requestを受け取ったrt1は、ユニキャストのDHCP ACKを送信し、設定内容を確定させます。パケットの内容は、DHCP Offerとそこまで大きくは変わりません。

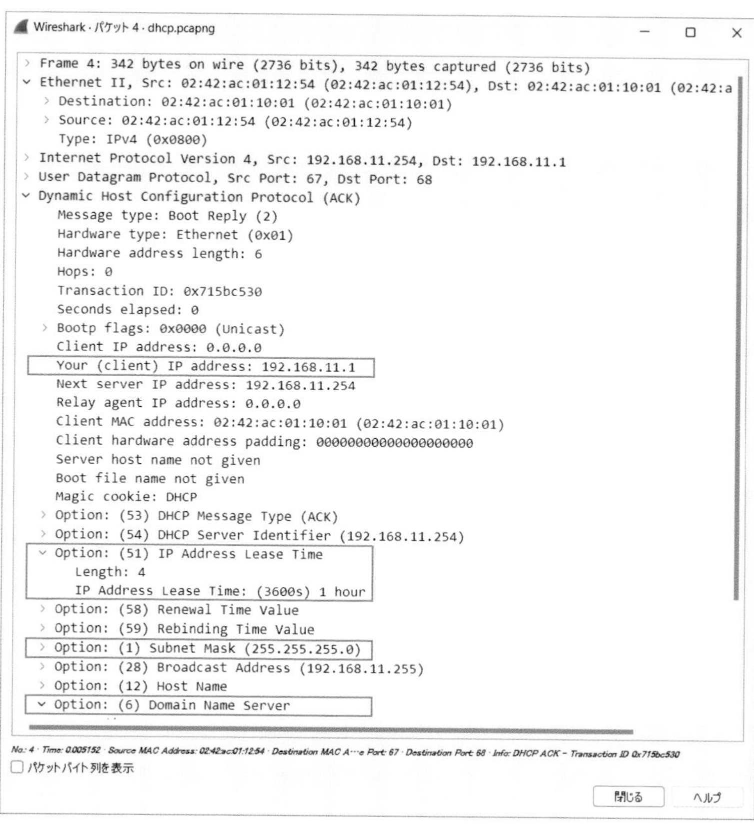

図 ● DHCP ACK

5-3 ネットワーク技術を知ろう

続いて、実際のネットワーク環境でよく使用されているアプリケーションプロトコルに関する技術について説明します。現代のネットワークにおいて、アプリケーションプロトコルで活躍する機器といえば「負荷分散装置」です。まず、負荷分散装置について簡単におさらいしておきましょう。

負荷分散装置は、その名のとおり、サーバーの負荷を分散する機器です。実務の現場では「ロードバランサー」と呼んだり、「L7スイッチ」と呼んだりしますが、すべて同じものと考えてよいでしょう。負荷分散装置でよく使用する技術といえば「サーバー負荷分散」と「SSLオフロード」の2つです。それぞれについて机上と実践、両側面から説明します。

5-3-1 サーバー負荷分散

サーバー負荷分散は、クライアントから受け取ったパケットを複数のサーバーに振り分ける技術です。どんなに高性能なサーバーであっても、1台で処理できるトラフィック（通信データ）の量には限りがあります。負荷分散装置は、クライアントから送信されたパケットを受け取ると、「負荷分散方式（負荷分散アルゴリズム）」という決まりごとに基づいて、背後にいる複数のサーバーに振り分け、システム全体で処理できるトラフィック量の拡張を図ります。また、負荷分散対象のサーバーに対して、「ヘルスチェック」と呼ばれる定期的なサービス監視を行うことによって、障害の発生したサーバーを負荷分散対象から切り離し、サービスの可用性向上を図ります。

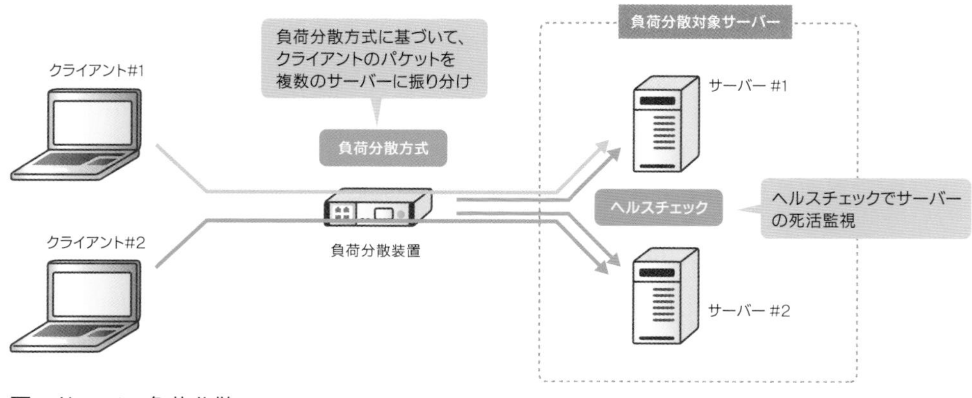

図 ● サーバー負荷分散

机上で知ろう

では、負荷分散装置はどのようにパケットを複数のサーバーに振り分けているのでしょうか。まずは、机上で処理の流れを理解しましょう。ただ、サーバー負荷分散の技術はそれ単体で存在しているわけではなく、いろいろな機能が組み合わさってできています。そこで、はじめにサーバー負荷分散を構成する代表的な機能を説明し、そのあと全体的な処理の流れを説明していきます。

なお、細かい挙動はメーカーや機器、アプリケーションによって微妙に異なります。ここでは、検証環境で使用する「HAProxy」の挙動をベースに説明します。

サーバー負荷分散で使用されている機能

先述のとおり、サーバー負荷分散はいろいろな機能が組み合わさってできている技術です。ここでは、それらの機能のうち、「ヘルスチェック」「負荷分散方式(負荷分散アルゴリズム)」「パーシステンス」について説明します。

ヘルスチェック

ヘルスチェックは、負荷分散対象のサーバーの状態を監視する機能です。ダウンしているサーバーにコネクションを割り振っても意味がありません。応答しないだけです。負荷分散装置は、サーバーに対して定期的に監視パケットを送ることで稼働しているかを監視し、ダウンと判断したら、そのサーバーを負荷分散対象から切り離します。メーカーによっては、「ヘルスモニター」や「プローブ」などと呼ばれることもありますが、どれも同じと考えてよいでしょう。

ヘルスチェックにはいろいろな種類がありますが、HAProxyでよく使用されるものといえば、「TCPチェック」と「HTTPチェック」でしょう。**TCPチェックは、SYNパケットを定期的に投げ、SYN/ACKパケットの戻りを見ることによって、TCPサービスの状態を監視します。HTTPチェックは、HTTPリクエストを定期的に投げ、HTTPレスポンスの内容を見ることによって、HTTPアプリケーションの状態を監視します。**

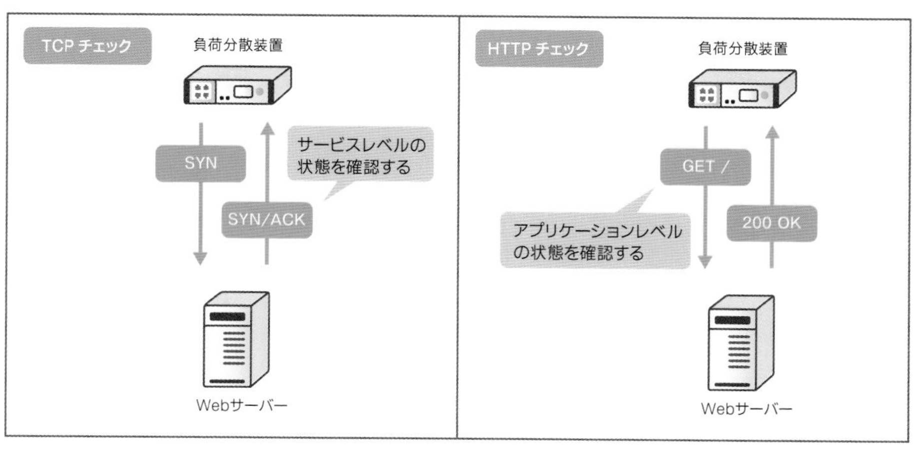

図 ● TCPチェックとHTTPチェック

負荷分散方式（負荷分散アルゴリズム）

「どの情報を使って、どのサーバーに割り振るか」、このことを「負荷分散方式（負荷分散アルゴリズム）」といいます。負荷分散方式によって、振り分けられるサーバーが変わります。

負荷分散方式にはいろいろな種類がありますが、HAProxyでよく使用されるものといえば、「ラウンドロビン」と「最少接続数」でしょう。**ラウンドロビンは、負荷分散対象のサーバーに順番に割り振りを行います。最少接続数は、割り振った接続数を観察し、より接続数が少ないサーバーに割り振りを行います。**

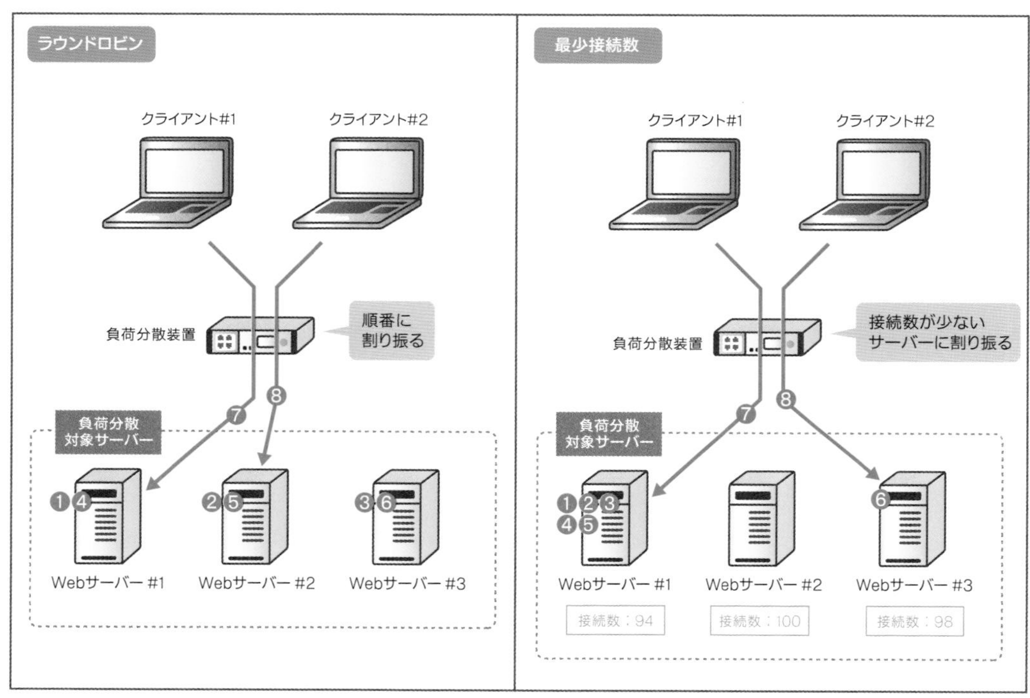

図 ● ラウンドロビンと最少接続数

パーシステンス

パーシステンスは、アプリケーションにおける同一セッションを、同じサーバーに割り振り続ける機能です。アプリケーションによっては、一連の処理を同じサーバーで行わなければ、処理の整合性がとれないものもあります。ショッピングサイトが良い例でしょう。ショッピングサイトは「カートに入れる」→「購入する」という一連の処理を同じサーバーで行う必要があります。たとえば、Webサーバー #1で商品をカートに入れたのに、Webサーバー #2で購入処理することはできません。Webサーバー #1で商品をカートに入れたら、Webサーバー #1で購入処理もしないといけません。そんなときにパーシステンスを使用します。「カートに入れる」→「購入する」という一連の処理を同じサーバーで行うことができるように、特定の情報をもとに同じサーバーに割り振り続けます。

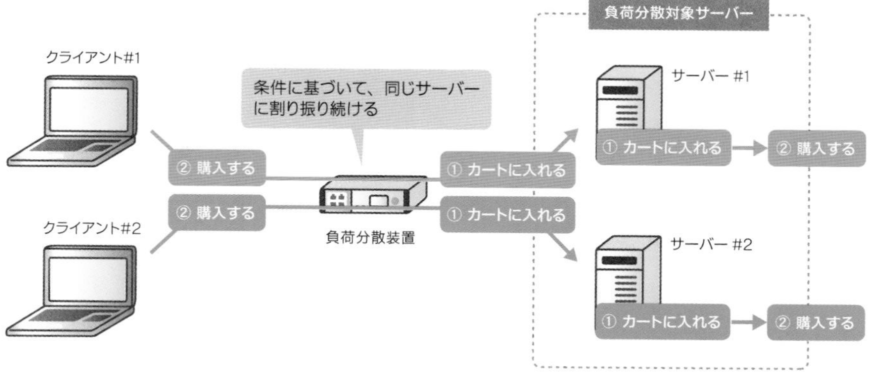

図 ● パーシステンス

パーシステンスは、何の情報を見て同じサーバーに割り振るかによって、いくつかの方式があります。その中でも、よく使用される方式が「送信元IPアドレスパーシステンス」と「Cookieパーシステンス」です。

送信元IPアドレスパーシステンスは、送信元のIPアドレスを見て、一定時間同じサーバーに割り振り続けるパーシステンスです。たとえば、送信元IPアドレスが「10.1.1.245」だったらサーバー #1に、「10.1.2.53」だったらサーバー #2に、設定した時間だけ割り振り続けます。

Cookieパーシステンスは、Cookieヘッダーフィールドの情報を見て、一定時間同じサーバーに割り振り続けるパーシステンスです。Cookieフィールドを使用するので、HTTP、あるいは後述するSSLオフロード技術を使用しているHTTPS環境でのみ有効です。CookieはWebサーバーとの通信で特定の情報をWebブラウザに保存させる仕組み、または保持されたファイルのことです。IPアドレスやドメイン名（FQDN）ごとに管理されています。負荷分散装置は、最初のHTTPレスポンスで割り振ったサーバーの情報や有効期限を詰め込んだCookieをクライアントに渡します。以降のHTTPリクエストはそのCookieを持ちつつ行われるため、負荷分散装置はそれをもとに、同じサーバーに割り振り続けます。

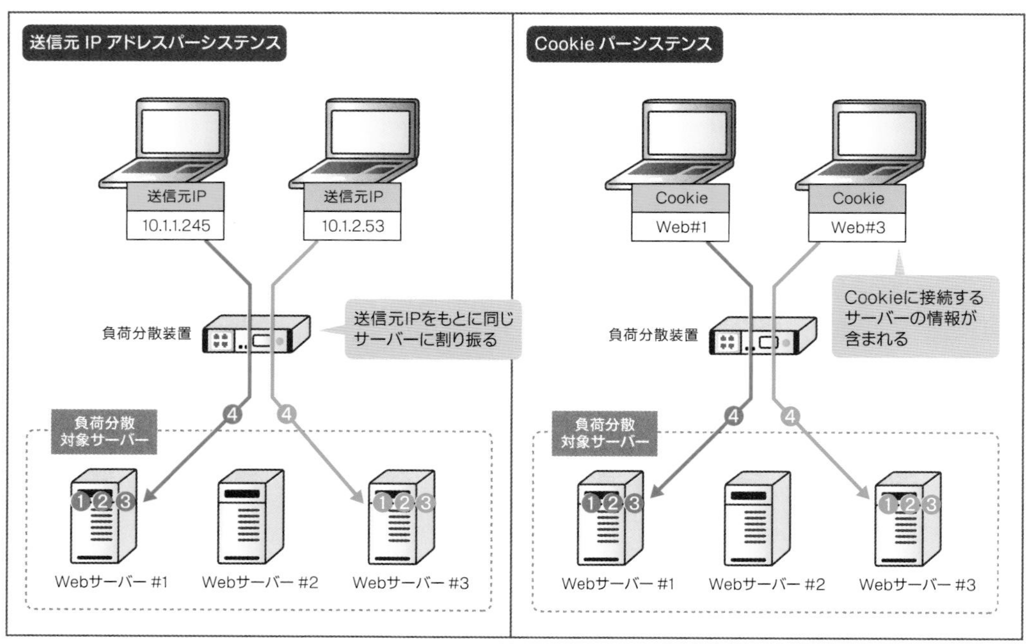

図 ● 送信元IPアドレスパーシステンスとCookieパーシステンス

サーバー負荷分散の流れ

サーバー負荷分散を構成する代表的な機能をひととおり紹介したところで、今度はサーバー負荷分散の全体的な処理の流れについて説明しましょう。ここでは、検証環境において、インターネットにいるns1（Webブラウザ）[※1]から送信されたHTTPリクエストが、lb1（負荷分散装置）によってsv1（Webサーバー #1）とsv2（Webサーバー #2）に負荷分散される場合を例に説明します。

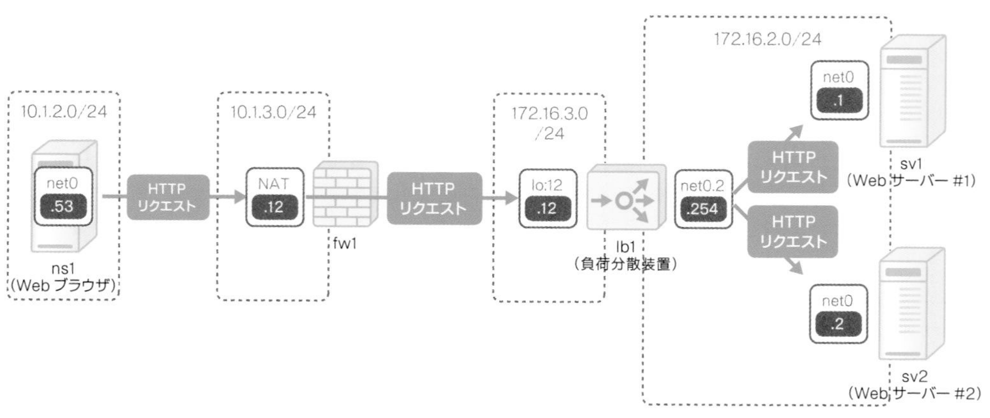

図 ● サーバー負荷分散を理解するためのネットワーク構成

※1　ここではns1をWebブラウザ（HTTPクライアント）として使用します。

1 lb1は、ns1からのHTTPリクエストの有無にかかわらず、ヘルスチェックで負荷分散対象となるsv1とsv2の生死状態を常時監視しています。sv1とsv2に対して、定期的に監視パケットを投げ、その応答をチェックしています。

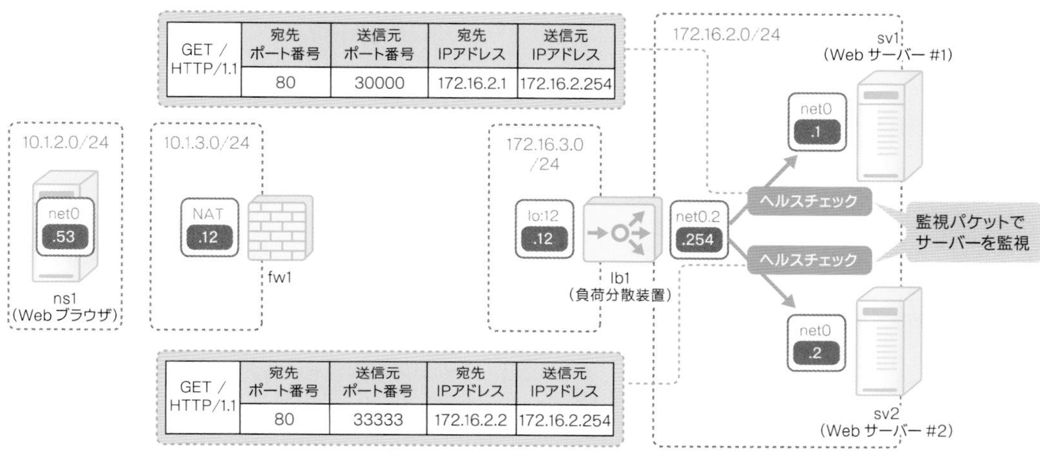

図 ● ヘルスチェックでsv1とsv2の状態を監視（HTTPチェックを使用した場合）

2 ns1はfw1上にあるサーバー負荷分散用の公開IPアドレス（10.1.3.12）に対して、HTTPリクエストを送信します。fw1はNATテーブルの設定に基づいて、宛先IPアドレスをサーバー負荷分散用のプライベートIPアドレス（172.16.3.12）にNATし、lb1へ送信します。lb1は、サーバー負荷分散用に設定された同IPアドレス（172.16.3.12）※2とポート番号（80）でHTTPリクエストを受け取ります。

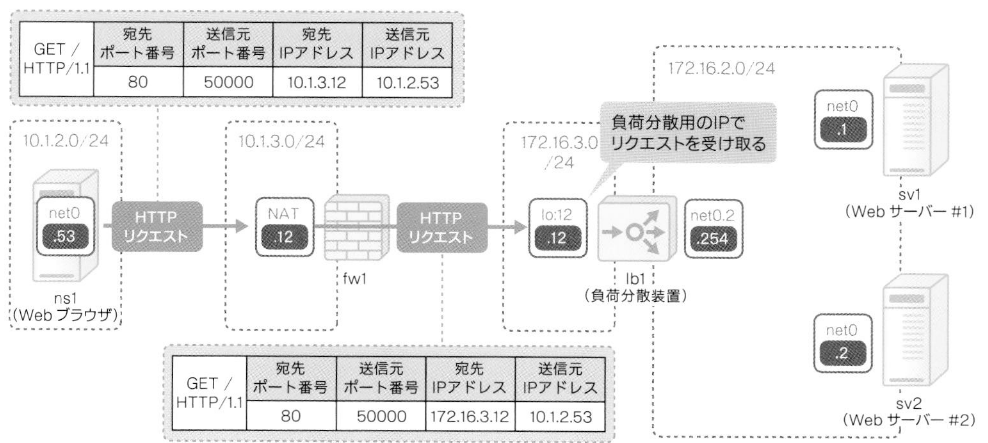

図 ● ns1はfw1を介して、lb1にHTTPリクエスト

※2 このIPアドレスは、lb1のループバックインターフェース（lo:12）に設定されています。

3 lb1はHTTPリクエストを受け取ると、送信元IPアドレスを自分自身のIPアドレス（172.16.2.254）に変換します（送信元NAT）[※3]。また、あわせて宛先IPアドレスをそれに関連付けられている負荷分散対象サーバー（sv1かsv2）のIPアドレス（172.16.2.1か172.16.2.2）に変換します（宛先NAT）。このとき、変換する宛先IPアドレスを、ヘルスチェックの結果や負荷分散アルゴリズム、パーシステンスの状態に基づいて、動的に変えることによって、最適なサーバーに振り分けます。

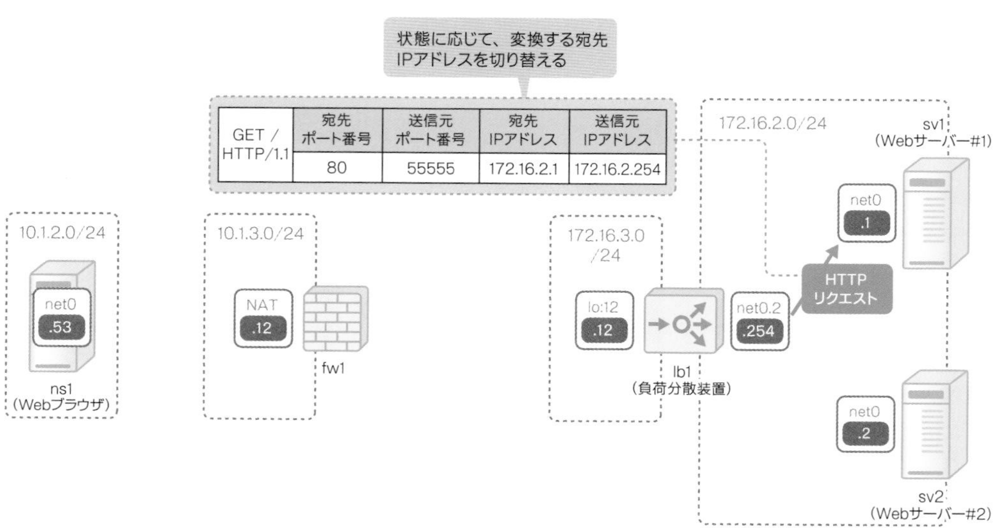

図● 負荷分散対象サーバーに振り分ける（sv1に振り分けた場合）

4 HTTPリクエストを受け取ったsv1、あるいはsv2は、その内容に応じた処理を行い、lb1（172.16.2.254）に対してHTTPレスポンスを返します。

※3 HAProxyは、デフォルトで送信元ポート番号も変換します。本文では、処理的により重要なNATの部分に着目してもらうために、割愛しています。

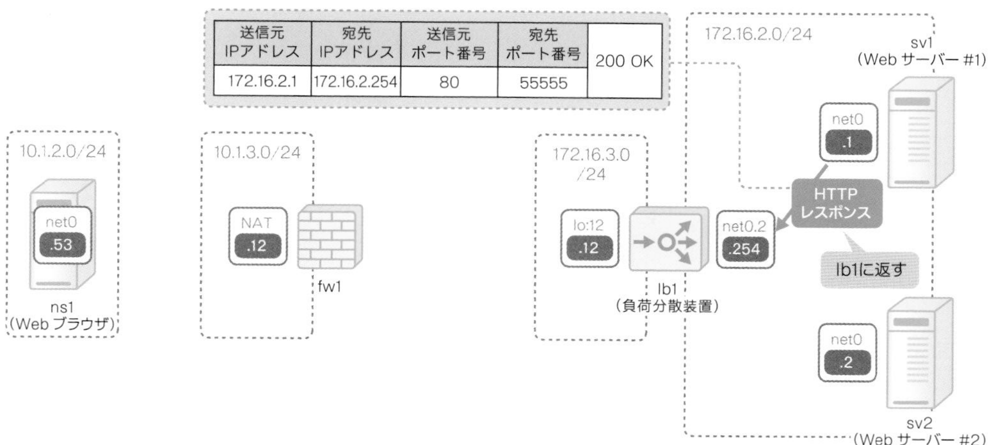

図 ● lb1にHTTPレスポンスを返す

5 HTTPレスポンスを受け取ったlb1は、送信元/宛先IPアドレスを元に戻し※4、fw1を介してns1に返します。

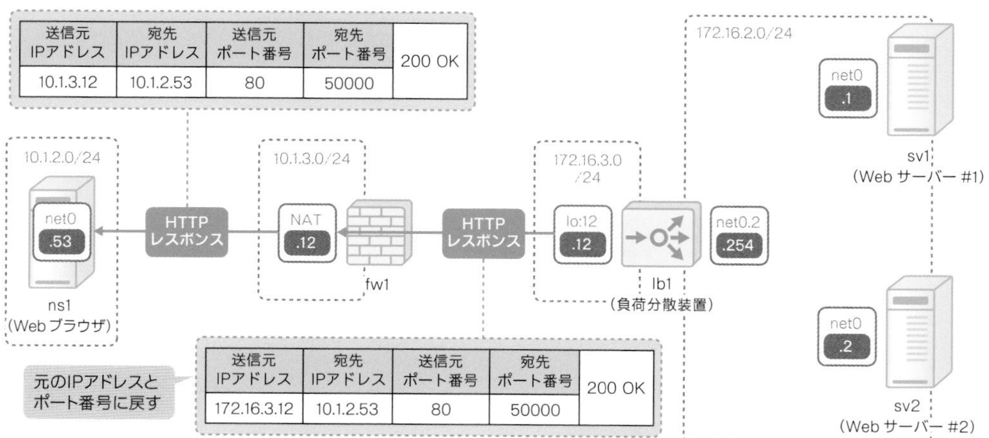

図 ● ns1にHTTPレスポンスを返す

※4 あわせて、宛先ポート番号も元に戻します。

実践で知ろう

それでは、検証環境を用いて負荷分散装置を設定し、実際の動作を見ていきましょう。使用するtinetの設定ファイルは、引き続き「spec_05.yaml」です。ここではlb1を設定して、sv1とsv2に負荷分散します。ただ負荷分散するだけだと、少し面白みに欠けるかもしれないので、「シンプルなサーバー負荷分散」と「パーシステンスを使用したサーバー負荷分散」という2パターンのサーバー負荷分散を体験してみましょう。

シンプルなサーバー負荷分散

まずは、シンプルなサーバー負荷分散を設定していきます。ここでは、以下のサーバー負荷分散要件に基づいて、ns1から送信されたHTTPリクエストをsv1 → sv2 → sv1 → sv2…とラウンドロビンに（順番に）振り分けるための設定をしていきます。

サイド	要件概要		要件詳細
クライアントサイド（frontend）	IPアドレス		172.16.3.12
	ポート番号		80
サーバーサイド（backend）	負荷分散アルゴリズム		ラウンドロビン
	負荷分散対象サーバー	#1	172.16.2.1:80
		#2	172.16.2.2:80
	ヘルスチェック	ヘルスチェック間隔	5秒
		ダウン判定基準	3回連続でヘルスチェックに失敗したらダウン判定
		復活判定基準	ダウン後、2回連続でヘルスチェックに成功したら再アップ判定
		方式	HTTP
		ヘルスチェックパス	/
		Hostヘッダーフィールド	www.example.com
		判定ステータスコード	200
	パーシステンス		なし
	X-Forwarded-For		あり
	X-Forwarded-Proto		あり

表●設定したいサーバー負荷分散要件

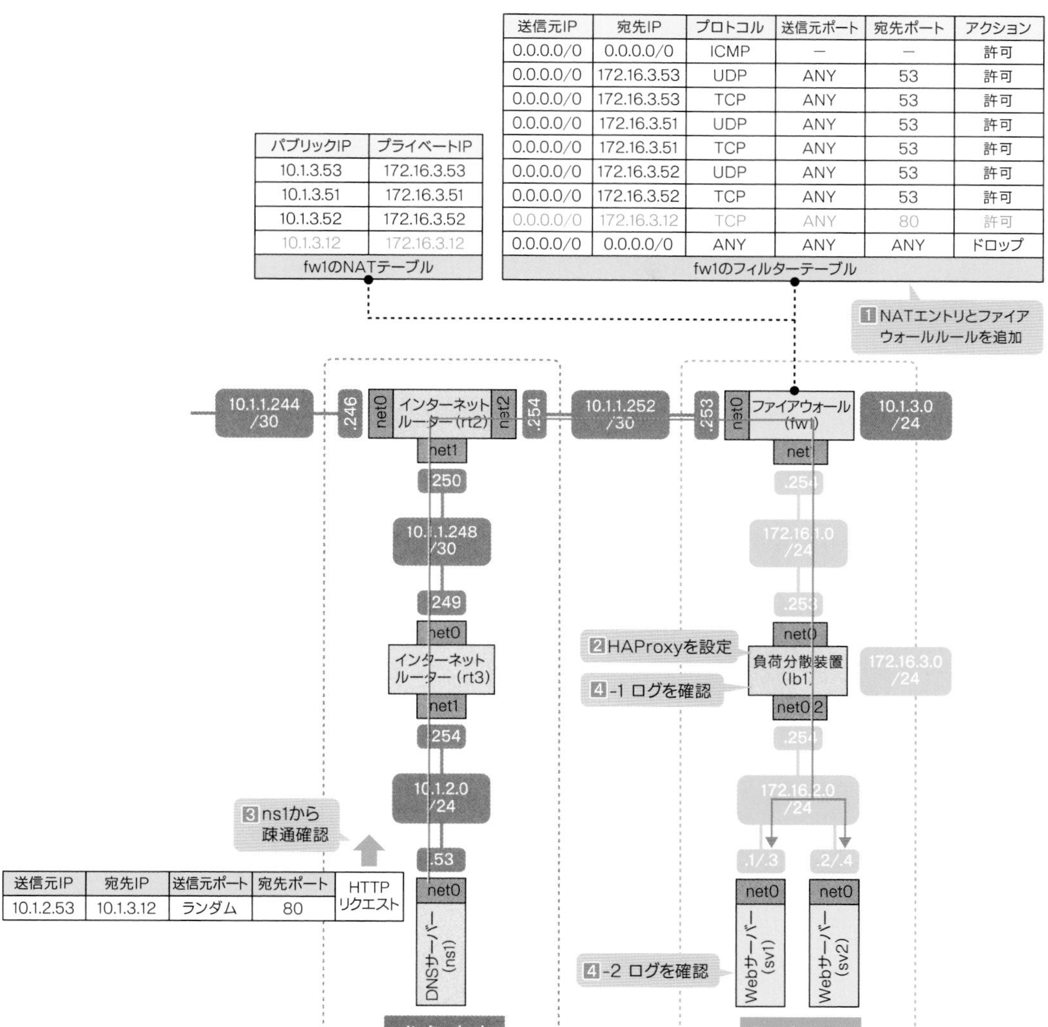

図 ● 実践項で行う作業

1 まず、lb1に設定するサーバー負荷分散用のIPアドレスとポート番号をインターネットに公開しましょう。fw1にログインし、lb1のクライアントサイド（後述するfrontendセクション）に設定するプライベートIPアドレス「172.16.3.12」と公開IPアドレス「10.1.3.12」を静的NATで紐づけます。また、あわせてそれに対するTCP/80を許可します。

```
root@fw1:/# iptables -t nat -A PREROUTING -d 10.1.3.12 -j DNAT --to 172.16.3.12
root@fw1:/# iptables -t filter -A FORWARD -m conntrack --ctstate NEW -d 172.16.3.12 -p tcp
-m tcp --dport 80 -j ACCEPT
```

図 ● fw1で静的NATとファイアウォールを設定する

念のため、「iptables -t nat -nL PREROUTING --line-numbers」と「iptables -t filter -nL FORWARD --line-numbers」で、NATテーブルとフィルターテーブルを確認します。すると、それぞれ新たにエントリが追加されていることがわかります。

```
root@fw1:/# iptables -t nat -nL PREROUTING --line-numbers
Chain PREROUTING (policy ACCEPT)
num  target     prot opt source               destination
1    DNAT       all  --  0.0.0.0/0            10.1.3.1             to:172.16.2.1
2    DNAT       all  --  0.0.0.0/0            10.1.3.2             to:172.16.2.2
3    DNAT       all  --  0.0.0.0/0            10.1.3.53            to:172.16.3.53
4    DNAT       all  --  0.0.0.0/0            10.1.3.51            to:172.16.3.51
5    DNAT       all  --  0.0.0.0/0            10.1.3.52            to:172.16.3.52
6    DNAT       all  --  0.0.0.0/0            10.1.3.12            to:172.16.3.12
```

図・NATテーブルの確認

```
root@fw1:/# iptables -t filter -nL FORWARD --line-numbers
Chain FORWARD (policy DROP)
num  target     prot opt source               destination
1    ACCEPT     all  --  0.0.0.0/0            0.0.0.0/0            ctstate RELATED,ESTABLISHED
2    ACCEPT     icmp --  0.0.0.0/0            0.0.0.0/0            ctstate NEW icmptype 8
3    ACCEPT     udp  --  0.0.0.0/0            172.16.3.53          ctstate NEW udp dpt:53
4    ACCEPT     tcp  --  0.0.0.0/0            172.16.3.53          ctstate NEW tcp dpt:53
5    ACCEPT     udp  --  0.0.0.0/0            172.16.3.51          ctstate NEW udp dpt:53
6    ACCEPT     tcp  --  0.0.0.0/0            172.16.3.51          ctstate NEW tcp dpt:53
7    ACCEPT     udp  --  0.0.0.0/0            172.16.3.52          ctstate NEW udp dpt:53
8    ACCEPT     tcp  --  0.0.0.0/0            172.16.3.52          ctstate NEW tcp dpt:53
9    ACCEPT     tcp  --  0.0.0.0/0            172.16.3.12          ctstate NEW tcp dpt:80
```

図・フィルターテーブルの確認

2 続いて、lb1を設定します。**lb1にインストールされているHAProxyの設定は「/etc/haproxy/haproxy.cfg」に記述します**※5。haproxy.cfgは、HAProxy全体に関する設定を記述する「globalセクション」、各セクションのデフォルト値を記述する「defaultsセクション」、クライアントからのHTTPリクエストを待ち受ける設定を記述する「frontendセクション」、負荷分散対象のサーバーやそれに対するヘルスチェックなどの設定を記述する「backendセクション」で構成されています。

※5 HAProxyには幅広い設定が用意されていますが、ここではp.348で挙げた要件に必要なものだけをピックアップして説明します。

図 ● haproxy.cfgの構成

haproxy.cfgは、viコマンドを使用して編集します。viコマンドは、Linux OS標準のテキストエディタ「vi」を起動するコマンドです。Windows OSでいうメモ帳みたいなものと考えてよいでしょう。

viには、大きく「コマンドモード」と「入力モード」という2つの動作モードがあります。**コマンドモードは、文字列を検索したり、ファイルを保存したりするモードです。**起動直後はコマンドモードになっていて、「i」や「a」を入力すると、入力モードに入ることができます。

分類	コマンド	説明
入力する	a	カーソルの後ろに文字を挿入する（入力モードに入る）
	i	カーソルの前に文字を挿入する（入力モードに入る）
削除する	x	カーソルがある文字削除する
	X	カーソルの左にある文字を削除する
	dd	カーソルがある行を削除する
	[n]dd	カーソルがある行からn行を削除する
コピーする	yy	カーソルがある行をコピーする
	[n]yy	カーソルがある行からn行をコピーする
貼り付ける	p	カーソルがある行と次の行の間に、コピーした内容を貼り付ける
	P	カーソルがある行と前の行の間に、コピーした内容を貼り付ける
閉じる	:q	viを閉じる
	:q!	編集した内容をファイルに保存せずに、viを閉じる
	:w	ファイルを保存する
	:wq	ファイルを保存して、viを閉じる
	:wq!	強制的にファイルを保存して、viを閉じる

検索する	/[検索文字列]	指定した文字列を後方（下）に検索する
	?[検索文字列]	指定した文字列を前方（上）に検索する
	n	次の候補を後方（下）に検索する
	N	次の候補を前方（上）に検索する

表●viのコマンドモードの代表的なコマンド

入力モードは、文字を入力するモードです。入力モードに入ると、画面の下に「-- INSERT --」と表示され、文字を入力できるようになります。入力モードの操作方法は、メモ帳とそこまで大きく変わりません。矢印キーでカーソルを移動、文字キーで文字を入力し、必要に応じて[Back space]で文字を削除します。[Esc]を押すと、またコマンドモードに戻ることができます。

viには、上表のようにいろいろなコマンドがあって、初学者にとっては、なかなか使いづらいアプリケーションのひとつだったりします。いきなりいろいろなコマンドを使いこなそうとはせず、とりあえずは**「i」で入力モードに入って、メモ帳感覚で編集し、終わったらEscで入力モードから抜けて、「:wq」で保存して閉じる。**これを基本として、徐々に必要なコマンドを覚えていくほうが習得の近道になるでしょう。

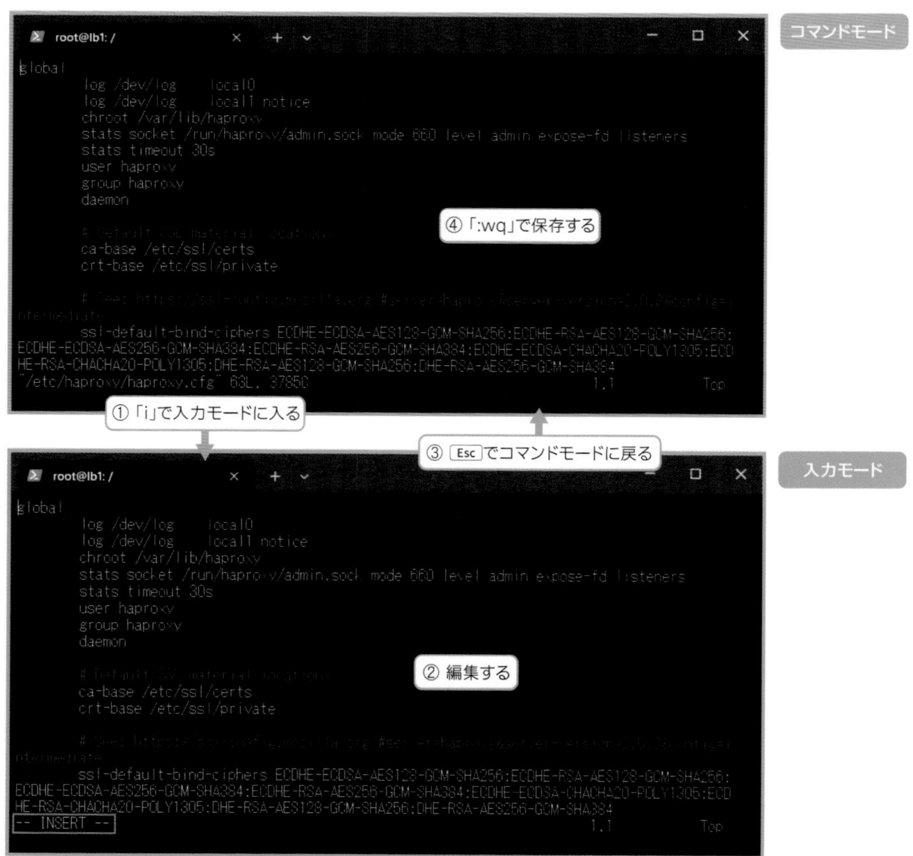

図●viのコマンドモードと入力モード

では、lb1にログインし、viコマンドで/etc/haproxy/haproxy.cfgを指定したあと、「i」で入力モードに入り、次図のようにfrontendセクションとbackendセクションを追記しましょう。入力し終わったら、Escでコマンドモードに戻り、「:wq」で保存します。haproxy.cfgの編集が終わったら、新しい設定を読み込むために、「/etc/init.d/haproxy restart」でHAProxyのサービスを再起動します。

```
root@lb1:/# cat /etc/haproxy/haproxy.cfg
global
        log /dev/log    local0
        log /dev/log    local1 notice
        chroot /var/lib/haproxy
        stats socket /run/haproxy/admin.sock mode 660 level admin expose-fd listeners
        stats timeout 30s
        user haproxy
        group haproxy
        daemon

        # Default SSL material locations
        ca-base /etc/ssl/certs
        crt-base /etc/ssl/private

(中略)

defaults
        log     global
        mode    http
        option  httplog
        option  dontlognull
        timeout connect 5000
        timeout client  50000
        timeout server  50000
        errorfile 400 /etc/haproxy/errors/400.http
        errorfile 403 /etc/haproxy/errors/403.http
        errorfile 408 /etc/haproxy/errors/408.http
        errorfile 500 /etc/haproxy/errors/500.http
        errorfile 502 /etc/haproxy/errors/502.http
        errorfile 503 /etc/haproxy/errors/503.http
        errorfile 504 /etc/haproxy/errors/504.http

frontend www-front
        bind 172.16.3.12:80
        default_backend www-back

backend www-back
        balance roundrobin
        server sv1 172.16.2.1:80 check inter 5000 fall 3 rise 2
        server sv2 172.16.2.2:80 check inter 5000 fall 3 rise 2
        http-request set-header x-forwarded-proto http if !{ ssl_fc }
        option forwardfor
        option httpchk GET / HTTP/1.1
```

追記

```
        http-check send hdr Host www.example.com
        http-check expect status 200

root@lb1:/# /etc/init.d/haproxy restart ── サービスの再起動
```

図 ● haproxy.cfg

ちなみに、サーバー負荷分散要件と、haproxy.cfgに記述した設定内容を照らし合わせると、次表のようになります。

<table>
<tr><th>サイド</th><th colspan="2">要件項目</th><th>要件詳細</th><th>該当する設定</th></tr>
<tr><td rowspan="3">クライアントサイド（frontend）</td><td colspan="2">フロントエンド名</td><td>www-front</td><td>frontend www-front</td></tr>
<tr><td colspan="2">IPアドレス</td><td>172.16.3.12</td><td rowspan="2">bind 172.16.3.12:80
default_backend www-back</td></tr>
<tr><td colspan="2">ポート番号</td><td>80</td></tr>
<tr><td rowspan="14">サーバーサイド（backend）</td><td colspan="2">バックエンド名</td><td>www-back</td><td>backend www-back</td></tr>
<tr><td colspan="2">負荷分散アルゴリズム</td><td>ラウンドロビン</td><td>balance roundrobin</td></tr>
<tr><td rowspan="2">負荷分散対象サーバー</td><td>#1</td><td>172.16.2.1:80</td><td rowspan="5">server sv1 172.16.2.1:80 check inter 5000 fall 3 rise 2
server sv2 172.16.2.2:80 check inter 5000 fall 3 rise 2</td></tr>
<tr><td>#2</td><td>172.16.2.2:80</td></tr>
<tr><td rowspan="7">ヘルスチェック</td><td>ヘルスチェック間隔</td><td>5秒</td></tr>
<tr><td>ダウン判定基準</td><td>3回連続でヘルスチェックに失敗したらダウン判定</td></tr>
<tr><td>復活判定基準</td><td>ダウン後、2回連続でヘルスチェックに成功したら再アップ判定</td></tr>
<tr><td>方式</td><td>HTTP</td><td rowspan="2">option httpchk GET / HTTP/1.1</td></tr>
<tr><td>ヘルスチェックパス</td><td>/</td></tr>
<tr><td>Hostヘッダーフィールド</td><td>www.example.com</td><td>http-check send hdr Host www.example.com</td></tr>
<tr><td>判定ステータスコード</td><td>200</td><td>http-check expect status 200</td></tr>
<tr><td colspan="2">パーシステンス</td><td>なし</td><td>——</td></tr>
<tr><td colspan="2">X-Forwarded-For</td><td>あり</td><td>option forwardfor</td></tr>
<tr><td colspan="2">X-Forwarded-Proto</td><td>あり</td><td>http-request set-header x-forwarded-proto http if !{ ssl_fc }</td></tr>
</table>

図 ● サーバー負荷分散要件と設定内容

3 では、ns1にログインして、サーバー負荷分散できているか確認しましょう。forコマンドやcurlコマンドを組み合わせて、ns1から1秒おきに10回HTTPリクエストを送信し、その応答を確認します。すると、次図のように、**sv1とsv2のコンテンツが交互に表示されるはずです。**

```
root@ns1:/# for i in {1..10}; do curl http://10.1.3.12/; sleep 1; done
sv1.example.com
```

```
sv2.example.com
sv1.example.com
sv2.example.com
sv1.example.com
sv2.example.com
sv1.example.com
sv2.example.com
sv1.example.com
sv2.example.com
```

図 ● sv1とsv2のコンテンツが交互に表示される（ラウンドロビン）

4 最後にHAProxyとnginxのログを確認します。

まずは、lb1でHAProxyのアクセスログを確認しましょう。HAProxyはデフォルトで次図のフォーマットのログを「/var/log/haproxy.log」に書き出しています。

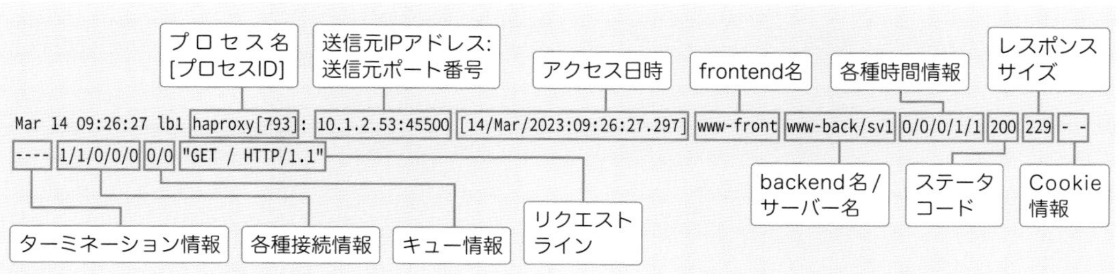

図 ● HAProxyのログフォーマット

ファイルの末尾を指定した行だけ表示するtailコマンドでlb1のログを見ると、「www-front」で受け、「www-back/sv1」と「www-back/sv2」に交互に振り分けていることがわかります。

```
root@lb1:/# tail -10 /var/log/haproxy.log
Mar 15 01:03:01 lb1 haproxy[958]: 10.1.2.53:36376 [15/Mar/2023:01:03:01.431] www-front
www-back/sv1 0/0/0/0/0 200 229 - - ---- 1/1/0/0/0 0/0 "GET / HTTP/1.1"
Mar 15 01:03:02 lb1 haproxy[958]: 10.1.2.53:36382 [15/Mar/2023:01:03:02.441] www-front
www-back/sv2 0/0/0/0/0 200 229 - - ---- 1/1/0/0/0 0/0 "GET / HTTP/1.1"
Mar 15 01:03:03 lb1 haproxy[958]: 10.1.2.53:36386 [15/Mar/2023:01:03:03.450] www-front
www-back/sv1 0/0/0/0/0 200 229 - - ---- 1/1/0/0/0 0/0 "GET / HTTP/1.1"
Mar 15 01:03:04 lb1 haproxy[958]: 10.1.2.53:36390 [15/Mar/2023:01:03:04.464] www-front
www-back/sv2 0/0/0/1/1 200 229 - - ---- 1/1/0/0/0 0/0 "GET / HTTP/1.1"
Mar 15 01:03:05 lb1 haproxy[958]: 10.1.2.53:36396 [15/Mar/2023:01:03:05.475] www-front
www-back/sv1 0/0/0/0/0 200 229 - - ---- 1/1/0/0/0 0/0 "GET / HTTP/1.1"
Mar 15 01:03:06 lb1 haproxy[958]: 10.1.2.53:36400 [15/Mar/2023:01:03:06.483] www-front
www-back/sv2 0/0/0/0/0 200 229 - - ---- 1/1/0/0/0 0/0 "GET / HTTP/1.1"
Mar 15 01:03:07 lb1 haproxy[958]: 10.1.2.53:36406 [15/Mar/2023:01:03:07.492] www-front
www-back/sv1 0/0/0/0/0 200 229 - - ---- 1/1/0/0/0 0/0 "GET / HTTP/1.1"
Mar 15 01:03:08 lb1 haproxy[958]: 10.1.2.53:36410 [15/Mar/2023:01:03:08.501] www-front
```

```
www-back/sv2 0/0/0/0/0 200 229 - - ---- 1/1/0/0/0 0/0 "GET / HTTP/1.1"
Mar 15 01:03:09 lb1 haproxy[958]: 10.1.2.53:36414 [15/Mar/2023:01:03:09.510] www-front
www-back/sv1 0/0/0/0/0 200 229 - - ---- 1/1/0/0/0 0/0 "GET / HTTP/1.1"
Mar 15 01:03:10 lb1 haproxy[958]: 10.1.2.53:36420 [15/Mar/2023:01:03:10.518] www-front
www-back/sv2 0/0/0/0/0 200 229 - - ---- 1/1/0/0/0 0/0 "GET / HTTP/1.1"
```

図● lb1のログ

続いて、sv1かsv2にログインして、nginxのアクセスログを確認しましょう。lb1はfrontendで受け取ったパケットの送信元IPアドレスを「X-Forwarded-Forヘッダーフィールド」、プロトコルを「X-Forwarded-Protoフィールド」に格納して、sv1かsv2に渡します。sv1とsv2は、その情報を判別するために、次図のカスタムフォーマットのログを「/var/log/nginx/access.log」に書き出しています[※6]。

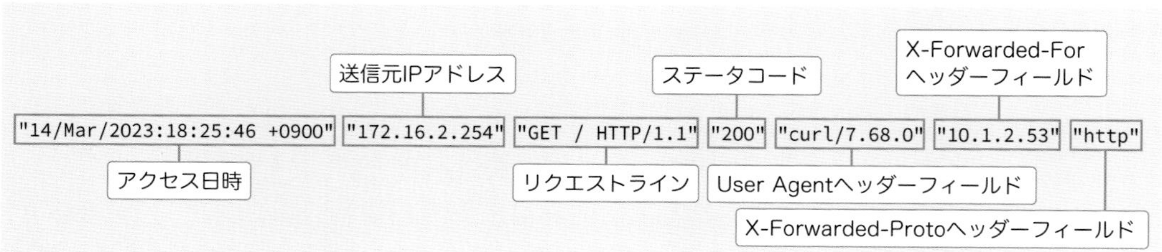

図● sv1とsv2のカスタムフォーマット

tailコマンドでsv1かsv2のログを見ると、「User-Agent」「X-Forwarded-For」「X-Forwarded-Proto」が含まれているログと、含まれていないログがあることがわかります。含まれているログは、frontendによって負荷分散されたHTTPリクエストです。ns1から1秒おきに10回送出されたHTTPリクエストが2台のサーバーに割り振られたので、2秒(1秒×2台)おきに5回(10回÷2台)[※7]のログが書き出されています。含まれていないログは、ヘルスチェックのHTTPリクエストです。lb1から5秒おきに監視パケットが飛んでくるので、5秒おきにログが書き出されています。

```
root@sv1:/# tail -20 /var/log/nginx/access.log
"15/Mar/2023:01:02:29 +0900" "172.16.2.254" "GET / HTTP/1.1" "200" "-" "-" "-"
"15/Mar/2023:01:02:34 +0900" "172.16.2.254" "GET / HTTP/1.1" "200" "-" "-" "-"
"15/Mar/2023:01:02:39 +0900" "172.16.2.254" "GET / HTTP/1.1" "200" "-" "-" "-"
"15/Mar/2023:01:02:44 +0900" "172.16.2.254" "GET / HTTP/1.1" "200" "-" "-" "-"
"15/Mar/2023:01:02:49 +0900" "172.16.2.254" "GET / HTTP/1.1" "200" "-" "-" "-"
"15/Mar/2023:01:02:54 +0900" "172.16.2.254" "GET / HTTP/1.1" "200" "-" "-" "-"
"15/Mar/2023:01:02:59 +0900" "172.16.2.254" "GET / HTTP/1.1" "200" "-" "-" "-"
"15/Mar/2023:01:03:01 +0900" "172.16.2.254" "GET / HTTP/1.1" "200" "curl/7.68.0"
"10.1.2.53" "http"
"15/Mar/2023:01:03:03 +0900" "172.16.2.254" "GET / HTTP/1.1" "200" "curl/7.68.0"
"10.1.2.53" "http"
```

※6　tinetの設定ファイルで設定してあります。
※7　残り5回は、もう片方のWebサーバーに割り振られています。

```
"15/Mar/2023:01:03:04 +0900" "172.16.2.254" "GET / HTTP/1.1" "200" "-" "-" "-"
"15/Mar/2023:01:03:05 +0900" "172.16.2.254" "GET / HTTP/1.1" "200" "curl/7.68.0"
"10.1.2.53" "http"
"15/Mar/2023:01:03:07 +0900" "172.16.2.254" "GET / HTTP/1.1" "200" "curl/7.68.0"
"10.1.2.53" "http"
"15/Mar/2023:01:03:09 +0900" "172.16.2.254" "GET / HTTP/1.1" "200" "curl/7.68.0"
"10.1.2.53" "http"
"15/Mar/2023:01:03:09 +0900" "172.16.2.254" "GET / HTTP/1.1" "200" "-" "-" "-"
"15/Mar/2023:01:03:14 +0900" "172.16.2.254" "GET / HTTP/1.1" "200" "-" "-" "-"
"15/Mar/2023:01:03:19 +0900" "172.16.2.254" "GET / HTTP/1.1" "200" "-" "-" "-"
"15/Mar/2023:01:03:24 +0900" "172.16.2.254" "GET / HTTP/1.1" "200" "-" "-" "-"
"15/Mar/2023:01:03:29 +0900" "172.16.2.254" "GET / HTTP/1.1" "200" "-" "-" "-"
"15/Mar/2023:01:03:34 +0900" "172.16.2.254" "GET / HTTP/1.1" "200" "-" "-" "-"
"15/Mar/2023:01:03:39 +0900" "172.16.2.254" "GET / HTTP/1.1" "200" "-" "-" "-"
```

図●sv1のアクセスログ※8

HTTPリクエストの種類	ヘルスチェックによるHTTPリクエスト	ns1からのHTTPリクエスト
リクエスト間隔	5秒おき	2秒おき
User Agent	なし(-)	あり(curl/7.68.0)
X-Forwarded-For	なし(-)	あり(10.1.2.53)
X-Forwarded-Proto	なし(-)	あり(http)

表●アクセスログの種類

Cookieパーシステンスを使用したサーバー負荷分散

続いて、Cookieパーシステンスを使用したサーバー負荷分散を設定していきます。ここでは、次表のサーバー負荷分散要件に基づいて、ns1から送信されたHTTPリクエストを、Cookieを使用して、どちらかひとつのサーバーだけに振り分け続けるための設定をしていきます。

サイド	要件項目		要件詳細
クライアントサイド(frontend)	IPアドレス		172.16.3.34
	ポート番号		80
サーバーサイド(backend)	負荷分散アルゴリズム		ラウンドロビン
	負荷分散対象サーバー	#1	172.16.2.3:80 (sv1)
		#2	172.16.2.4:80 (sv2)
	ヘルスチェック		前項で設定した「www-back/sv1」と「www-back/sv2」に対するヘルスチェックをトラッキング(追跡)
	パーシステンス		Cookieパーシステンス
	X-Forwarded-For		あり
	X-Forwarded-Proto		あり

表●設定したいサーバー負荷分散要件

※8 ここでは「-20」オプションを使用して、末尾20行を出力するようにしています。必要に応じて、数字を調整してください。

パーシステンス以外の要件で違和感があるかもしれないので、少し補足しておきましょう。

まず、負荷分散対象サーバーについてです。**負荷分散対象となるsv1とsv2には、この実践項のために、それぞれ2つのIPアドレスが設定されています。**前項では若番IPアドレスを使用したので、本項では老番IPアドレスを使用します。たとえば、sv1には「172.16.2.1」と「172.16.2.3」という2つの奇数IPアドレスが設定されています。前項で「172.16.2.1」を使用したので、本項では「172.16.2.3」を使用します。

```
root@sv1:/# ip addr show net0
2: net0@if3: <BROADCAST,MULTICAST,UP,LOWER_UP> mtu 1500 qdisc noqueue state UP group
default qlen 1000
    link/ether 02:42:ac:00:20:01 brd ff:ff:ff:ff:ff:ff link-netnsid 0
    inet 172.16.2.1/24 scope global net0
       valid_lft forever preferred_lft forever
    inet 172.16.2.3/24 scope global secondary net0
       valid_lft forever preferred_lft forever
```

inet 172.16.2.1/24 scope global net0 ― サーバー負荷分散の実践項で使用するIPアドレス

inet 172.16.2.3/24 scope global secondary net0 ― Cookieパーシステンスの実践項で使用するIPアドレス

図● sv1に設定されているIPアドレス※9

続いて、ヘルスチェックです。もちろん「172.16.2.3:80」と「172.16.2.4:80」に新しくHTTPチェックを設定することもできますが、これだとsv1とsv2に対して、前項と本項の監視パケットが重複して飛ぶことになり、効率的とは言えません。**そもそも「172.16.2.1:80」と「172.16.2.3:80」は同じsv1です。「172.16.2.1:80」がダウンしたら、同時に「172.16.2.3:80」もダウンするのが必然でしょう。**そこで、前項で設定した「172.16.2.1:80」に対するヘルスチェック結果を、本項で設定する「172.16.2.3:80」のヘルスチェック状態としても適用する「トラッキング（追跡）機能」を使用します。これにより、「172.16.2.1:80」がダウンしたら、「172.16.2.3:80」もダウンしたとみなされます。

※9　1つのNICに複数のIPアドレスが設定されているので、ip addr showコマンドを使用しています。

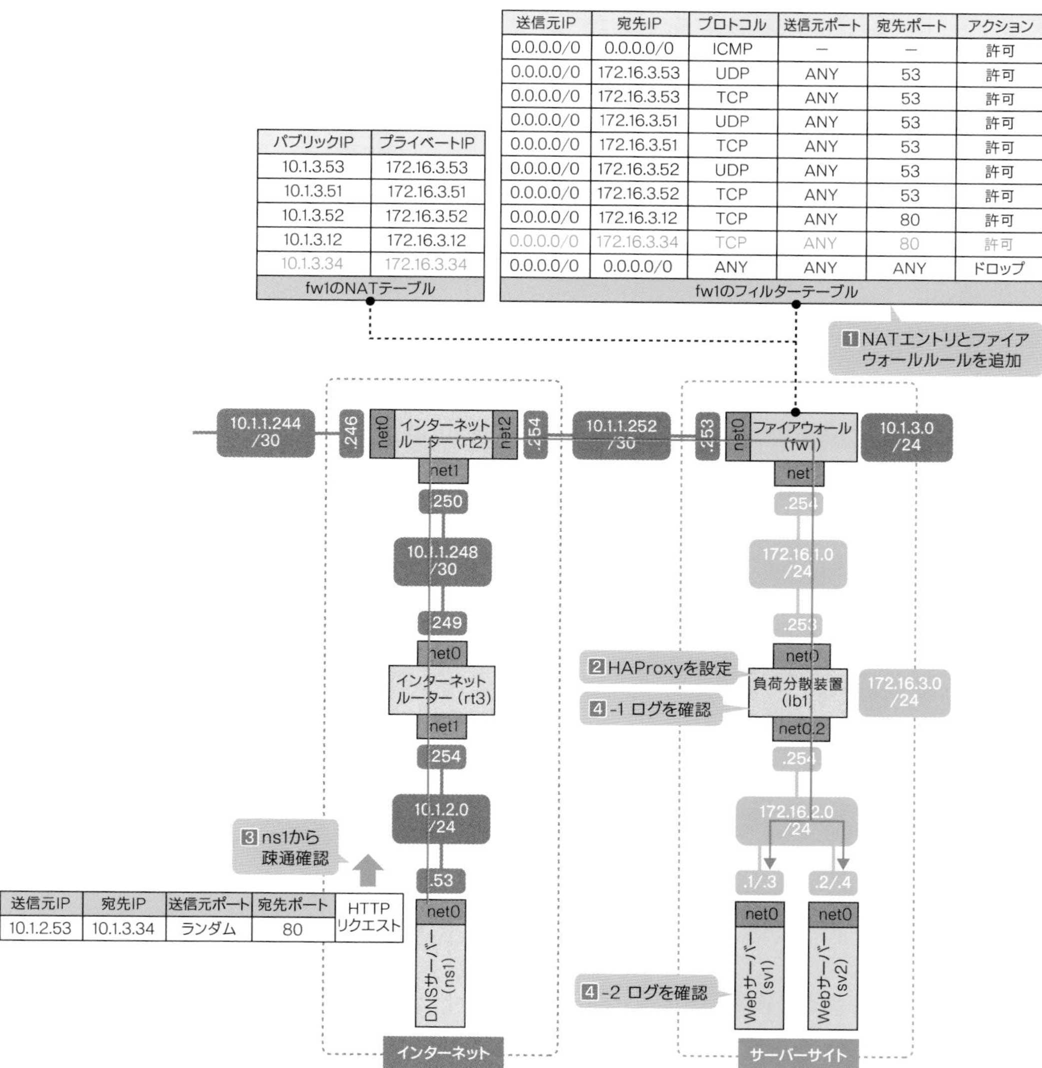

図 ● 実践項で行う作業

1 まず、lb1に設定するパーシステンス用のIPアドレスとポート番号をインターネットに公開しましょう。fw1にログインし、lb1のfrontendセクションに設定するプライベートIPアドレス「172.16.3.34」と公開IPアドレス「10.1.3.34」を静的NATで紐づけます。また、あわせてそれに対するTCP/80を許可します。

```
root@fw1:/# iptables -t nat -A PREROUTING -d 10.1.3.34 -j DNAT --to 172.16.3.34
root@fw1:/# iptables -t filter -A FORWARD -m conntrack --ctstate NEW -d 172.16.3.34 -p tcp
-m tcp --dport 80 -j ACCEPT
```

図 ● fw1で静的NATとファイアウォールを設定する

念のため、「iptables -t nat -nL PREROUTING --line-numbers」と「iptables -t filter -nL FORWARD --line-numbers」で、NATテーブルとフィルターテーブルを確認します。すると、**それぞれ新たにエントリが追加されていることがわかります。**

```
root@fw1:/# iptables -t nat -nL PREROUTING --line-numbers
Chain PREROUTING (policy ACCEPT)
num  target     prot opt source          destination
1    DNAT       all  --  0.0.0.0/0       10.1.3.51           to:172.16.3.51
2    DNAT       all  --  0.0.0.0/0       10.1.3.52           to:172.16.3.52
3    DNAT       all  --  0.0.0.0/0       10.1.3.53           to:172.16.3.53
4    DNAT       all  --  0.0.0.0/0       10.1.3.12           to:172.16.3.12
5    DNAT       all  --  0.0.0.0/0       10.1.3.34           to:172.16.3.34
```

図 ● NATテーブルの確認

```
root@fw1:/# iptables -t filter -nL FORWARD --line-numbers
Chain FORWARD (policy DROP)
num  target     prot opt source          destination
1    ACCEPT     all  --  0.0.0.0/0       0.0.0.0/0           ctstate RELATED,ESTABLISHED
2    ACCEPT     icmp --  0.0.0.0/0       0.0.0.0/0           ctstate NEW icmptype 8
3    ACCEPT     udp  --  0.0.0.0/0       172.16.3.53         ctstate NEW udp dpt:53
4    ACCEPT     tcp  --  0.0.0.0/0       172.16.3.53         ctstate NEW tcp dpt:53
5    ACCEPT     udp  --  0.0.0.0/0       172.16.3.51         ctstate NEW udp dpt:53
6    ACCEPT     tcp  --  0.0.0.0/0       172.16.3.51         ctstate NEW tcp dpt:53
7    ACCEPT     udp  --  0.0.0.0/0       172.16.3.52         ctstate NEW udp dpt:53
8    ACCEPT     tcp  --  0.0.0.0/0       172.16.3.52         ctstate NEW tcp dpt:53
9    ACCEPT     tcp  --  0.0.0.0/0       172.16.3.12         ctstate NEW tcp dpt:80
10   ACCEPT     tcp  --  0.0.0.0/0       172.16.3.34         ctstate NEW tcp dpt:80
```

図 ● フィルターテーブルの確認

2 続いて、lb1を設定します。lb1にログインし、viコマンドを使用して、/etc/haproxy/haproxy.cfgのfrontendセクションとbackendセクションを次図のように追記します。終わったら、HAProxyのサービスを再起動します。

```
root@lb1:/# cat /etc/haproxy/haproxy.cfg

(中略)

frontend www-front
        bind 172.16.3.12:80
        default_backend www-back

backend www-back
        balance roundrobin
        server sv1 172.16.2.1:80 check inter 5000 fall 3 rise 2
        server sv2 172.16.2.2:80 check inter 5000 fall 3 rise 2
        http-request set-header x-forwarded-proto http if !{ ssl_fc }
```

```
        option forwardfor
        option httpchk GET / HTTP/1.1
        http-check send hdr Host www.example.com
        http-check expect status 200

frontend www2-front
        bind 172.16.3.34:80
        default_backend www2-back
        capture cookie SERVER len 32

backend www2-back
        balance roundrobin
        cookie SERVER insert indirect nocache
        server sv1 172.16.2.3:80 track www-back/sv1 cookie sv1
        server sv2 172.16.2.4:80 track www-back/sv2 cookie sv2
        http-request set-header x-forwarded-proto http
        option forwardfor
root@lb1:/# /etc/init.d/haproxy restart
```

追記（frontend www2-front ～ backend www2-back）

サービスの再起動（/etc/init.d/haproxy restart）

図 ● haproxy.cfg

ちなみに、サーバー負荷分散要件と、haproxy.cfgに記述した設定内容を照らし合わせると、次表のようになります。

サイド	要件項目		要件詳細	該当する設定
クライアントサイド（frontend）	フロントエンド名		www2-front	frontend www2-front
	IPアドレス		172.16.3.34	bind 172.16.3.34:80 default_backend www2-back capture cookie SERVER len 32[※10]
	ポート番号		80	
サーバーサイド（backend）	バックエンド名		www2-back	backend www2-back
	負荷分散アルゴリズム		ラウンドロビン	balance roundrobin
	負荷分散対象サーバー	#1	172.16.2.3:80（sv1）	server sv1 172.16.2.3:80 track www-back/sv1 cookie sv1 server sv2 172.16.2.4:80 track www-back/sv2 cookie sv2
		#2	172.16.2.4:80（sv2）	
	ヘルスチェック	ヘルスチェック間隔	前項で設定した「www-back/sv1」と「www-back/sv2」に対するヘルスチェックをトラッキング（追跡）	
	パーシステンス		Cookieパーシステンス	cookie SERVER insert indirect nocache
	X-Forwarded-For		あり	option forwardfor
	X-Forwarded-Proto		あり	http-request set-header x-forwarded-proto http

図 ● サーバー負荷分散要件と設定内容

※10 /var/log/haproxy.logにCookieの情報を書き込むための設定です。

3 では、ns1にログインして、パーシステンスができるかを確認しましょう。p.343で説明したとおり、Cookieパーシステンスは、負荷分散装置が発行するCookieの情報を使用して、同じサーバーに割り振り続けます。そこで、まずは、curlの「-cオプション」を使用して、HTTPレスポンスとともに、そのCookieを受け取り、ファイルとして保存します。ここでは、**sv1のコンテンツが表示され、それとともに受け取ったCookieを「cookie.txt」というファイル名で保存しました。**

```
root@ns1:/# curl -c cookie.txt http://10.1.3.34/
sv1.example.com
```

図●-cオプションのCurlでCookieを保存

保存されたCookieの内容を確認しましょう。すると、割り振られたサーバーの情報が格納されていることがわかります。ここでは、sv1に割り振られたことがわかります。

```
root@ns1:/# cat cookie.txt
# Netscape HTTP Cookie File
# https://curl.haxx.se/docs/http-cookies.html
# This file was generated by libcurl! Edit at your own risk.

10.1.3.34       FALSE   /       FALSE   0       SERVER  sv1
```

図●Cookieの確認

lb1からCookieをもらえたので、今度は、curlの「-bオプション」で、そのCookieを持って、同じサーバーに1秒おきに10回HTTPリクエストを送信します。すると、**ここではsv1のコンテンツだけが表示され、パーシステンスが効いていることがわかります。**

```
root@ns1:/#  for i in {1..10}; do curl -b cookie.txt http://10.1.3.34/; sleep 1; done
sv1.example.com
sv1.example.com
sv1.example.com
sv1.example.com
sv1.example.com
sv1.example.com
sv1.example.com
sv1.example.com
sv1.example.com
sv1.example.com
```

図●curlコマンドの結果

4 最後に、HAProxyとnginxのログを確認します。

lb1でHAProxyのアクセスログ(/var/log/haproxy.log)を見ると、「www2-front」で受け、「www2-back/sv1」か「www2-back/sv2」のどちらかだけに割り振られていることがわかります。また、HTTPリクエストに「SERVER」という名前のCookieが含まれていることもわかります。ここでは「SERVER=sv1」のCookieが含まれているHTTPリクエストを受け取り、その情報に基づいてsv1に割り振りました。

```
root@lb1:/# tail -10 /var/log/haproxy.log
Apr 28 03:04:50 lb1 haproxy[759]: 10.1.2.53:38650 [28/Apr/2023:03:04:50.286] www2-front
www2-back/sv1 0/0/0/0/0 200 229 SERVER=sv1 - --VN 1/1/0/0/0 0/0 "GET / HTTP/1.1"
Apr 28 03:04:51 lb1 haproxy[759]: 10.1.2.53:38662 [28/Apr/2023:03:04:51.305] www2-front
www2-back/sv1 0/0/0/1/1 200 229 SERVER=sv1 - --VN 1/1/0/0/0 0/0 "GET / HTTP/1.1"
Apr 28 03:04:52 lb1 haproxy[759]: 10.1.2.53:45810 [28/Apr/2023:03:04:52.320] www2-front
www2-back/sv1 0/0/0/0/0 200 229 SERVER=sv1 - --VN 1/1/0/0/0 0/0 "GET / HTTP/1.1"
Apr 28 03:04:53 lb1 haproxy[759]: 10.1.2.53:45812 [28/Apr/2023:03:04:53.330] www2-front
www2-back/sv1 0/0/0/0/0 200 229 SERVER=sv1 - --VN 1/1/0/0/0 0/0 "GET / HTTP/1.1"
Apr 28 03:04:54 lb1 haproxy[759]: 10.1.2.53:45824 [28/Apr/2023:03:04:54.344] www2-front
www2-back/sv1 0/0/0/0/0 200 229 SERVER=sv1 - --VN 1/1/0/0/0 0/0 "GET / HTTP/1.1"
Apr 28 03:04:55 lb1 haproxy[759]: 10.1.2.53:45826 [28/Apr/2023:03:04:55.354] www2-front
www2-back/sv1 0/0/0/0/0 200 229 SERVER=sv1 - --VN 1/1/0/0/0 0/0 "GET / HTTP/1.1"
Apr 28 03:04:56 lb1 haproxy[759]: 10.1.2.53:45828 [28/Apr/2023:03:04:56.365] www2-front
www2-back/sv1 0/0/0/0/0 200 229 SERVER=sv1 - --VN 1/1/0/0/0 0/0 "GET / HTTP/1.1"
Apr 28 03:04:57 lb1 haproxy[759]: 10.1.2.53:45836 [28/Apr/2023:03:04:57.375] www2-front
www2-back/sv1 0/0/0/0/0 200 229 SERVER=sv1 - --VN 1/1/0/0/0 0/0 "GET / HTTP/1.1"
Apr 28 03:04:58 lb1 haproxy[759]: 10.1.2.53:45852 [28/Apr/2023:03:04:58.384] www2-front
www2-back/sv1 0/0/0/0/0 200 229 SERVER=sv1 - --VN 1/1/0/0/0 0/0 "GET / HTTP/1.1"
Apr 28 03:04:59 lb1 haproxy[759]: 10.1.2.53:45858 [28/Apr/2023:03:04:59.398] www2-front
www2-back/sv1 0/0/0/0/0 200 229 SERVER=sv1 - --VN 1/1/0/0/0 0/0 "GET / HTTP/1.1"
```

図 ● HAProxyログ(sv1のみに割り振られている)

割り振られたWebサーバー(今回はsv1)にログインして、nginxのアクセスログ(/var/log/nginx/access.log)を見ると、「User-Agent」「X-Forwarded-For」「X-Forwarded-Proto」が含まれているログが1秒おきに10回あることがわかります。

```
root@sv1:/# tail -20 /var/log/nginx/access.log
"28/Apr/2023:03:04:23 +0900" "172.16.2.254" "GET / HTTP/1.1" "200" "-" "-" "-"
"28/Apr/2023:03:04:28 +0900" "172.16.2.254" "GET / HTTP/1.1" "200" "-" "-" "-"
"28/Apr/2023:03:04:33 +0900" "172.16.2.254" "GET / HTTP/1.1" "200" "-" "-" "-"
"28/Apr/2023:03:04:38 +0900" "172.16.2.254" "GET / HTTP/1.1" "200" "-" "-" "-"
"28/Apr/2023:03:04:43 +0900" "172.16.2.254" "GET / HTTP/1.1" "200" "-" "-" "-"
"28/Apr/2023:03:04:48 +0900" "172.16.2.254" "GET / HTTP/1.1" "200" "-" "-" "-"
"28/Apr/2023:03:04:50 +0900" "172.16.2.254" "GET / HTTP/1.1" "200" "curl/7.68.0"
"10.1.2.53" "http"
"28/Apr/2023:03:04:51 +0900" "172.16.2.254" "GET / HTTP/1.1" "200" "curl/7.68.0"
```

```
"10.1.2.53" "http"
"28/Apr/2023:03:04:52 +0900" "172.16.2.254" "GET / HTTP/1.1" "200" "curl/7.68.0"
"10.1.2.53" "http"
"28/Apr/2023:03:04:53 +0900" "172.16.2.254" "GET / HTTP/1.1" "200" "curl/7.68.0"
"10.1.2.53" "http"
"28/Apr/2023:03:04:53 +0900" "172.16.2.254" "GET / HTTP/1.1" "200" "-" "-" "-"
"28/Apr/2023:03:04:54 +0900" "172.16.2.254" "GET / HTTP/1.1" "200" "curl/7.68.0"
"10.1.2.53" "http"
"28/Apr/2023:03:04:55 +0900" "172.16.2.254" "GET / HTTP/1.1" "200" "curl/7.68.0"
"10.1.2.53" "http"
"28/Apr/2023:03:04:56 +0900" "172.16.2.254" "GET / HTTP/1.1" "200" "curl/7.68.0"
"10.1.2.53" "http"
"28/Apr/2023:03:04:57 +0900" "172.16.2.254" "GET / HTTP/1.1" "200" "curl/7.68.0"
"10.1.2.53" "http"
"28/Apr/2023:03:04:58 +0900" "172.16.2.254" "GET / HTTP/1.1" "200" "curl/7.68.0"
"10.1.2.53" "http"
"28/Apr/2023:03:04:58 +0900" "172.16.2.254" "GET / HTTP/1.1" "200" "-" "-" "-"
"28/Apr/2023:03:04:59 +0900" "172.16.2.254" "GET / HTTP/1.1" "200" "curl/7.68.0"
"10.1.2.53" "http"
"28/Apr/2023:03:05:03 +0900" "172.16.2.254" "GET / HTTP/1.1" "200" "-" "-" "-"
"28/Apr/2023:03:05:08 +0900" "172.16.2.254" "GET / HTTP/1.1" "200" "-" "-" "-"
```

図●割り振られたWebサーバー(今回はsv1)のアクセスログ

5-3-2 SSLオフロード

SSLオフロードは、これまでサーバーが行っていたSSLの処理を負荷分散装置で行う技術です。これまで説明してきたとおり、SSLは認証したり、暗号化したりと、サーバーに処理負荷がかかりやすいプロトコルです。その処理を負荷分散装置が肩代わりします。クライアントはいつもどおりHTTPSでリクエストを行います。そのリクエストを受け取った負荷分散装置は、自身がSSLの処理を行い、負荷分散対象サーバーにはHTTPとして渡します。サーバーはSSLの処理をしなくてよくなるため、処理負荷が劇的に軽減し、迅速にリクエストを処理することができます。結果として、システムレベルで大きな負荷分散を図れます。

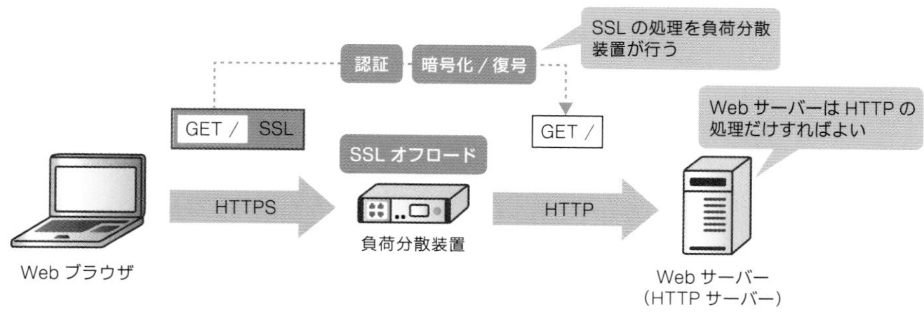

図●SSLオフロード

机上で知ろう

では、負荷分散装置はどのようにしてSSLの処理を肩代わりするのでしょうか。まずは、机上で処理の流れを理解しましょう。ここでは、検証環境において、インターネットにいるns1（Webブラウザ）がfw1（ファイアウォール）を介して、サーバーサイトのlb1（負荷分散装置）にHTTPSリクエストを送信し、SSLオフロードする場合を例に説明します。なお、細かな挙動はメーカーや機器、アプリケーションによって異なります。ここでは、検証環境で使用するHAProxyの挙動をベースに説明します。

1 ns1はfw1上にあるサーバー負荷分散用の公開IPアドレス（10.1.3.12）に対して、Client Helloを送信し、SSLハンドシェイクを試みます。fw1はNATテーブルの設定に基づいて、宛先IPアドレスをサーバー負荷分散用のプライベートIPアドレス（172.16.3.12）にNATし、lb1へ送信します。lb1は、サーバー負荷分散用に設定されたIPアドレス（172.16.3.12）とポート番号（443）でClient Helloを受け取ります。

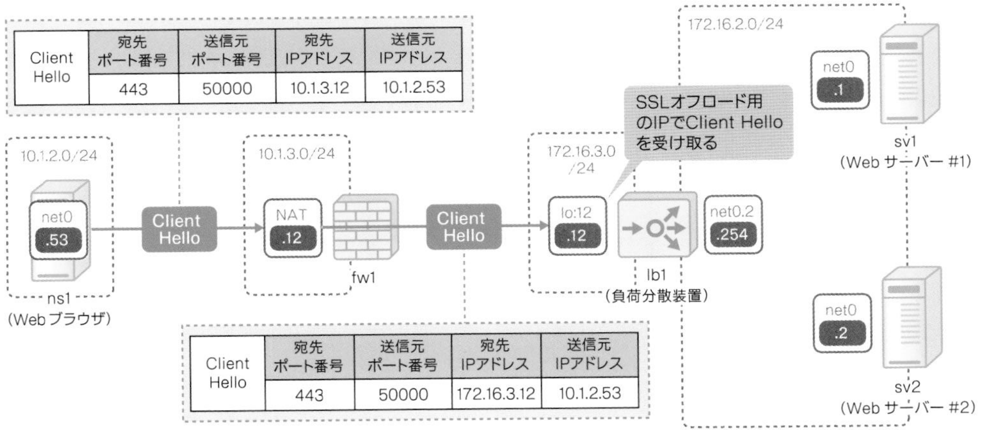

図 ● lb1にClient Helloを送信する

2 lb1はClient Helloを受け取ると、ns1とSSLハンドシェイクを行い、暗号化のための下準備を行います。**SSLハンドシェイクの処理を行うのは、あくまでlb1であって、sv1やsv2ではありません。** SSLハンドシェイクが終わると、ns1はlb1に対して、SSLで暗号化されたHTTPリクエストを送信します。

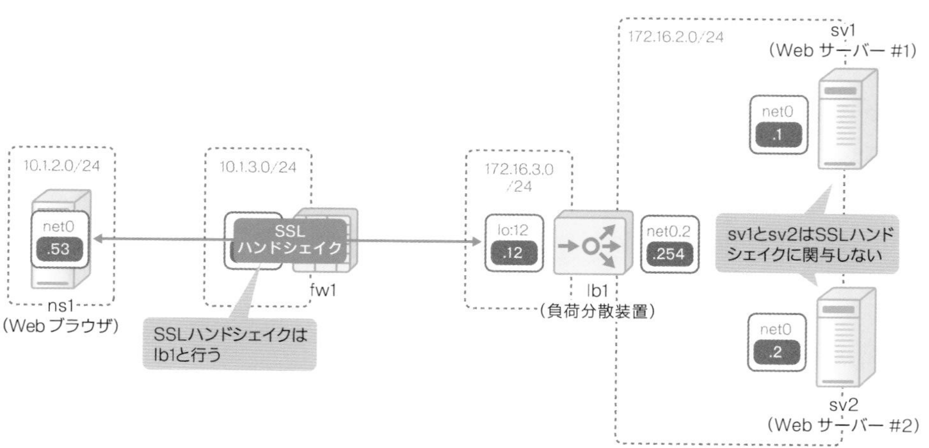

図 ● ns1とlb1でSSLハンドシェイクを行う

3 lb1はSSLで暗号化されたHTTPリクエストを受け取ると、SSLハンドシェイクで生成した情報をもとに復号処理を行います。復号したあとは、単純なHTTPリクエストになるので、HTTPのサーバー負荷分散と同じです。送信元IPアドレスを自分自身のIPアドレス（172.16.2.254）に変換し※11、**宛先IPアドレスをヘルスチェックの結果や負荷分散アルゴリズム、パーシステンスの状態に基づいて、動的に切り替えます。**

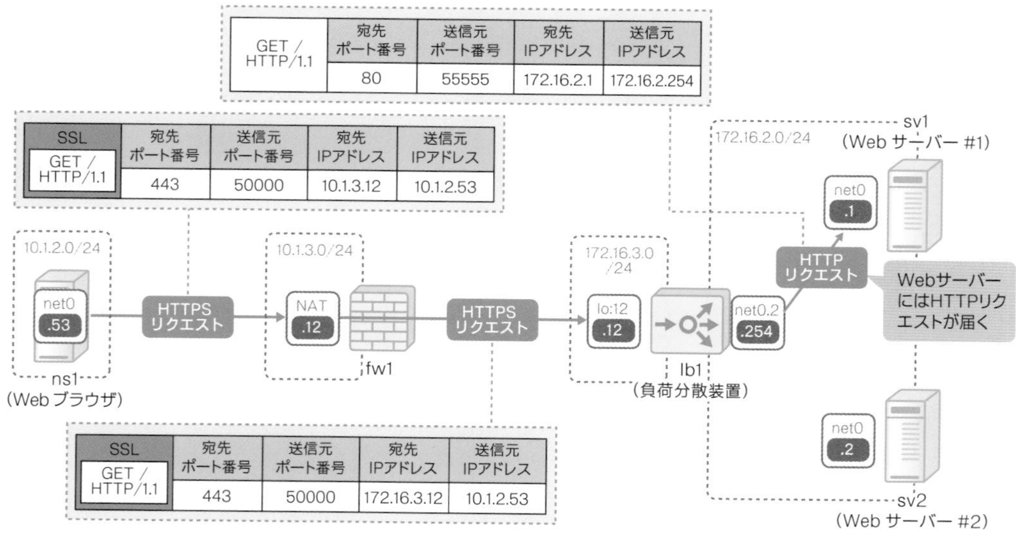

図 ● lb1がHTTPSリクエストを復号

※11 HAProxyは、デフォルトで送信元ポート番号も変換します。本文では、処理的により重要なNATの部分に着目してもらうために、割愛しています。

4 HTTPリクエストを受け取ったsv1、あるいはsv2は、その内容に応じた処理を行い、lb1（172.16.2.254）に対してHTTPレスポンスを返します。**sv1とsv2はSSLの処理をする必要がない分、迅速にHTTPレスポンスを返すことができます。**

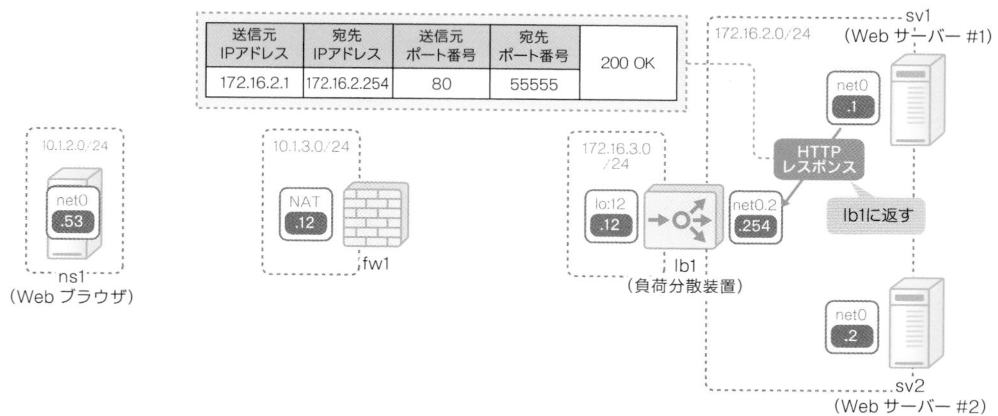

図 ● sv1はSSLの処理を行う必要がない

5 HTTPレスポンスを受け取ったlb1は、HTTPSに戻し、fw1を介してns1に返します。

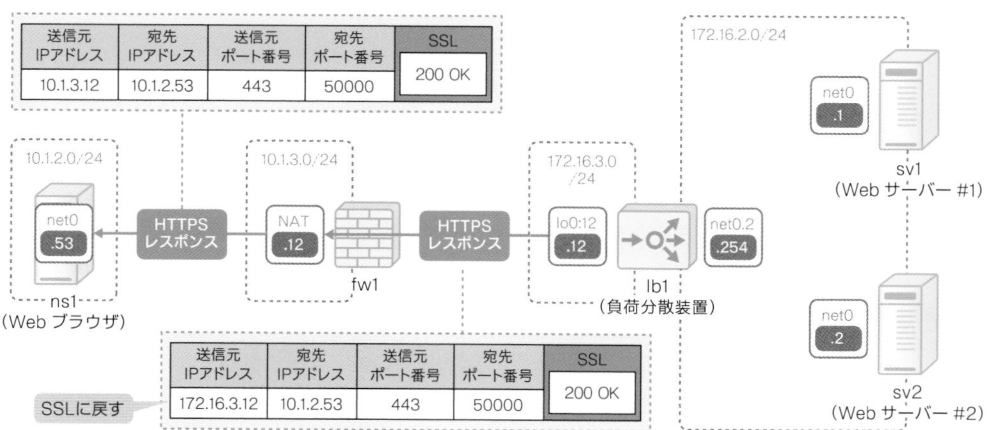

図 ● lb1はSSLに戻す

実践で知ろう

それでは、検証環境を用いて、負荷分散装置を設定し、実際の動作を見ていきましょう。ここではサーバー負荷分散の実践項で設定した「www-front」にSSLオフロードの設定を追加し※12、sv1とsv2

※12　つまり、この実践項は「spec_05.yaml」に対して、サーバー負荷分散の実践項の内容を設定していることが前提となります。

に負荷分散します。また、設定に関しては、可能な限りサーバー負荷分散の実践項で設定したものを再利用するようにします。

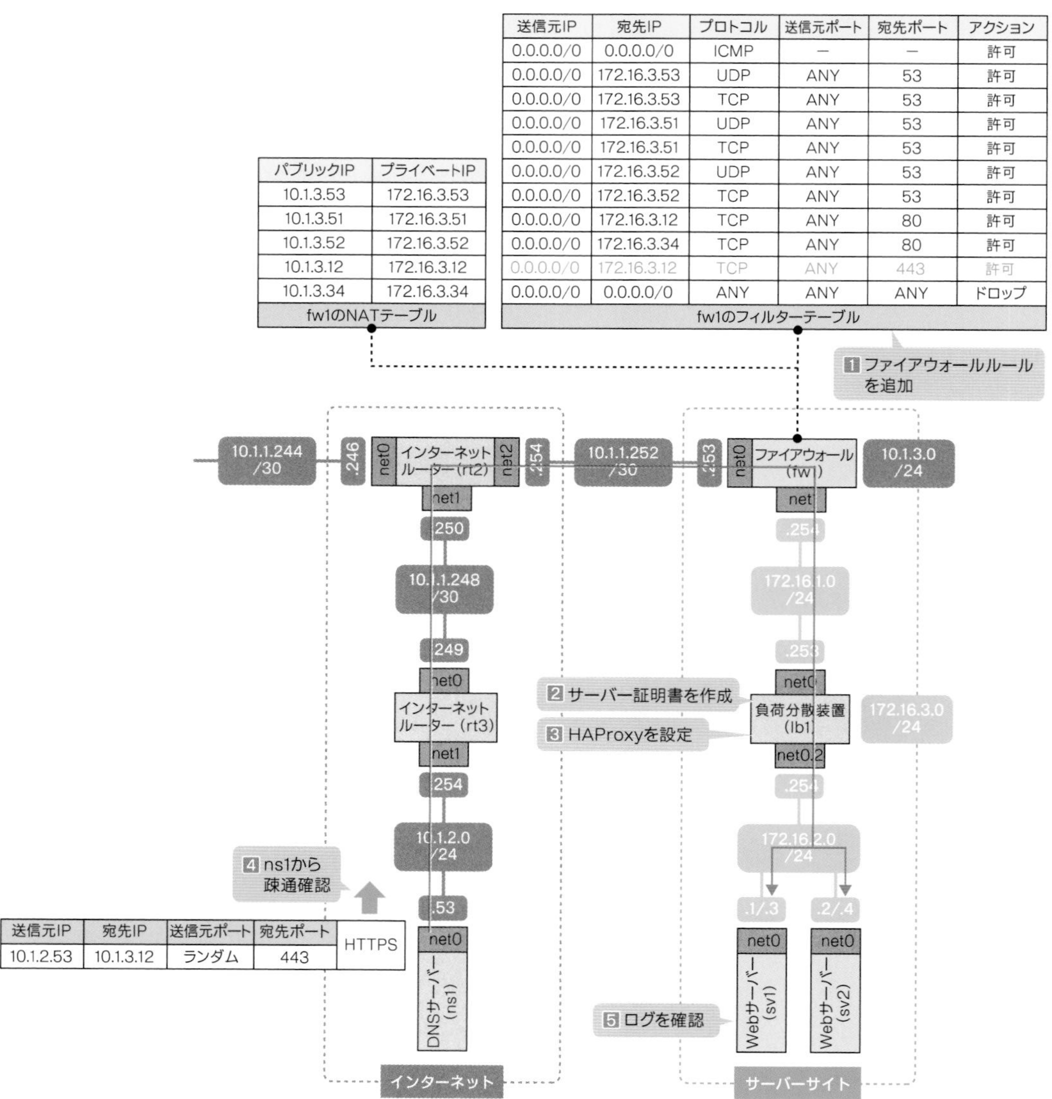

送信元IP	宛先IP	プロトコル	送信元ポート	宛先ポート	アクション
0.0.0.0/0	0.0.0.0/0	ICMP	−	−	許可
0.0.0.0/0	172.16.3.53	UDP	ANY	53	許可
0.0.0.0/0	172.16.3.53	TCP	ANY	53	許可
0.0.0.0/0	172.16.3.51	UDP	ANY	53	許可
0.0.0.0/0	172.16.3.51	TCP	ANY	53	許可
0.0.0.0/0	172.16.3.52	UDP	ANY	53	許可
0.0.0.0/0	172.16.3.52	TCP	ANY	53	許可
0.0.0.0/0	172.16.3.12	TCP	ANY	80	許可
0.0.0.0/0	172.16.3.34	TCP	ANY	80	許可
0.0.0.0/0	172.16.3.12	TCP	ANY	443	許可
0.0.0.0/0	0.0.0.0/0	ANY	ANY	ANY	ドロップ

fw1のフィルターテーブル

パブリックIP	プライベートIP
10.1.3.53	172.16.3.53
10.1.3.51	172.16.3.51
10.1.3.52	172.16.3.52
10.1.3.12	172.16.3.12
10.1.3.34	172.16.3.34

fw1のNATテーブル

送信元IP	宛先IP	送信元ポート	宛先ポート	
10.1.2.53	10.1.3.12	ランダム	443	HTTPS

図●実践項で行う作業

1 まず、lb1に設定するSSLオフロード用のIPアドレスとポート番号をインターネットに公開しましょう。ここでは、SSLオフロード用のIPアドレスとして、サーバー負荷分散の実践項でも使用した「172.16.3.12」を使用します。また、ポート番号として、HTTPSのデフォルトポート番号である「TCP/443」を使用します。すでにfw1には「172.16.3.12」に対する静的NATの設定は投入されているはずです。そこで、それに対するTCP/443の許可のみ設定します。

```
root@fw1:/# iptables -t filter -A FORWARD -m conntrack --ctstate NEW -d 172.16.3.12 -p tcp
-m tcp --dport 443 -j ACCEPT
```

図 ● fw1でファイアウォールを設定する

念のため、「iptables -t filter -nL FORWARD --line-numbers」で、フィルターテーブルを確認します。すると、**それぞれ新たにエントリが追加されていることがわかります。**

```
root@fw1:/# iptables -t filter -nL FORWARD --line-numbers
Chain FORWARD (policy DROP)
num  target     prot opt source          destination
1    ACCEPT     all  --  0.0.0.0/0       0.0.0.0/0            ctstate RELATED,ESTABLISHED
2    ACCEPT     icmp --  0.0.0.0/0       0.0.0.0/0            ctstate NEW icmptype 8
3    ACCEPT     udp  --  0.0.0.0/0       172.16.3.53          ctstate NEW udp dpt:53
4    ACCEPT     tcp  --  0.0.0.0/0       172.16.3.53          ctstate NEW tcp dpt:53
5    ACCEPT     udp  --  0.0.0.0/0       172.16.3.51          ctstate NEW udp dpt:53
6    ACCEPT     tcp  --  0.0.0.0/0       172.16.3.51          ctstate NEW tcp dpt:53
7    ACCEPT     udp  --  0.0.0.0/0       172.16.3.52          ctstate NEW udp dpt:53
8    ACCEPT     tcp  --  0.0.0.0/0       172.16.3.52          ctstate NEW tcp dpt:53
9    ACCEPT     tcp  --  0.0.0.0/0       172.16.3.12          ctstate NEW tcp dpt:80
10   ACCEPT     tcp  --  0.0.0.0/0       172.16.3.34          ctstate NEW tcp dpt:80
11   ACCEPT     tcp  --  0.0.0.0/0       172.16.3.12          ctstate NEW tcp dpt:443
```

図 ● フィルターテーブルの確認

2 続いて、lb1にログインして、SSLオフロードで使用するサーバー証明書を作成します。この検証環境では、CSRを作って、認証局からデジタル署名をもらって、といったことはできません。いや、厳密に言うと、できなくはないですが、検証環境ごときにそこまでの手間をかけられません。そこで、**opensslコマンドを使用して、自分を自分でデジタル署名する自己署名証明書を作成します。**ここでは、コモンネームが「www.example.com」、有効期限が100年（36500日）間のサーバー証明書を作成しました。

```
root@lb1:/# openssl req -subj '/CN=www.example.com/C=JP' -new -newkey rsa:2048 -sha256
-days 36500 -nodes -x509 -keyout /etc/ssl/private/server.key -out /etc/ssl/private/
server.crt
Generating a RSA private key
..............................+++++
............+++++
writing new private key to '/etc/ssl/private/server.key'
-----
```

図 ● サーバー証明書の作成

これで「/etc/ssl/private」というディレクトリに「server.key」という名前のRSA秘密鍵と、「server.crt」という名前のサーバー証明書ができたはずです。openssl x509コマンドを使用すると、先ほど指定したコモンネームや国名、有効期限を見てとることができます。もちろんあわせてRSA公開鍵や、自分自身のRSA秘密鍵で署名したデジタル署名も含まれています。

```
root@lb1:/# openssl x509 -text -noout -in /etc/ssl/private/server.crt
Certificate:
    Data:
        Version: 3 (0x2)
        Serial Number:
            41:c2:1d:f5:0e:a1:ac:fc:60:25:9e:82:b4:0b:1b:27:50:ce:9b:5b
        Signature Algorithm: sha256WithRSAEncryption
        Issuer: CN = www.example.com, C = JP                          発行元
        Validity
            Not Before: Mar 16 15:29:34 2023 GMT                      有効期限
            Not After : Feb 20 15:29:34 2123 GMT
        Subject: CN = www.example.com, C = JP                         発行先
        Subject Public Key Info:
            Public Key Algorithm: rsaEncryption
                RSA Public-Key: (2048 bit)
                Modulus:
                    00:aa:ba:e4:ab:5a:dd:2b:f7:b0:30:5c:d3:b5:11:     RSA公開鍵
                    47:b1:3c:8f:5d:8f:47:97:b5:a3:3e:d5:a7:91:0b:
                    (中略)
                    87:5e:90:8b:7e:24:fc:cd:33:cd:1e:02:69:d4:d3:
                    01:51
                Exponent: 65537 (0x10001)
        X509v3 extensions:
            X509v3 Subject Key Identifier:
                68:59:B6:47:B9:50:97:9D:A3:54:96:FF:D3:5F:D5:7A:32:47:44:F0
            X509v3 Authority Key Identifier:
                keyid:68:59:B6:47:B9:50:97:9D:A3:54:96:FF:D3:5F:D5:7A:32:47:44:F0

            X509v3 Basic Constraints: critical
                CA:TRUE
    Signature Algorithm: sha256WithRSAEncryption
         94:4e:b9:08:3f:e8:e5:48:e3:9b:c4:01:26:0c:47:91:43:32:
         49:94:0a:c0:69:0b:20:94:ed:0d:db:47:f3:de:83:0c:29:a2:
         (中略)                                                       デジタル署名
         5e:fe:42:30:8d:22:57:c4:04:18:7d:c4:4c:ad:bb:9a:18:2e:
         d5:0b:d2:a8:e4:86:68:b1:91:7b:97:37:e0:5c:e2:be:c2:58:
         de:16:70:eb
```

図 ● サーバー証明書に含まれる情報

3 さて、サーバー証明書ができたところで、HAProxyを設定しましょう。HAProxyは、RSA秘密鍵とサーバー証明書をそのままの状態で使用することができません。そこで、**この2つのファイルをcatコマンドで連結して、「server.pem」という1つのファイルにします。**

```
root@lb1:/# cat /etc/ssl/private/server.crt /etc/ssl/private/server.key > /etc/ssl/
private/server.pem
```

図 ● RSA秘密鍵とサーバー証明書を連結する

続いて、viコマンドで/etc/haproxy/haproxy.cfgのfrontendセクションに次図のように追記し、「/etc/init.d/haproxy restart」でHAProxyのサービスを再起動します。ちなみに、サービスを再起動すると、DH鍵交換に関する警告が出ますが、今回の検証範囲であれば特に問題はないので、気にせず進めてください。どうしても気になるようであれば、globalセクションに「tune.ssl.default-dh-param 2048」を追記してください。

```
root@lb1:/# cat /etc/haproxy/haproxy.cfg
global
        log /dev/log    local0
        log /dev/log    local1 notice

(中略)

frontend www-front
  bind 172.16.3.12:80
  bind 172.16.3.12:443 ssl crt /etc/ssl/private/server.pem ── 追記
  default_backend www-back

backend www-back
  balance roundrobin
  server sv1 172.16.2.1:80 check inter 5000 fall 3 rise 2
  server sv2 172.16.2.2:80 check inter 5000 fall 3 rise 2
  http-request set-header x-forwarded-proto http if !{ ssl_fc }
  http-request set-header x-forwarded-proto https if { ssl_fc } ── 追記
  option forwardfor
  option httpchk GET / HTTP/1.1
  http-check send hdr Host www.example.com
  http-check expect status 200

(以下、省略)

root@lb1:/# /etc/init.d/haproxy restart ── サービスの再起動
 * Restarting haproxy hapro
xy
   [WARNING] 108/135523 (858) : parsing [/etc/haproxy/haproxy.cfg:38] : 'bind 
172.16.3.12:443' :
  unable to load default 1024 bits DH parameter for certificate '/etc/ssl/private/server.
pem'.
  , SSL library will use an automatically generated DH parameter.
[WARNING] 108/135523 (858) : Setting tune.ssl.default-dh-param to 1024 by default, if your 
workload permits it you should set it to at least 2048. Please set a value >= 1024 to make 
this warning disappear.
```

図 ● haproxy.cfg

4 では、ns1にログインして、SSLで接続できるかを確認しましょう。**HTTPSのアクセスには、SSLのエラーを無視する「-kオプション」、やりとりの詳細を見る「-vオプション」、TLSバージョンの上限を設定した「--tls-maxオプション」を指定したcurlコマンドを使用します。**コマンドを実行すると、SSLハンドシェイクしたあとに、sv1かsv2のコンテンツが表示されていることがわかります。ただ、クライアントの接続情報からは、SSLで接続されていることはわかるものの、lb1でSSLオフロードされたかどうかまではわかりません。

```
root@ns1:/# curl -k -v https://10.1.3.12/ --tls-max 1.2
*   Trying 10.1.3.12:443...
* TCP_NODELAY set
* Connected to 10.1.3.12 (10.1.3.12) port 443 (#0)
* ALPN, offering h2
* ALPN, offering http/1.1
* successfully set certificate verify locations:
*   CAfile: /etc/ssl/certs/ca-certificates.crt
  CApath: /etc/ssl/certs
* TLSv1.2 (OUT), TLS handshake, Client hello (1):
* TLSv1.2 (IN), TLS handshake, Server hello (2):
* TLSv1.2 (IN), TLS handshake, Certificate (11):
* TLSv1.2 (IN), TLS handshake, Server key exchange (12):
* TLSv1.2 (IN), TLS handshake, Server finished (14):
* TLSv1.2 (OUT), TLS handshake, Client key exchange (16):
* TLSv1.2 (OUT), TLS change cipher, Change cipher spec (1):
* TLSv1.2 (OUT), TLS handshake, Finished (20):
* TLSv1.2 (IN), TLS handshake, Finished (20):
* SSL connection using TLSv1.2 / ECDHE-RSA-AES128-GCM-SHA256
* ALPN, server did not agree to a protocol
* Server certificate:
*  subject: CN=www.example.com; C=JP
*  start date: Mar 16 15:29:34 2023 GMT
*  expire date: Feb 20 15:29:34 2123 GMT
*  issuer: CN=www.example.com; C=JP
*  SSL certificate verify result: self signed certificate (18), continuing anyway.
> GET / HTTP/1.1
> Host: 10.1.3.12
> User-Agent: curl/7.68.0
> Accept: */*
>
* Mark bundle as not supporting multiuse
< HTTP/1.1 200 OK
< server: nginx/1.18.0 (Ubuntu)
< date: Thu, 16 Mar 2023 15:52:34 GMT
< content-type: text/html
< content-length: 16
< last-modified: Thu, 16 Mar 2023 15:29:39 GMT
< etag: "641335e3-10"
< accept-ranges: bytes
<
sv1.example.com
* Connection #0 to host 10.1.3.12 left intact
```

SSLハンドシェイク

HTTPリクエスト

HTTPレスポンス

図●curlコマンドの結果

5 そこで、sv1、あるいはsv2のアクセスログを確認します。すると、**lb1で受けたプロトコルを格納するX-Forwarded-Protoヘッダーフィールドの値が「https」になっているログがあり、lb1でSSLオフロードされたことがわかります。**それ以外は、lb1から5秒おきに送信されているヘルスチェックのログです。

```
root@sv1:/# tail -10 /var/log/nginx/access.log
"17/Mar/2023:00:51:59 +0900" "172.16.2.254" "GET / HTTP/1.1" "200" "-" "-" "-"
"17/Mar/2023:00:52:04 +0900" "172.16.2.254" "GET / HTTP/1.1" "200" "-" "-" "-"
"17/Mar/2023:00:52:09 +0900" "172.16.2.254" "GET / HTTP/1.1" "200" "-" "-" "-"
"17/Mar/2023:00:52:14 +0900" "172.16.2.254" "GET / HTTP/1.1" "200" "-" "-" "-"
"17/Mar/2023:00:52:19 +0900" "172.16.2.254" "GET / HTTP/1.1" "200" "-" "-" "-"
"17/Mar/2023:00:52:24 +0900" "172.16.2.254" "GET / HTTP/1.1" "200" "-" "-" "-"
"17/Mar/2023:00:52:29 +0900" "172.16.2.254" "GET / HTTP/1.1" "200" "-" "-" "-"
"17/Mar/2023:00:52:34 +0900" "172.16.2.254" "GET / HTTP/1.1" "200" "curl/7.68.0"
"10.1.2.53" "https"
"17/Mar/2023:00:52:34 +0900" "172.16.2.254" "GET / HTTP/1.1" "200" "-" "-" "-"
"17/Mar/2023:00:52:39 +0900" "172.16.2.254" "GET / HTTP/1.1" "200" "-" "-" "-"
```

図 ● sv1のアクセスログ

以上で、検証環境の構築は終了です。ここまでの作業の中で、もしかしたら「この設定を変更したらどうなるんだろう」とか、「このほうがいいんじゃないかな」などと、疑問が浮かんだことがあったかもしれません。それらひとつひとつが技術的な成長のタネになります。そして、このタネは実際に手を動かし、その中で発生した問題やエラーを自力で解決することでしか花開きません。だからこそ、失敗を恐れず、いろいろなことを試してみましょう。結局のところ、それを愚直に繰り返し、積み重ねることでしか、真の技術力は身に付きません。この検証環境には無限のタネが落ちているはずです。たくさん拾って、そして花を咲かせて、技術をモノにしてください。

さて、次はいよいよ最終章です。本書の総仕上げとして、これまでレイヤーごとに学習してきた内容をひとつの知識につなげていきます。

Chapter

6

総仕上げ

さて、これで検証環境の構築が終わり、あなたのためだけの小さな小さなインターネットができました。本当にお疲れさまでした！　いろいろなアプリケーションのいろいろなコマンドがあったので、大変に感じた人もいらっしゃるでしょう。
では、最後に本書の総仕上げです。これまで、各章で、レイヤーごとに深掘りしてきたネットワークプロトコル、あるいはネットワーク技術の知識に横串を刺し、数珠つなぎにすることによって、知識を体系化していきます。

6-1 プロトコル解説節の総仕上げ

まず、各章で解説してきたプロトコルが1つにつながっている様を見てみましょう。

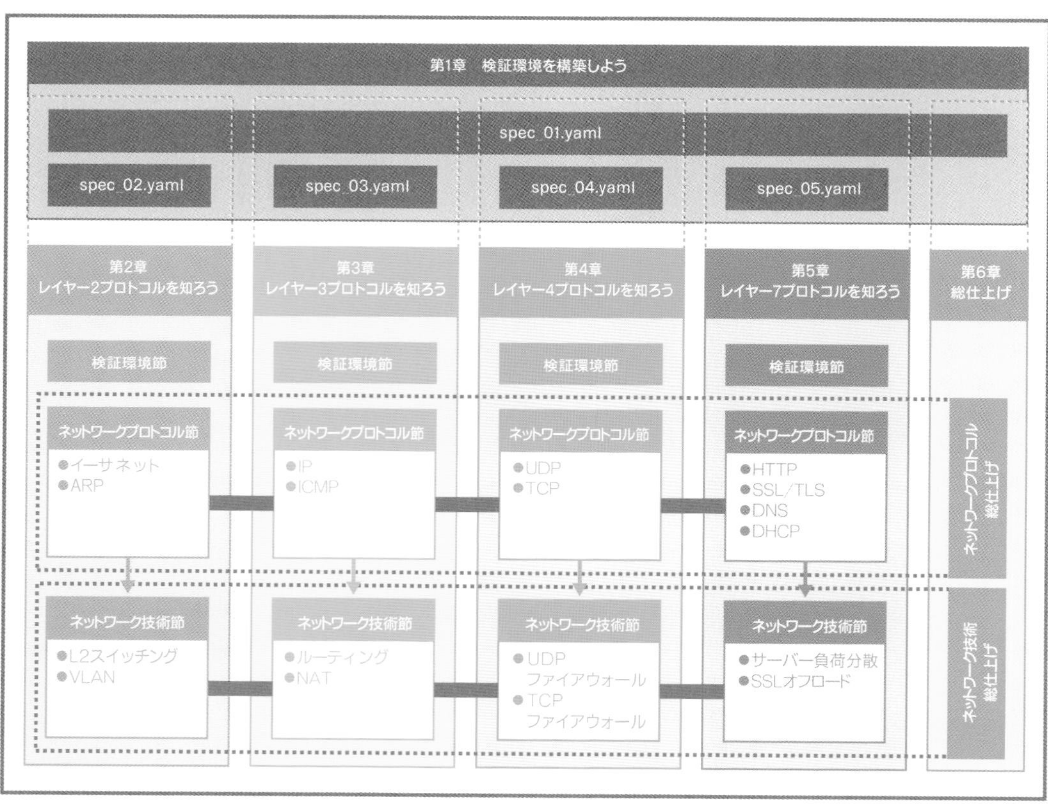

図 ● 知識をつなげる

ここでは、プロトコル解説節の総仕上げとして最適な、SSLで暗号化されているパケットを復号して、中を覗いてみます。すると、1つのパケットは上から順に第2章で学習したイーサネット、第3章で学習したIP、第4章で学習したTCP、第5章で学習したSSL/TLSとHTTPで構成されていることがわかります。

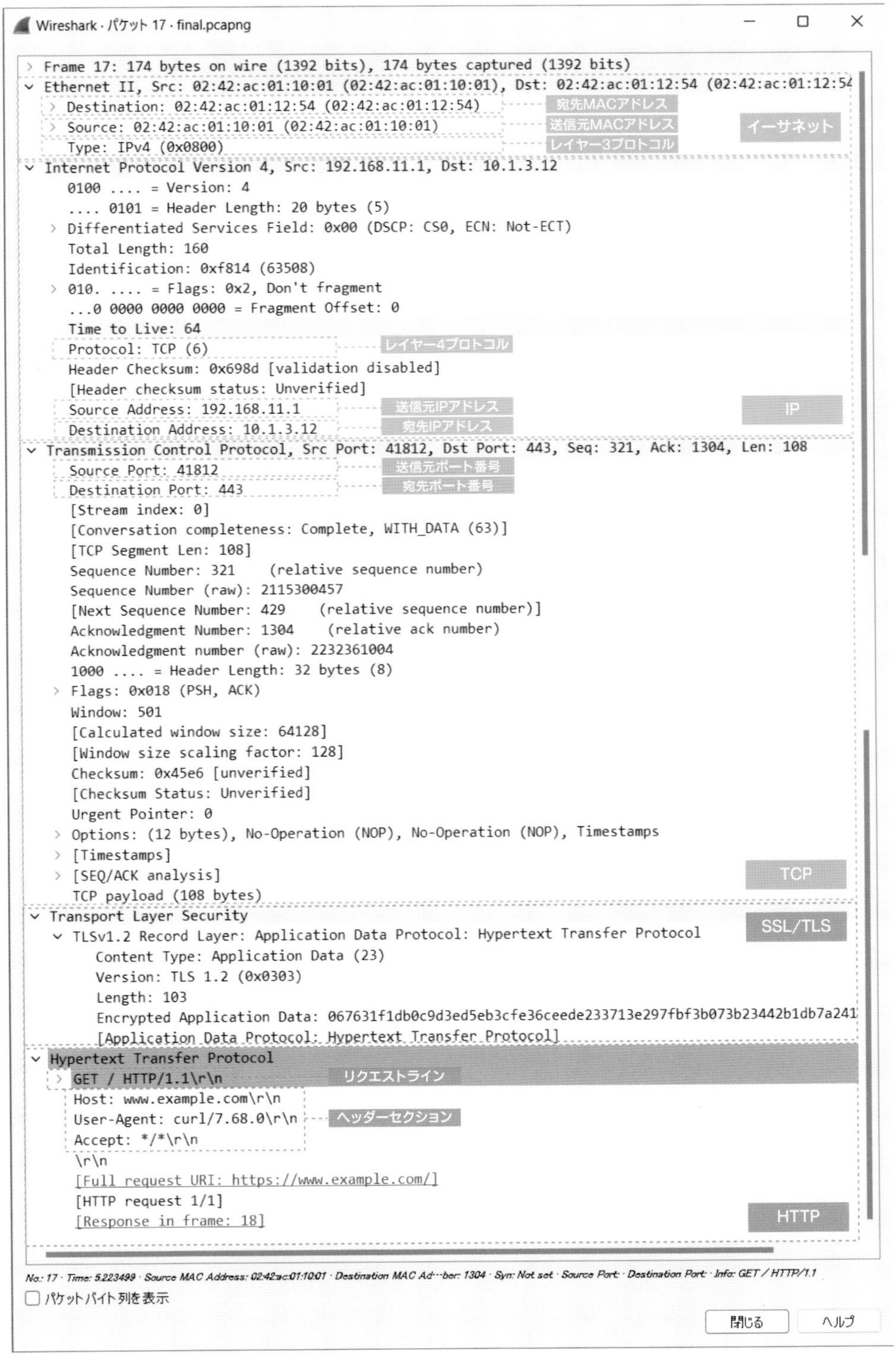

```
Wireshark · パケット 17 · final.pcapng

> Frame 17: 174 bytes on wire (1392 bits), 174 bytes captured (1392 bits)
v Ethernet II, Src: 02:42:ac:01:10:01 (02:42:ac:01:10:01), Dst: 02:42:ac:01:12:54 (02:42:ac:01:12:54
  > Destination: 02:42:ac:01:12:54 (02:42:ac:01:12:54)       宛先MACアドレス
  > Source: 02:42:ac:01:10:01 (02:42:ac:01:10:01)            送信元MACアドレス      イーサネット
    Type: IPv4 (0x0800)                                      レイヤー3プロトコル
v Internet Protocol Version 4, Src: 192.168.11.1, Dst: 10.1.3.12
    0100 .... = Version: 4
    .... 0101 = Header Length: 20 bytes (5)
  > Differentiated Services Field: 0x00 (DSCP: CS0, ECN: Not-ECT)
    Total Length: 160
    Identification: 0xf814 (63508)
  > 010. .... = Flags: 0x2, Don't fragment
    ...0 0000 0000 0000 = Fragment Offset: 0
    Time to Live: 64
    Protocol: TCP (6)                         レイヤー4プロトコル
    Header Checksum: 0x698d [validation disabled]
    [Header checksum status: Unverified]
    Source Address: 192.168.11.1              送信元IPアドレス                    IP
    Destination Address: 10.1.3.12            宛先IPアドレス
v Transmission Control Protocol, Src Port: 41812, Dst Port: 443, Seq: 321, Ack: 1304, Len: 108
    Source Port: 41812                        送信元ポート番号
    Destination Port: 443                     宛先ポート番号
    [Stream index: 0]
    [Conversation completeness: Complete, WITH_DATA (63)]
    [TCP Segment Len: 108]
    Sequence Number: 321    (relative sequence number)
    Sequence Number (raw): 2115300457
    [Next Sequence Number: 429    (relative sequence number)]
    Acknowledgment Number: 1304    (relative ack number)
    Acknowledgment number (raw): 2232361004
    1000 .... = Header Length: 32 bytes (8)
  > Flags: 0x018 (PSH, ACK)
    Window: 501
    [Calculated window size: 64128]
    [Window size scaling factor: 128]
    Checksum: 0x45e6 [unverified]
    [Checksum Status: Unverified]
    Urgent Pointer: 0
  > Options: (12 bytes), No-Operation (NOP), No-Operation (NOP), Timestamps
  > [Timestamps]
  > [SEQ/ACK analysis]                                                            TCP
    TCP payload (108 bytes)
v Transport Layer Security                                                        SSL/TLS
  v TLSv1.2 Record Layer: Application Data Protocol: Hypertext Transfer Protocol
      Content Type: Application Data (23)
      Version: TLS 1.2 (0x0303)
      Length: 103
      Encrypted Application Data: 067631f1db0c9d3ed5eb3cfe36ceede233713e297fbf3b073b23442b1db7a241
      [Application Data Protocol: Hypertext Transfer Protocol]
v Hypertext Transfer Protocol
  > GET / HTTP/1.1\r\n                        リクエストライン
    Host: www.example.com\r\n
    User-Agent: curl/7.68.0\r\n               ヘッダーセクション
    Accept: */*\r\n
    \r\n
    [Full request URI: https://www.example.com/]
    [HTTP request 1/1]
    [Response in frame: 18]                                                       HTTP

No.: 17 · Time: 5.223499 · Source MAC Address: 02:42:ac:01:10:01 · Destination MAC Ad···ber: 1304 · Syn: Not set · Source Port: · Destination Port: · Info: GET / HTTP/1.1
□ パケットバイト列を表示
閉じる   ヘルプ
```

図 ● パケットの全体像

Wiresharkのパケットダイアグラム機能（p.59）を使用すると、よりパケットのイメージがわきやすくなるかもしれません。いかがですか。壮観でしょう？

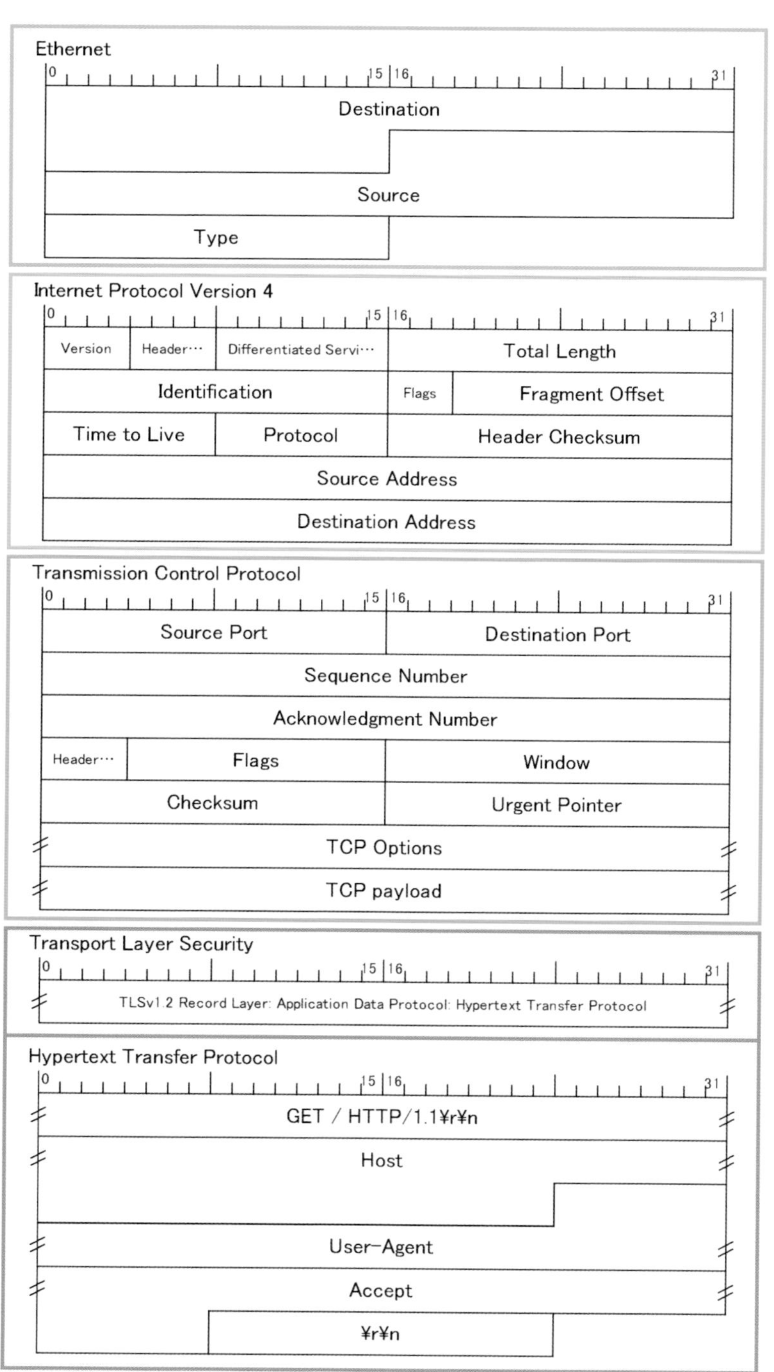

図●パケットダイアグラム機能で見たパケットの全体像

6-2 ネットワーク技術節の総仕上げ

続いて、各章で解説してきたネットワーク技術を1つにつなげていきます。

ここでは、実際のネットワーク環境と同じように、家庭内LAN環境にいるPC（cl1）から、インターネットの先にいるサーバーサイト（https://www.example.com/）にアクセスする[※1]中で、どんなパケットが流れ、それぞれの機器がどんな処理を行うのか、一気通貫に見ていきます[※2]。

では、cl1でIPアドレスを取得したあと、curlコマンドでHTTPS（HTTP/1.1 over TLS 1.2）アクセスしたときに見えるパケットを俯瞰してみましょう。すると、次図のように、ざっくり「第1フェーズ（NIC設定フェーズ）」「第2フェーズ（アドレス解決フェーズ）」「第3フェーズ（名前解決フェーズ）」「第4フェーズ（3ウェイハンドシェイクフェーズ）」「第5フェーズ（SSLハンドシェイクフェーズ」「第6フェーズ（SSLオフロード＋負荷分散フェーズ）」という、6つのフェーズで構成されていることがわかります。

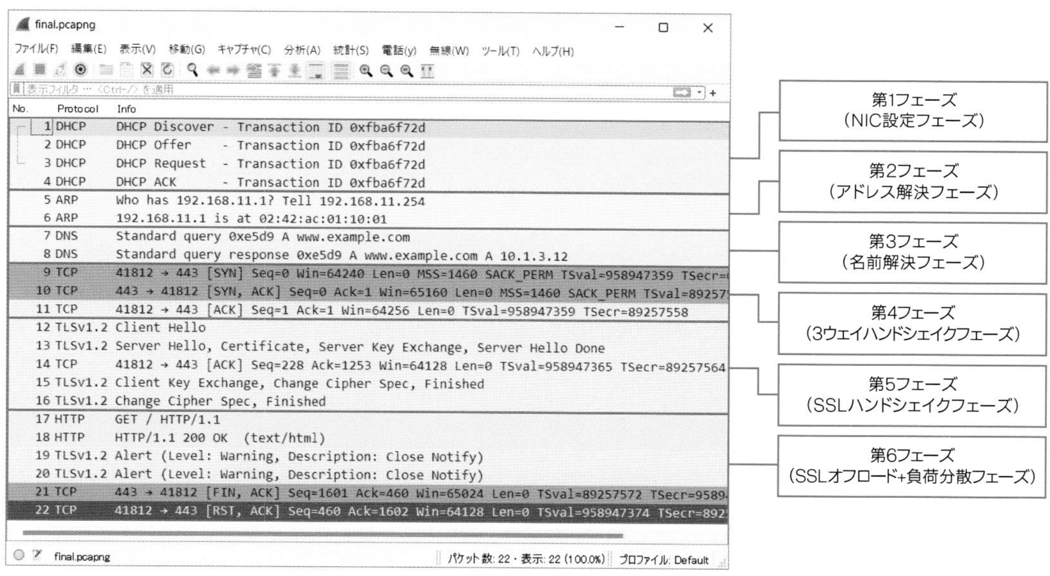

図 ● 全体的な流れ

ひととおり眺めたところで、ここからは各フェーズの処理を、検証環境の論理構成図に当てはめながら深掘りしていきます[※3]。

※1 具体的には「spec_01.yaml」を読み込んだ検証環境のcl1で、「① dhclient -r」→「② dhclient」→「③ SSLKEYLOGFILE=/tmp/tinet/final_key.log curl -4vk https://www.example.com/ --tls-max 1.2 --http1.1」を実行しています。また、パケット自体は「② dhclient」からキャプチャしています。

※2 ルーター・スイッチの処理やリプライパケットに対するNATの処理など、各フェーズのポイントから外れ、少し冗長になりすぎてしまう処理に関しては、本文の読みやすさを考慮して、割愛しています。また、細かい動作については、各章を参照してください。

※3 パケットの個数やそれを構成する内容は、PCの状況によって多少変化します。ここでは筆者の検証環境で取得したパケットをベースに説明します。

第1フェーズ（NIC設定フェーズ）（p.327 DHCP参照）

1 家庭内LANにあるcl1は、ネットワークに接続すると、ブロードキャストのDHCP Discoverを投げ、DHCPサーバーを探します（前ページの図内のパケットNo.1）。

2 家庭内LANにおけるDHCPサーバーは、インターネットに接続するブロードバンドルーター（rt1）です。rt1はDHCP Discoverを受け取ると、DHCPプールの中から「192.168.11.1」を選び出し、DHCP Offerで提案します（パケットNo.2）。

3 cl1はDHCP Requestで「そのIPアドレスでお願いします」とリクエストします（パケットNo.3）。

4 rt1はDHCP ACKでDHCPのやりとりを終えます（パケットNo.4）。

5 cl1には、IPアドレス（192.168.11.1）やサブネットマスク（255.255.255.0）、デフォルトゲートウェイ（192.168.11.254）やDNSサーバーのIPアドレス（192.168.11.254）が設定されます。

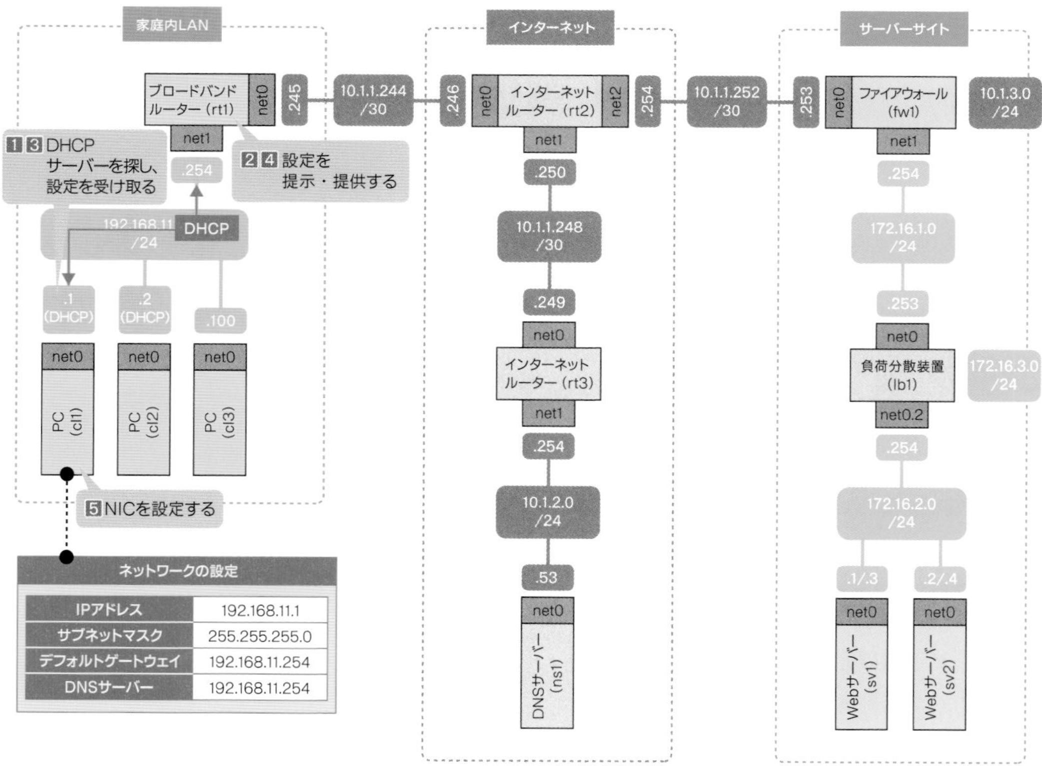

ネットワークの設定	
IPアドレス	192.168.11.1
サブネットマスク	255.255.255.0
デフォルトゲートウェイ	192.168.11.254
DNSサーバー	192.168.11.254

図 ● DHCPでIPアドレスやサブネットマスクを設定する

第2フェーズ(アドレス解決フェーズ)(p.59 ARP参照)

1 rt1は、DHCP ACKの5秒後に、第1フェーズの**2**でできた「192.168.11.1」のARPエントリの到達性を確認するために、ユニキャストのARP Requestを送信します(パケットNo.5)。

2 「192.168.11.1」はcl1のIPアドレスです。cl1はARP Replyで応答します。また、それとともに、ARPテーブルに「192.168.11.254」(rt1)のARPエントリを作ります※4 (パケットNo.6)。

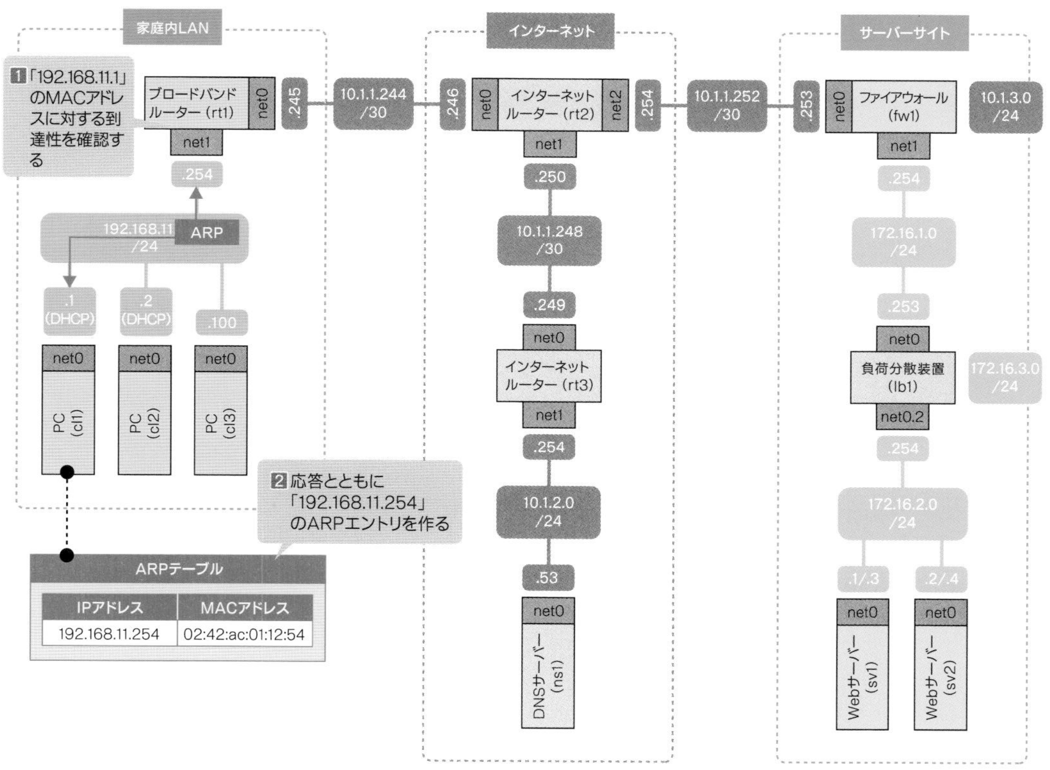

図 ● ARPでMACアドレスを解決する

第3フェーズ(名前解決フェーズ)(p.301 DNS参照)

1 cl1でWebブラウザ(curlコマンド)を実行し、HTTPSで「www.example.com」にアクセスします。

2 cl1は「www.example.com」のAレコード(IPアドレス)を、自身に設定されている(DHCPで受け取った)DNSサーバーのIPアドレスであるrt1 (192.168.11.254)に再帰クエリで問い合わせます(パケットNo.7)。

※4 検証環境ではrt1の到達性確認の副産物として、cl1にrt1 (192.168.11.254)に対するARPエントリができます。該当するARPエントリがない場合は、第3フェーズの**1**の前に「192.168.11.254」のARPリクエストを送信して、アドレス解決します。

3 再帰クエリを受け取ったrt1は、DNSフォワーダーとなって、インターネットの上のns1(10.1.2.53)に再帰クエリで問い合わせます。

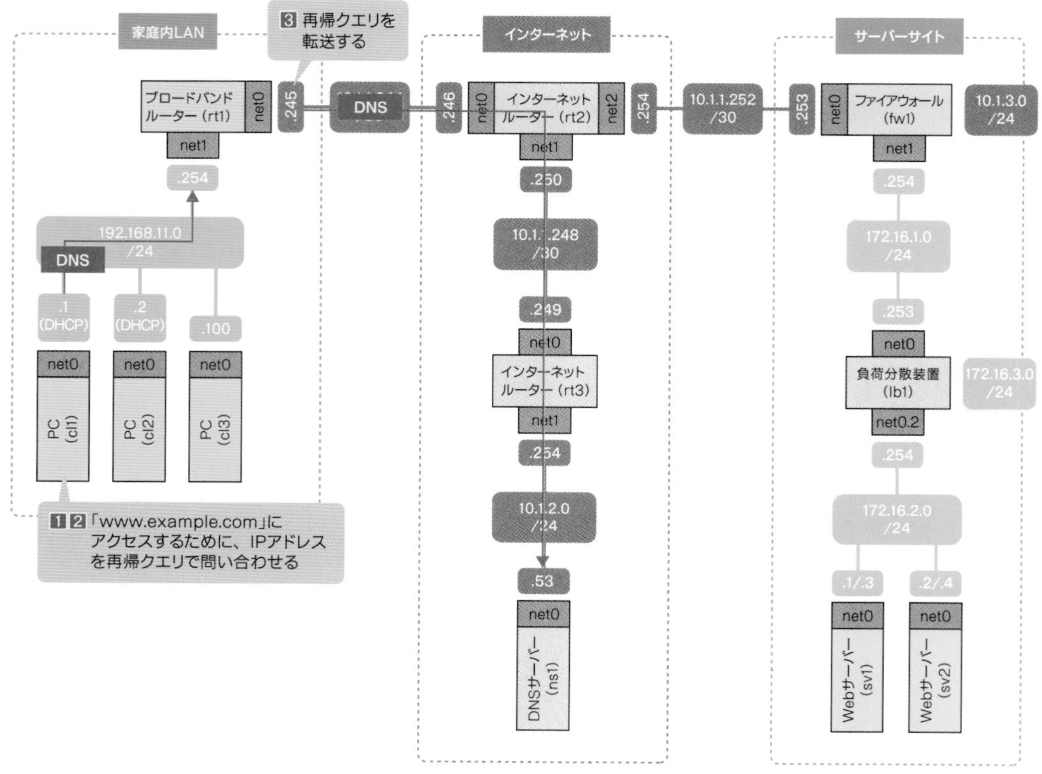

図●再帰クエリで名前解決する

4 ns1は「ルートサーバー(10.1.3.51)」→「comの権威サーバー(10.1.3.52)」→「example.comの権威サーバー(10.1.3.53)」と、順に権威サーバーを反復クエリで辿っていき、都度受け取った情報をキャッシュします※5 ※6 ※7。

5 fw1はns1から受け取る反復クエリをフィルターテーブルに基づいて許可します。また、NATテーブルに基づいて、宛先IPアドレスを「10.1.3.51」から「172.16.3.51」に、「10.1.3.52」から「172.16.3.52」に、「10.1.3.53」から「172.16.3.53」にそれぞれ静的NATし、そのIPアドレスを持つlb1にルーティングします。

※5 それぞれの権威サーバーごとに4 5 6のステップが走ります。ここでは、項目の簡略化を図るために、まとめて表現しています。
※6 反復クエリはns1とlb1でやりとりされるため、cl1のパケットキャプチャデータには現れません。
※7 実際のインターネット環境では、各権威サーバーは別々に存在しています。検証環境ではリソース節約を図るために、lb1が3つの役割を兼任しています。

6 lb1は反復クエリを受け取ると、宛先IPアドレスに関連づいているゾーンファイルに基づいて、Aレコードを返します。最終的に「172.16.3.53」に関連づいているexample.comのゾーンファイルを検索し、「www.example.com」のAレコード(10.1.3.12)を返します。

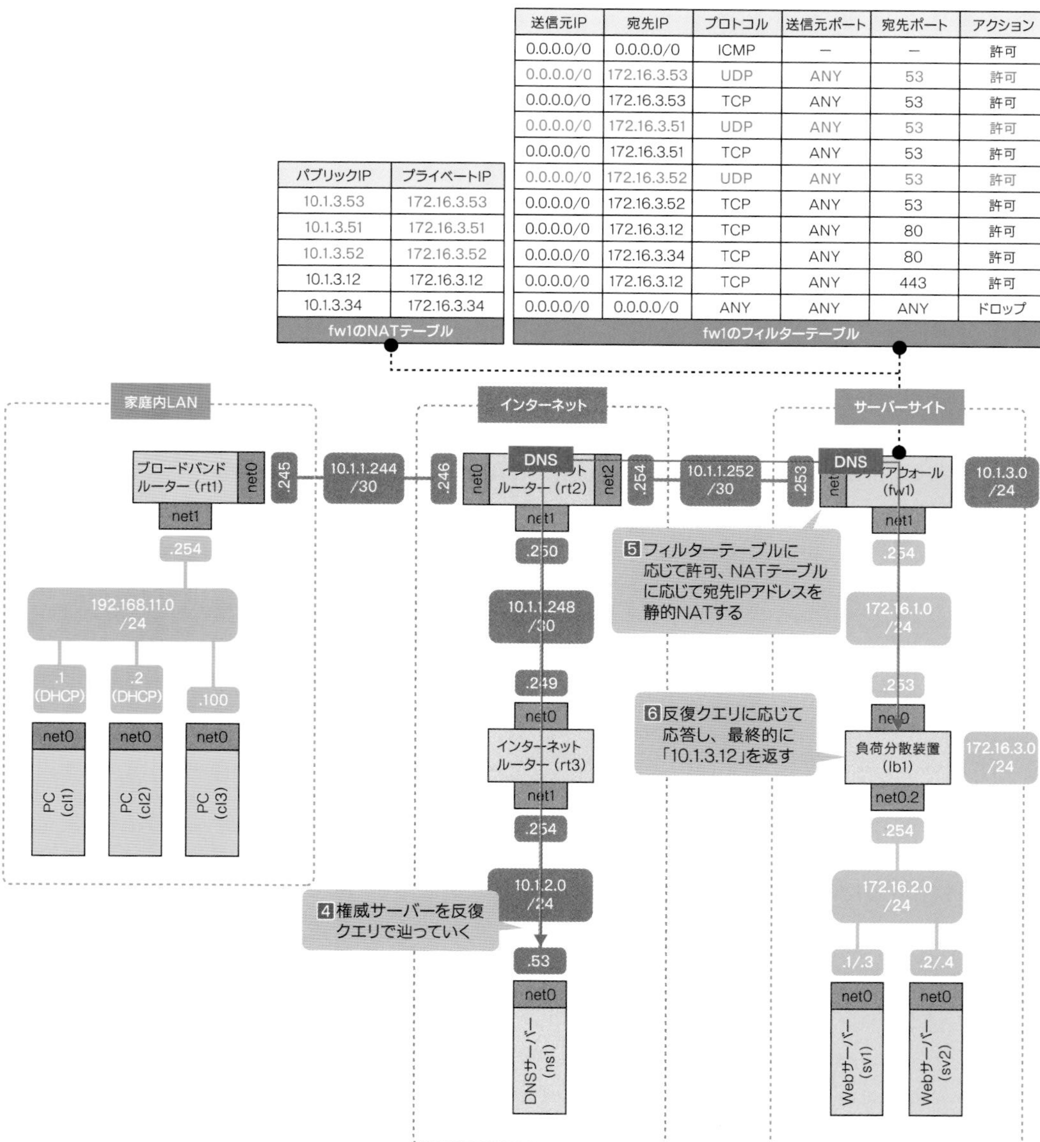

パブリックIP	プライベートIP
10.1.3.53	172.16.3.53
10.1.3.51	172.16.3.51
10.1.3.52	172.16.3.52
10.1.3.12	172.16.3.12
10.1.3.34	172.16.3.34

fw1のNATテーブル

送信元IP	宛先IP	プロトコル	送信元ポート	宛先ポート	アクション
0.0.0.0/0	0.0.0.0/0	ICMP	−	−	許可
0.0.0.0/0	172.16.3.53	UDP	ANY	53	許可
0.0.0.0/0	172.16.3.53	TCP	ANY	53	許可
0.0.0.0/0	172.16.3.51	UDP	ANY	53	許可
0.0.0.0/0	172.16.3.51	TCP	ANY	53	許可
0.0.0.0/0	172.16.3.52	UDP	ANY	53	許可
0.0.0.0/0	172.16.3.52	TCP	ANY	53	許可
0.0.0.0/0	172.16.3.12	TCP	ANY	80	許可
0.0.0.0/0	172.16.3.34	TCP	ANY	80	許可
0.0.0.0/0	172.16.3.12	TCP	ANY	443	許可
0.0.0.0/0	0.0.0.0/0	ANY	ANY	ANY	ドロップ

fw1のフィルターテーブル

図●反復クエリで名前解決する

7 ns1はrt1に「www.example.com」のAレコード(10.1.3.12)を返します。

8 rt1はcl1に転送します(パケットNo.8)。

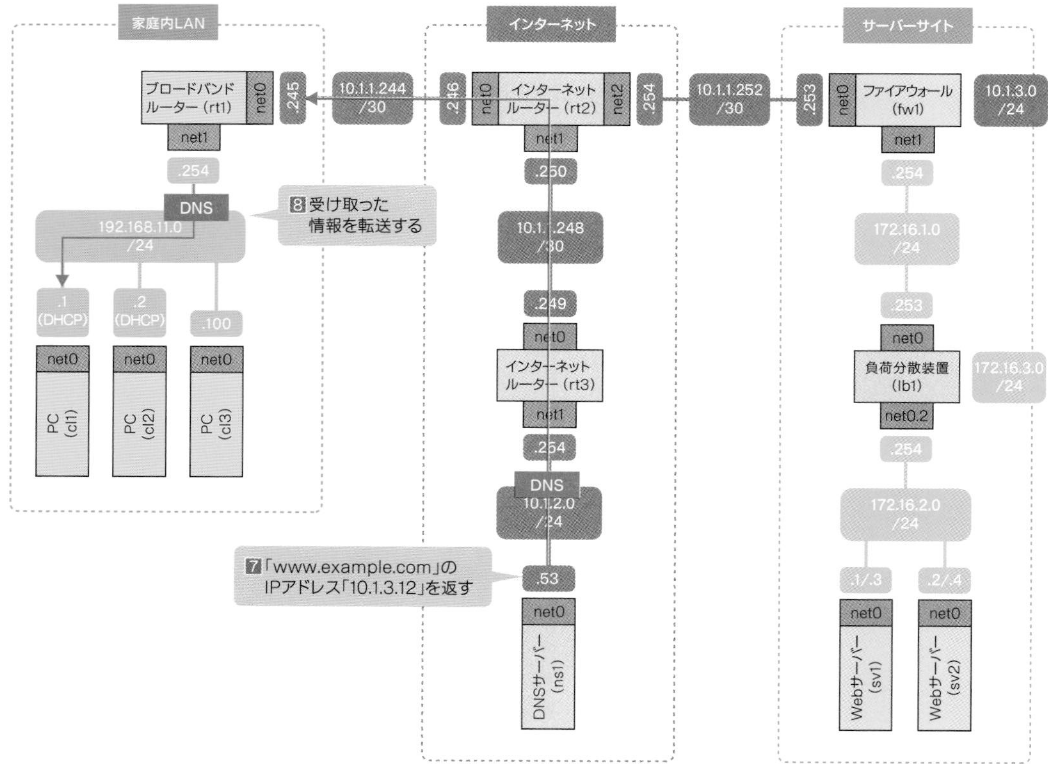

図 ● DNSで応答する

第4フェーズ（3ウェイハンドシェイクフェーズ）（p.183 TCP参照）

1 cl1はDNSで名前解決した「10.1.3.12」に対して、TCPのSYNパケットを送信し、3ウェイハンドシェイクを開始します（パケットNo.9）。

2 rt1はcl1から受け取るSYNパケットの送信元IPアドレスをNATテーブルに基づいて「192.168.11.1」から「10.1.1.245」にNAPTし、rt2にルーティングします。rt2はfw1にルーティングします。

3 fw1はcl1から受け取るSYNパケットをフィルターテーブルに基づいて許可します。また、NATテーブルに基づいて、宛先IPアドレスを「10.1.3.12」から「172.16.3.12」に静的NATし、そのIPアドレスを持つlb1にルーティングします。

4 lb1はcl1と3ウェイハンドシェイクを行い、TCPコネクションを確立します（パケットNo.10～No.11）。

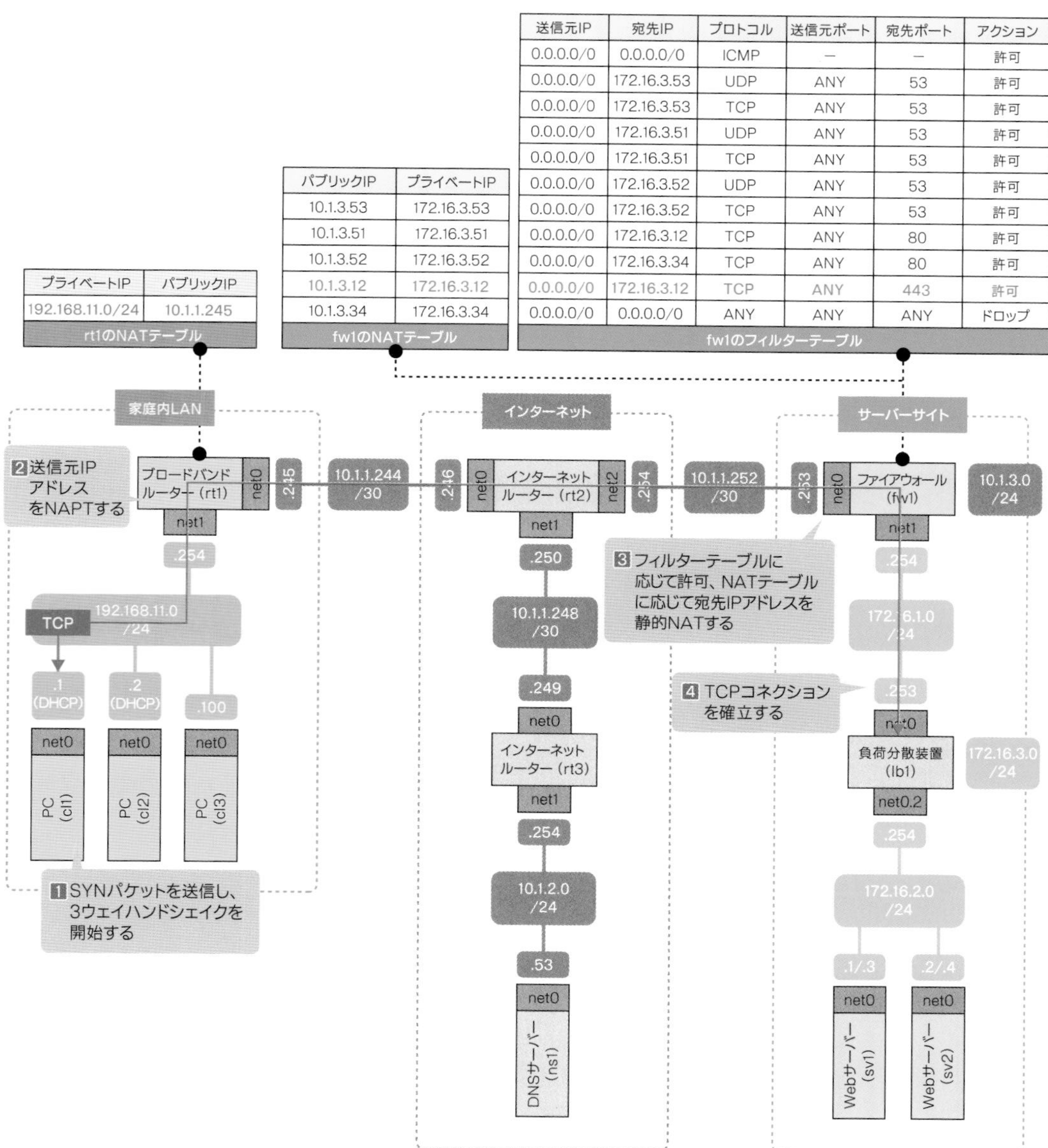

送信元IP	宛先IP	プロトコル	送信元ポート	宛先ポート	アクション
0.0.0.0/0	0.0.0.0/0	ICMP	−	−	許可
0.0.0.0/0	172.16.3.53	UDP	ANY	53	許可
0.0.0.0/0	172.16.3.53	TCP	ANY	53	許可
0.0.0.0/0	172.16.3.51	UDP	ANY	53	許可
0.0.0.0/0	172.16.3.51	TCP	ANY	53	許可
0.0.0.0/0	172.16.3.52	UDP	ANY	53	許可
0.0.0.0/0	172.16.3.52	TCP	ANY	53	許可
0.0.0.0/0	172.16.3.12	TCP	ANY	80	許可
0.0.0.0/0	172.16.3.34	TCP	ANY	80	許可
0.0.0.0/0	172.16.3.12	TCP	ANY	443	許可
0.0.0.0/0	0.0.0.0/0	ANY	ANY	ANY	ドロップ

fw1のフィルターテーブル

パブリックIP	プライベートIP
10.1.3.53	172.16.3.53
10.1.3.51	172.16.3.51
10.1.3.52	172.16.3.52
10.1.3.12	172.16.3.12
10.1.3.34	172.16.3.34

fw1のNATテーブル

プライベートIP	パブリックIP
192.168.11.0/24	10.1.1.245

rt1のNATテーブル

図 ● 3ウェイハンドシェイクでTCPコネクションを確立する

第5フェーズ（SSLハンドシェイクフェーズ）（p.255 SSL/TLS参照）

1 cl1はTCPコネクションを確立した「10.1.3.12」に対して、TLS 1.2のClient Helloを送信し、SSLハンドシェイクを開始します（No.12）。

2 rt1はcl1から受け取るSSLハンドシェイクパケットの送信元IPアドレスをNATテーブルに基づいて「192.168.11.1」から「10.1.1.245」にNAPTし、rt2にルーティングします。rt2はfw1にルーティングします。

3 fw1はcl1から受け取るSSLハンドシェイクパケットをフィルターテーブルに基づいて許可します。また、NATテーブルに基づいて、宛先IPアドレスを「10.1.3.12」から「172.16.3.12」に静的NATし、そのIPアドレスを持つlb1にルーティングします。

4 lb1はcl1とSSLハンドシェイクを行い、共通鍵を共有します（パケットNo.13～No.16）。

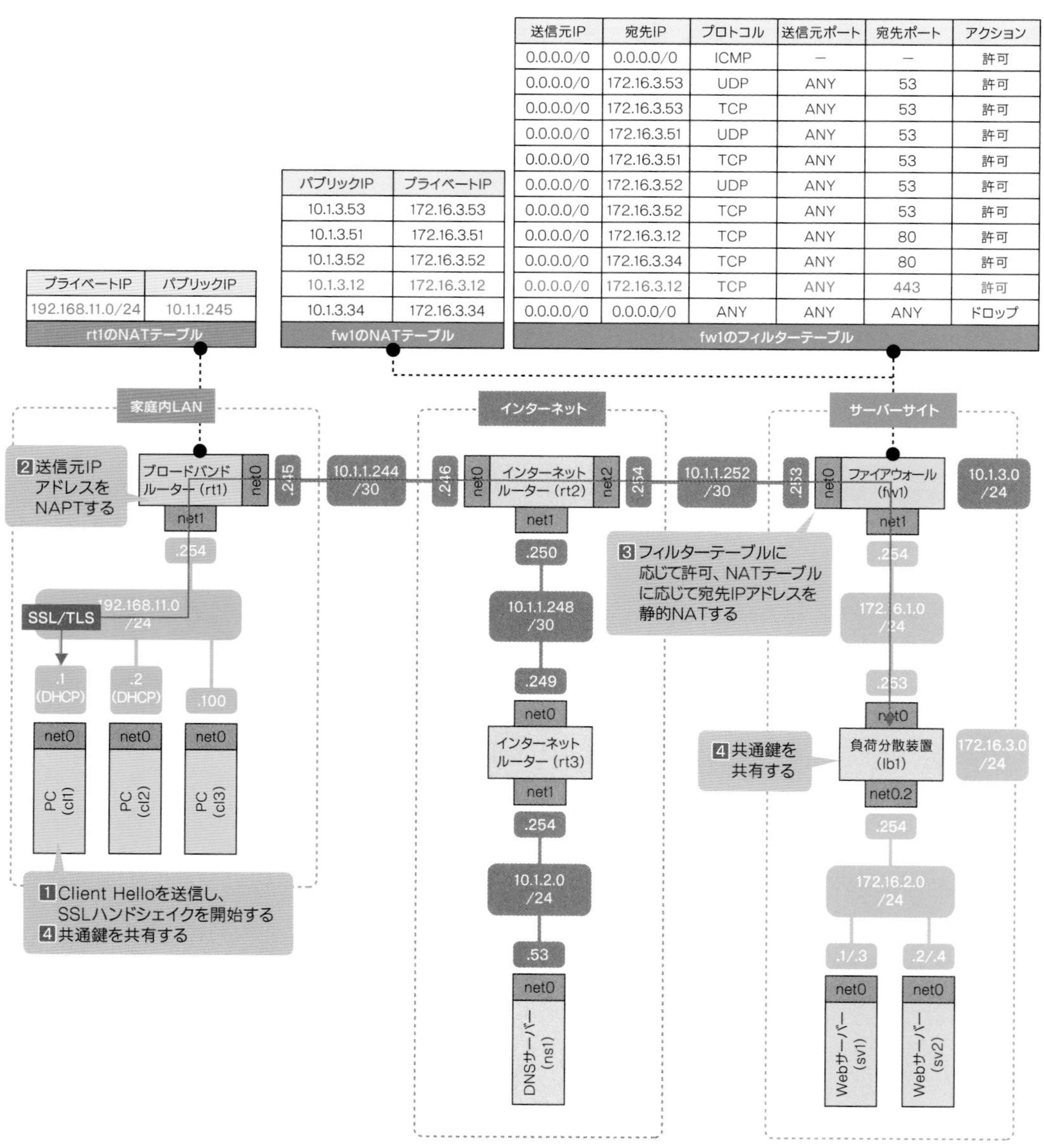

図● SSLハンドシェイクで共通鍵を共有する

第6フェーズ（SSLオフロード＋負荷分散フェーズ）（p.364 SSLオフロード参照）

1 SSLハンドシェイクが終わると、cl1はHTTPリクエスト（GETリクエスト）をSSLハンドシェイクで共有した共通鍵で暗号化して送信します（パケットNo.17）。

2 rt1はcl1から受け取るHTTPSパケットの送信元IPアドレスをNATテーブルに基づいて「192.168.11.1」から「10.1.1.245」にNAPTし、rt2にルーティングします。rt2はfw1にルーティングします。

3 fw1はcl1から受け取るHTTPSパケットをフィルターテーブルに基づいて許可します。また、NATテーブルに基づいて、宛先IPアドレスを「10.1.3.12」から「172.16.3.12」に静的NATし、そのIPアドレスを持つlb1にルーティングします。

4 lb1はSSLで暗号化されたHTTPリクエストを復号し、送信元IPアドレスを「172.16.2.254」、宛先IPアドレスを負荷分散対象のsv1（172.16.2.1）かsv2（172.16.2.2）のどちらかに変換して、負荷分散します。

5 HTTPリクエストを受け取ったWebサーバーは、アプリケーション的な処理を行い、lb1にHTTPレスポンス（200 OK）を返します。

6 lb1はHTTPレスポンスを共通鍵で暗号化し、cl1に返します。

7 cl1は共通鍵で復号し、HTTPコンテンツの情報を表示します（パケットNo.18）。

8 cl1はHTTPコンテンツのダウンロードが終わったら、close_notifyでSSLセッションをクローズしたあと、RSTパケットでTCPコネクションをクローズします（パケットNo.19～No.22）。

送信元IP	宛先IP	プロトコル	送信元ポート	宛先ポート	アクション
0.0.0.0/0	0.0.0.0/0	ICMP	–	–	許可
0.0.0.0/0	172.16.3.53	UDP	ANY	53	許可
0.0.0.0/0	172.16.3.53	TCP	ANY	53	許可
0.0.0.0/0	172.16.3.51	UDP	ANY	53	許可
0.0.0.0/0	172.16.3.51	TCP	ANY	53	許可
0.0.0.0/0	172.16.3.52	UDP	ANY	53	許可
0.0.0.0/0	172.16.3.52	TCP	ANY	53	許可
0.0.0.0/0	172.16.3.12	TCP	ANY	80	許可
0.0.0.0/0	172.16.3.34	TCP	ANY	80	許可
0.0.0.0/0	172.16.3.12	TCP	ANY	443	許可
0.0.0.0/0	0.0.0.0/0	ANY	ANY	ANY	ドロップ

fw1のフィルターテーブル

パブリックIP	プライベートIP
10.1.3.53	172.16.3.53
10.1.3.51	172.16.3.51
10.1.3.52	172.16.3.52
10.1.3.12	172.16.3.12
10.1.3.34	172.16.3.34

fw1のNATテーブル

プライベートIP	パブリックIP
192.168.11.0/24	10.1.1.245

rt1のNATテーブル

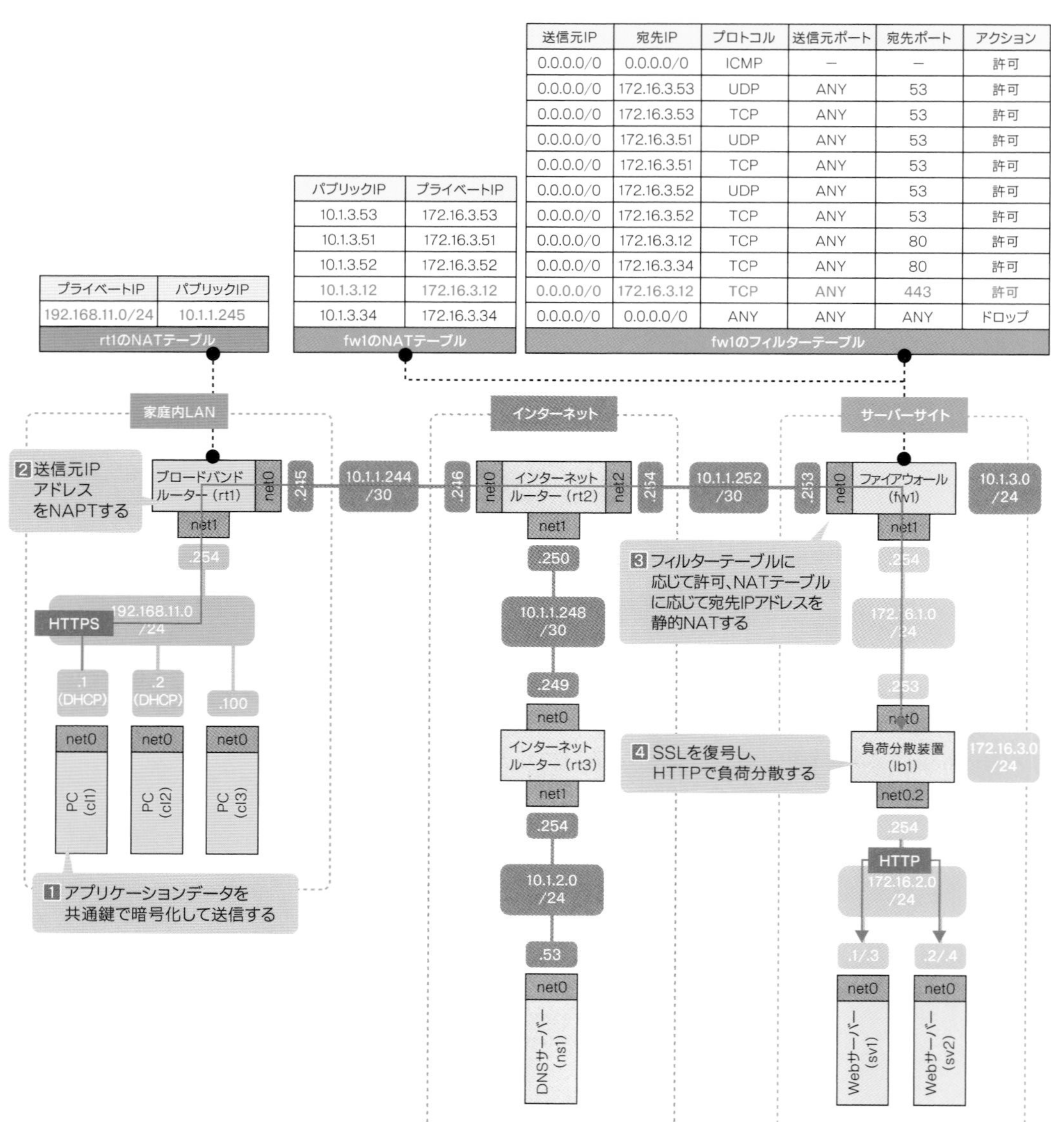

図 ● SSLを復号し、負荷分散する

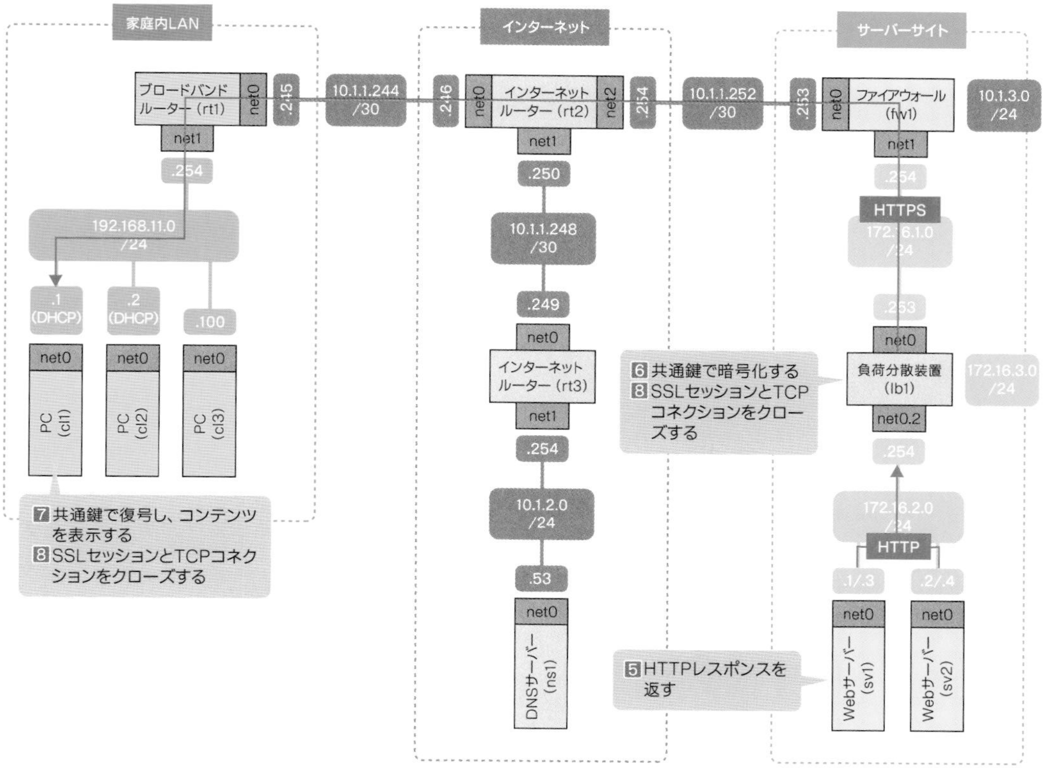

家庭内LAN
ブロードバンドルーター（rt1）
net0
.245
net1
.254
192.168.11.0/24
.1 (DHCP)
.2 (DHCP)
.100
net0
PC (cl1)
PC (cl2)
PC (cl3)
7 共通鍵で復号し、コンテンツを表示する
8 SSLセッションとTCPコネクションをクローズする
10.1.1.244/30
インターネット
.246
net0
インターネットルーター（rt2）
net2
.254
net1
.250
10.1.1.248/30
.249
net0
インターネットルーター（rt3）
net1
.254
10.1.2.0/24
.53
net0
DNSサーバー (ns1)
10.1.1.252/30
サーバーサイト
.253
net0
ファイアウォール (fw1)
10.1.3.0/24
net1
.254
HTTPS
172.16.1.0/24
.253
net0
負荷分散装置 (lb1)
172.16.3.0/24
net0.2
.254
6 共通鍵で暗号化する
8 SSLセッションとTCPコネクションをクローズする
172.16.2.0/24
HTTP
.1/.3
.2/.4
net0
Webサーバー (sv1)
net0
Webサーバー (sv2)
5 HTTPレスポンスを返す

図 ● レスポンスを返す

　さて、いかがでしたでしょうか。もちろん、すでにDHCPでIPアドレスを取得していたり、ARPテーブルやDNSサーバーのキャッシュ機能があったりするので、インターネットにアクセスするたびに、これらすべてのフェーズの処理が走るわけではありません。ただ、すべてが空っぽの状態だったら、裏でこれだけいろいろなプロトコルのパケットがいろいろな機器で処理されています。

　あなたが普段使用しているPCやタブレット端末も同じです。インターネットでWebサイトを見るとき、裏では似たような処理が多かれ少なかれ走っています。実際にあなたのためだけのインターネットを作ってみて、あなたの目に映る情景に変化はありましたか。いつも何気なく見ているWebサイトが多少なりとも違うものに映るようになっていたら、そして、ネットワークの技術を武器として自身を磨き上げるきっかけとなっていたら、筆者として幸いです。

Index

記号・欧文

記号

/dev/null 201
/etc/hosts 304
/etc/resolv.conf 310
¥¥wsl$ 21

数字

0.0.0.0/0 118
3ウェイハンドシェイク〔オープン〕 191
3ウェイハンドシェイク〔クローズ〕 198
4ウェイハンドシェイク〔クローズ〕 196

A

ACCEPT（ファイアウォールルール） 207, 222
access.log（nginx） 356, 363
ACK番号〔TCP〕 186
ACKフラグ 187
Additionalセクション 309
AEAD（Authenticated Encryption with Associated Data） 266
AES-CBC（Advanced Encryption Standard-Cipher Block Chaining） 259
AES-CCM（Advanced Encryption Standard-Counter with CBC-MAC） 259
AES-GCM（Advanced Encryption Standard-Galois/Counter Mode） 259
ALPN（Application-Layer Protocol Negotiation） 247
Answerセクション 309
ARP（Address Resolution Protocol） 59
——のフレームフォーマット 60
ARP Reply 63
ARP Request 62
ARPテーブル 62
Authorityセクション 309

B

backendセクション〔HAProxy〕 350
base〔イメージ名〕 25, 27
BIND 313

C

CA（Certification Authority） 258
ccTLD（country code Top Level Domain） 302
Certificate 277
certmgr.msc 273
CFI（Canonical Format Indicator） 85
ChaCha20-Poly1305 259
Change Cipher Spec 279
check.log 16
check.sh 15
CIDR（Classless Inter-Domain Routing）表記 110
Client Hello 275
Client Key Exchange 278
client random 275
close_notify 281
configure terminalコマンド 142
conntrackコマンド 216
conntrackテーブル 214
Cookieパーシステンス 343
CSR（Certificate Signing Request） 271
CUBIC 194
curlコマンド 251
cwnd（congestion window） 194
CWRフラグ 187

D

DATAフレーム 244
defaultsセクション〔HAProxy〕 350
Destination Unreachable 125, 126
DF（Don't Fragment）ビット 107
dhclient〔イメージ名〕 26
dhclientコマンド 332
DHCP（Dynamic Host Configuration Protocol） 327
——のメッセージフォーマット 328
DHCP ACK 330
DHCP Discover 330
DHCP Offer 330
DHCP Request 330
DHE（Diffie-Hellman Ephemeral） 260

digコマンド……218, 317
DNS（Domain Name System）……301
——のメッセージフォーマット……309
dnsmasq……310
DNSクライアント……305
DNSフォワーダー……310
Docker……3
docker execコマンド……23
Docker Hub……3
docker imagesコマンド……24
docker psコマンド……24
dockerコマンド……22
DROP（ファイアウォールルール）……208, 223
DSCP（Differentiated Services Code Point）フィールド……106
Dynamic Ports……177, 179

E

ECDHE（Elliptic Curve Diffie-Hellman Ephemeral）……260
ECEフラグ……187
Echo Reply……125, 126
Echo Request……126
ECN（Explicit Congestion Notification）フィールド……106
endコマンド……147
exitコマンド……142

F

FCS（Frame Check Sequence）……45
fdb（forwarding database）……77
filterテーブル……214
Finished……279
FINフラグ……187
FQDN（Fully Qualified Domain Name）……302
frontendセクション〔HAProxy〕……350
FRR（FRRouting）……140
frr〔イメージ名〕……27
frr-iptables〔イメージ名〕……27
frr-iptables-dnsmasq〔イメージ名〕……27
fw1〔ファイアウォール〕……101, 172

G

globalセクション〔HAProxy〕……350
gTLD（generic Top Level Domain）……302

H

HAProxy……341, 370
——のアクセスログ……355, 363
haproxy.cfg……350
haproxy.log……355, 363
haproxy-bind〔イメージ名〕……27
HEADERSフレーム……244
Headerセクション……309
hostsファイル……304
HPACK……245
HTTP（Hypertext Transfer Protocol）……235
——のバージョン……236
——のメッセージフォーマット……236
HTTP/1.1
——のメッセージフォーマット……237
HTTP/2
——の接続パターン……247
——のメッセージフォーマット……243
HTTPチェック……341

I

I/G（Individual/Group）ビット……46
ICMP（Internet Control Message Protocol）……124
——のパケットフォーマット……125
IEEE802.1q……84
——のフレームフォーマット……85
IEEE802.3規格……43
ifconfigコマンド……53, 120
interfaceコマンド……147
ip addr showコマンド……332
ip addrコマンド……53, 120
ip -d link showコマンド……94
ip linkコマンド……80
ip neighコマンド……67
ip routeコマンド……142, 151
IP（Internet Protocol）……104
——のパケットフォーマット……105
iptables……161
iptablesコマンド
——〔NAT〕……162
——〔ファイアウォール〕……214, 228
IPアドレス……108

——の静的割り当て 327
——の動的割り当て 328
IPパケット 104
IPフラグメンテーション 106
IPペイロード 104
IPヘッダー 104

L

L2スイッチ 72
L2スイッチング 72
lb1（負荷分散装置） 232

M

MACアドレス 45
——の重複 78
MACアドレステーブル 72
MAC値 265
Macに検証環境を構築 17
MF（More Fragments）ビット 107
MSS（Maximum Segment Size） 188
MTU（Maximum Transmission Unit） 45

N

NAPT（Network Address Port Translation） 154
NAT（Network Address Translation） 153
native-untaggedモード 95
NATテーブル 153
ncコマンド 180, 200
Netfilter 161
networkコマンド 147
nginx 250, 282
nginx（イメージ名） 25, 27
ns1（DNSサーバー） 232

O

openssl ciphersコマンド 283
openssl x509コマンド 284, 369
opensslコマンド 369
OSPF（Open Shortest Path First） 145
OUI（Organizationally Unique Identifier） 48
OUTPUT 161
OVS（Open vSwitch） 75
ovs（イメージ名） 25, 27
OVSコマンド 75
ovs-vsctl setコマンド 95
ovs-vsctl showコマンド 89
ovs-vsctlコマンド 89

P

PCP（Protocol Code Point） 85
pingコマンド 54
POSTROUTING 161
PREROUTING 161
PRF（Pseudo Random Function） 279
Private Ports 177
PSHフラグ 187

Q

QNAME minimisation 322
Questionセクション 309

R

RD（Recursion Desired）フラグ 320
Redirect 126
redistribute staticコマンド 158
Registered Ports 177
REJECT（ファイアウォールルール） 207, 222
routeコマンド 151
route addコマンド 152
router ospfコマンド 147, 158
RSA公開鍵 263
RSA署名 262
RSA秘密鍵 263, 271
RSTフラグ 187
rt1（ブロードバンドルーター） 100, 232
rt2（インターネットルーター） 100
rt3（インターネットルーター） 100

S

SACK（Selective Acknowledgment） 189
Server Hello 276
Server Hello Done 277
Server Key Exchange 277
server random 276
setup.log 14
setup.sh 11
show ip ospf interfaceコマンド 148
show ip ospf neighborコマンド 148

show ip routeコマンド 142
Silent Discard 208
spec_01.yaml 32, 38
spec_02.yaml 38, 48
spec_03.yaml 38, 119
spec_04.yaml 38, 179
spec_05.yaml 38, 249
SSL（Secure Socket Layer） 255
——のバージョン 256
——のレコードフォーマット 267
SSLKEYLOGFILE 286, 295
SSLオフロード 364
SSLハンドシェイク 247, 275
SSLペイロード 267
SSLペイロード長 270
SSLヘッダー 267
ssコマンド 181, 200, 250
sw1〔L2スイッチ〕 40
sw2〔L2スイッチ〕 40
SYNフラグ 187
System Ports 177, 178

T

TCI（Tag Control Information） 85
TCP（Transmission Control Protocol） 183
——の状態遷移 191
——のパケットフォーマット 184
tcpdumpコマンド 50
tcpdumpのキャプチャフィルター
——〔ARP〕 66
——〔ICMP〕 128
——〔IP〕 119
——〔TCP〕 199
——〔UDP〕 180
——〔イーサネット〕 52
TCPコネクション 183
——のオープン 191
——のクローズ 195
TCPセグメント 184
TCPチェック 341
TCPファイアウォール 220
TCPペイロード 184
TCPヘッダー 184
Time-to-live Exceeded 127
tinet 4, 5
tinetコマンド 28
tinet confコマンド 29, 32
tinet downコマンド 30
tinet imgコマンド 31
tinet testコマンド 30
tinet upコマンド 28, 32
TLS（Transport Layer Security） 255
ToS（Type of Service） 106
TPID（Tag Protocol IDentifier） 85
tracerouteコマンド 127
TTL（Time To Live） 107, 307
TTL超過 126, 127

U

U/L（Universally/Locally Administered）ビット 46
UAA（Universally Administered Address） 48
UDP（User Datagram Protocol） 175
——のパケットフォーマット 176
UDPデータグラム 175
UDPデータグラム長 176
UDPファイアウォール 205
UDPペイロード 175
UDPヘッダー 175
Unbound 311
unbound〔イメージ名〕 27
URGフラグ 187
URI（Uniform Resource Identifier） 239
User Ports 177, 178

V

VID（VLAN IDentifier） 85
view 313
viコマンド 351
VLAN（Virtual LAN） 83
VLAN ID 83
VLANインターフェース 86
vtyshコマンド 142

W

Well-Known Ports 177
Wireshark 50
——のパケットダイアグラム機能 59
——の表示列のカスタマイズ 56

——の表示フィルター
〔ARP〕 69
〔DHCP〕 335
〔DNS〕 319
〔HTTP〕 253
〔HTTP/2〕 294
〔ICMP〕 130
〔IP〕 122
〔SSL〕 288
〔TCP〕 201
〔UDP〕 182
〔イーサネット〕 57
wsl.conf 13
WSL2（Windows Subsystem for Linux version 2） 2
——のインストール 7
WSLインスタンス 2
——の起動 19
——の停止 20
wslコマンド 18

和　文

あ

アイドルタイムアウト値 209
アクセスログ〔nginx〕 356, 363
アクティブオープン 191
アクティブクローズ 196
宛先IPアドレス 108
宛先MACアドレス〔イーサネット〕 44, 45
宛先ネットワーク 133
宛先ポート番号
——〔TCP〕 184
——〔UDP〕 176
アドレス解決 60, 62
アドレスクラス 111
アプリケーション層 234
アプリケーションデータレコード〔SSL〕 270
アラートレコード〔SSL〕 269
暗号化 257
暗号化アルゴリズム 259
暗号化鍵 259
暗号仕様変更レコード〔SSL〕 268

い

イーサネット 43
イーサネット㊟ 43
——のフレームフォーマット 43
イーサネットフレーム 43
イーサネットペイロード 45
イメージ〔Docker〕 3
インターネット〔検証環境〕 34

う

ウィンドウサイズ〔TCP〕 187
ウェルノウンポート 178

お

オプション
——〔DHCP〕 329
——〔IP〕 109
——〔TCP〕 188
オペレーションコード〔ARP〕 61

か

改ざん 257
鍵交換アルゴリズム 260
確認応答番号〔TCP〕 186
仮想化支援機能 7
家庭内LAN〔検証環境〕 34

き

疑似ヘッダーフィールド 245
キャッシュ機能〔ARP〕 64
キャッシュサーバー 305
共通鍵暗号方式 259
許可〔ファイアウォールルール〕 207, 222
拒否〔ファイアウォールルール〕 207, 222
緊急ポインタ〔TCP〕 188

く

クライアントMACアドレス〔DHCP〕 329
クラス〔DNS〕 307
クラスA 111
クラスB 111
クラスC 111
クラスD 111
クラスE 111

クラスフルアドレッシング 111
クラスレスアドレッシング 111

け

権威サーバー 306
検証鍵 263
検証環境の削除 30

こ

公開IPネットワーク 155
公開鍵 260
公開鍵暗号方式 263
コード〔ICMP〕 125
コネクションテーブル 205, 220
コネクションプリフェイス 297
コンテナ〔Docker〕 3
——のMACアドレス 54
——の状態の確認 24
——の設定 29
コンテンツ〔HTTP〕 236
コンテンツサーバー 306
コンテンツタイプ〔SSL〕 267
コントロールビット〔TCP〕 187

さ

サーバーサイト〔検証環境〕 34
サーバー証明書 272
サーバー負荷分散 340
再帰クエリ 305
最少接続数 342
再送制御 195
再送タイムアウト 195
再配送 139
サブネット部 112
サブネットマスク 109
参照サーバー 305

し

シーケンス番号〔TCP〕 184
識別子〔IP〕 106
自己署名証明書 284, 369
署名鍵 263

す

スタブリゾルバー 305
ステータスコード〔HTTP/1.1〕 242
ステータスライン〔HTTP/1.1〕 242
ステートフルインスペクション 205, 214
ストリーム〔HTTP/2〕 243
ストリーム暗号方式 259
スライディングウィンドウ 193

せ

制御データ〔HTTP〕 236
静的NAT 153
静的ルーティング 138

そ

送信元IPアドレス
——〔ARP〕 61
——〔IP〕 108
送信元IPアドレスパーシステンス 343
送信元MACアドレス
——〔ARP〕 61
——〔イーサネット〕 44, 45
送信元ポート番号
——〔TCP〕 184
——〔UDP〕 176
ゾーンサーバー 306
ゾーンファイル 307

た

タイプ
——〔DNS〕 307
——〔ICMP〕 125
——〔イーサネット〕 45
タグVLAN 84

ち

チェックサム
——〔TCP〕 187
——〔UDP〕 176
中間証明書 273
中間認証局 273
重複ACK 195

て

ディスティングイッシュネーム……272
データ〔DNS〕……307
データオフセット〔TCP〕……187
データリンク層……42
デジタル証明書……258
デジタル署名……258
デジタル署名アルゴリズム……262
デフォルトゲートウェイ……134
デフォルトルートアドレス……118

と

盗聴……257
動的ルーティング……138
ドメイン名……302, 307
トラッキング機能……358
トランスポート層……174
ドロップ〔ファイアウォールルール〕……208, 223

な

名前解決……303
なりすまし……258

に

認証局……258
認証付き暗号……266

ね

ネイティブVLAN……86
ネクストホップ……133
ネットワークアドレス……117
ネットワーク環境
　——の可視化……31
　——の構築……28
ネットワーク検証環境の構築……32
ネットワーク層……103
ネットワーク部……109

は

パーシステンス……342
バージョン〔IP〕……105
ハードウェアアドレスサイズ〔ARP〕……61
ハードウェアタイプ〔ARP〕……61
パケット長〔IP〕……106
パッシブオープン……191
パッシブクローズ……196
ハッシュ化……257, 262
パディング〔IP〕……109
パブリックIPアドレス……114
ハンドシェイクレコード〔SSL〕……268
反復クエリ……305

ひ

秘密鍵……260

ふ

ファイアウォール……205
フィルターテーブル……205, 220
フォーマット図〔プロトコル〕……44
負荷分散装置……340
負荷分散方式……342
復号鍵……259
輻輳ウィンドウ……194
輻輳制御……194
物理層……42
プライベートIPアドレス……115
プライミング……311
フラグ〔IP〕……107
フラグメントオフセット……107
フラッディング……73
プリアンブル……44
ブリッジ……75
プリマスターシークレット……278
フルサービスリゾルバー……305
フレーム〔HTTP/2〕……243
フロー制御……193
ブロードキャストアドレス……46, 118
ブロック暗号方式……259
プロトコルアドレスサイズ〔ARP〕……61
プロトコルタイプ〔ARP〕……61
プロトコルバージョン〔SSL〕……270
プロトコル番号〔IP〕……108

へ

ヘッダーセクション
　——〔HTTP〕……236
　——〔HTTP/1.1〕……239, 243
ヘッダーチェックサム〔IP〕……108

ヘッダー長〔IP〕 105
ヘッダーフィールド〔HTTP/1.1〕 239, 248
ヘルスチェック 341

ほ

ポートVLAN 83
ポート番号 177
ホスト部 109

ま

マウント 22
マスターシークレット 279
マルチキャストアドレス 46

め

メソッド〔HTTP/1.1〕 238
メッセージキャッシュ 318
メッセージ認証アルゴリズム 265
メッセージ認証コード 265

も

目標IPアドレス〔ARP〕 62
目標MACアドレス〔ARP〕 62

ゆ

ユニキャストアドレス 46
ユニバーサルアドレス 47

ら

ラウンドロビン 342

り

リーズンフレーズ〔HTTP/1.1〕 242
リクエスト対象〔HTTP/1.1〕 239
リクエストメッセージ
——〔HTTP/1.1〕 237
——〔HTTP/2〕 246
リクエストライン〔HTTP/1.1〕 238
リソースレコード 307
リソースレコードキャッシュ 318
リミテッドブロードキャストアドレス 118

る

ルーター 132
ルーティング 133
ルーティングテーブル 133, 137
ルーティングプロトコル 138
ルートサーバー 306
ルート証明書 273
ルート認証局 273
ルートヒントファイル 311
ループバックアドレス 119

れ

レスポンスメッセージ
——〔HTTP/1.1〕 241
——〔HTTP/2〕 246

ろ

ローカルアドレス 47

わ

割り当てクライアントIPアドレス〔DHCP〕 329

■本書のサポートページ
https://isbn2.sbcr.jp/18599/

本書をお読みいただいたご感想を上記URLからお寄せください。
本書に関するサポート情報やお問い合わせ受付フォームも掲載しておりますので、あわせてご利用ください。

著者紹介

みやた ひろし
大学と大学院で地球環境科学の分野を研究した後、某システムインテグレーターにシステムエンジニアとして入社。その後、某ネットワーク機器ベンダーのコンサルタントに転身。設計から構築、運用に至るまで、ネットワークに関連する業務全般を行う。
CCIE（Cisco Certified Internetwork Expert）

著書に『サーバ負荷分散入門』『インフラ/ネットワークエンジニアのためのネットワーク技術＆設計入門』『インフラ/ネットワークエンジニアのためのネットワーク・デザインパターン』『インフラ/ネットワークエンジニアのためのネットワーク「動作試験」入門』『パケットキャプチャの教科書』『図解入門TCP/IP』（以上、みやた ひろし名義）、『イラスト図解式 この一冊で全部わかるサーバーの基本』（きはし まさひろ名義）がある。

体験しながら学ぶ ネットワーク技術入門

2024年 1月22日 初版第1刷発行
2024年 7月18日 初版第4刷発行

著　者 ……… みやた ひろし
発行者 ……… 出井 貴完
発行所 ……… SBクリエイティブ株式会社
〒105-0001 東京都港区虎ノ門2-2-1
https://www.sbcr.jp/
印　刷 ……… 株式会社シナノ

カバーイラスト ……… 2g（https://twograms.jimdo.com/）
カバーデザイン ……… 米倉 英弘（株式会社 細山田デザイン事務所）
制　作 ……… クニメディア株式会社
企画・編集 ……… 友保 健太

落丁本、乱丁本は小社営業部にてお取り替えいたします。
定価はカバーに記載されております。

Printed in Japan　ISBN978-4-8156-1859-9